教育部高等学校电子信息类专业教学指导委员会规划教材

高等学校电子信息类专业系列教材·新形态教材

数字逻辑与电路设计

新形态版

刘雪洁 魏达 主编
吴静 周旭 孙庚 副主编

清华大学出版社
北京

内 容 简 介

本书系统介绍了数字逻辑的基本理论和数字电路设计的方法,重点阐述了数字逻辑基础、数制与编码、逻辑代数基础、逻辑门电路、组合逻辑电路、集成触发器和时序逻辑电路的分析和设计等内容。

全书共分为 10 章。其中第 1～4 章为数字逻辑基础,分别介绍数字逻辑基础、数制与编码、逻辑代数基础、逻辑门电路;第 5 章为组合逻辑电路;第 6 章为集成触发器;第 7、8 章分别为同步时序逻辑电路和异步时序逻辑电路;第 9 章为电路设计的仿真实现;第 10 章为 Verilog 的电路设计。

为便于读者高效学习,快速掌握数字逻辑基本理论和仿真实现方法,本书作者精心制作了经典的案例源码,并对重点难点内容录制了详细的讲解视频和案例操作视频。

本书可作为高等学校计算机、电子、通信及自动化专业本科生和高职高专学生的教材,也可作为其他相关领域的工程技术人员自学数字逻辑及数字电路设计等工程应用的入门参考读物。

版权所有,侵权必究。举报: 010-62782989,beiqinquan@tup.tsinghua.edu.cn。

图书在版编目(CIP)数据

数字逻辑与电路设计:新形态版/刘雪洁,魏达主编. -- 北京:清华大学出版社,2025.5. --(高等学校电子信息类专业系列教材). -- ISBN 978-7-302-68867-9

Ⅰ.TN790.2

中国国家版本馆 CIP 数据核字第 2025ZQ1475 号

责任编辑:曾 珊
封面设计:李召霞
责任校对:李建庄
责任印制:杨 艳

出版发行:清华大学出版社
　　　网　　址: https://www.tup.com.cn, https://www.wqxuetang.com
　　　地　　址: 北京清华大学学研大厦 A 座　　邮　　编: 100084
　　　社 总 机: 010-83470000　　　　　　　　邮　　购: 010-62786544
　　　投稿与读者服务: 010-62776969, c-service@tup.tsinghua.edu.cn
　　　质量反馈: 010-62772015, zhiliang@tup.tsinghua.edu.cn
　　　课件下载: https://www.tup.com.cn, 010-83470236
印 装 者:三河市铭诚印务有限公司
经　　销:全国新华书店
开　　本: 185mm×260mm　　　印　张: 21.5　　　字　数: 517 千字
版　　次: 2025 年 7 月第 1 版　　　　　　　　　印　次: 2025 年 7 月第 1 次印刷
印　　数: 1～1500
定　　价: 69.00 元

产品编号: 100701-01

前言
PREFACE

"数字逻辑与电路设计"是国内高校计算机、电子信息、通信、自动化类本科生的重要基础课和必修课，主要研究数字逻辑和数字电路设计的理论与方法。作为"计算机组成原理"和"微型计算机及应用"等后续课程的必要基础，数字逻辑是计算机基础理论的一个重要组成部分，同时数字电路设计对于研究数字系统基本构成模块的工作原理具有重要意义。

全书共分10章。第1章主要介绍数字逻辑基础；第2章介绍数制与编码；第3章介绍逻辑代数基础；第4章重点介绍逻辑门电路；第5章介绍组合逻辑电路；第6章介绍集成触发器，这是构成时序电路的基础内容；第7、8章分别介绍同步时序逻辑电路和异步时序逻辑电路；第9、10章分别介绍Logisim软件和Verilog硬件编程语言，前者以绘图法使用仿真软件进行电路设计，后者将硬件以代码的方式抽象出来进行仿真，它们是目前比较有代表性的两种硬件仿真实现方法。本书通过诸多精选设计案例，系统地介绍数字逻辑和数字电路的基本概念、基本理论、基本方法，以及常用数字逻辑部件的功能和应用。

本书紧跟数字逻辑电路技术的发展和人才培养目标，理论联系实际、循序渐进、便于教学。全书叙述简明，概念清楚；知识结构合理，重点突出；深入浅出，通俗易懂，图文并茂；例题、习题丰富。本书具有以下特点。

(1) 可读性强，文字叙述清晰，全文深入浅出，易读易懂。

(2) 逻辑概念清晰，图解清楚，语言流畅。

(3) 本书强调基础，着眼于实用，紧密联系教学实际，重视实例，各章给出恰当丰富的实例。

(4) 书中实例和课后习题实用，通过习题可以对各知识点进行强化学习，掌握巩固所学知识。

本书各章之间衔接自然，同时各章又有一定独立性，读者可根据教材顺序学习，也可根据实际情况挑选需要的内容学习。

本教材可作为高等学校计算机、电子、通信及自动化专业等相关专业的本科生和高职高专学生学习数字逻辑电路的教材，也可供相关领域的工程技术人员和高校师生参考。

本书由刘雪洁、魏达等编著，第1~3章由周旭编写；第4~7章由刘雪洁编写；第8~10章由吴静编写，魏达负责全书内容的规划和统稿。

由于时间仓促，加之编者水平有限，书中难免存在不足之处，敬请读者批评指正。

编 者
2025年1月

学习建议

教学内容	学习要点和教学要求	课时安排 全部	课时安排 部分
第1章 数字逻辑基础	(1) 了解数字硬件及数字硬件技术的发展； (2) 了解并掌握用于数字硬件产品实现的典型芯片类型及特点； (3) 了解逻辑设计的概念，掌握数字系统的设计流程及流程中的关键步骤； (4) 掌握典型计算机硬件结构，并理解逻辑电路在计算机硬件系统中的作用。	2	1
第2章 数制与编码	(1) 熟练掌握任意进制数之间的转换； (2) 掌握任意进制数原码、反码、补码的公式及运算规则； (3) 掌握BCD码的重要特点及运算调整规则； (4) 掌握格雷码、汉明码的构成及可靠性应用方法。	4	3
第3章 逻辑代数基础	(1) 熟练掌握逻辑代数的公理、基本定理、规则及其应用； (2) 熟练掌握最小项和最大项的概念、性质，以及卡诺图法化简原理及应用； (3) 了解公式法化简的基本原理。	4	4
第4章 逻辑门电路	(1) 熟悉二极管、三极管的开关特性； (2) 了解分离元件门电路的结构； (3) 理解TTL与非门的电路结构及工作原理； (4) 掌握集电极开路门电路、三态门电路的工作原理及应用； (5) 掌握TTL门电路的正确使用方法。	4	4
第5章 组合逻辑电路	(1) 了解组合逻辑电路的特点； (2) 熟练掌握组合逻辑电路的分析与设计方法； (3) 掌握典型组合逻辑电路功能芯片的功能分析及应用； (4) 理解典型组合逻辑功能电路在计算机系统中的作用及基本架构； (5) 了解组合逻辑电路的竞争与冒险及消除方法。	10	8
第6章 集成触发器	(1) 深入理解基本R-S触发器的工作原理； (2) 熟练掌握电平触发式触发器的工作原理及次态方程； (3) 掌握边沿触发式触发器的应用特点； (4) 掌握触发器逻辑功能的转换。	4	4
第7章 同步时序逻辑电路	(1) 熟悉时序逻辑电路的特点和描述方法； (2) 熟练掌握同步时序逻辑电路的分析与设计方法与步骤； (3) 熟练掌握典型同步时序逻辑电路的分析、设计及应用； (4) 深入理解同步时序逻辑电路在计算机基本架构中的作用。	16	8

续表

教学内容	学习要点和教学要求	课时安排	
		全部	部分
第8章 异步时序逻辑电路	（1）掌握脉冲异步时序逻辑电路的分析及应用； （2）了解脉冲异步时序逻辑电路的设计方法。	4	4
第9章 电路设计的仿真实现	（1）掌握 Logisim 的基本用法，熟练绘制电路图； （2）熟练掌握复杂电路图的设计方法； （3）熟练掌握时序电路的仿真方法，熟悉波形图。	4	4
第10章 Verilog 电路设计	（1）掌握 Verilog 的基本原理及应用； （2）熟悉模块化电路设计方法； （3）了解不同层次 Verilog 设计模式及典型应用。	12	8
教学总学时建议		64	48

说明：

（1）本教材为高等学校计算机、电子、通信及自动化专业等相关专业的本科生和高职高专学生学习数字逻辑电路的专业基础课程教材，也可供相关领域的工程技术人员和高校师生参考。

（2）理论授课学时数为 48～64 学时，不同专业根据不同的教学要求和计划教学、学时数可酌情对教材内容进行适当取舍。

（3）第9章和第10章为实践内容，可适当增加实验课时。

本书符号说明

本书常见符号	符号的含义
电压符号	
V_I	输入电压
V_{IH}	输入电压(高电平)
V_{IL}	输入电压(低电平)
V_O	输出电压
V_{OH}	输出电压(高电平)
V_{OL}	输出电压(低电平)
V_{CC}	双极器件供电电压
V_{BR}	最大反向工作电压
V_{th}	门槛电压,死区电压
V_{BE}	基极与发射极之间的电压
V_{GS}	栅极与漏极间电压
电流符号	
I_S	最大饱和电流
I_F	最大整流电流
I_R	反向电流
I_B	基极电流
I_{BS}	基极最大饱和电流
I_C	集电极电流
I_{CS}	集电极最大饱和电流
I_E	发射极电流
放大器/电阻等符号	
β	三极管放大倍数
R_C	发射极负载电阻
R_b	基极负载电阻
R_e	集电极负载电阻
R_L	三极管负载电阻
f_M	最高工作频率
r_D	二极管电阻
器件和参数符号	
A	放大器
D	二极管
G	门
S	开关

续表

本书常见符号	符号的含义
t_{pd}	平均传输延迟时间
EN	使能端
GND	接地端
Q	触发器状态
Q^n	触发器现态
Q^{n+1}	触发器次态
CP/CLK	时钟端输入

视频目录

视频名称	时长/分钟	位 置	内 容 简 介
视频1 数字逻辑基础	31'17"	1.1.1节	介绍数字逻辑相关基础知识
视频2 数制转换	8'52"	2.1.4节	介绍不同进制之间的转换关系和转换方法
视频3 原码	9'47"	2.2.2节	讲解计算机内编码的几种存储方式之一：原码
视频4 反码	7'23"	2.2.3节	讲解计算机内编码的几种存储方式之一：反码
视频5 补码	20'31"	2.2.4节	讲解计算机内编码的几种存储方式之一：补码
视频6 十进制补数	12'36"	2.2.6节	讲解以补码为基础的不同进制下的补数概念
视频7 8421 BCD 码	7'58"	2.4.1节	介绍计算机基础编码中的一种常见的有权码：8421BCD 码
视频8 余3码	9'13"	2.4.1节	介绍计算机基础编码中的一种无权码：余三码
视频9 2421 BCD 码	6'29"	2.4.1节	介绍计算机编码中的一种有权码，以及几种不同编码方式
视频10 格雷码	18'18"	2.4.2节	可靠编码方式：标准格雷码、步进码等不同类型的格雷码
视频11 海明码	19'29"	2.4.2节	可靠编码方式之一，不但能有针对性地检错，同时能有效地纠错
视频12 逻辑代数的公理与定理	12'25"	3.2.1节	计算机逻辑函数中的基本运算及相关公理和定理
视频13 逻辑代数的规则	11'23"	3.2.2节	计算机逻辑函数中的基本运算规则、反演、对偶等运算规则
视频14 逻辑函数表达式的基本形式	9'16"	3.2.2节	计算机逻辑函数中的典型表达式："与或式"和"或与式"
视频15 最小项	18'12"	3.2.2节	标准与或式中的与项，最小项在真值表中对应的值和最小项的性质等
视频16 最大项	19'21"	3.2.2节	标准或与式中的或项，最大项在真值表中对应的值和最大项的性质等
视频17 逻辑函数表达式的转换	14'13"	3.3.3节	逻辑函数表达式之间的转换关系
视频18 代数化简法	24'14"	3.4.1节	利用逻辑函数变化规则，将复杂函数表达式简化成为所需形式

续表

视频名称		时长/分钟	位　置	内容简介
视频 19	卡诺图的构成	18′06″	3.4.2 节	详解函数化简的图形化工具——卡诺图
视频 20	卡诺图的性质	17′29″	3.4.2 节	针对性给出卡诺图中"相邻"特性,以及卡诺图、卡诺圈的性质
视频 21	卡诺图化简	18′51″	3.4.2 节	利用卡诺图的"相邻"特性,进行函数化简
视频 22	带有无关项的逻辑函数的化简	8′16″	3.4.3 节	引入"无关项"概念,并通过实例讲解带有无关项函数的化简过程
视频 23	逻辑门电路	18′19″	4.1 节	基本门电路的电路分析
视频 24	半导体开关特性	12′43″	4.2.1 节	从物理层面介绍半导体如何实现开关特性
视频 25	分立元件逻辑门电路	39′50″	4.3 节	讲述不同逻辑门电路的构成,及基础门电路的构成
视频 26	TTL 与非门电路	56′35″	4.4.1 节	以 TTL 与非门电路为例,详细分析 TTL 逻辑电路
视频 27	OC 门	16′01″	4.5 节	分析 TTL 电路优缺点,引入"线与"概念,进而引出 OC 门电路的构成
视频 28	逻辑函数的实现	17′40″	5.1 节	理解逻辑函数与逻辑门电路之间的关系,讲解逻辑函数的电路实现
视频 29	异或运算性质	13′05″	5.1 节	讲解新的运算逻辑"异或"逻辑门的性质
视频 30	组合电路的分析	9′18″	5.2.1 节	能够实现特定目的的电路称为组合电路,学习对组合电路的分析
视频 31	组合电路的设计	47′06″	5.2.2 节	利用电路与逻辑函数之间的关系,实现对组合电路的设计
视频 32	编码器	49′03″	5.3 节	利用逻辑函数功能分析,实现对多路信号进行编码的集成电路
视频 33	译码器	32′04″	5.4 节	利用逻辑函数功能分析,实现对编码信号进行多路传输的集成电路
视频 34	利用 138 芯片实现逻辑函数	11′16″	5.4 节	以 138 芯片为例,学习使用集成电路实现任意逻辑函数
视频 35	用译码器实现组合逻辑电路-举例	35′18″	5.4 节	学习利用译码器实现任意逻辑函数
视频 36	数据选择器	25′16″	5.5 节	学习数据选择器的基本功能
视频 37	用数据选择器实现逻辑函数	43′01″	5.5 节	学习利用数据选择器,实现任意逻辑函数
视频 38	四位二进制并行加法器	35′26″	5.6 节	学习并行加法器的基础原理
视频 39	二进制并行加法器的应用	23′57″	5.6 节	学习利用并行加法器,实现任意逻辑函数
视频 40	组合电路险象的产生	19′18″	5.10 节	学习掌握组合电路中现象问题是如何产生的
视频 41	组合电路险象的消除	24′17″	5.10 节	学习利用电路特点,对电路中的险象进行消除的方法

续表

视频名称	时长/分钟	位置	内容简介
视频 42　基本 RS 触发器	30′27″	6.1 节	从基础 R-S 触发器开始,学习触发器特点
视频 43　电平触发式 RS 触发器	17′56″	6.2 节	学习电平信号触发器中的 R-S 触发器
视频 44　电平触发式 D 触发器	6′38″	6.2.2 节	电平式触发器中的次态方程,及 D 触发器在 R-S 触发器基础上做出的改进
视频 45　电平触发式 JK 触发器	19′47″	6.2.3 节	讲解电平触发式 JK 触发器
视频 46　电平触发式 T 触发器	4′47″	6.2.4 节	电平式触发器中的次态方程,及 T 触发器在 R-S 触发器基础上做出的改进
视频 47　主从触发式触发器	21′33″	6.3 节	为解决"空翻"问题进行触发器改进,从而设计出的主从式触发器
视频 48　时序逻辑电路特点与描述方法	45′12″	7.1 节	利用触发器和相关组合电路构成时序逻辑电路,重点学习时钟信号到来时对整个电路状态的影响
视频 49　同步时序分析　举例 1	35′36″	7.2 节	举例分析同步时序
视频 50　同步时序分析　举例 2	29′59″	7.2 节	举例分析同步时序
视频 51　同步时序分析　举例 3	21′31″	7.2 节	举例分析同步时序
视频 52　建立原始状态图和状态表	44′10″	7.5.2 节	利用触发器和相关门电路实现时序逻辑的基础——学习如何分析时序逻辑,建立原始状态图和状态表
视频 53　完全确定状态表的简化	30′08″	7.5.3 节	学习同步时序逻辑电路设计中的重要手段,对完全确定状态表进行简化
视频 54　不完全确定状态表的简化	40′34″	7.5.3 节	学习同步时序逻辑电路设计中的重要手段,对不完全确定状态表进行简化
视频 55　状态分配	25′12″	7.5.4 节	学习同步时序逻辑电路设计中的重要手段,对状态表进行化简——对已简化的状态分配二进制数唯一标记各状态
视频 56　确定激励函数和输出函数	20′13″	7.5.4 节	学习根据各状态表确定激励函数和输出函数
视频 57　序列检测器举例	59′52″	7.5.5 节	举例:设计序列检测器
视频 58　计数器设计举例	41′56″	7.5.5 节	举例:设计计数器
视频 59　移位寄存器设计举例	22′03″	7.5.5 节	举例:移位型寄存器
视频 60　序列信号发生器设计举例	29′48″	7.5.5 节	举例:序列信号发生器
视频 61　同步时序电路应用设计举例	46′49″	7.5.5 节	举例:同步时序电路应用设计
视频 62　异步时序电路特点	21′22″	8.1.1 节	讲解异步时序电路的特点
视频 63　异步时序电路分析-1	23′11″	8.1.2 节	分析异步时序电路
视频 64　异步时序电路分析-2	27′14″	8.1.2 节	分析异步时序电路
视频 65　异步时序电路分析-3	24′30″	8.1.2 节	分析异步时序电路

本书知识结构

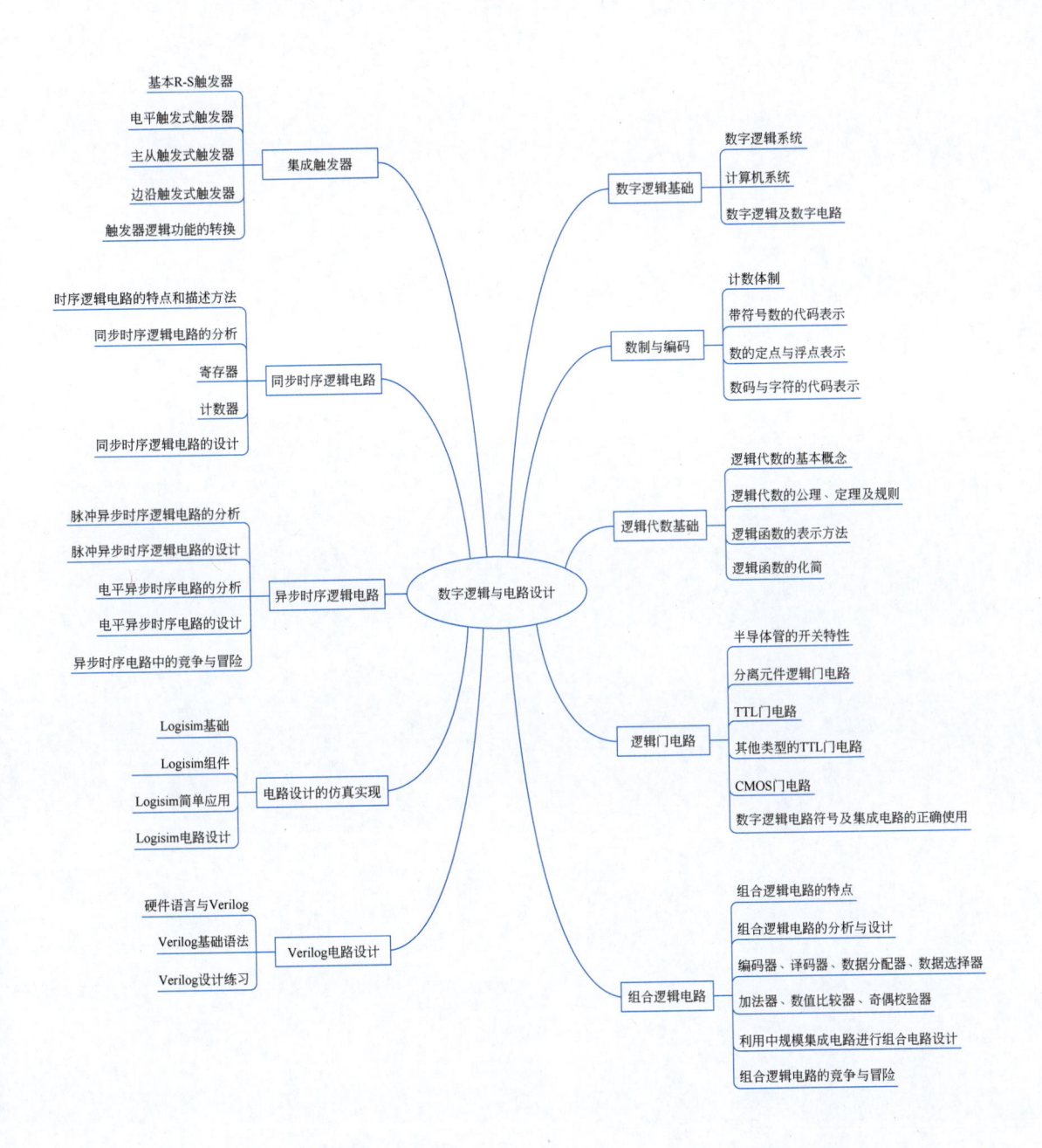

数字逻辑与电路设计

集成触发器
- 基本R-S触发器
- 电平触发式触发器
- 主从触发式触发器
- 边沿触发式触发器
- 触发器逻辑功能的转换

同步时序逻辑电路
- 时序逻辑电路的特点和描述方法
- 同步时序逻辑电路的分析
- 寄存器
- 计数器
- 同步时序逻辑电路的设计

异步时序逻辑电路
- 脉冲异步时序逻辑电路的分析
- 脉冲异步时序逻辑电路的设计
- 电平异步时序逻辑电路的分析
- 电平异步时序逻辑电路的设计
- 异步时序电路中的竞争与冒险

电路设计的仿真实现
- Logisim基础
- Logisim组件
- Logisim简单应用
- Logisim电路设计

Verilog电路设计
- 硬件语言与Verilog
- Verilog基础语法
- Verilog设计练习

数字逻辑基础
- 数字逻辑系统
- 计算机系统
- 数字逻辑及数字电路

数制与编码
- 计数体制
- 带符号数的代码表示
- 数的定点与浮点表示
- 数码与字符的代码表示

逻辑代数基础
- 逻辑代数的基本概念
- 逻辑代数的公理、定理及规则
- 逻辑函数的表示方法
- 逻辑函数的化简

逻辑门电路
- 半导体管的开关特性
- 分离元件逻辑门电路
- TTL门电路
- 其他类型的TTL门电路
- CMOS门电路
- 数字逻辑电路符号及集成电路的正确使用

组合逻辑电路
- 组合逻辑电路的特点
- 组合逻辑电路的分析与设计
- 编码器、译码器、数据分配器、数据选择器
- 加法器、数值比较器、奇偶校验器
- 利用中规模集成电路进行组合电路设计
- 组合逻辑电路的竞争与冒险

目 录
CONTENTS

第 1 章　数字逻辑基础 ………………………………………………………………………… 1
　1.1　数字逻辑系统 …………………………………………………………………………… 1
　　1.1.1　数字信号 ………………………………………………………………………… 1
　　1.1.2　数字波形 ………………………………………………………………………… 3
　　1.1.3　数字逻辑系统特点 ……………………………………………………………… 4
　1.2　计算机系统 ……………………………………………………………………………… 5
　　1.2.1　计算机系统组成 ………………………………………………………………… 5
　　1.2.2　计算机系统抽象层次 …………………………………………………………… 7
　1.3　数字逻辑及数字电路 …………………………………………………………………… 7
　　1.3.1　数字逻辑及应用 ………………………………………………………………… 7
　　1.3.2　数字电路及电路设计 …………………………………………………………… 8
　　1.3.3　仿真软件及硬件描述语言 ……………………………………………………… 10
　习题 1 ………………………………………………………………………………………… 11
第 2 章　数制与编码 …………………………………………………………………………… 12
　2.1　计数体制 ………………………………………………………………………………… 12
　　2.1.1　十进制数 ………………………………………………………………………… 12
　　2.1.2　二进制数 ………………………………………………………………………… 13
　　2.1.3　八进制数和十六进制数 ………………………………………………………… 15
　　2.1.4　数制的转换 ……………………………………………………………………… 17
　2.2　带符号数的代码表示 …………………………………………………………………… 20
　　2.2.1　机器数与真值 …………………………………………………………………… 20
　　2.2.2　原码 ……………………………………………………………………………… 21
　　2.2.3　反码 ……………………………………………………………………………… 22
　　2.2.4　补码 ……………………………………………………………………………… 22
　　2.2.5　机器数的加减运算 ……………………………………………………………… 24
　　2.2.6　十进制的补数 …………………………………………………………………… 25
　2.3　数的定点表示与浮点表示 ……………………………………………………………… 26
　　2.3.1　数的定点表示法 ………………………………………………………………… 26
　　2.3.2　数的浮点表示法 ………………………………………………………………… 27
　2.4　数码与字符的代码表示 ………………………………………………………………… 28
　　2.4.1　十进制数的二进制编码（BCD 码） …………………………………………… 28
　　2.4.2　可靠性编码 ……………………………………………………………………… 30
　　2.4.3　字符编码及字符集 ……………………………………………………………… 36

习题 2 ……………………………………………………………………………………………… 38

第 3 章　逻辑代数基础 ……………………………………………………………………… 40

3.1　逻辑代数的基本概念 …………………………………………………………………… 40
    3.1.1　逻辑变量与逻辑函数 …………………………………………………………… 40
    3.1.2　基本逻辑运算及基本逻辑门 …………………………………………………… 41
3.2　逻辑代数的公理、定理及规则 …………………………………………………………… 43
    3.2.1　逻辑代数的公理和基本定理 …………………………………………………… 43
    3.2.2　逻辑代数的基本规则 …………………………………………………………… 44
3.3　逻辑函数的表示方法 …………………………………………………………………… 45
    3.3.1　逻辑函数的基本形式 …………………………………………………………… 46
    3.3.2　逻辑函数的标准形式 …………………………………………………………… 47
    3.3.3　逻辑函数表达式的转换 ………………………………………………………… 51
3.4　逻辑函数的化简 ………………………………………………………………………… 53
    3.4.1　公式法化简 ……………………………………………………………………… 53
    3.4.2　卡诺图法化简 …………………………………………………………………… 54
    3.4.3　具有无关项的逻辑函数及其化简 ……………………………………………… 60
习题 3 ……………………………………………………………………………………………… 61

第 4 章　逻辑门电路 ………………………………………………………………………… 64

4.1　概述 ……………………………………………………………………………………… 64
4.2　半导体管的开关特性 …………………………………………………………………… 64
    4.2.1　半导体基础 ……………………………………………………………………… 64
    4.2.2　PN 结及其特性 ………………………………………………………………… 67
    4.2.3　晶体二极管开关特性 …………………………………………………………… 69
    4.2.4　晶体三极管开关特性 …………………………………………………………… 74
    4.2.5　MOS 管的开关特性 …………………………………………………………… 77
4.3　分离元件逻辑门电路 …………………………………………………………………… 79
    4.3.1　与门电路 ………………………………………………………………………… 79
    4.3.2　或门电路 ………………………………………………………………………… 79
    4.3.3　非门电路 ………………………………………………………………………… 80
    4.3.4　与非门电路 ……………………………………………………………………… 81
    4.3.5　或非门电路 ……………………………………………………………………… 82
4.4　TTL 门电路 ……………………………………………………………………………… 82
    4.4.1　TTL 与非门的电路结构及工作原理 …………………………………………… 83
    4.4.2　TTL 与非门的电压传输特性及抗干扰能力 …………………………………… 84
    4.4.3　TTL 与非门的输入特性和输出特性 …………………………………………… 85
    4.4.4　TTL 与非门的动态特性 ………………………………………………………… 90
4.5　其他类型的 TTL 门电路 ………………………………………………………………… 90
    4.5.1　集电极开路门（OC 门）………………………………………………………… 91
    4.5.2　三态门（TS 门、三种状态输出门）…………………………………………… 94
4.6　CMOS 门电路 …………………………………………………………………………… 95
    4.6.1　CMOS 反相器 …………………………………………………………………… 96
    4.6.2　CMOS 与非门 …………………………………………………………………… 96
    4.6.3　CMOS 或非门 …………………………………………………………………… 97

		4.6.4 CMOS 三态门	97
		4.6.5 CMOS 传输门及双向模拟开关	97
	4.7	数字逻辑电路符号及集成电路的正确使用	98
		4.7.1 逻辑电路符号	98
		4.7.2 TTL 电路的正确使用	99
		4.7.3 CMOS 电路的正确使用	99
	习题 4		100

第 5 章 组合逻辑电路 104

5.1	组合逻辑电路的特点	104
5.2	组合逻辑电路的分析与设计	105
	5.2.1 分析方法	105
	5.2.2 设计方法	107
5.3	编码器	114
	5.3.1 二进制编码器	114
	5.3.2 二-十进制编码器	115
	5.3.3 优先编码器	116
5.4	译码器	120
	5.4.1 二进制译码器	120
	5.4.2 二-十进制译码器	122
	5.4.3 显示译码器	125
5.5	数据分配器与数据选择器	130
	5.5.1 数据分配器	130
	5.5.2 数据选择器	131
5.6	加法器	132
	5.6.1 一位加法器	132
	5.6.2 串行进位加法器	134
	5.6.3 超前进位加法器	135
5.7	数值比较器	136
	5.7.1 一位数值比较器	137
	5.7.2 四位数值比较器	137
5.8	奇偶校验器	139
5.9	利用中规模集成电路进行组合电路设计	141
5.10	组合逻辑电路的竞争与冒险	148
习题 5		153

第 6 章 集成触发器 156

6.1	基本 R-S 触发器	156
	6.1.1 基本 R-S 触发器结构	157
	6.1.2 触发器的功能描述方法	159
6.2	电平触发式触发器	161
	6.2.1 电平触发式 R-S 触发器	162
	6.2.2 电平触发式 D 触发器	163
	6.2.3 电平触发式 J-K 触发器	164
	6.2.4 电平触发式 T 触发器	165

6.3 主从触发式触发器 ·········· 166
　　6.3.1 主从 R-S 触发器 ·········· 167
　　6.3.2 主从 J-K 触发器 ·········· 168
6.4 边沿触发式触发器 ·········· 170
　　6.4.1 利用传输延迟的边沿触发器 ·········· 170
　　6.4.2 维持-阻塞 D 触发器 ·········· 172
6.5 触发器逻辑功能的转换 ·········· 173
　　6.5.1 由 D 触发器到其他功能触发器的转换 ·········· 173
　　6.5.2 由 J-K 触发器到其他功能触发器的转换 ·········· 174
习题 6 ·········· 175

第 7 章　同步时序逻辑电路 ·········· 177

7.1 时序逻辑电路的特点和描述方法 ·········· 177
　　7.1.1 时序逻辑电路的特点 ·········· 177
　　7.1.2 时序逻辑电路的表示方法 ·········· 178
7.2 同步时序逻辑电路的分析 ·········· 179
7.3 寄存器 ·········· 184
　　7.3.1 数码寄存器 ·········· 184
　　7.3.2 移位寄存器 ·········· 185
7.4 计数器 ·········· 188
　　7.4.1 二进制计数器 ·········· 188
　　7.4.2 十进制计数器 ·········· 191
7.5 同步时序逻辑电路的设计 ·········· 194
　　7.5.1 设计方法与步骤 ·········· 194
　　7.5.2 原始状态图和原始状态表 ·········· 195
　　7.5.3 状态化简 ·········· 197
　　7.5.4 状态分配 ·········· 206
　　7.5.5 同步时序逻辑电路设计举例 ·········· 208
习题 7 ·········· 224

第 8 章　异步时序逻辑电路 ·········· 229

8.1 脉冲异步时序逻辑电路的分析 ·········· 229
　　8.1.1 脉冲异步时序逻辑电路的特点 ·········· 230
　　8.1.2 脉冲异步时序逻辑电路的分析步骤及举例 ·········· 230
8.2 脉冲异步时序逻辑电路的设计 ·········· 237
　　8.2.1 脉冲异步时序逻辑电路设计的特点 ·········· 237
　　8.2.2 脉冲异步时序逻辑电路的设计步骤及举例 ·········· 238
8.3 电平异步时序电路的分析 ·········· 248
　　8.3.1 电平异步时序电路的特点 ·········· 248
　　8.3.2 电平异步时序电路的分析步骤及举例 ·········· 251
8.4 电平异步时序电路的设计 ·········· 253
8.5 异步时序电路中的竞争与冒险 ·········· 257
　　8.5.1 异步时序电路中的非临界竞争、临界竞争和时序冒险 ·········· 257
　　8.5.2 异步时序电路中时序冒险的消除 ·········· 259
　　8.5.3 电平异步时序电路的本质冒险 ·········· 261

习题 8 ······ 262

第 9 章 电路设计的仿真实现 ······ 265

9.1 Logisim 基础 ······ 265
9.2 Logisim 组件 ······ 267
 9.2.1 布线 ······ 267
 9.2.2 逻辑门组件 ······ 270
 9.2.3 其他组件 ······ 270
9.3 Logisim 简单应用 ······ 272
 9.3.1 Logisim 库文件 ······ 272
 9.3.2 电路的仿真实现 ······ 272
9.4 Logisim 电路设计 ······ 275
 9.4.1 组合逻辑电路 ······ 275
 9.4.2 组合逻辑电路设计 ······ 277
 9.4.3 时序逻辑电路的分析与设计 ······ 282
习题 9 ······ 286

第 10 章 Verilog 电路设计 ······ 288

10.1 硬件语言与 Verilog ······ 288
 10.1.1 Verilog 语法基础 ······ 289
 10.1.2 逻辑电路的结构化 ······ 289
 10.1.3 代码书写的规则 ······ 291
10.2 Verilog 基础语法 ······ 291
 10.2.1 信号的值、数字和参数 ······ 291
 10.2.2 操作符 ······ 293
 10.2.3 Verilog 模块 ······ 295
 10.2.4 Verilog 的并行语句 ······ 296
 10.2.5 过程语句 ······ 297
 10.2.6 调试任务与 testbench ······ 299
 10.2.7 编译指令 ······ 301
10.3 Verilog 设计练习 ······ 302
 10.3.1 基础练习 ······ 303
 10.3.2 同步时序逻辑综合练习 ······ 315
习题 10 ······ 320

第 1 章   数字逻辑基础
CHAPTER 1

数字技术是以数字电子技术发展为基础,并与计算机技术相伴相生的科学技术,包括硬件技术和软件技术,其中,硬件技术主要研究用于数字处理的电子器件及应用电路;软件技术则用于处理数字电路的逻辑关系,其基础是数字逻辑。目前,数字电子技术已广泛应用于通信、计算机、自动化控制等领域,在智能制造、物联网、人工智能等领域也发挥着重要作用。本章主要介绍数字逻辑系统、计算机系统、数字逻辑及电路设计相关内容。

1.1 数字逻辑系统

1.1.1 数字信号

我们目前研究的物理量一般可以分为两大类。一类是模拟量,这类物理量在时间和数值上都是连续变化的。例如:温度的实时测量值就是一个模拟量,因为在任何情况下被测温度都不可能发生突跳,所以无论在时间上还是在数量上都是连续的。而且,这个物理量在连续变化过程中的任何一个取值都表示一个相应的温度,是有具体物理意义的。另一类是数字量,这类物理量的变化在时间上和数值上都是离散的,即在时间上它们的变化是不连续的,总是发生在一系列离散的瞬间;在数值上它们的大小和每次增减变化都是某一个最小数量单位的整数倍,小于这个最小数量单位的数值则没有任何物理意义。例如:我们统计从自动生产线上输出的零件数量,得到的就是一个数字量,最小数量单位的"1"代表"1 个零件",小于 1 的数值没有任何物理意义。

模拟信号(Analog Signal)是表示模拟量的信号,也称为连续信号,它在一定的时间范围内可以有无限多个不同的取值,在模拟电子技术中使用。工作在模拟信号下的电子电路也被称为模拟电路。模拟信号分布于自然界和实际生产生活中的各个角落,如实时气温、水流流速等。电学上的模拟信号主要是指幅度和相位都连续的电信号,该信号可被模拟电路进行各种运算,如放大、相加等。例如,热电偶利用热电效应来测量温度,其工作时输出的电压信号就属于模拟信号,如图 1.1(a)所示,该电压信号无论在时间上还是在数值上都是连续的,电压信号的任何一个取值都有具体的物理意义。

数字信号(Digital Signal)是用来表示数字量的信号,是一系列时间离散、数值也离散的信号,在数字电子技术中使用。工作在数字信号下的电子电路也被称为数字电路。例如,前述对自动生产线上输出零件的数量可以采用电子电路来记录。自动生产线上每送出一个零件便给电子电路一个信号,使之记"1",而没有零件送出时无信号不计数。零件数目这个信号无论在时间上还是在数值上都不连续,而且最小的数量单位为 1。另外,对于温度测量,如果仅在整点时刻读取数据并进行量化,则所记录的温度也是一个数字信号,它在时间上和数值上都是离散的。

  随着计算机的广泛应用,绝大多数电子系统都采用计算机对信号进行处理。由于计算机无法直接处理模拟信号,所以需要将模拟信号转换为数字信号。例如数字摄像机等数字化设备,虽然最初必须以模拟信号的形式接收真实物理量的信息,但却需要使用模拟/数字转换器将模拟信号转换为数字信号,以方便计算机的处理或通过网络的传输。图 1.1(b)中,可通过对模拟信号采样,将其变成时间离散、幅值连续的取样信号,其中 $t_1, t_2, \cdots$ 为采样时间点。幅值连续是指各采样点的信号幅值与对应模拟信号的幅值相同,需要进行量化才能得到离散的数字量。在进行信号量化前,先要选取一个量化单位,然后将采样信号除以量化单位并取整数结果,就会得到时间离散、数值也离散的数字量。进一步对得到的数字量进行编码,就可生成用 0 和 1 表示的数字信号。如图 1.1(c)所示,若量化单位为 0.1V,则对 t_1 处的幅值 0.915V 进行量化,量化后的数值 9 用 8 位二进制数表示为 00001001。数字信号虽可表示各种物理量,但会存在一定的误差,误差大小取决于量化单位的选择。若采样点足够多,量化单位足够小,数字信号可以较真实地反映模拟信号。

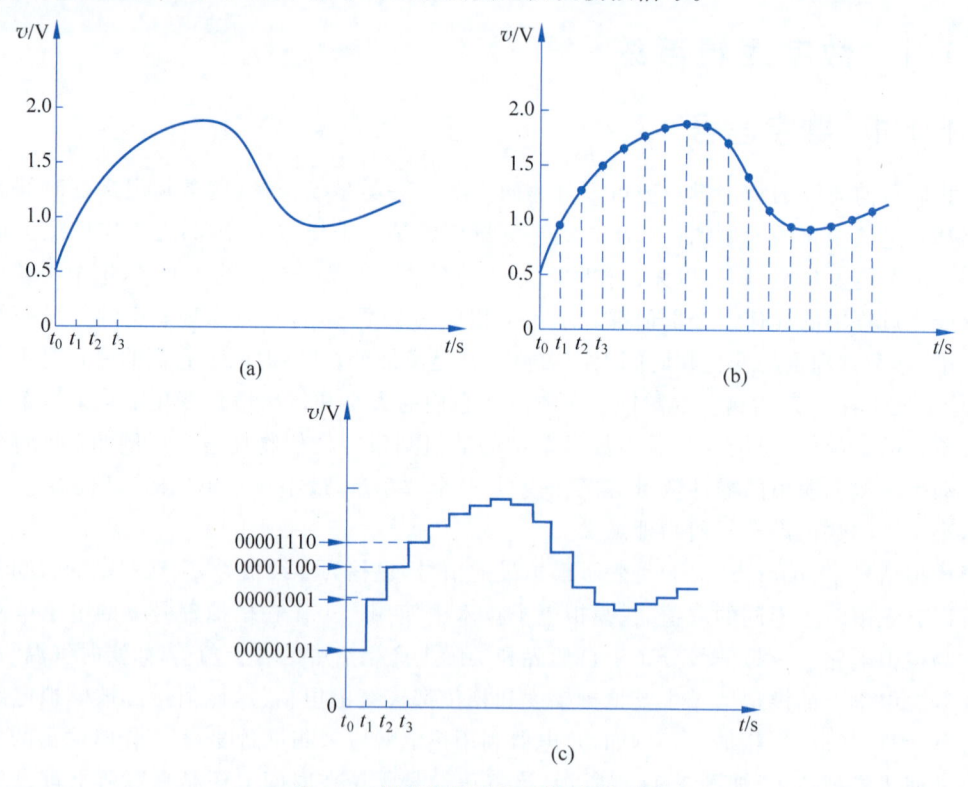

图 1.1 模拟信号及其采样、量化过程

  模拟信号一般用数学表达式或波形图等表示,数字信号则常用 0、1(即二值数字逻辑)表示,也可以用高、低电平组成的数字波形(即逻辑电平)表示。在数字电路中,既可用 0、1 组成的二进制数表示数量的大小,也可以用 0 和 1 表示两种不同的逻辑状态。当用二进制数表示数量时,二进制数可进行数值运算,即算术运算;当用 0 和 1 来描述客观世界存在的彼此关联又相互对立的事物,如真与假、是与非、开与关、低与高、通与断等时,0 和 1 被称为逻辑 0 和逻辑 1,这种只有两种对立逻辑状态的逻辑关系称为二值数字逻辑,简称数字逻辑。

二值数字逻辑就可很方便地用电子器件的开关来实现。在分析数字电路时,重点是信号间的逻辑关系,要区别出高、低电平的逻辑状态,而忽略高、低电平的具体数值,如图 1.2 所示,当信号电压在 2.0~5.0V 时,表示高电平;在 0~0.7V 时,表示低电平。这些表示数字电压的高、低电平通常称为逻辑电平。数字信号的这种离散的二值信息量常用数字 0 和 1 来表示,这里的 0 和 1 没有大小之分,只代表两种对立的状态。因为二进制系统只使用 0 和 1 这两个数字,所以二值数字逻辑能够与二进制数相对应,电压状态可用一位二进制数来表示。由正逻辑和负逻辑两种逻辑体制规定,其中正逻辑较常用。

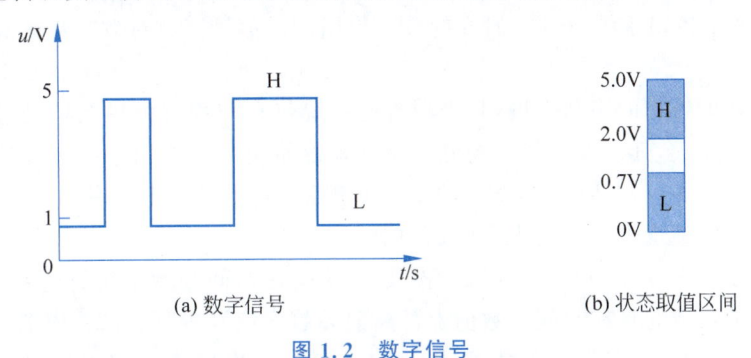

图 1.2 数字信号

(1) 正逻辑:高电平状态为逻辑 1,低电平状态为逻辑 0。
(2) 负逻辑:低电平状态为逻辑 1,高电平状态为逻辑 0。

1.1.2 数字波形

数字波形是逻辑电平对时间的图形表示。数字信号有两种传输波形,一种是非归零型,另一种是归零型。在图 1.3 中,设一定的时间间隔 T 为一位(1bit)或者一拍。如果在一个时间拍内,用高电平代表 1,低电平代表 0(负逻辑下用高电平代表 0,低电平代表 1),则称为非归零型,如图 1.3(a)所示。如果在一个时间拍内,用有脉冲代表 1,无脉冲代表 0,则称为归零型,如图 1.3(b)所示。

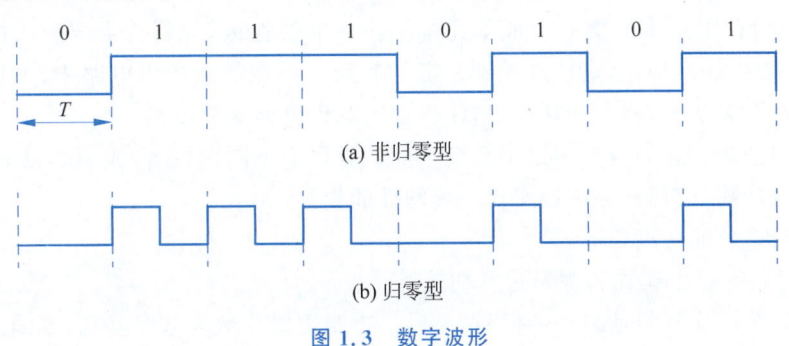

图 1.3 数字波形

两者的区别在于高电平的表示方法不同,在一个时间拍内,非归零型信号持续为高电平,而归零型信号的高电平持续一段时间后会归零。作为时序控制信号的时钟脉冲是归零型,除此之外的大多数数字信号基本都是非归零型,非归零型信号使用较为广泛。

数字信号因只有两种取值而被称为二值信号,故数字波形又称为二值位形图。每秒所传输数据的位数称为数据率或比特率(Bit Rate)。

数字波形是表达数字电路动态特性的有效工具之一。将数字电路输入变量的每一种取值与相应的输出值按照时间顺序依次排列得到的图形,称为波形图。

1.1.3 数字逻辑系统特点

处理模拟信号的系统称为模拟系统,处理数字信号的系统称为数字逻辑系统。当系统的规模较小时,又称为电路。有时对电路与系统这两个概念不作严格区分。

模拟系统(电路)研究的重点是信号在处理过程中的波形变化以及器件和电路对信号波形的影响;而数字逻辑系统(电路)研究的重点是用数字信号完成对数字量的算术运算和逻辑运算。

随着数字处理技术的飞速发展,越来越多的系统仅在与物理世界接口处进行信息处理时采用模拟系统完成,其余大量信号的分析与处理都是由数字逻辑系统来完成。对数字逻辑系统的信号处理不仅包括硬件电路的处理,还包括软件的处理及两者的结合。

模拟系统与数字逻辑系统的主要区别如下。

(1) 处理的信号不同:模拟系统(电路)处理的是在时间与数值上都连续的模拟信号,而数字逻辑系统处理的是在时间与数值上都离散的数字信号"0"和"1"。模拟信号通常可以直接感知或采集,而数字信号往往需要进行特定的转换(模拟-数字转换)才能获得,采样定理确保了只要信号在时间上离散化的密度是足够高的,就可以用数字信号无失真地再现模拟信号。

(2) 系统要求、分析与设计手段不同:模拟电路关注的是输出与输入的电压、电流、功率、波形、频谱等之间的关系,目的是实现模拟信号的放大、转换、产生等,分析手段涉及电路分析法(图解法和微变等效电路法)、线性代数、微积分、常用变换(如傅里叶变换)等。数字逻辑系统主要关注的是输出与输入信号之间的逻辑关系,使用逻辑代数、真值表、卡诺图等分析方法。

(3) 构成电路的元器件的工作状态不同:模拟电路和数字逻辑电路的核心构成单元(不必体现为分立元器件)是三极管和场效应管。模拟电路中,除了非线性变换的特殊需要外,大部分应用在电路中的核心构成单元都工作在准线性区,元器件需要较大的偏置电压(电流),存在较大静态功耗,集成度受到一定的制约。而在数字逻辑电路中,大量核心构成单元都工作在开关状态,静态功耗很小,使得数字逻辑电路集成度高。

尽管模拟系统(电路)与数字逻辑系统(电路)有很多不同,但在构成一个完整系统时,往往两者都不可或缺,应相互协调以实现系统的性能指标。

数字逻辑系统的特点如下。

(1) 同时具有算术运算和逻辑运算功能。

数字逻辑系统处理的是二进制信号,是以二进制逻辑代数为数学基础,既能进行算术运算又能方便地进行逻辑运算(与、或、非及组合逻辑运算),因此极其适合于运算、比较、存储、传输、控制、决策等应用。

(2) 实现简单,系统可靠。

在数字逻辑系统中,使用的信号是经过量化和编码后的逻辑 0 和逻辑 1,而不是精确的电压值或电流值,因此电压或电流小的波动对其没有影响,具有较好的稳定性和抗干扰能力,温度和工艺偏差对其工作可靠性的影响也比模拟电路小得多。

(3) 集成度高,分析和设计的可编程性。

集成度高、体积小、功耗低是数字逻辑系统突出的优点。随着集成电路技术的高速发展,数字逻辑电路的集成度越来越高,从元件级、器件级、部件级、板卡级上升到系统级。电路的设计组成只需采用一些标准的集成电路块单元连接而成。硬件描述语言的发展和成熟、大规模可编程器件的面世以及分析与设计的可编程软件的完善都为数字逻辑系统分析和设计的可编程性铺平了道路,提高了对非标准的数字逻辑系统的设计效率,缩短了其研发周期。

1.2 计算机系统

电子计算机就是一个复杂的数字电路系统,在其内部处理、传输和存储的信号都是数字信号。

1.2.1 计算机系统组成

1945 年,普林斯顿大学数学教授冯·诺依曼发表了 EDVAC(Electronic Discrete Variable Computer)方案,确立了现代计算机的基本结构。

冯·诺依曼结构的思想主要包括以下几点。

(1) 计算机应具有运算器、控制器、存储器、输入设备和输出设备五大基本部件。

(2) 计算机内部以二进制形式表示指令和数据。每条指令由操作码和地址码两部分组成,操作码指出指令的操作类型,地址码指出操作数的地址。一个程序由一串指令组成,而一个指令最终由一串 0、1 序列组成。

(3) 采用"存储程序"工作方式。存储器不仅存放数据,也存放指令。将根据特定问题编写的程序存放在存储器中,按存储程序的首地址执行程序的第一条指令,然后按该程序规定的顺序执行其他指令,直至程序结束执行。

通常把控制器(Control Unit,CU)、运算器和各类寄存器互连组成的电路称为中央处理器(Central Processing Unit,CPU),简称处理器;把用来存放指令和数据的存储器称为主存储器(Main Memory,MM),简称主存或内存。

1. 中央处理器

CPU 是计算机的运算和指挥控制中心,包含运算器和控制器,其中运算器负责数据运算,控制器负责协调并控制计算机各部件执行程序的指令序列,包括取指令、分析指令和执行指令。

1) 运算器

运算器接收从控制器送来的命令并执行相应的动作,对数据进行加工和处理。运算器是计算机对数据进行加工处理的中心,主要由算术逻辑单元(Arithmetic and Logic Unit,ALU)、暂存寄存器、累加寄存器、通用寄存器组、程序状态字寄存器、移位器、计数器等组成。ALU 主要进行算术和逻辑运算；暂存寄存器用于暂存从主存读取的数据，它对程序员是透明的；累加寄存器是一个通用寄存器，用于暂时存放 ALU 运算的结果信息，可以作为加法运算的一个输入端；通用寄存器组用于存放操作数（包括源操作数、目的操作数及中间结果）和各种地址信息等；程序状态字寄存器用于保留由算术逻辑运算指令执行而建立的各种状态信息；移位器能完成操作数或运算结果的移位运算；计数器用于控制乘除运算的操作步数。

2) 控制器

控制器是计算机系统的指挥中枢，在其控制下，运算器、存储器和输入/输出设备等功能部件构成一个有机的整体，根据指令要求指挥全机协调工作。控制器的基本功能是执行指令，每条指令的执行是由控制器发出的一组微操作实现的。控制器由程序计数器（Program Counter，PC）、指令寄存器（Instruction Register，IR）、指令译码器、存储器地址寄存器、存储器数据寄存器、时序系统和微操作信号发生器等组成。PC 用于指出下一条指令在主存中的存放地址，具有自增功能。CPU 根据 PC 的内容从主存中取指令；IR 用于保存当前正在执行的那条指令；指令译码器对操作码字段进行译码，向控制器提供特定的操作信号；存储器地址寄存器用于存放所要访问的主存单元的地址；存储器数据寄存器用于存放向主存写入的信息或从主存中读出的信息；时序系统用于产生各种时序信号，它们都由统一时钟分频得到；微操作信号发生器根据 IR 的内容（指令）、程序状态信息及时序信号，产生控制整个计算机系统所需的各种控制信号。

控制器的工作原理是，根据指令操作码、指令的执行步骤（微命令序列）和条件信号来形成当前计算机各部件要用到的控制信号。计算机整机各硬件系统在这些控制信号的控制下协同运行，产生预期的执行效果。

2. 存储器

存储器是计算机的存储和记忆装置，用来存放数据和程序，它包括内存和外存。存储器通常以 8 个二进制位为一个单元（字节），每个单元规定一个唯一的物理地址。CPU 可直接访问内存，因内存读写速度快于外存，所以主要存放当前正在使用的数据和程序。但当前内存的读写速度仍不能适应 CPU 的高速读写要求，故在当前计算机系统的内存子系统设计中，在 CPU 和内存间增加了快速存储的高速缓存（Cache）作为过渡。

3. 输入/输出设备

输入/输出（I/O）设备用来和用户进行交互，包括为计算机提供数据或信息的输入设备（如键盘、鼠标、扫描仪等）和接收从计算机出来的信息或数据的输出设备（如显示器、打印机等）。I/O 设备须通过各种 I/O 接口电路转换后才能和 CPU 相连。

4. 计算机总线

计算机总线是在各部件间或设备间的一组进行互连和传输信息的信号线，传输的信息包括指令、数据和地址。对于连接到总线上的多个设备而言，任何一个设备发出的信号可以被连接到总线上的所有其他设备接收。但在同一时间段内，连接到同一条总线上的多个设备中只能有一个设备主动进行信号的传输，其他设备只能处于被动接收的状态。

总线通常由地址总线、数据总线和控制总线组成。地址总线传送 CPU 发出的访问内存或外部设备接口的地址信息。CPU 送到地址总线的主存地址应先存放在存储器地址寄存器，地址总线的宽度（总线条数）决定了系统能访问的最大内存容量；发送到或从数据总线收取的信息存放在存储器数据寄存器中,数据总线的宽度决定了一次可以传送的二进制数据的位数;控制总线传送控制信息、时序信息和状态信息,传送方向由具体控制信号而定,一般是双向的。控制总线的位数要根据系统的实际控制需要而定。

1.2.2 计算机系统抽象层次

计算机系统要解决的应用问题通常描述为自然语言,而计算机硬件只能理解机器语言程序,因此当计算机完成某个应用问题时,需经过应用问题描述、算法抽象、高级语言程序设计、机器语言程序翻译(编译或解释)、在逻辑电路上实现等多个抽象层次的转换。图 1.4 描述了计算机系统从应用(问题)到底层的抽象层次。

首先,针对应用(问题)进行需求分析,提出解决问题的算法,并通过计算机程序设计语言对算法具体实现。计算机程序是完成特定功能的指令序列,编程人员编写的高级语言程序必须翻译转换为机器指令才能被计算机执行。计算机系统中提供程序编辑和各类程序翻译转换功能的工具包统称为语言处理系统,而具有人机交互功能的用户界面和底层系统调用服务例程则由操作系统提供。操作系统是对计算机系统结构和计算机硬件的一种抽象,这种抽象构成了一台可供程序员使用的虚拟机。

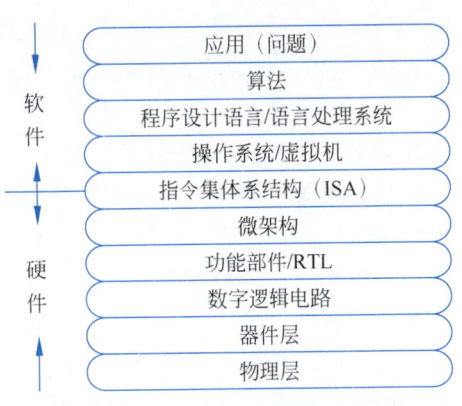

图 1.4 计算机系统抽象层次

从图 1.4 可以看出,指令集体系结构(Instruction Set Architecture,ISA)正处在计算机系统软/硬件交界面上,是软件和硬件接口的完整定义,它定义了一台计算机可以执行的所有指令的集合,其中每条指令规定了计算机所执行的操作、操作数存放的地址空间及操作数类型等。机器语言程序就是由 ISA 所定义的指令序列,计算机硬件执行机器语言程序的过程就是让其执行一条条指令的过程。实现 ISA 的具体逻辑结构称为微架构(Micro-Architecture)。一个特定的微架构由运算器、通用寄存器组和存储器等功能部件构成,功能部件层也称为寄存器传送级(Register Transfer Level,RTL)层。具体的功能部件由数字逻辑电路(Digital Logic Circuit)实现,而器件层是形成电路的基本器件,如晶体管等。最底层为物理层,这里主要是指硅片、晶元这种制造芯片最基础的物理材料。

1.3 数字逻辑及数字电路

1.3.1 数字逻辑及应用

逻辑代数是描述客观事物逻辑关系的一种数学方法,由英国数学家乔治·布尔(George Boole)于 1849 年创立,因而又称为布尔代数。它被广泛地应用在开关电路和数字逻辑电路的变换、分析、简化和设计上,也被称为开关代数。它是一种建立在二元(抽象为 1 和 0)逻辑基础上的代数体系,具有与、或、非三种基本运算。随着数字技术的发展,逻辑代数已经成为分析和设计逻辑电路的基本工具和理论基础。

数字逻辑是数字电路逻辑设计的简称,是一种基于二进制的逻辑设计,其任务是将逻辑功能转化为逻辑电路的实现,从而实现数字信号的处理和运算。逻辑电路分为组合逻辑电路和时序逻辑电路。组合逻辑电路是由与门、或门和非门等门电路组合形成的逻辑电路;时序逻辑电路是由触发器和门电路组成的具有记忆能力的逻辑电路。有了组合逻辑电路和时序逻辑电路,再通过合理的设计和安排,就可以表示和实现各种逻辑功能。

数字逻辑用来研究具有两个离散状态的开关器件所构成的数字逻辑电路,提供电路的输入与输出关系的理想描述,分析这种描述的特性和电路实现,探讨将数字电路或数字模块互联起来完成特定逻辑功能的理论和方法。数字逻辑设计的基本原理包括逻辑代数、逻辑运算和逻辑门电路等。

数字逻辑能有效地实现许多控制应用程序,比如数字计算机、专用处理器、自动控制系统和现代通信系统等。就数字计算机而言,数字逻辑在计算机组成中起着重要的作用。首先,数字逻辑是计算机硬件实现的基础。计算机中的各种逻辑门电路、触发器等基本逻辑元件都是通过数字逻辑设计实现的。数字逻辑设计的正确性和可靠性直接影响计算机硬件的工作效果。其次,数字逻辑可以优化计算机硬件的性能。通过合理的逻辑电路设计,可提高计算机的运算速度和处理能力。数字逻辑还可以降低计算机硬件的成本和功耗,提高计算机的可靠性和稳定性。除了在计算机硬件中的应用外,数字逻辑还广泛应用于计算机网络、通信系统和嵌入式系统等领域。在计算机网络中,数据的传输和处理需借助各种逻辑电路和数字信号的处理。在通信系统中,信号的编码和解码、调制和解调等过程都需要数字逻辑设计的支持。在嵌入式系统中,数字逻辑可以实现各种功能模块的控制和数据处理。总之,数字逻辑及电路设计已经广泛应用于计算机、通信等各个领域中,随着数字电子技术和计算机技术的不断发展,数字逻辑在计算机科学中的地位将越来越重要。

1.3.2 数字电路及电路设计

数字电路是由基本的逻辑门和开关等元件组合而成的电路,用于进行各种逻辑功能的实现和对逻辑变量的管理和控制。在数字电路的构成中,逻辑门是最基本的构建单元,它们按照特定的逻辑关系连接在一起,从而实现了各种复杂的逻辑运算和算术运算操作。

逻辑门主要包括与门、或门、非门、异或门等。其中,与门是实现与逻辑的门电路,采用正逻辑时,只有所有输入端均为高电平时,输出端才输出高电平;或门实现或逻辑,任意一个输入端为高电平时,输出端就输出高电平;非门实现非逻辑,将输入端的电平取反后输出;异或门实现异或逻辑,在输入端两个信号不相同时,输出端才输出高电平。

时钟信号发生器是数字电路中一个必不可少的元素,用于产生规律的脉冲信号,以驱动时序电路工作。

组合逻辑电路设计是根据给定的实际逻辑问题,求出实现其逻辑功能的最简逻辑电路的过程。在数字电路中,组合逻辑电路是由多个逻辑门连接而成的电路,其输出只取决于当前输入信号。组合逻辑电路设计是数字电路中的基础工作之一,在实际应用中,需要根据问题的实际需求和具体要求,选择合适的逻辑表达式和电路实现方式,以实现更复杂、精准和高效的运算。

时序逻辑电路是由逻辑门电路与反馈逻辑回路构成的电路,具有记忆功能,其输出不仅与当前输入信号有关,还与电路过去的状态有关。典型的器件包括储存器、计数器、触发器、移位寄存器等。时序逻辑电路在数字电路的设计中扮演着重要的角色,如在CPU中,可用时序逻辑电路来控制各种指令的执行和操作。

计数器和寄存器是数字电路中非常常见的构造，分别用于计数和存储数据。计数器常用于需要精确计数的场合，如时钟频率测试、计数器变换等；而寄存器则通常用于保存一些特定数据，如 CPU 中的寄存器用于保存指令等重要信息。

CPU 是计算机的核心部件，主要负责运行计算机的指令集，并对计算机的输入和输出进行处理。CPU 的数字电路设计是指将 CPU 所需实现的功能转化为数字电路结构，以实现 CPU 的控制、数据处理和存储等功能，其基本原理是将指令集中的每个指令转化为对应的操作码，并通过编码方式将操作码存储到寄存器中，然后按顺序执行指令，并将结果存储到寄存器或内存中。

CPU 的数字电路设计一般包括以下几方面。

（1）指令集是 CPU 功能的核心部件，是 CPU 表示指令和数据的机器语言集合。设计指令集需要考虑指令的类型、格式、编码方式和执行方式等因素。

（2）控制器是 CPU 的核心部件，其主要功能是解码指令，控制 PC 的值以及指令和数据的传输与处理等。控制器的设计需要考虑指令的复杂性、执行时间、功耗等因素，并采用适当的电路结构和控制算法来实现。

（3）ALU 是 CPU 的重要部件之一，其主要功能是进行算术运算和逻辑运算等。在 ALU 的设计中，需要考虑各种运算的类型、位数、结果的精度等因素，并采用适当的电路结构和设计技术来实现。

（4）寄存器是 CPU 中用于存储数据和指令的部件，其种类和数量取决于 CPU 的架构和功能需求。常见的寄存器包括 PC、IR 等。在寄存器的设计中，需要考虑存储容量、存取速度、功耗等因素，并采用适当的电路结构和布局方式来实现。

（5）存储器是计算机中用于存储数据和指令的硬件设备之一。在数字电路设计中，存储器的设计是非常重要的一部分，因为存储器的性能直接影响计算机系统的运行速度和稳定性。

存储器可以分为随机存储器（RAM）和只读存储器（ROM）两种类型。其中，RAM 是一种易失性存储器，其存储内容会随着电源关闭而丢失；而 ROM 则是一种非易失性存储器，其存储内容不会随着电源关闭而丢失。

存储器的基本结构包括存储单元、地址译码器和输出选择器等。其中，存储单元是存储器的最小单位，每个存储单元都有一个唯一的地址，用于标识该存储单元的位置；地址译码器用于将 CPU 发出的地址信号转化为存储单元的地址，以便于存储单元进行读取和写入操作；输出选择器则用于将存储器中的数据输出到 CPU 或其他外设中。

存储器的数字电路设计主要包括以下几个方面。

（1）存储单元是存储器的最小单位，其设计需要考虑存储容量、存取速度、功耗等因素。常见的存储单元包括静态随机存储器（SRAM）和动态随机存储器（DRAM）等。SRAM 由触发器和传输门电路组成，具有高速、低功耗等特点，但其存储密度较低，成本较高；而 DRAM 则采用电容存储单元，具有存储密度高、成本低等特点，但其存储速度较慢，需要频繁刷新。

（2）地址译码器是存储器的重要组成部分，其主要功能是将 CPU 发出的地址信号转换为存储单元的地址，以便于存储单元进行读取和写入操作。地址译码器的设计需要考虑地址位数、译码方式、延迟时间等因素，并采用适当的电路结构和设计技术来实现。

（3）输出选择器是存储器中用于将数据输出到 CPU 或其他外设中的重要部件，其设计需要考虑输出方式、输出信号质量等因素。常见的输出选择器包括三态缓冲器、驱动器、I/O 端口等。

计算机总线是计算机内部各种功能部件之间传递信息的公共通信干线，它可以被看作由导线组成的传输线束。如前所述，总线的基本结构包括数据总线、地址总线和控制总线三部分，其中数据总线是用于传输数据的，地址总线是用于传输数据地址的，控制总线则是用于传输控制信号的。数据总线的宽度决定了计算机一次能够处理的数据位数。地址总线的宽度决定了计算机可以寻址的存储器容量。控制总线则负责控制计算机内部各个部件的运行状态，包括时序控制和数据传输的协调等。

计算机总线的数字电路设计包括以下几方面。

（1）总线宽度。总线宽度与计算机性能密切相关。在设计计算机总线的时候，需要考虑数据总线的宽度、地址总线的宽度和控制总线的宽度等因素。一般来说，总线宽度越宽，计算机的传输速度就越快，但也会增加设计成本和功耗，并且对于数据总线的稳定性有较高的要求。

（2）总线协议。总线协议是指在计算机总线中，各个功能模块之间进行通信所遵循的规则或标准。不同的计算机系统可能会采用不同的协议，因此，在设计计算机总线的时候，需要考虑总线协议的兼容性和可扩展性。

（3）时序控制。时序控制是指计算机总线中各个导线的状态变化顺序，这在总线的数据传输中显得尤为重要。通过合理设计时序控制电路，可以保证计算机总线的正常工作。在时序控制电路中，需要考虑总线的延迟时间、驱动能力和环境噪声等因素。

（4）总线缓冲器。总线缓冲器是计算机总线中的重要部件，它主要用于将计算机内部各个部件的信号传输到总线上，并将总线上的信号传输到相应的部件中。在设计总线缓冲器时，需要考虑总线信号的质量、传输速度、功耗等因素。

总之，数字电路设计对计算机硬件具有至关重要的影响。它可以直接影响计算机硬件的性能、功能、成本和安全性等方面。

1.3.3 仿真软件及硬件描述语言

在过去的几十年，数字电路设计技术的发展非常迅速。对于数字电路的设计，最早的设计人员使用真空管和晶体管，后来逐渐发明了集成电路（Integrated Circuit，IC），即将逻辑门集成在单个芯片上。第一代集成电路的逻辑门数量非常少，称为小规模集成电路（Small Scale Integrated，SSI）。随着制造工艺技术的发展，可在单个芯片上布置数百个逻辑门，称为中规模电路（Medium Scale Integrated，MSI）。大规模集成电路（Large Scale Integrated，LSI）出现后，可将数千个逻辑门集成在一起，设计过程也随之变得非常复杂，因此设计者希望某些阶段能够自动完成。正是这种需要促进了电子设计自动化的出现和发展。通过使用电路和逻辑仿真技术，设计者可对使用的基本组件的功能进行验证。这时基本组件的规模一般相当于几百个晶体管。设计人员在设计图纸或计算机图形终端上用手工完成电路的版图设计，但测试仍然在面包板上完成。超过 10 万个晶体管集成在一片芯片上的超大规模集成电路（Very Large Scale Integrated，VLSI）的出现，使得设计人员不可能在面板上对设计的功能进行验证，因此计算机辅助技术对于超大规模集成电路的设计和验证变得非常重要。

同时，使用计算机电路版图的布局和布线也开始流行，设计者在图形终端用手工完成数字电路的门级设计。从小的功能模块开始设计，逐步使用小的功能模块来搭建高层功能模块，直到完成顶层设计。在最后制成芯片之前，设计者还会使用逻辑仿真工具对设计的功能进行验证。

随着设计规模的不断增大，其功能越来越复杂，逻辑仿真在整个设计过程中的作用也越来越重要，逻辑仿真的运用使得设计者能尽早地排除设计结构中存在的问题。

Logisim 是一款用于教育教学的数字逻辑电路设计和模拟的仿真软件，带有预先设定元素的设计和模拟平台，凭借其简单的工具栏界面和简易的操作可完成电路搭建，同时还可以模拟电路运行来验证电路设计的正确性，有助于学生对数字逻辑电路相关基本概念的学习和理解。Logisim 具有如下特点：

(1) 它是一款开源软件，能够有效地进行电路仿真和验证，电路设计和调试简单；
(2) 内置的"组合分析"模块可以方便地进行电路、真值表和布尔表达式间的转换；
(3) 支持子电路封装，能用较小的子电路构建更大的电路，易于构建复杂数字电路系统；
(4) 延续了数字逻辑中数字电路设计方法，既有利于培养硬件设计思想，又回避了硬件描述语言(Hardware Description Language，HDL)过于抽象、硬件设计程序化的问题。

硬件描述语言是一种用形式化方法描述数字电路和系统的语言。数字电路系统的设计者利用这种语言可以从上层到下层(从抽象到具体)逐层描述自己的设计思想，用一系列分层次的模块来表示极其复杂的数字系统。其中 Verilog HDL 是硬件描述语言的一种，是在 1983 年由 GDA(GateWay Design Automation)公司的 Phil Moorby 首创的。该语言以文本形式来描述数字系统硬件的结构和行为，允许设计者进行各种级别的逻辑设计，完成数字逻辑系统的仿真验证、时序分析、逻辑综合。它是目前应用较广泛的一种硬件描述语言。

本书首先使用 Logisim 仿真软件，由浅入深地帮助读者熟悉和理解典型逻辑门电路，设计和仿真各类数字电路；然后通过对 Verilog HDL 的学习，了解 Verilog HDL 的基本语法，帮助读者掌握可综合 Verilog 模块与逻辑电路的对应关系，及 Verilog 代码编写规范和调试的基础。

习题 1

1.1 数字信号和模拟信号有什么区别？
1.2 数字信号有哪两种传输波形？
1.3 何谓正逻辑？何谓负逻辑？正逻辑的与门电路，若改用负逻辑，实现的是哪种门电路的功能？
1.4 模拟系统与数字逻辑系统的主要区别有哪些？
1.5 简述数字逻辑系统的特点。
1.6 简述冯·诺依曼结构的思想。
1.7 简述数字逻辑在计算机组成中所起的作用。
1.8 简要说明 CPU 的数字电路设计一般包括哪些方面。
1.9 简要说明存储器的数字电路设计一般包括哪些方面。
1.10 简要说明计算机总线的数字电路设计一般包括哪些方面。

第 2 章　数制与编码

CHAPTER 2

冯·诺依曼结构计算机系统的设计实现了基于信息的二进制编码,因此现实世界的信息(如文字、声音、图片、图像等)通常由输入设备转化为二进制编码来表示。数字化编码过程就是指对现实世界中的连续信息的定时采样,将其转换为计算机中离散的"样本"信息,再对它们用 0 和 1 进行编码的过程。将各种媒体信息转换成二进制编码的数字化信息后,可在计算机内部进行存储、处理和传送。计算机指令所处理的基本数据分为数值型数据和非数值型数据两种。数值型数据表示数量的多少,包括整数和实数;非数值型数据没有大小之分,不表示数量的多少,如符号、文字等。

本章主要介绍数字系统中数的各种基本表示方法,包括各种不同的进位计数体制及其相互间的转换,带符号数的代码表示方法,数的定点表示与浮点表示,计算机中常用的数码与字符的代码表示等。

2.1　计数体制

数字信号通常用数码形式给出,不同的数码可用来表示不同的数量大小。用数码表示数量大小时,仅用一位数码往往不够,因此常用进位计数体制的方法组成多位数码。通过选取一组数字符号来表示数值的大小就构成一种数制,这些数字符号即为数码。进位计数体制即按进位方式实现计数的一种规则,是用统一的符号和规则表示数的一种方法。在日常生活中我们就是按进位计数体制来进行计数的,如十进制、十二进制、六十进制等。对于任何一个数,我们都可以用不同的进位计数体制来表示,但不同进位计数体制的运算方法和难易程度各不相同,对数字系统的性能有很大影响。

2.1.1　十进制数

人们通常采用十进制数来计数。十进制有十个数码,即 0、1、2、3、4、5、6、7、8、9。十进制的特点是由低位向高位的进位原则是"逢十进一"。十进制的基数为 10,基数表示某种进位体制所具有的数码的个数。十进制的权为 10^i,权表示某种进位体制中数的不同位置上的 1 所表示数值的大小。如十进制数 123.45:最左位为百位,该位置上的数码 1 代表 100,权为 10^2;第二位为十位,该位置上的数码 2 代表 20,权为 10^1;第三位为个位,该位置上的数码 3 代表 3,权为 10^0;小数点右边第一位为十分位,该位置上的数码 4 代表 0.4,权为

10^{-1}；第二位为百分位，该位置上的数码 5 代表 0.05，权为 10^{-2}。

基数和权是进位体制的两个基本要素，根据基数和权的概念，我们可以将任何一个十进制数表示成多项式的形式，即一个十进制数可以表示为

$$(N)_{10} = (N_{n-1} N_{n-2} \cdots N_1 N_0 . N_{-1} N_{-2} \cdots N_{-m})_{10}$$

式中，下标 10 表示括号里的数是十进制数，有时也用 D(Decimal)代替下标 10。

任何一个十进制数均可按权展开，表示为

$$(N)_{10} = (N_{n-1} \times 10^{n-1} + N_{n-2} \times 10^{n-2} + \cdots + N_1 \times 10^1 + N_0 \times 10^0 +$$
$$N_{-1} \times 10^{-1} + N_{-2} \times 10^{-2} + \cdots + N_{-m} \times 10^{-m})_{10}$$
$$= \sum_{i=-m}^{n-1} N_i \times 10^i, \quad 0 \leqslant N_i \leqslant 9$$

式中，n 表示整数部分的位数；m 表示小数部分的位数；10 表示基数，10^i 为第 i 位的权；N_i 表示各个数码。

2.1.2 二进制数

虽然原则上对于任意一个数可以用任何一种进位计数体制来计数和进行算术运算，但不同的进位计数体制的运算方法及难易程度各不相同，因此选择什么样的进位计数体制来表示数，对数字系统的性能影响很大。在数字系统中，常用二进制来表示数和进行算术运算。这是因为二进制数具有如下特点。

(1) 二进制只有 0 和 1 两个数码，容易用物理状态来表示，任何具有两个不同稳定状态的元件都可以用来表示一位二进制数，例如：晶体管的"导通"和"截止"，脉冲的"有"和"无"等。

(2) 二进制运算规则简单，便于进行算术运算。其运算规则如下。

加法规则：
$0+0=0 \quad 0+1=1 \quad 1+0=1 \quad 1+1=0$（同时向相邻的高位进 1）

减法规则：
$1-0=1 \quad 1-1=0 \quad 0-0=0 \quad 0-1=1$（同时向相邻的高位借 1）

乘法规则：
$0 \times 0=0 \quad 0 \times 1=0 \quad 1 \times 0=0 \quad 1 \times 1=1$

除法规则：
$0 \div 1=0 \quad 1 \div 1=1$

下面举例说明二进制数的四则运算。

【例 2.1】 两个二进制数相加，采用"逢二进一"的规则。

```
   1101
+) 0110
  10011
```

【例 2.2】 两个二进制数相减，采用"借一当二"的规则。

```
   1101
-) 0110
    111
```

【例2.3】 两个二进制数相乘,其方法与十进制乘法运算相似,但采用二进制运算规则。

$$
\begin{array}{r}
1101 \\
\times\,0110 \\
\hline
0000 \\
1101 \\
1101 \\
+\,0000 \\
\hline
1001110
\end{array}
$$

【例2.4】 两个二进制数相除,其方法与十进制除法运算相似,但采用二进制运算规则。

$$
\begin{array}{r}
1010 \\
1101\overline{)10001001} \\
1101 \\
\hline
010000 \\
1101 \\
\hline
00111
\end{array}
$$

从上述例子中可以看出二进制算术运算中,二进制数的乘法运算可以通过若干次的"被乘数(或零)左移一位"和"被乘数(或零)与部分积相加"这两种操作完成;而二进制数的除法运算可以通过若干次的"除数右移一位"和"从被除数或余数中减去除数"这两种操作完成。若我们能设法将二进制数的减法操作转化为某种形式的加法操作,那么二进制的加、减、乘、除运算就全部可以用"移位"和"相加"两种操作实现。这样将大大简化所需运算电路的结构,这也是数字电路中普遍采用二进制算术运算的重要原因之一。

(3) 二进制可实现逻辑运算,从而可以用布尔代数对数字系统进行分析、综合,便于逻辑电路的设计优化。

(4) 二进制只有两个状态,数字的传输和处理不容易出错,可靠性高。

(5) 采用二进制来表示数可以节省设备。

说明如下:设 n 是数的位数,R 是基数,R^n 表示 n 位 R 进制数的最大信息量,用 $n \times R$ 表示 R^n 个信息量所用的设备量。

例如:$n=3, R=10, R^n=10^3=1000$,则

$$n \times R = 3 \times 10 = 30$$

假设要表示相同或更多的信息量,即 $R^n \geqslant 1000$,取 $R=2$,则 $2^n \geqslant 1000$,由此可得 $n=10$。所要表示的信息量 $R^n = 2^{10} = 1024$,则设备量

$$n \times R = 10 \times 2 = 20$$

由此可见,对于相同的信息量,用二进制来表示数比用十进制来表示数所用的设备量要少。

由于数的表示可以使用任意进制,那么哪一种进制最节省设备呢?下面给出唯一性证明。

证明：

设 $N=R^n$，N 为需要表示的信息量，n 为 R 进制数的位数。两边取对数得

$$\ln N = n \ln R$$

令 $C = \ln N$，则

$$C = n \ln R$$

两边同乘 R 得 $RC = nR \ln R$，则

$$nR = \frac{RC}{\ln R}$$

对 nR 求对 R 的导数并使导数为 0，$\left(\dfrac{RC}{\ln R}\right)' = 0$，则

$$C \cdot \frac{\ln R - 1}{(\ln R)^2} = 0$$

可得

$$\ln R - 1 = 0$$

由此得到最小的 $R = e = 2.718$，则取 $R = 2$。

任何一个二进制数也可按权展开，表示为

$$\begin{aligned}
(N)_2 &= (N_{n-1} N_{n-2} \cdots N_1 N_0 . N_{-1} N_{-2} \cdots N_{-m})_2 \\
&= N_{n-1} \times 2^{n-1} + N_{n-2} \times 2^{n-2} + \cdots + N_1 \times 2^1 + N_0 \times 2^0 + \\
&\quad N_{-1} \times 2^{-1} + N_{-2} \times 2^{-2} + \cdots + N_{-m} \times 2^{-m} \\
&= \sum_{i=-m}^{n-1} N_i \times 2^i, \quad 0 \leqslant N_i \leqslant 1
\end{aligned}$$

按权展开时按十进制的计算规则，便可计算出该二进制数所表示的十进制数的大小。例如：

$$(101.11)_2 = 1 \times 2^2 + 0 \times 2^1 + 1 \times 2^0 + 1 \times 2^{-1} + 1 \times 2^{-2} = (5.75)_2$$

下标 2 表示括号里的数是二进制数，也可以用 B(Binary)代替下标 2。

广义地，一个 R 进制数 N 可表示成

$$(N)_R = (r_{n-1} r_{n-2} \cdots r_1 r_0 . r_{-1} r_{-2} \cdots r_{-m})_R = \sum_{i=-m}^{n-1} r_i R^i$$

式中，n 表示 R 进制数 N 的整数位数；m 表示 R 进制数 N 的小数位数；R 为基数；r_i 为 R 进制数的各个数码，有 $r_i \in \{0, 1, 2, \cdots, R-1\}$。

2.1.3 八进制数和十六进制数

由于二进制数运算规则简单，用电路实现也很方便，所以数字系统中广泛采用二进制数。但当二进制数的位数很多时，书写和阅读很不方便，容易出错且记忆困难。为此，人们通常采用八进制数和十六进制数。

八进制数的基数 R 等于 8，每一位可取 8 个不同的数码，即 0、1、2、3、4、5、6、7，其进位规则是"逢八进一"。

由于一位八进制数的 8 个数码正好对应三位二进制数的八种不同组合，所以八进制与二进制之间有简单的对应关系，即

八进制	0	1	2	3	4	5	6	7
二进制	000	001	010	011	100	101	110	111

如果把这三位二进制数看作一个整体,它的进位输出正好是逢八进一。因此,八进制数与二进制数之间的转换就极为方便。

由二进制数转换成八进制数的方法是:以小数点为界,将二进制数的整数部分从低位开始,小数部分从高位开始,每三位分成一组,头尾不足三位的补 0。然后将每组的三位二进制数转换为一位八进制数。

【例 2.5】 将二进制数 11010.1101 转换为八进制数。

$$\underbrace{011}_{3}\ \underbrace{010}_{2}\ .\ \underbrace{110}_{6}\ \underbrace{100}_{4}$$

所以 $(11010.1101)_2 = (32.64)_8$。

反之,若将八进制数转换为二进制数,则只需将八进制数的每一位用等值的三位二进制数代替即可。

【例 2.6】 将八进制数 357.6 转换为二进制数。

$$\begin{array}{cccc} 3 & 5 & 7. & 6 \\ \downarrow & \downarrow & \downarrow & \downarrow \\ 011 & 101 & 111. & 110 \end{array}$$

所以 $(357.6)_8 = (11101111.11)_2$。

这里下标 8 表示括号里的数是八进制数,也可以用 O(Octal)代替下标 8。

十六进制数的基数 R 为 16,每一位可取 16 个不同的数码,即 0、1、2、3、4、5、6、7、8、9、A(10)、B(11)、C(12)、D(13)、E(14)、F(15),其进位规则是"逢十六进一"。

同样,因为一位十六进制数的 16 个数码正好对应四位二进制数的十六种不同的组合,所以,十六进制与二进制之间有简单的对应关系,即

十六进制	0	1	2	3	4	5	6	7
二进制	0000	0001	0010	0011	0100	0101	0110	0111
十六进制	8	9	A	B	C	D	E	F
二进制	1000	1001	1010	1011	1100	1101	1110	1111

如果把这四位二进制数看作一个整体,它的进位输出正好是逢十六进一。因此,十六进制数与二进制数之间的转换也很方便。

将二进制数转换为十六进制数时,只要从低位到高位将二进制数的整数部分每四位分为一组(不足四位的补 0),同时从高位到低位将二进制数的小数部分每四位分为一组(不足四位的补 0),每组二进制数用等值的十六进制数代替即可。

【例 2.7】 将二进制数 1010110110.110111 转换为十六进制数。

$$\underbrace{0010}_{2}\ \underbrace{1011}_{B}\ \underbrace{0110}_{6}\ .\ \underbrace{1101}_{D}\ \underbrace{1100}_{C}$$

所以 $(1010110110.110111)_2 = (2B6.DC)_{16}$。

【例 2.8】 将十六进制数 5D.6E 转换为二进制数。

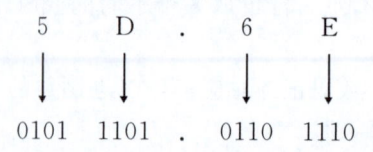

$$\begin{array}{cccc} 5 & D. & 6 & E \\ \downarrow & \downarrow & \downarrow & \downarrow \\ 0101 & 1101. & 0110 & 1110 \end{array}$$

所以$(5D.6E)_{16} = (1011101.0110111)_2$。

下标 16 表示括号里的数是十六进制数,也可以用 H(Hexadecimal)代替下标 16。

采用八进制或十六进制要比使用二进制书写简短,易读易记,而且八进制或十六进制到二进制的转换也方便,因此,计算机工作者普遍采用八进制或十六进制来书写和表达数据。

2.1.4 数制的转换

由于在现实中人们习惯使用十进制数,所以在用计算机进行信息处理时,必须把十进制数转换成二进制数才能被计算机所接受;在信息处理完成后,又必须把处理结果从二进制数转换成人们习惯的十进制数。数制的转换是经常发生的,本节主要介绍任意 α 进制数和 β 进制数之间的转换方法。

1. 多项式替代法

任意 α 进制数和 β 进制数之间的转换,采用多项式替代法的过程是先将 α 进制数按权展开,然后替代成相应 β 进制中的数,最后按 β 进制的计算规则计算即可得 β 进制数。

【例 2.9】 $(123.4)_8 = (?)_{10}$。

$$\begin{aligned}
(123.4)_8 &= [1 \times (10)^2 + 2 \times (10)^1 + 3 \times (10)^0 + 4 \times (10)^{-1}]_8 \quad \text{(展开)}\\
&= (1 \times 8^2 + 2 \times 8^1 + 3 \times 8^0 + 4 \times 8^{-1})_{10} \quad \text{(替代)}\\
&= (64 + 16 + 3 + 0.5)_{10} \quad \text{(在十进制中计算)}\\
&= (83.5)_{10}
\end{aligned}$$

【例 2.10】 $(201.2)_3 = (?)_2$。

$$\begin{aligned}
(201.2)_3 &= [2 \times (10)^2 + 0 \times (10)^1 + 1 \times (10)^0 + 2 \times (10)^{-1}]_3 \quad \text{(展开)}\\
&= (10 \times 11^{10} + 0 \times 11^1 + 1 \times 11^0 + 10 \times 11^{-1})_2 \quad \text{(替代)}\\
&= (10010 + 1 + 0.101010\cdots)_2 \quad \text{(在二进制中计算)}\\
&= (10011.101010\cdots)_2
\end{aligned}$$

由于多项式替代法要在 β 进制中进行计算,只有 β 进制为十进制时计算较方便,而为其他进制时,计算就很不方便。因此,这种方法用于任意进制数到十进制数的转换较方便。

2. 基数乘/除法

基数乘/除法分为基数乘法和基数除法两种。对于整数部分的转换,采用基数除法;对于小数部分的转换,采用基数乘法。

1) 基数除法

【例 2.11】 将十进制整数 25 转换为二进制数,即 $(25)_{10} = (?)_2$。

设转换结果为 $(25)_{10} = (k_{n-1}k_{n-2}\cdots k_1 k_0)_2$

$$= (k_{n-1} \times 2^{n-1} + k_{n-2} \times 2^{n-2} + \cdots + k_1 \times 2^1 + k_0 \times 2^0)_{10}$$

在十进制中计算,将上式两边除以 2,得

$$12 + \frac{1}{2} = (k_{n-1} \times 2^{n-2} + k_{n-2} \times 2^{n-3} + \cdots + k_1 \times 2^0) + \frac{k_0}{2}$$

两数相等,则它们整数部分和小数部分必定分别相等,故有

$$12 = k_{n-1} \times 2^{n-2} + k_{n-2} \times 2^{n-3} + \cdots + k_1 \times 2^0; \quad k_0 = 1$$

再将上式整数部分两边同除以 2,可得

$$6 = (k_{n-1} \times 2^{n-3} + k_{n-2} \times 2^{n-4} + \cdots + k_2 \times 2^0) + \frac{k_1}{2}$$

则
$$6 = k_{n-1} \times 2^{n-3} + k_{n-2} \times 2^{n-4} + \cdots + k_2 \times 2^0; \quad k_1 = 0$$

可见,所求的二进制数$(k_{n-1}k_{n-2}\cdots k_1 k_0)_2$的最低位$k_0$是十进制数25除以2所得的余数;次低位$k_1$是除法所得商12再除以2后得到的余数;依次类推,继续用2除,直到商为0时结束,所得到的余数即为所求的二进制数$k_0 \sim k_{n-1}$的值。此方法又称为除2取余法。

将上述过程写成简单算式如下:

```
2 | 25        余数      低位
2 | 12  ……  1=k₀       ↑
2 |  6  ……  0=k₁
2 |  3  ……  0=k₂
2 |  1  ……  1=k₃
     0  ……  1=k₄       高位
```

转换结果为$(25)_{10} = (11001)_2$。

任何α进制和β进制整数之间的转换方法为先将基数β转换为α进制数β',α进制的整数在α进制中连续除以β',求得每一次的余数,直到商为0时结束;然后将各个余数替代成β进制中相应的数码,即得β进制的整数。

【例 2.12】 $(687)_{10} = (?)_{16}$。

```
16 | 687       余数      低位
16 |  42  ……  15       ↑
16 |   2  ……  10
      0   ……   2       高位
```

所以$(687)_{10} = (2AF)_{16}$。

2) 基数乘法

【例 2.13】 将十进制小数0.6875转换为二进制数,即$(0.6875)_{10} = (?)_2$。

设转换结果为$(0.6875)_{10} = (0.k_{-1}k_{-2}\cdots k_{-m})_2$
$$= (k_{-1} \times 2^{-1} + k_{-2} \times 2^{-2} + \cdots + k_{-m} \times 2^{-m})_{10}$$

在十进制中计算,将上式两边乘以2,则得
$$1.3750 = k_{-1} + (k_{-2} \times 2^{-1} + k_{-3} \times 2^{-2} + \cdots + k_{-m} \times 2^{-m+1})$$

两数相等,则它们整数部分和小数部分必定分别相等,故有
$$k_{-1} = 1; \quad 0.3750 = k_{-2} \times 2^{-1} + k_{-3} \times 2^{-2} + \cdots + k_{-m} \times 2^{-m+1}$$

再将上式小数部分两边再分别乘以2,可得
$$0.75 = k_{-2} + (k_{-3} \times 2^{-1} + \cdots + k_{-m} \times 2^{-m+2})$$

故有
$$k_{-2} = 0; \quad 0.75 = k_{-3} \times 2^{-1} + \cdots + k_{-m} \times 2^{-m+2}$$

可见,所求的二进制数$(0.k_{-1}k_{-2}\cdots k_{-m})_2$的最高位$k_{-1}$是十进制数0.6875乘以2所得的整数部分;其小数部分再乘以2所得的整数部分即为k_{-2}的值;依次类推,继续用2

乘,直到无小数部分或满足要求的精度为止。每次所得乘积的整数部分即为所求的二进制数 $k_{-1} \sim k_{-m}$ 之值。该方法又被称为乘 2 取整法。

将上述过程写成简单算式如下：

$$
\begin{array}{r}
0.6875 \\
\times \quad 2 \\
\hline
1.3750 \quad \cdots\cdots \quad 1 \quad k_{-1}（高位）\\
0.3750 \\
\times \quad 2 \\
\hline
0.7500 \quad \cdots\cdots \quad 0 \\
0.7500 \\
\times \quad 2 \\
\hline
1.5000 \quad \cdots\cdots \quad 1 \\
0.5000 \\
\times \quad 2 \\
\hline
1.0000 \quad \cdots\cdots \quad 1 \quad k_{-4}（低位）
\end{array}
$$

转换结果为 $(0.6875)_{10} = (0.1011)_2$。

任何 α 进制和 β 进制小数之间的转换方法为先将基数 β 转换为 α 进制数 β'，α 进制的小数部分在 α 进制中连续乘以 β'，求得各次乘积的整数部分,直到无小数部分或满足要求的精度为止；然后将各个整数替代成 β 进制中相应的数码,即可得到 β 进制的小数。

利用基数乘/除法可以将一个十进制混合小数很方便地转换为任何 β 进制的数。只要将整数部分和小数部分按上述规则分别进行转换,然后将所得的数组合起来即可。

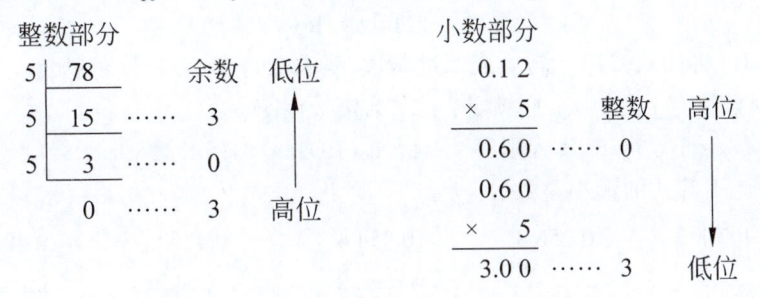

【例 2.14】 $(78.12)_{10} = (?)_5$。

整数部分：

$$
\begin{array}{r|l l}
5 & 78 & 余数 \quad 低位 \\
5 & 15 & \cdots\cdots \quad 3 \\
5 & 3 & \cdots\cdots \quad 0 \\
& 0 & \cdots\cdots \quad 3 \quad 高位
\end{array}
$$

小数部分：

$$
\begin{array}{r}
0.12 \\
\times \quad 5 \quad 整数 \quad 高位\\
\hline
0.60 \quad \cdots\cdots \quad 0 \\
0.60 \\
\times \quad 5 \\
\hline
3.00 \quad \cdots\cdots \quad 3 \quad 低位
\end{array}
$$

所以 $(78.12)_{10} = (303.03)_5$。

3) 混合法

对于任意两种不同进制数的转换,比较方便的方法是利用十进制数作为桥梁,先把 α 进制数转换为十进制数,再将十进制数转换为 β 进制数。这种方法是多项式替代法和基数乘/除法的混合应用。

【例 2.15】 $(121.02)_4 = (?)_3$。

先用多项式替代法将四进制数转换为十进制数,则

$$(121.02)_4 = (1 \times 4^2 + 2 \times 4^1 + 1 \times 4^0 + 2 \times 4^{-2})_{10}$$
$$= (16 + 8 + 1 + 0.125)_{10} = (25.125)_{10}$$

再用基数乘/除法将得到的十进制数转换为三进制数：

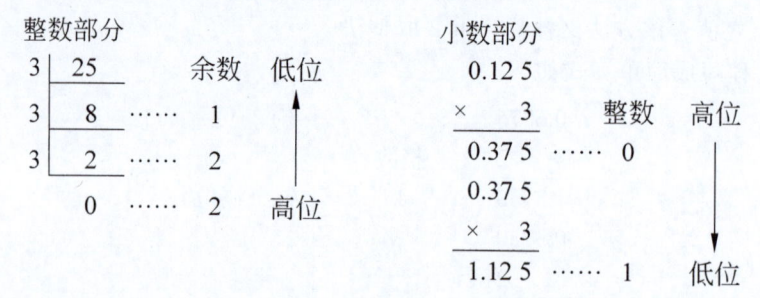

整数部分

```
3 | 25        余数    低位
3 |  8 …… 1    ↑
3 |  2 …… 2
     0 …… 2    高位
```

小数部分

```
  0.125
×    3         整数   高位
  0.375 …… 0    ↓
  0.375
×    3
  1.125 …… 1   低位
```

所以 $(121.02)_4 = (221.01\cdots)_3$。

4) 数制转换时小数位数的确定

将 α 进制的小数转换成 β 进制数时，转换后的数需要多少位才能保证相同的精度是数制转换时必须考虑的问题。

设 α 进制小数有 i 位，转换成 β 进制数后保证相同的精度需要 j 位，这时应有

$$(0.1)_\alpha^i = (0.1)_\beta^j$$

等式两边在十进制中按权展开，则有

$$(1 \times \alpha^{-1})_{10}^i = (1 \times \beta^{-1})_{10}^j$$

等式两边取以 α 为底的对数，则得

$$i \times \log_\alpha(1/\alpha) = j \times \log_\alpha(1/\beta)$$

即

$$i \times \log_\alpha(\alpha) = j \times \log_\alpha(\beta)$$

因为

$$\log_\alpha(\alpha) = 1$$

所以 $i = j \times \log_\alpha(\beta) = j \times (\lg(\beta)/\lg(\alpha))$ 或 $j = i \times (\lg(\alpha)/\lg(\beta))$

取 j 为满足下列不等式的最小整数：

$$j \geqslant i \times \lg(\alpha)/\lg(\beta)$$

【例 2.16】 将 $(0.4071)_{10}$ 转换成八进制数，要求保持 $\pm(0.1)_{10}^4$ 的精度。

设八进制小数需 j 位，则 j 应满足：$j \geqslant i \times \lg(\alpha)/\lg(\beta)$。

其中 $i=4, \alpha=10, \beta=8$，代入则得 $j \geqslant 4 \times \lg(10)/\lg(8) = 4.428$。

j 取满足此不等式的最小整数，即 $j=5$。

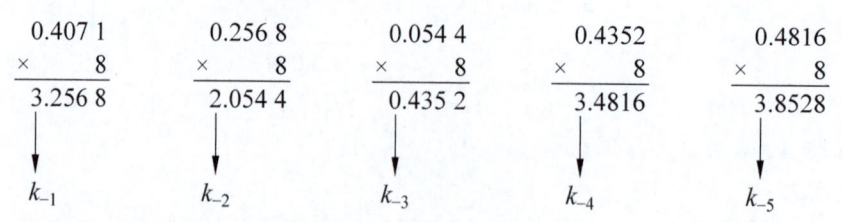

```
  0.4071      0.2568      0.0544      0.4352      0.4816
×     8     ×     8     ×     8     ×     8     ×     8
  3.2568      2.0544      0.4352      3.4816      3.8528
    ↓           ↓           ↓           ↓           ↓
   k₋₁         k₋₂         k₋₃         k₋₄         k₋₅
```

则 $(0.4071)_{10} = (0.32033)_8$。

2.2 带符号数的代码表示

2.2.1 机器数与真值

算术运算中的数是带符号的数，数的符号通常用"＋"和"－"分别表示正和负。在数字

电路中,用输出的高、低电平表示二进制数中的"1"和"0"。那么数的正、负又如何表示呢? 因为正、负两种不同状态可以用一位二进制数码来表示,所以通常采用的方法是在原二进制数的数值前面增加一位符号位,习惯上用符号位为 0 表示"+",用符号位为 1 表示"-",例如:

$$N_1 = +1101 \quad N_2 = -1011$$

在计算机中可以表示为

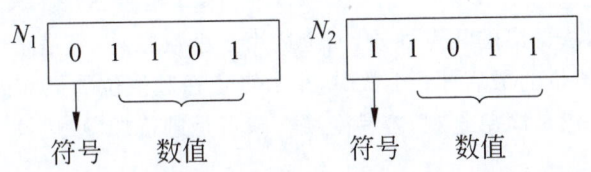

N_1 | 0 | 1 | 1 | 0 | 1 |
符号　数值

N_2 | 1 | 1 | 0 | 1 | 1 |
符号　数值

这种数的符号也数值化了的数据表示形式称为机器数;把用"+""-"表示数的符号的数据表示形式称为真值。

在数字系统中,表示机器数常用的方法有三种,即原码、反码和补码。这三种机器数的表示形式中,符号部分的规定是相同的,所不同的是数值部分的表示形式。不同的表示形式,其运算方法也不同。

2.2.2 原码

原码表示法中符号"+"用数码 0 表示,符号"-"用数码 1 表示,数值部分为真值形式中的数值。

例如,已知两个数的真值为 $x_1=+1101, x_2=-1101$,则 x_1 和 x_2 的原码表示形式为

$$[x_1]_原 = 01101, \quad [x_2]_原 = 11101$$

整数原码的定义为

设真值 x 为整数,是由 $n-1$ 位数码组成的二进制数,即

$$x = \pm x_{n-1} x_{n-2} \cdots x_1 \quad (-2^{n-1} < x < 2^{n-1})$$

则

$$[x]_原 = \begin{cases} x, & 0 \leq x < 2^{n-1} \\ 2^{n-1} - x, & -2^{n-1} < x \leq 0 \end{cases}$$

根据原码定义,可以得出下列简单性质。

(1) 当真值 x 的数值部分为 $n-1$ 位整数(即 $-2^{n-1} < x < 2^{n-1}$)时,其机器数 $[x]_原$ 为 n 位数,最高位为符号位。

若 $x = +x_{n-1} x_{n-2} \cdots x_1$,则 $[x]_原 = 0 x_{n-1} x_{n-2} \cdots x_1$;

若 $x = -x_{n-1} x_{n-2} \cdots x_1$,则 $[x]_原 = 1 x_{n-1} x_{n-2} \cdots x_1$。

(2) 当真值 $x = \pm 00 \cdots 0$ 时,$[x]_原$ 有两种表示形式,即

$$[x]_原 = [+00 \cdots 0]_原 = 000 \cdots 0$$

或

$$[x]_原 = [-00 \cdots 0]_原 = 100 \cdots 0$$

这表明,在原码表示法中,零有两种表示形式。

对于真值 x 为纯小数的情况,其原码表示法与整数相类似。

例如,已知两数的真值 x_1 和 x_2 分别为 $x_1 = +0.1101, x_2 = -0.1101$,则 x_1 和 x_2 的原码表示形式为

$$[x_1]_原 = 0.1101, \quad [x_2]_原 = 1.1101$$

其中最高位为符号位,紧接后面是小数点及数值位。

设真值 x 为小数,即

$$x = \pm 0.x_{-1}x_{-2}\cdots x_{-(n-1)} \quad (-1 < x < 1)$$

则

$$[x]_原 = \begin{cases} x, & 0 \leqslant x < 1 \\ 1-x, & -1 < x \leqslant 0 \end{cases}$$

由整数原码表示法得出的几点性质,完全适用于小数原码,只是小数点的位置不同。整数时,小数点定在数值位的最后面;小数时,小数点定在数值位的最前面。

原码表示法的优点是简单直观,容易变换。缺点是进行加、减运算较为复杂。

2.2.3 反码

反码表示法中符号部分与原码的符号相同;对于正数(符号位为0),其反码与原码相同;对于负数(符号位为1),反码数值是将原码数值按位取反。例如:

$$x_1 = +1101, \quad x_2 = -1101$$

$$[x_1]_反 = 01101, \quad [x_2]_反 = 10010$$

由上述反码的形成规则,我们可以得到反码的一般定义如下:

设真值 $x = \pm x_{n-1}x_{n-2}\cdots x_1 \quad (-2^{n-1} < x < 2^{n-1})$,则

$$[x]_反 = \begin{cases} x, & 0 \leqslant x < 2^{n-1} \\ (2^n - 1) + x, & -2^{n-1} < x \leqslant 0 \end{cases}$$

当真值 $x = \pm 0.x_{-1}x_{-2}\cdots x_{-(n-1)} \quad (-1 < x < 1)$ 时,有

$$[x]_反 = \begin{cases} x, & 0 \leqslant x < 1 \\ (2 - 2^{-(n-1)}) + x, & -1 < x \leqslant 0 \end{cases}$$

根据反码的定义,可以得到下列简单性质。

(1) 当真值 x 的数值部分为 $n-1$ 位时,其机器数 $[x]_反$ 为 n 位数,最高位称为符号位,即

若 $x = +x_{n-1}x_{n-2}\cdots x_1$,则 $[x]_反 = 0x_{n-1}x_{n-2}\cdots x_1$;

若 $x = -x_{n-1}x_{n-2}\cdots x_1$,则 $[x]_反 = 1\overline{x_{n-1}}\,\overline{x_{n-2}}\cdots\overline{x_1}$。

(2) 当真值 $x = \pm 00\cdots 0$ 时,$[x]_反$ 也有两种表示形式,即

$$[x]_反 = [+00\cdots 0]_反 = 000\cdots 0$$

$$[x]_反 = [-00\cdots 0]_反 = 111\cdots 1$$

这表明,在反码表示法中,零的表示不是唯一的。

由整数反码表示法得出的几点性质,也完全适用于小数反码表示,但是小数点的位置有所差别。

2.2.4 补码

补码表示法中符号部分与原码的符号相同;对于正数(符号位为0),其补码与原码相同;对于负数(符号位为1),补码的数值是将原码数值按位取反,再在最低位加1。例如:

$$x_1 = +1101, \quad x_2 = -1101$$
$$[x_1]_{\text{补}} = 01101, \quad [x_2]_{\text{补}} = 10011$$

补码的定义如下：

设真值 $x = \pm x_{n-1} x_{n-2} \cdots x_1$ （$-2^{n-1} \leqslant x < 2^{n-1}$）

则
$$[x]_{\text{补}} = \begin{cases} x, & 0 \leqslant x < 2^{n-1} \\ 2^n + x, & -2^{n-1} \leqslant x < 0 \end{cases}$$

当真值 $x = \pm 0. x_{-1} x_{-2} \cdots x_{-(n-1)}$，（$-1 \leqslant x < 1$）时

则
$$[x]_{\text{补}} = \begin{cases} x, & 0 \leqslant x < 1 \\ 2 + x, & -1 \leqslant x < 0 \end{cases}$$

根据补码定义，可以得出下列性质。

(1) 当真值 x 的数值部分为 $n-1$ 位时，其机器数 $[x]_{\text{补}}$ 为 n 位，最高位为符号位。

若 $x = +x_{n-1} x_{n-2} \cdots x_1$，则 $[x]_{\text{补}} = 0 x_{n-1} x_{n-2} \cdots x_1$

若 $x = -x_{n-1} x_{n-2} \cdots x_1$，则 $[x]_{\text{补}} = 1\overline{x_{n-1}}\,\overline{x_{n-2}} \cdots \overline{x_1} + 1$

(2) 当真值 $x = \pm 00 \cdots 0$ 时，$[x]_{\text{补}}$ 只有一种表示形式，即

$$[x]_{\text{补}} = [\pm 00 \cdots 0]_{\text{补}} = 000 \cdots 0$$

这表明，在补码表示法中，零的表示是唯一的。

(3) 补码表示法中，真值 x 为负数时的定义域包括 $x = -2^{n-1}$，这时

$$[x]_{\text{补}} = 2^n + x = 2^n + (-2^{n-1}) = 2^n - 2^{n-1} = 2^{n-1}$$

为了对补码定义有进一步的理解，下面我们引入模和同余的概念。

模是指一个计量器的容量，记作 M。例如，一个十进制计数器，当位数 $n=1$ 时，它最多能计 $10^1 = 10$ 个数（0～9），则该计数器的模 $M=10^1$；当计数器位数为 n 位时，则 $M=10^n$。同理，对于计算机中的二进制计数器，当位数为 2 位时，它最多能计 $2^2 = 4$ 个数（00～11），该计数器的模 $M=2^2$；当二进制计数器位数为 n 位时，则其模 $M=2^n$。

同余：设有两个整数 a、b，若用某一正整数 M 同时除这两个数，所得的余数相同，则称 a、b 对模 M 是同余的，且称 a、b 在以 M 为模时是相等的，记为 $a = b (\bmod M)$。

根据同余的概念，有 $a = kM + a (\bmod M), k = 0, 1, 2, \cdots, n$。

下面以生活中常见的事例进行说明。例如，你在 6 点时发现自己的手表停止在 11 点了，因此必须把表针拨回到 6 点。若定义顺时针拨表针为加法，逆时针拨表针为减法，这样就有两种拨法：一种拨法是将表针逆时针拨 5 格，即 11-5=6，拨回到 6 点；另一种拨法是将表针顺时针拨 7 格，即 11+7=18。由于表盘的最大数为 12，超过 12 以后的"进位"将自动消失，于是只保留减去 12 以后的余数，即 18-12=6，这样也将表针拨回到 6 点。这个例子说明，钟表为模 12 的系统，6 点和 18 点是同余的，即可写成 6=18(mod 12)。而对于 11-5 的减法运算在此可以用 11+7 的加法运算所代替，因为 5 和 7 相加正好等于模数 12，所以 7 为 -5 对模 12 的补数，也称为补码。

又如，设计算机字长为 4 位，它所能表示的二进制数的范围为 0000～1111，即其模为 2^4 (16)。如果要在该计算机中计算 1001+1011，其结果将为 0100，而不是 10100，超出字长 4 位的最高位上的 1 被丢弃了。这个结果与 1001-0101 的运算结果相同，所以在字长为 4 位的计算机中，1001-0101 的减法运算可以用 1001+1011 的加法运算代替，其中 1011(11) 恰

好是 0101(5)对模 2^4 的补码。所以在舍弃进位的条件下,减去某个数可以用加上这个数的补码来代替。

引入模和同余的概念后,具有 $n-1$ 位数值的二进制整数 x(包括符号位为 n 位)的补码定义式可以写成

$$[x]_{\text{补}} = x (\bmod 2^n), \quad -2^{n-1} \leqslant x < 2^{n-1}$$

该整数的反码也可看作是以 (2^n-1) 为模的补码,因此其反码的定义式也可写成

$$[x]_{\text{反}} = x [\bmod (2^n-1)], \quad -2^{n-1} < x < 2^{n-1}$$

同理,对于具有 m 位数值的二进制纯小数 x 的补码和反码定义,也可以写成

$$[x]_{\text{补}} = x (\bmod 2), \quad -1 \leqslant x < 1$$

$$[x]_{\text{反}} = x [\bmod (2-2^{-m})], \quad -1 < x < 1$$

2.2.5　机器数的加减运算

在计算机中,补码的运算规则,特别是加减运算规则较反码和原码简单,所以在计算机中的带符号数的运算主要是按补码的运算规则来进行。用补码进行运算时,两数补码的和等于两数和的补码,即 $[x_1]_{\text{补}} + [x_2]_{\text{补}} = [x_1+x_2]_{\text{补}} (\bmod 2^n)$。

设机器字长为 n 位,即模为 2^n,则所能表示数的真值范围为

$$-2^{n-1} \leqslant x_1 < 2^{n-1}, \quad -2^{n-1} \leqslant x_2 < 2^{n-1}, \quad -2^{n-1} \leqslant x_1+x_2 < 2^{n-1}$$

根据补码定义,有

$$[x_1]_{\text{补}} = x_1 (\bmod 2^n)$$

$$[x_2]_{\text{补}} = x_2 (\bmod 2^n)$$

$$[x_1+x_2]_{\text{补}} = (x_1+x_2)(\bmod 2^n)$$

所以

$$[x_1]_{\text{补}} + [x_2]_{\text{补}} = [x_1+x_2]_{\text{补}} (\bmod 2^n)$$

这一性质表明,在进行加法运算时,不论相加两个数的真值是正数还是负数,只要先把它们表示成相应的补码形式,然后按二进制计算规则相加(符号位也参加运算),其结果即为两数和的补码。

【例 2.17】 已知 $x=+1101, y=+0110$,用原码、反码及补码计算 $x-y$ 的值。

1) 原码运算

采用原码运算时,需将真值表示为原码:$[x]_{\text{原}} = 01101, [y]_{\text{原}} = 00110$。

原码运算中,符号位不参与运算,单独处理;对于同号数相加或异号数相减,运算规则为两数绝对值相加,取被加(减)数的符号;同号数相减或异号数相加,运算规则为绝对值相减,取绝对值较大者的符号。

在此先要判别相减的两数是同号还是异号。若为同号,则进行减法;若为异号,则进行加法。本例给定的两个数 x、y 为同号,故进行减法。接着要判别 x、y 两数的绝对值谁大。本例中 $|x|>|y|$,故由 x 减去 y。机器内便进行 $[x]_{\text{原}} - [y]_{\text{原}}$,运算结果的符号与 $[x]_{\text{原}}$ 相同。算式如下:

$$\begin{array}{r} 01101 \\ -00110 \\ \hline 00111 \end{array}$$

$[x-y]_原 = 00111$,则求得 $x-y = +0111$。

2) 反码运算

用反码进行运算时,两数反码的和等于两数和的反码;符号位也参与运算,当符号位产生进位时,需要循环进位(即把符号位的进位加到和的最低位)。

本例要求 $x-y$,可先变换为 $x-y = x+(-y)$。因此,需要求 $(-y)$ 的反码。

$$[x]_反 = 01101, \quad [-y]_反 = [-0110]_反 = 11001$$

由于 $[x-y]_反 = [x+(-y)]_反 = [x]_反 + [-y]_反$,因此进行 $[x]_反$ 与 $[-y]_反$ 的加法运算:

$$\begin{array}{r} 01101 \\ +11001 \\ \hline 1\!\!\!\!\!\diagup 00110 \\ +\qquad\qquad 1 \\ \hline 00111 \end{array}$$

$[x-y]_反 = 00111$,则求得 $x-y = +0111$。

反码表示法在进行加法运算时虽然不需要判断两数的符号,但当符号位有进位时,存在循环进位问题,需多执行一次加法,增加了执行加法运算的时间。

3) 补码运算

采用补码运算时,需将真值表示为补码。由于补码的运算规则为 $[x]_补 + [y]_补 = [x+y]_补$,故有 $[x-y]_补 = [x+(-y)]_补 = [x]_补 + [-y]_补$,本例中 $[x]_补 = 01101$,$[-y]_补 = 11010$,则加法运算如下:

$$\begin{array}{r} 01101 \\ +11010 \\ \hline \text{丢掉}\leftarrow 1\!\!\!\!\!\diagup 00111 \end{array}$$

$[x-y]_补 = 00111$,则求得 $x-y = +0111$。

采用补码表示法可以将减法转变为加法,给二进制的算术运算带来许多方便,这样在计算机中只需一套实现加法运算的电路就可以了。因此,在近代计算机中,加减法几乎都采用补码运算。

通过上述例子可以看出,补码的加减法运算最简单,反码次之,原码最复杂。

2.2.6 十进制的补数

设 A 为 $n-1$ 位十进制整数,则其模 10^n 的补码的定义如下:

$$[A]_{10补} = \begin{cases} A, & 0 \leqslant A < 10^{n-1} \\ 10^n + A, & -10^{n-1} \leqslant A < 0 \end{cases}$$

或

$$[A]_{10补} = A \pmod{10^n}$$

例如: $A = +531(n=4)$, $[A]_{10补} = 0531$

$A = -031(n=4)$, $[A]_{10补} = 10^4 + (-031) = 10^4 - 031 = 10000 - 031 = 9969$

若 A 为正数,则 $[A]_{10补}$ 的符号位为 0,数值位与 A 相同,若 A 为负数,则 $[A]_{10补}$ 的符号位为 9,数值位为 A 的各位数值对 9 取反并在最低位加 1。

与二进制补码加减运算一样,可以证明十进制补码的加减运算规则如下:

$$[A]_{10补} + [B]_{10补} = [A+B]_{10补}$$

【例 2.18】 已知十进制数 $A=+1200, B=+0982$,求 $A-B$。

解:因 $[A-B]_{10补} = [A+(-B)]_{10补} = [A]_{10补} + [-B]_{10补}$

而 $[A]_{10补} = [+1200]_{10补} = 01200, [-B]_{10补} = [-0982]_{10补} = 99018$

故

$$\begin{array}{r} 01200 \\ +99018 \\ \hline 丢掉 \leftarrow \boxed{1}00218 \end{array}$$

$[A-B]_{10补} = 00218$,则 $A-B=+0218$。

【例 2.19】 已知十进制数 $A=-1200, B=+0982$,求 $A+B$。

解:因 $[A+B]_{10补} = [A]_{10补} + [B]_{10补}$

而 $[A]_{10补} = [-1200]_{10补} = 98800, [B]_{10补} = [+0982]_{10补} = 00982$

故

$$\begin{array}{r} 98800 \\ +00982 \\ \hline 99782 \end{array}$$

$[A+B]_{10补} = 99782$,则 $A+B=-0218$。

2.3 数的定点表示与浮点表示

上节讨论了单纯的整数或小数在计算机中的表示方法。实际上,参与运算的数往往既有整数又有小数。计算机中表示小数点位置的方法通常有两种:一种为定点表示法,另一种为浮点表示法。

2.3.1 数的定点表示法

定点表示法是指数的小数点位置是固定的。通常将小数点固定在数值部分的最高位之前或最低位之后。前者将数表示成纯小数,后者将数表示成整数。数的符号位在最高位,0表示正数,1表示负数;小数点"."在机器中实际是不表示出来的,而是一个约定的位置。

定点数的表示范围较小。如当机器字长 $n=8$ 时,采用原码或反码表示定点整数的范围为 $[-127,+127]$,表示定点小数的范围为 $[-(1-2^{-7}),1-2^{-7}]$;采用补码表示定点整数的范围为 $[-128,+127]$,采用补码表示定点小数的范围为 $[-1,1-2^{-7}]$。

由于实际参加运算的数可能既有整数又有小数,所以用定点数计算时,先要选取"比例因子"对数进行"放大"或"缩小"处理,以使得计算过程中的所有数变为整数或小数,并且不超出机器所能表示的数的范围;计算完后再"缩小"或"放大",对数进行还原。这一工作是由程序员完成的,例如,将二进制数 $+11.01$ 和 $+110.1$ 表示为适合定点整数计算的数,可选取比例因子 $(100)_2$。用该比例因子乘这两数,则得

$$+11.01 \times 100 = +1101$$
$$+110.1 \times 100 = +11010$$

在字长为 8 位的机器中可表示为

$$+11.01 \rightarrow 0\ 0\ 0\ 0\ 1\ 1\ 0\ 1$$
$$+110.1 \rightarrow 0\ 0\ 0\ 1\ 1\ 0\ 1\ 0$$

在计算比较复杂的情况下,选取比例因子是件很细致的工作,既不能发生溢出,又要保证足够的精度。所以,一般定点表示法适合于计算不太复杂、数的变化范围不太大的情况。

2.3.2 数的浮点表示法

所谓浮点表示法,是指数的小数点位置不是固定的,而是浮动的。

一般来说,任何一个二进制数 N 总可以表示成如下浮点形式:

$$N = 2^E \times M$$

式中,E 表示数 N 的阶码;M 表示数 N 的尾数。尾数 M 一般用小数,它表示数 N 的有效数字;阶码 E 为整数,它指出小数点的实际位置;基数 2 是预先约定的,在机器中不用表示出来。因此,一个浮点数可以用一对二进制定点数来表示,在机器中表示形式如下:

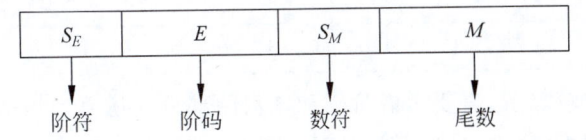

S_E	E	S_M	M
↓	↓	↓	↓
阶符	阶码	数符	尾数

其中,S_E 为阶码的符号,简称阶符;E 为阶码;S_M 为尾数符号,简称数符;M 为尾数。阶码和尾数可以采用任一种机器数(原码、反码和补码)来表示。

在许多通用机中阶码还采用另外一种表示方法——移码表示法。移码的定义如下:设阶码有 $n+1$ 位(包括符号位),阶码真值 $x = \pm x_1 x_2 \cdots x_n$,则

$$[x]_{\text{移}} = 2^n + x \quad (-2^n \leqslant x < 2^n)$$

即不论真值 x 是正数还是负数,一律增加 2^n。

例如,已知 $x_1 = +1011, x_2 = -1011$,则有

$$[x_1]_{\text{移}} = 2^4 + x_1 = 11011$$
$$[x_2]_{\text{移}} = 2^4 + x_2 = 10000 - 1011 = 00101$$

可以看出,一个数的移码与补码的差别只是符号位相反,而数值位是相同的。一般有

$$[x]_{\text{移}} = 1 x_1 x_2 \cdots x_n \quad (\text{当 } x = +x_1 x_2 \cdots x_n)$$
$$[x]_{\text{移}} = 0 \bar{x}_1 \bar{x}_2 \cdots \bar{x}_{n-1} + 1 \quad (\text{当 } x = -x_1 x_2 \cdots x_n)$$

下面举例说明一个数在机器中的浮点表示形式。例:某微型机字长为 16 位,设阶码部分用 5 位,尾数部分用 11 位,将 $(-9.75)_{10}$ 表示成二进制浮点形式。

先把 $(-9.75)_{10}$ 表示成二进制形式,则有

$$(-9.75)_{10} = (-1001.11)_2$$

再把它表示成浮点形式为 $-0.100111 \times 2^{+100}$,最后按要求格式在机器中表示为

0	0	1	0	0	1	1	0	0	1	1	1	0	0	0	0	(原-原)
0	0	1	0	0	1	0	1	1	0	0	0	1	1	1	1	(反-反)
0	0	1	0	0	1	0	1	1	0	0	1	0	0	0	0	(补-补)
1	0	1	0	0	1	0	1	1	0	0	1	0	0	0	0	(移-补)

浮点表示法与定点表示法比较，其主要优点是，在相同字长下浮点表示法所能表示的数值范围大。如字长为 16 位时，阶码取 5 位，尾数取 11 位，则它所能表示的数的范围（绝对值）为最小 $2^{-1111} \times 0.00\cdots01$，最大 $2^{1111} \times 0.11\cdots11$，即 $2^{-15} \times 2^{-10} \sim 2^{+15} \times (1-2^{-10})$，即 $2^{-25} \sim (2^{+15} - 2^{+5})$。而对于定点表示法，其数的范围（绝对值）为 $2^{-15} \sim (1-2^{-15})$。用浮点表示法时一般可以不取比例因子，使用起来比较方便。

在数的浮点表示法中，为了不丢失尾数的有效数字位数，一般将浮点数表示成规格化形式。所谓规格化，就是使尾数的数值部分的最高位为 1，也就是使尾数 M 的绝对值满足

$$\frac{1}{2} \leqslant |M| < 1$$

例如，数 (-1001.11) 表示成规格化形式为

$$2^{+100} \times (-0.100111)$$

在机器中用补码表示为

| 0 | 0 | 1 | 0 | 0 | 1 | 0 | 1 | 1 | 0 | 0 | 1 | 0 | 0 | 0 | 0 |

浮点数的运算比较复杂，需要考虑阶码和尾数两部分的运算。当两个浮点数相加时，首先要使两数的阶码相等（称为对阶），然后尾数才能相加；当两个浮点数相乘时，阶码进行相加，尾数进行相乘。因此，浮点运算所需的控制线路复杂，设备量大。

2.4 数码与字符的代码表示

2.4.1 十进制数的二进制编码（BCD 码）

在数字计算机中，还可以直接用十进制数进行输入和运算，这就需要将十进制的十个数码分别用若干位二进制代码来表示。这种用若干位二进制代码来表示一位十进制数字符号的方法通常称为二-十进制编码。这种编码在形式上是二进制数，但本质是十进制数，具有十进制数的特点。下面介绍几种常用的二-十进制编码。

1. 8421（BCD）码

8421（BCD）码是最常用的一种二-十进制编码。十进制的每个数码用四位二进制数表示，各位的权从左到右分别为 8、4、2、1，即用二进制的 0000~1001 分别表示十进制的 0~9，见表 2.1 所示。注意，8421（BCD）码中没有 1010~1111 这六种码，这六种码被称为 8421（BCD）码的冗余码，这与通常的四位二进制数是不同的。

8421（BCD）码的特点如下。

（1）它是一种有权码，根据代码的组成便知道它所代表的值。设 8421（BCD）码的各位为 $a_3 a_2 a_1 a_0$，则它所代表的值为 $N = 8a_3 + 4a_2 + 2a_1 + 1a_0$。

（2）编码简单直观，它与十进制数之间的转换只要直接按位将每个十进制数码转换为对应的四位二进制数即可。例如：

$$(12)_{10} = (00010010)_{BCD}$$
$$(011100100011)_{BCD} = (723)_{10}$$

（3）编码具有奇偶性，即当十进制数为奇数时，其所对应的 8421（BCD）码的最低位为 1，反之为 0。因此，用 8421（BCD）码可以判别数的奇偶。

(4) 设备较费。相对通常的二进制表示法,在同样设备量下,四位二进制码可表示 $(0)_{10} \sim (15)_{10}$,而四位 8421(BCD)码只能表示 $(0)_{10} \sim (9)_{10}$,要表示 $(10)_{10} \sim (15)_{10}$ 需用 00010000～00010101。

(5) 两个 8421(BCD)码相加,当运算结果为 1010～1111 这六个冗余码时,要作加 6 修正;同样当运算有向高位的进位时,也要作加 6 修正。

2. 2421 码

2421 码也是一种有权码,不同的是,2421 码的权从左到右分别为 2、4、2、1。设 2421 码的各位为 $a_3 a_2 a_1 a_0$,则它所代表的值为 $N = 2a_3 + 4a_2 + 2a_1 + 1a_0$。

需要指出的是,2421 码的编码方案不止一种,表 2.1 中给出的只是其中的一种方案,这种方案的 2421 码是一种对 9 的自补码,即十进制数的 0 和 9,1 和 8,2 和 7,3 和 6,4 和 5 的 2421 码互为反码。只要将某数的 2421 码按位求反,就可方便地得到该数"对 9 的补数"的 2421 码。

例如:十进制数 3 的 2421 码为 0011,3"对 9 的补数"是 $[3]_{9\text{补}} = 9 - 3 = 6$。在此编码方案中,6 的 2421 码是 3 的 2421 码按位求反,即 1100。

3. 余 3 码

余 3 码也是一种被广泛采用的二-十进制编码,是一种无权码。对应同样的十进制数,余 3 码比相应的 8421(BCD)码多出 0011,所以叫余 3 码,见表 2.1 所示。一个十进制数用余 3 码表示时,只要按位表示成余 3 码即可。例如:

$$(80.14)_{10} = (10110011.01000111)_{\text{余}3}$$

表 2.1 常用的二-十进制编码

十 进 制 数	BCD 码	余 3 码	2421 码
0	0000	0011	0000
1	0001	0100	0001
2	0010	0101	0010
3	0011	0110	0011
4	0100	0111	0100
5	0101	1000	1011
6	0110	1001	1100
7	0111	1010	1101
8	1000	1011	1110
9	1001	1100	1111

余 3 码的特点如下。

(1) 余 3 码是一种对 9 的自补码。如表 2.1 所示,每个余 3 码只要自身按位取反,便可得到其对 9 的补数的余 3 码。例如,十进制数 5 的余 3 码为 1000,5 对 9 的补数是 9-5=4,而 4 的余 3 码是 0111,恰好是 5 的余 3 码 1000 按位取反。余 3 码的这种自补性,给十进制运算带来方便,这是余 3 码被广泛采用的原因之一。

(2) 两个余 3 码相加,需要对计算的和进行修正后才是正确的余 3 码。修正的方法:如果没有进位,则运算和减 3;如果发生了进位,则运算和加 3。

除上述三种常用的二-十进制编码外,还有 5421 码、4421 码、4221 码等四位编码以及五中取 2 码、移位计数器码等五位编码,在此不一一介绍了。

2.4.2 可靠性编码

为了减少代码在形成或传输过程中的错误,人们采用了可靠性编码的方法。可靠性编码使得代码在形成中不易出错,或者出错时容易发现,甚至能查出出错的位置并予以纠正。目前,常用的可靠性代码有格雷(Gray)码、奇偶校验码和汉明码等。

1. 格雷码

格雷码有多种形式,但它们都有一个共同特点,即从一个代码变为相邻的另一个代码时,只有一位发生变化。表 2.2 给出一种典型的格雷码。从表 2.2 可知,任何相邻的十进制数,它们的格雷码都仅有一位不同。例如,从 7→8,二进制码是 0111→1000,四位均发生变化,而格雷码是 0100→1100,只有一位发生变化,这样在代码转换过程中就不会产生过渡噪声。这一特点有什么意义呢?在用普通二进制码作加 1 计数时,例如从 7→8,四位都要发生变化。在计数器电路中如果四位变化不是同时发生的(实际上是不会完全同时发生的),那么在计数过程中就可能出现短暂的粗大误差。如第一位先置 1,然后其他位置 0,就会在一个极短的瞬间出现 1111 状态(这个状态为转换过程中出现的噪声),出现 0111→1111→1000 的粗大误差。而格雷码从编码的形式上杜绝了出现这种错误的可能。

表 2.2 典型的格雷码

十 进 制 数	二 进 制 码	典型的格雷码
0	0000	0000
1	0001	0001
2	0010	0011
3	0011	0010
4	0100	0110
5	0101	0111
6	0110	0101
7	0111	0100
8	1000	1100
9	1001	1101
10	1010	1111
11	1011	1110
12	1100	1010
13	1101	1011
14	1110	1001
15	1111	1000

格雷码是一种无权码,因而很难从某个代码识别它所代表的数值。但是,典型格雷码与二进制码间有简单的转换关系。设二进制码为 $B = B_n B_{n-1} \cdots B_1 B_0$,其对应的格雷码为 $G = G_n G_{n-1} \cdots G_1 G_0$。

则有
$$\begin{cases} G_n = B_n \\ G_i = B_{i+1} \oplus B_i \end{cases} \quad (i = 0, 1, \cdots, n-1)$$

式中，符号"$\oplus$"表示异或运算或模 2 加运算，其规则是 $0\oplus0=0, 0\oplus1=1, 1\oplus0=1, 1\oplus1=0$。例如，把二进制码 0111 和 1100 转换成典型格雷码的过程为

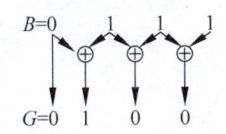

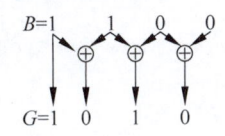

```
B=0  1  1  1        B=1  1  0  0
  ↘⊕↘⊕↘⊕↘            ↘⊕↘⊕↘⊕↘
G=0  1  0  0        G=1  0  1  0
```

反过来，如果已知格雷码，也可以用类似方法求出对应的二进制码，其方法如下：

$$\begin{cases} B_n = G_n \\ B_i = B_{i+1} \oplus G_i \end{cases} \quad (i = 0, 1, \cdots, n-1)$$

例如，把典型格雷码 0100 和 1010 转换成二进制码的过程为

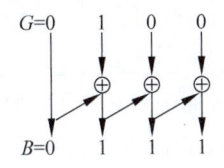

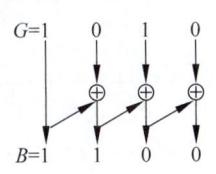

```
G=0  1  0  0        G=1  0  1  0
  ↘⊕↘⊕↘⊕              ↘⊕↘⊕↘⊕
B=0  1  1  1        B=1  1  0  0
```

格雷码可被用作二-十进制编码。表 2.3 给出十进制数的两种格雷码。其中修改格雷码又叫余 3 格雷码，它具有循环性，即十进制数的头尾两个数(0 与 9)的格雷码也只有一位不同，构成一个"循环"。所以格雷码有时也称循环码。

表 2.3 十进制数的两种格雷码

十 进 制 数	典型格雷码	修改格雷码
0	0000	0010
1	0001	0110
2	0011	0111
3	0010	0101
4	0110	0100
5	0111	1100
6	0101	1101
7	0100	1111
8	1100	1110
9	1101	1010

2. 奇偶校验码

奇偶校验码由信息位和校验位两部分组成。信息位就是要传送的信息本身，可以是位数不限的二进制代码，校验位是附加的冗余位，这里仅用一位。奇偶校验码是计算机中常用的一种可靠性代码，它具有发现奇数位差错的能力。

1) 奇偶校验码的编码方法

在信息发送端，对校验位进行编码。编码的方法有两种：一种是校验位的取值(0 或 1)使得整个代码中信息位和校验位的"1"的个数为奇数，称为奇校验；另一种是校验位的取值使得整个代码中信息位和校验位的"1"的个数为偶数，称为偶校验。表 2.4 给出了以

8421BCD 码为信息位所构成的奇校验码和偶校验码。其中，B_8、B_4、B_2、B_1 为信息位，P 为校验位。

表 2.4 8421BCD 码的奇偶校验码

BCD 码 $B_8\ B_4\ B_2\ B_1$	奇 校 验 码 $B_8\ B_4\ B_2\ B_1\ P$	偶 检 验 码 $B_8\ B_4\ B_2\ B_1\ P$
0 0 0 0	0 0 0 0 1	0 0 0 0 0
0 0 0 1	0 0 0 1 0	0 0 0 1 1
0 0 1 0	0 0 1 0 0	0 0 1 0 1
0 0 1 1	0 0 1 1 1	0 0 1 1 0
0 1 0 0	0 1 0 0 0	0 1 0 0 1
0 1 0 1	0 1 0 1 1	0 1 0 1 0
0 1 1 0	0 1 1 0 1	0 1 1 0 0
0 1 1 1	0 1 1 1 0	0 1 1 1 1
1 0 0 0	1 0 0 0 0	1 0 0 0 1
1 0 0 1	1 0 0 1 1	1 0 0 1 0

一般来说，对于任何 n 位二进制信息位，只要增加一位校验位，便可构成 $(n+1)$ 位的奇或偶校验码。设奇偶校验码为 $C_1C_2C_3\cdots C_nP$，则校验位可以表示成

$$P = C_1 \oplus C_2 \oplus C_3 \oplus \cdots \oplus C_n \quad （偶校验码）$$

或 $\quad P = C_1 \oplus C_2 \oplus C_3 \oplus \cdots \oplus C_n \oplus 1 \quad （奇校验码）$

2) 奇偶校验码的校验方法

发送端完成校验码编码后，将校验码发送出去，接收端在收到奇偶校验码后须进行校验。其校验方程为 $S = C_1 \oplus C_2 \oplus C_3 \oplus \cdots \oplus C_n \oplus P$。

当采用奇校验码时，则 $S = \begin{cases} 1, & 正确 \\ 0, & 错误 \end{cases}$

当采用偶校验码时，则 $S = \begin{cases} 0, & 正确 \\ 1, & 错误 \end{cases}$

可以看出，奇偶校验码能发现代码一位（或奇数位）出错，但它不能发现代码两位（或偶数位）出错。由于代码两位出错的概率远低于一位出错的概率，所以奇偶校验码用来检测信息码在传送过程中的错误是很有效的。

实现奇偶校验只需要在发送端增加一个奇偶形成电路和在接收端增加一个奇偶校验电路。图 2.1 所示为实现 8421BCD 码奇偶校验的原理框图。

3. 汉明码

奇偶校验码只能检验一位出错，但不能定位错误，因而也就不能纠正错误。那么，能否构成一种既能发现错误又能定位错误的可靠性编码呢？汉明校验码就是具有这种能力的一种最简单的可靠性编码。汉明校验的基础是奇偶校验，可以把汉明校验码看成多重的奇偶校验码。

1) 汉明码的编码方法

汉明码也是由信息位和校验位两部分构成。不过，校验位不止一位，而是由若干位构成。信息位代表要传送的代码，比如 8421BCD 码。加入校验位后，使编码有发现和修正错

误的能力。

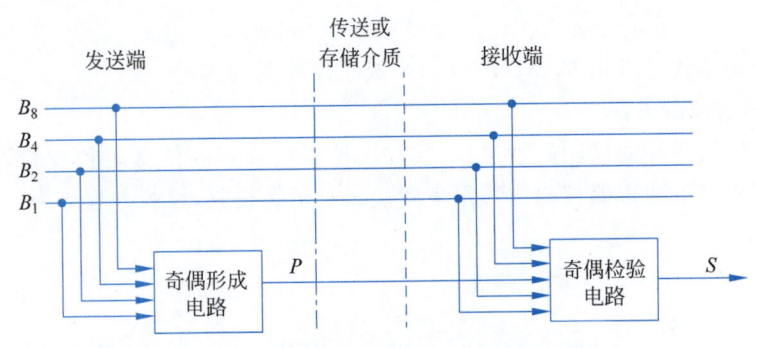

图 2.1 8421BCD 码奇偶校验原理框图

设需要传递的信息码为 11 位二进制码,即

$$M = a_1 a_2 a_3 \cdots a_{10} a_{11}$$

为了实现汉明校验,需要增加四位校验位 b_1、b_2、b_3 和 b_4,称它们为汉明奇偶校验位。

将四位校验位分别置于 2^i 码位上($i=0,1,2,3$),即 b_1 置于 $2^0=1$ 码位上,b_2 置于 $2^1=2$ 码位上,b_3 置于 $2^2=4$ 码位上,b_4 置于 $2^3=8$ 码位上。这样,由信息码和校验码构成的汉明码排列如表 2.5 所示。

表 2.5 汉明码中校验码与信息码的排列次序

码 类	1	2	3	4	5	6	7	8	9	10	11	12	13	14	15
信息码			a_1		a_2	a_3	a_4		a_5	a_6	a_7	a_8	a_9	a_{10}	a_{11}
检验码	b_1	b_2		b_3				b_4							
汉明码	b_1	b_2	a_1	b_3	a_2	a_3	a_4	b_4	a_5	a_6	a_7	a_8	a_9	a_{10}	a_{11}

为了对校验位进行编码,需要将这 15 位汉明码进行分组。有四位校验位,就要分成四组进行奇偶校验。分组方法如表 2.6 所示。

表 2.6 汉明码的分组表

码 类	1	2	3	4	5	6	7	8	9	10	11	12	13	14	15
S_1	b_1		a_1		a_2		a_4		a_5		a_7		a_9		a_{11}
S_2		b_2	a_1			a_3	a_4			a_6	a_7			a_{10}	a_{11}
S_3				b_3	a_2	a_3	a_4					a_8	a_9	a_{10}	a_{11}
S_4								b_4	a_5	a_6	a_7	a_8	a_9	a_{10}	a_{11}

分组表的填法:先将码位号用二进制码表示,在列的方向由下往上填,如码位号 13,由下往上填成 1101,然后将对应的码元按列的方向填在该码位为"1"的位置上,如码位 13 相应的码元为 a_9,在其对应列上填入三个 a_9。

根据表 2.6 可知,校验位 b_1、b_2、b_3、b_4 恰好分别处在四个组中(行的方向)。因此,可分成四组进行奇偶校验。当采用偶校验时,校验位的取值由下列表达式求得:

$$b_1 = a_1 \oplus a_2 \oplus a_4 \oplus a_5 \oplus a_7 \oplus a_9 \oplus a_{11}$$
$$b_2 = a_1 \oplus a_3 \oplus a_4 \oplus a_6 \oplus a_7 \oplus a_{10} \oplus a_{11}$$

$$b_3 = a_2 \oplus a_3 \oplus a_4 \oplus a_8 \oplus a_9 \oplus a_{10} \oplus a_{11}$$
$$b_4 = a_5 \oplus a_6 \oplus a_7 \oplus a_8 \oplus a_9 \oplus a_{10} \oplus a_{11}$$

用这四个表达式可求出 b_1、b_2、b_3、b_4，完成了汉明码的编码。

2）汉明码的校验方法

在发送端将编码好的汉明码发送后，接收端根据接收到的信息码和校验码进行检错和纠错。这可以通过下列奇偶校验方程组来实现。对于偶校验，校验方程组为

$$S_1 = b_1 \oplus a_1 \oplus a_2 \oplus a_4 \oplus a_5 \oplus a_7 \oplus a_9 \oplus a_{11}$$
$$S_2 = b_2 \oplus a_1 \oplus a_3 \oplus a_4 \oplus a_6 \oplus a_7 \oplus a_{10} \oplus a_{11}$$
$$S_3 = b_3 \oplus a_2 \oplus a_3 \oplus a_4 \oplus a_8 \oplus a_9 \oplus a_{10} \oplus a_{11}$$
$$S_4 = b_4 \oplus a_5 \oplus a_6 \oplus a_7 \oplus a_8 \oplus a_9 \oplus a_{10} \oplus a_{11}$$

根据求得的 S_1、S_2、S_3、S_4 的值就能够检测错误和定位错误：

（1）如果接收到的代码是正确的，则 $S_4 S_3 S_2 S_1 = 0000$；

（2）如果接收到的代码有错误（仍然只考虑一位码元出错的情况，因为两个和两个以上码元同时出错的概率是很低的），则由 $S_4 S_3 S_2 S_1$ 所构成的二进制数就可指出错误的码位号。

例如，如果校验结果 $S_4 S_3 S_2 S_1 = 0011$，说明错误发生在 S_2 和 S_1 两组中，二进制数 0011 指出的码位号为 3，由表 2.5 可知是 a_1 发生了错误。又如，当 $S_4 S_3 S_2 S_1 = 0110$ 时，码位号为 6，表示 a_3 出错。

纠错时，只要将出错码元的值取反，便可得正确的结果（取反可用逻辑电路实现）。

以上我们讨论了偶校验的方法，读者不难得到奇校验的方法。

四个校验方程形成的校验结果 $S_4 S_3 S_2 S_1$ 共有 16 种不同取值，其中除了"0000"表示没错误外，其余 15 种取值分别指示 15 个码元的出错。因此，四位校验码最多可指出 $(2^4 - 1)$ 个码元的错误。由于其中还包括了校验位本身的四位，故四位校验码最多可指出信息码元数为 $(2^4 - 1) - 4 = 11$。一般而言，若有 k 位信息码，r 位校验码，由上例可以推导得

$$(2^r - 1) - r = k$$

因此，校验码位数 r 是可以满足下列不等式的最小整数：

$$2^r \geqslant k + r + 1$$

可得到校验码位数 r 和可能校验的信息码的最大位数 k_{max} 之间的关系，如表 2.7 所示。

表 2.7　r 和 k_{max} 之间的关系

检验位数 r	最大信息位数 k_{max}	总位数 n
1	0	1
2	1	3
3	4	7
4	11	15
5	26	31
6	57	63
7	120	127
8	247	255

根据上述讨论,我们可以归纳出汉明码的编码方法及其校验方法的步骤如下。

(1) 根据信息码位数 k,确定所需校验码位数 r。例如,已知 $k=48$,校验码位数 $r=6$。

(2) 设置校验位 $b_j(j=1,2,\cdots,r)$。将各校验位分别安排在 $2^i(i=0,1,2,\cdots)$ 码位上,得到 $k+r$ 位汉明码,根据分组规则,将汉明码分成 r 组,写出校验位的表达式,并计算各校验位的值。

(3) 对汉明码的各组进行奇偶校验。即写出校验方程组 $S_1,S_2,\cdots,S_r$。由 r 组校验结果的二进制代码来确定产生错误的码位。

【例 2.20】 试将一位 8421BCD 码编成奇校验的汉明码。

解:设一位 8421BCD 码的信息码为 a_4、a_3、a_2、a_1,则编码方法如下:

(1) 根据 $k=4$,确定 r 取 3;

(2) 设置校验位 b_1、b_2、b_3,分别置于 1、2、4 码位上,并分组如表 2.8 所示。

表 2.8 例 2.20 汉明码分组表

分组	码位号						
	1	2	3	4	5	6	7
S_1	b_1		a_1		a_2		a_4
S_2		b_2	a_1			a_3	a_4
S_3				b_3	a_2	a_3	a_4

(3) 列出校验位的表达式(奇校验)为

$$b_1 = a_1 \oplus a_2 \oplus a_4 \oplus 1$$
$$b_2 = a_1 \oplus a_3 \oplus a_4 \oplus 1$$
$$b_3 = a_2 \oplus a_3 \oplus a_4 \oplus 1$$

计算每组 8421BCD 码相应的校验位值。完整的 8421BCD 码汉明码表如表 2.9 所示。

表 2.9 8421BCD 码的汉明码表

信息码序号	b_1	b_2	a_1	b_3	a_2	a_3	a_4
0	1	1	0	1	0	0	0
1	0	0	1	1	0	0	0
2	0	1	0	0	1	0	0
3	1	0	1	0	1	0	0
4	1	0	0	0	0	1	0
5	0	1	1	0	0	1	0
6	0	0	0	1	1	1	0
7	1	1	1	1	1	1	0
8	0	0	0	0	0	0	1
9	1	1	1	0	0	0	1

例如,第 5 行,$a_4a_3a_2a_1=0101$,则由上式可得

$$b_1 = 0, \quad b_2 = 1, \quad b_3 = 0$$

于是，第 5 行的汉明码 $a_4 a_3 a_2 b_3 a_1 b_2 b_1$ 为 0100110。

下面来看一下如何进行校验。假设发送代码 5 的汉明码为 0100110，接收到的汉明码为 0110110，则根据校验方程组，有

$$S_3 = b_3 \oplus a_2 \oplus a_3 \oplus a_4 \oplus 1 = 0 \oplus 1 \oplus 1 \oplus 0 \oplus 1 = 1$$
$$S_2 = b_2 \oplus a_1 \oplus a_3 \oplus a_4 \oplus 1 = 1 \oplus 1 \oplus 1 \oplus 0 \oplus 1 = 0$$
$$S_1 = b_1 \oplus a_1 \oplus a_2 \oplus a_4 \oplus 1 = 0 \oplus 1 \oplus 1 \oplus 0 \oplus 1 = 1$$

由 $S_3 S_2 S_1$ 构成的二进制数 101，便可判定第 5 码位的 a_2 错了。只要将接收到的 a_2 由 1 改成 0，就纠正了错误。

2.4.3 字符编码及字符集

字符是各种文字和符号的总称，包括各国家文字、标点符号、图形符号、数字等。多个字符的集合构成字符集，字符集种类较多，每个字符集包含的字符个数不同，常见字符集有 ASCII、GB 2312、Unicode 等。计算机要准确地处理各种字符集文字，就需要进行字符编码，字符只有编码后才能被计算机所识别、处理和存储。

国际上通用的美国信息交换标准代码（American Standard Code for Information Interchange，ASCII 码）是一种七位码，是由美国国家标准化协会（ANSI）制定的一种信息代码。ASCII 码有 128 个字符，其中包括 52 个大、小写英文字母，10 个数字符号（0～9），32 个表示各种符号的代码专用符号以及 34 个控制码。它的编码方法见表 2.10。

表 2.10 七位 ASCII 码编码表

低 4 位代码 ($a_4 a_3 a_2 a_1$)	高 3 位代码 ($a_7 a_6 a_5$)						
	000	001	010	011	100	101	110	111
0000	NUL	DLE	SP	0	@	P	`	p
0001	SOH	DC1	!	1	A	Q	a	q
0010	STX	DC2	"	2	B	R	b	r
0011	ETX	DC3	#	3	C	S	c	s
0100	EOT	DC4	$	4	D	T	d	t
0101	ENQ	NAK	%	5	E	U	e	u
0110	ACK	SYN	&	6	F	V	f	v
0111	BEL	ETB	'	7	G	W	g	w
1000	BS	CAN	(	8	H	X	h	x
1001	HT	EM	)	9	I	Y	i	y
1010	LF	SUB	*	:	J	Z	j	z
1011	VT	ESC	+	;	K	[	k	{
1100	FF	FS	,	<	L	\	l	|
1101	CR	GS	-	=	M	]	m	}

续表

低 4 位代码 ($a_4a_3a_2a_1$)	高 3 位代码($a_7a_6a_5$)							
	000	001	010	011	100	101	110	111
1110	SO	RS	.	>	N	^	n	~
1111	SI	US	/	?	O	—	o	DEL

注：NUL——空白　　　　　　ENQ——询问
　　SOH——标题开始　　　　ACK——承认，应答
　　STX——正文开始　　　　BEL——报警
　　ETX——本文结束　　　　BS——退格
　　EOT——传输结束　　　　HT——横向列表
　　LF——换行　　　　　　　NAK——否定
　　VT——垂直表　　　　　　SYN——空移同步
　　FF——走纸控制　　　　　ETB——信息组传送结束
　　CR——回车　　　　　　　CAN——作废
　　SO——移位输出　　　　　EM——纸尽
　　SI——移位输入　　　　　SUB——减
　　DLE——数据链换码　　　ESC——换码
　　DC1——设备控制 1　　　FS——文字分隔符
　　DC2——设备控制 2　　　GS——组分隔符
　　DC3——设备控制 3　　　RS——记录分隔符
　　DC4——设备控制 4　　　US——单元分隔符
　　SP——空格　　　　　　　DEL——删除

　　计算机中实际表示一个字符用八位二进制代码，称为一字节。通常在七位标准码的左边最高位填入奇偶校验位，它可以是奇校验，也可以是偶校验。这种编码的好处是低七位仍然保持七位标准码的编码，高位奇偶校验位不影响计算机的内部处理和输入输出规则。

　　此外，还有直接采用八位二进制代码进行编码的 EBCDIC 码，称为扩充的 BCD 码。

　　GB 2312 字符集又称为 GB 2312—80 字符集，全称为《信息交换用汉字编码字符集·基本集》，由原中国国家标准总局发布，1981 年实施。GB 2312 字符集是中国国家标准的简体中文字符集，它所收录的汉字已经覆盖 99.75％的使用频率，基本满足了汉字的计算机处理需要。

　　GB 2312 字符集收录简化汉字及一般符号、序号、数字、拉丁字母、日文假名、希腊字母、俄文字母、汉语拼音符号、汉语注音字母，共 7445 个图形字符。其中，包括 6763 个汉字，其中一级汉字 3755 个，二级汉字 3008 个；包括拉丁字母、希腊字母、日文平假名及片假名字母、俄语西里尔字母在内的 682 个全角字符。GB 2312 字符集中用双字节表示字符编码，对所收录汉字进行了分区处理，每区含有 94 个汉字/符号。这种表示方式也称为区位码。各区包含的字符如下：01～09 区为特殊符号；16～55 区为一级汉字，按拼音排序；56～87 区为二级汉字，按部首/笔画排序；10～15 区及 88～94 区没有编码。

　　Unicode 字符集编码是通用多八位编码字符集（Universal Multiple-Octet Coded Character Set）的简称，能支持现今世界各种不同语言的书面文本的交换、处理及显示。它采用双字节，为每种语言中的每个字符设定了统一并且唯一的二进制编码，以满足跨语言、跨平台进行文本转换、处理的要求。

UTF-8(8-bit Unicode Transformation Format)是一种针对 Unicode 的可变长度字符编码,又称万国码。UTF-8 字符集使用可变长度字节来存储 Unicode 字符,如:ASCII 字母继续使用 1 字节存储,重音文字、希腊字母或西里尔字母等使用 2 字节存储,常用的汉字就要使用 3 字节存储,而辅助平面字符则使用 4 字节存储。UTF-8 便于不同的计算机之间使用网络传输不同语言和编码的文字,使得双字节的 Unicode 能够在现存的处理单字节的系统上正确传输。

习题 2

2.1 写出四位二进制数、四位八进制数和四位十六进制数的最大数,并分别求出它们对应的十进制数。

2.2 将下列各数转换成十进制数(小数部分最多取 4 位):

(1) $(101.1)_2 = ($ $)_{10}$ (2) $(101.1)_8 = ($ $)_{10}$
(3) $(101.1)_{12} = ($ $)_{10}$ (4) $(101.1)_{16} = ($ $)_{10}$

2.3 数制转换:

(1) $(78.8)_{16} = ($ $)_{10}$ (2) $(0.375)_{10} = ($ $)_2$
(3) $(65634.21)_8 = ($ $)_{16}$ (4) $(121.02)_{16} = ($ $)_4$

2.4 如何判断一个七位二进制正整数 $A = a_1 a_2 a_3 a_4 a_5 a_6 a_7$ 是否是 4 的倍数?

2.5 若 m 位的十进制整数,用 n 位二进制整数表示,问 m 与 n 应满足什么关系?

2.6 设机器字长 $n=8$,分别采用原码、反码或补码表示下列各数。

$+0.00101, -0.10000, -0.11011, +10101, -10000, -11111$

2.7 说明如何求二进制数补码对应的原码,并进行代码转换:已知 $[x]_原 = 10101011$,求 $[x]_反$;已知 $[x]_反 = 10101011$,求 $[x]_补$;已知 $[x]_补 = 10101011$,求 $[x]_原$。

2.8 已知下列机器数,写出它们的真值。

$[x_1]_原 = 11010, [x_2]_反 = 11001, [x_3]_补 = 11001, [x_4]_补 = 10000$

2.9 设 $[x]_补 = 01101001, [y]_补 = 10011101$,求:

$\left[\frac{1}{2}x\right]_补$、$\left[\frac{1}{2}y\right]_补$、$\left[\frac{1}{4}x\right]_补$、$\left[\frac{1}{4}y\right]_补$、$[-x]_补$、$[-y]_补$、$\left[-\frac{1}{2}x\right]_补$、$\left[-\frac{1}{2}y\right]_补$

2.10 用二进制补码运算规则计算下列各式。式中的四位二进制数是不带符号位的绝对值,要求所用补码的有效位数应足够表示运算结果的最大绝对值,且若运算结果为负数,还需给出该负数的绝对值。

(1) $1010 + 0011$ (2) $1101 - 1011$
(3) $0011 - 1010$ (4) $-1101 - 1011$

2.11 根据原码和补码定义回答下列问题:

(1) 已知 $[x]_补 > [y]_补$,是否有 $x > y$?
(2) 设 $-2^n < x < 0, x$ 为何值时,等式 $[x]_补 = [x]_原$ 成立?

2.12 设 x 为二进制整数,$[x]_补 = 11x_1 x_2 x_3 x_4 x_5$,若要 $x < -16$,则 $x_1 \sim x_5$ 应满足什么条件?

2.13 设某机器字长为 16 位,当采用定点整数补码表示时,它所能表示的数的范围是什么？并写出十进制数+256、0、-1 和-32768 在机器中的补码表示形式。

2.14 完成下列代码之间的转换：

(1) $(0101101111010111.0111)_{8421BCD}=($ $)_{10}$

(2) $(359.25)_{10}=($ $)_{余3}$

(3) $(1010001110010101)_{余3}=($ $)_{8421BCD}$

2.15 试写出下列二进制数的典型格雷码：101010，10111011。

2.16 若汉明码的结构为 $a_4 a_3 a_2 b_3 a_1 b_2 b_1$，试给出十进制数 5 的余 3 码的奇校验汉明码。

2.17 若汉明码的结构为 $a_4 a_3 a_2 b_3 a_1 b_2 b_1$，设有一信息码字 $a_4 a_3 a_2 a_1=0101$，采用偶校验的汉明码进行传送，试求该信息的汉明码。若接收端收到的汉明码中 a_3 变为 0，如何发现并纠正？

2.18 试用 ASCII 码写出字符串"Digital Logic!"的编码。

第 3 章 逻辑代数基础

CHAPTER 3

逻辑代数是布尔代数的一种特例,是分析和设计开关电路的重要数学工具。逻辑代数是研究数字系统逻辑设计的基础理论。本章从应用的角度,主要介绍逻辑代数的基本概念、基本公式和规则,逻辑函数的表示形式、转换与化简。

3.1 逻辑代数的基本概念

作为描述与刻画客观世界的一种数学工具,逻辑代数面对的是离散的数字信号。

"逻辑"一词来自逻辑学,是研究逻辑思维与逻辑推理规律的,它表示事物发生的条件和结果之间的规律,即一种因果关系。在数字逻辑系统中,用 0 和 1 这两个二进制数描述两种相互对立的状态,这种表示方式中不存在中间状态。若我们把条件看作逻辑变量,把结果看作逻辑函数,而逻辑变量和逻辑函数的取值限定在 0 和 1,这样就把一个逻辑问题转化为一个代数问题。这种用代数的方法去研究逻辑问题的科学称为逻辑代数。

虽然有些逻辑代数的运算公式在形式上和普通代数的运算公式雷同,但两者所表示的物理意义有本质区别。逻辑运算表示的是逻辑变量及常量之间逻辑状态的推理运算,而不是数量间的运算。虽然一个逻辑变量的取值只有 0 和 1,只能表示两种不同的逻辑状态,但可以用多个逻辑变量的不同状态组合来表示事物的多种逻辑状态,以处理复杂的逻辑问题。

在数字电路中使用高、低电平表示两种不同的电路状态,它们表示的是一定的电压范围,而不是一个固定不变的电压值。例如,在 TTL 电路中,通常规定高电平的额定值是 3V,低电平的额定值是 0.2V,实际上 2~5V 都为高电平,0~0.8V 都为低电平。

在数字电路中如果用高电平表示逻辑状态 1,用低电平表示逻辑状态 0,称为正逻辑;反之用高电平表示逻辑状态 0,用低电平表示逻辑状态 1,称为负逻辑。两种逻辑之间是可以相互转变的,如无特殊说明,本书采用正逻辑。

3.1.1 逻辑变量与逻辑函数

逻辑代数的变量称为布尔变量或逻辑变量,和普通代数中的变量一样,通常用字母 A, B, C, $\cdots$ 表示。和普通代数中变量不同的是,逻辑变量只有两种取值,即 0 或 1。并且,常量 0 和 1 没有普通代数中 0 和 1 的意义,它只表示两种对立的状态,即命题的"假"和"真",信号的"无"和"有"等。

在普通代数中,函数这个概念是大家所熟悉的,即随着自变量变化而变化的因变量。与普通代数一样,在逻辑代数中,对于 n 个输入逻辑变量 $A,B,C,\cdots$,如果有

$$F = f(A,B,C,\cdots)$$

则称 F 为逻辑函数。逻辑函数与逻辑变量之间的关系称作逻辑函数表达式,简称为逻辑表达式。如果输入逻辑变量 $A,B,C,\cdots$ 等的取值确定了,逻辑函数的值也就被唯一地确定了。必须注意的是,在逻辑代数中,逻辑函数与逻辑变量一样只有两个取值:0 和 1。同样,这里的 0 和 1 并不表示具体的"数",跟逻辑变量一样只表示两种不同的逻辑状态。任一逻辑函数和其变量的关系,都是由这些变量的与、或、非三种基本运算所决定的,也就是说,不管逻辑函数多么复杂,它都是由相应的输入变量的与、或、非三种基本逻辑运算构成的。

3.1.2 基本逻辑运算及基本逻辑门

在逻辑代数中,变量间有三种基本运算:与、或和非,任何复杂的逻辑运算都可以用这三种基本运算来实现。

1. 逻辑与(AND)运算

逻辑与运算也称为逻辑乘运算。这种运算表明的逻辑关系为当决定一事件的所有条件都具备之后,这个事件才会而且一定会发生。

图 3.1 所示的串联开关电路可用来说明与运算的逻辑关系。

这里的事件是灯亮,而该事件发生的条件则是开关接通。根据图 3.1,如果灯 F 亮,则开关 A,B 必须是全部接通的。如果开关 A 或 B 中有一个没有接通,灯 F 就不会亮。此处,开关接通跟灯亮之间的逻辑关系,就是逻辑与关系。

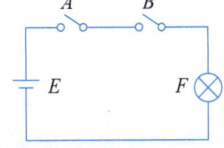

图 3.1 串联开关电路

用逻辑代数表示这种运算,可以表示成

$$F = A \cdot B = AB$$

式中,A、B 为自变量;F 为因变量;符号"·"为与运算符(也可以用"∧"或者"∩"来表示),读作"与",也可读作"乘",这里的乘指逻辑乘。也可以省略与运算符,直接用 AB 表示逻辑乘。

根据串联开关电路图,可以很容易由 A、B 的取值推出 F 的取值。如果将 A、B 的闭合状态表示为"1",断开状态表示为"0";灯 F 亮时用"1"表示,不亮时用"0"表示。可以得出如下结果:

$$0 \cdot 0 = 0$$
$$0 \cdot 1 = 0$$
$$1 \cdot 0 = 0$$
$$1 \cdot 1 = 1$$

将上述关系列成表格,就叫与运算的"真值表",如表 3.1 所示。当然两个以上的变量进行与运算的时候也可以用类似的情况得到真值表。当变量的个数为 n 时,与运算真值表有 2^n 种情况。

表 3.1 与运算的真值表

A	B	F
0	0	0
0	1	0
1	0	0
1	1	1

在数字电路中,实现"与"逻辑关系的电路叫作"与门"。

2. 逻辑或(OR)运算

逻辑或运算又称为逻辑加。这种运算表明的逻辑关系为决定某一事件的多个条件中只要有一个条件具备,这个事件就会发生。

可用并联开关电路来说明或运算的逻辑关系,如图 3.2 所示。

同上例,这里的事件是灯亮,而该事件发生的条件则是开关接通。根据图 3.2,如果灯 F 亮,则开关 A、B 只需有一个接通即可。只有开关 A 和 B 都断开,灯 F 才会不亮。本例中的开关接通跟灯亮之间的逻辑关系,就是逻辑或关系。用逻辑代数表示这种运算,则可以表示成

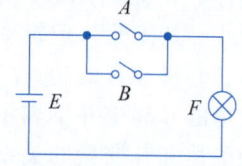

图 3.2 并联开关电路

$$F = A + B$$

式中,A、B 为自变量;F 为因变量;符号"$+$"为或运算符(也可以用"$\vee$"或者"$\cup$"来表示),读作"或",这里的加指逻辑加。

根据上例所定义的变量取值,可以很容易地根据并联开关电路推出逻辑或的运算:

$$0 + 0 = 0$$
$$0 + 1 = 1$$
$$1 + 0 = 1$$
$$1 + 1 = 1$$

或运算的真值表见表 3.2。同样,在多变量的情况下,n 个变量将导致 2^n 种情况。

表 3.2 或运算的真值表

A	B	F
0	0	0
0	1	1
1	0	1
1	1	1

在数字电路中,实现"或"逻辑关系的电路叫作"或门"。

3. 逻辑非(NOT)运算

逻辑非运算也就是反运算。它表示了当条件不满足时事件才发生的逻辑关系。

图 3.3 所示的电路可以说明这种非运算的逻辑关系。同样,这里的事件是灯亮,条件是开关接通。由图 3.3 可以看出,当开关 A 接通时灯不亮,但当开关 A 断开时灯反而是亮的。这就说明条件不满足的时候,事件才发生。这样的逻辑关系称作逻辑非运算。

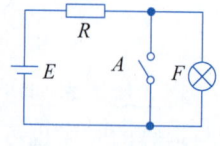

图 3.3 单开关电路

用逻辑代数表示这种运算,则可以表示成

$$F = \overline{A}$$

式中,字母 A 上面的一横表示"非",也就是"反"的意思,可以直接读作"非"或"反"。同样,可得出在 A 不同的取值下 F 的值如下:

$$\overline{0} = 1$$
$$\overline{1} = 0$$

并据此得出非运算的真值表,如表3.3所示。

表3.3 非运算的真值表

A	F
0	1
1	0

在数字电路中,实现逻辑非运算的电路叫作"非门"。

3.2 逻辑代数的公理、定理及规则

根据逻辑代数中的与、或、非三种基本运算,可以推导出逻辑代数运算的一些基本定律,称为逻辑代数的公理。本节将主要介绍逻辑代数中的公理、定理以及在逻辑运算中十分有用的规则。利用这些公理、定理和规则我们可以有效地化简逻辑函数,更好地分析设计逻辑电路。

3.2.1 逻辑代数的公理和基本定理

1. 逻辑代数中的公理

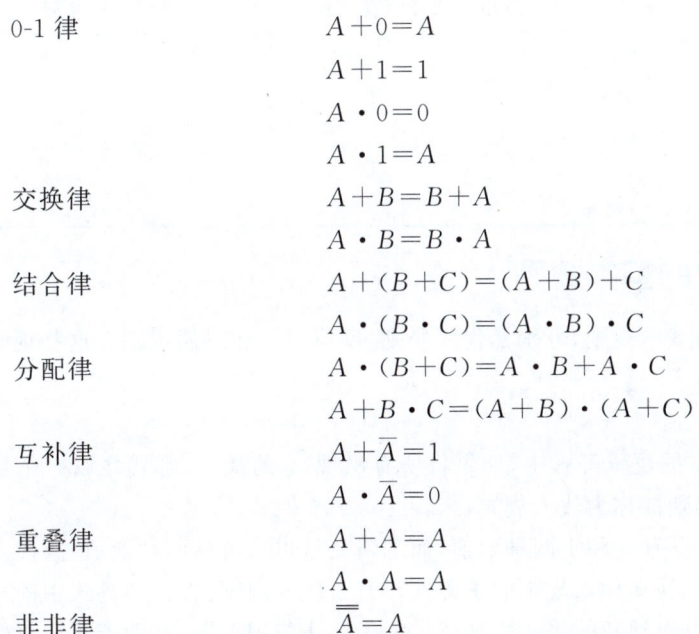

0-1律
$$A+0=A$$
$$A+1=1$$
$$A \cdot 0=0$$
$$A \cdot 1=A$$

交换律
$$A+B=B+A$$
$$A \cdot B=B \cdot A$$

结合律
$$A+(B+C)=(A+B)+C$$
$$A \cdot (B \cdot C)=(A \cdot B) \cdot C$$

分配律
$$A \cdot (B+C)=A \cdot B+A \cdot C$$
$$A+B \cdot C=(A+B) \cdot (A+C)$$

互补律
$$A+\overline{A}=1$$
$$A \cdot \overline{A}=0$$

重叠律
$$A+A=A$$
$$A \cdot A=A$$

非非律
$$\overline{\overline{A}}=A$$

以上公理很容易从开关电路图得到,也可以用真值表证明。

2. 逻辑代数中的定理

吸收律
$$A+A \cdot B=A$$
$$A+\overline{A} \cdot B=A+B$$
$$A \cdot (A+B)=A$$
$$A \cdot (\overline{A}+B)=AB$$

德·摩根定律
$$\overline{A \cdot B}=\overline{A}+\overline{B}$$
$$\overline{A+B}=\overline{A}\overline{B}$$

包含律 $\qquad AB+\overline{A}C=AB+\overline{A}C+BC$
$$(A+B)(\overline{A}+C)=(A+B)(\overline{A}+C)(B+C)$$

逻辑代数中的定理可以由公理直接推导得出,也可以用真值表证明。下面我们给出分配律公式(加法对乘法的分配律)的推导法证明以及德·摩根定律公式的真值表证明。

【例 3.1】 证明加法对乘法分配律:$A+B \cdot C=(A+B) \cdot (A+C)$。

证明:此处直接引用其他定理推导。

$$\begin{aligned}
A+B \cdot C &= A(1+B+C)+BC & &\text{0-1 律}\\
&= A+AB+AC+BC & &\text{分配律}\\
&= AA+AB+AC+BC & &\text{重迭律}\\
&= (AA+AC)+(AB+BC) & &\text{交换、结合律}\\
&= A(A+C)+B(A+C) & &\text{分配律}\\
&= (A+B) \cdot (A+C)
\end{aligned}$$

【例 3.2】 证明德·摩根定律:$\overline{A \cdot B}=\overline{A}+\overline{B}$。

证明:将等式左右两侧的真值表画在一起,根据 A、B 的不同取值分别计算真值。可以看出,$\overline{A \cdot B}$ 和 $\overline{A}+\overline{B}$ 的值完全相同,即等式两端相等,如表 3.4 所示。

表 3.4 德·摩根定律证明真值表

A	B	$\overline{A \cdot B}$	$\overline{A}+\overline{B}$
0	0	1	1
0	1	1	1
1	0	1	1
1	1	0	0

3.2.2 逻辑代数的基本规则

逻辑代数有三条重要的基本规则,分别是代入规则、反演规则和对偶规则。这些规则在逻辑运算中十分有用。

1. 代入规则

任何一个含有某变量 A 的逻辑等式中,如果将所有出现 A 的地方,都代之以一个逻辑函数 F,等式仍然成立,该规则被称为代入规则。

这是由于任何逻辑函数只有 0 和 1 两种取值,而逻辑变量也只有这两种取值,故代入之后不影响公式的恒等性,由此易知代入规则的正确性。有了代入规则,将已知等式中的某一变量代之以任一函数后,可以得到新的等式。这就扩大了等式应用范围,有助于我们更好地利用逻辑函数这种数学工具。

例如,我们可以任意给定一逻辑等式 $(A+B) \cdot C=AC+BC$,再给定一个函数 $F=A+D$,将出现 A 的地方都用函数 F 来代替,则该等式仍然成立。

$$(A+D+B) \cdot C=(A+D) \cdot C+BC=AC+CD+BC$$

代入规则在公式的推导中有着重要的意义,利用它可以将基本定律中的变量用函数代替,从而扩大了公式的应用范围。例如:推导含有三变量的德·摩根定律。

已知 $\overline{AB}=\overline{A}+\overline{B}$,可以用 $F=CD$ 代替 B,得到
$$\overline{ACD}=\overline{A}+\overline{CD}=\overline{A}+\overline{C}+\overline{D}$$

由此可知三个变量的德·摩根定律也是成立的。进一步可以证明,德·摩根定律对于任意个变量都是成立的。同理,可证明对于任意个变量的交换律、结合律也是成立的。

2. 反演规则

对于任意逻辑函数 F,如果将 F 中的所有"·"变成"+","+"变成"·","0"变成"1","1"变成"0";将原变量变成反变量,反变量变成原变量,就得到了 $\overline{F}$。这是反演规则。$\overline{F}$ 也被称作 F 函数的反函数。

【例3.3】 利用反演规则求 $F=A\overline{B}+\overline{C}D+0$ 的反函数。

解:$\overline{F}=(\overline{A}+B)(C+\overline{D})\cdot 1$

【例3.4】 利用反演规则求 $F=A\cdot\overline{\overline{B}+\overline{\overline{C}D}}$。

解:$\overline{F}=\overline{A}+\overline{\overline{B}\cdot C+\overline{D}}$

在应用反演规则时,要注意保持原式的运算顺序。逻辑代数中的运算顺序是:先括号,再逻辑乘,最后是逻辑加。运算时,多于一个变量上的反号也起着括号的作用。

应用反演规则还必须注意两点。

(1) 在求反符号下有两个以上变量时,应用反演规则时求反符号保持不变。例如:$F=\overline{\overline{B}+\overline{C}D}$ 的反函数是 $\overline{F}=\overline{B\cdot C+\overline{D}}$。

(2) 由反演规则求得的反函数和用德·摩根定律得的反函数一致。例如:$F=A\overline{B}+C$,利用德·摩根定律求解可以得到 $\overline{F}=\overline{A\overline{B}+C}=\overline{A\overline{B}}\cdot\overline{C}=(\overline{A}+B)\overline{C}$。同样,对函数 F 利用反演规则,直接得出反函数 $\overline{F}=(\overline{A}+B)\overline{C}$。同时也证明了反演规则的正确性。

3. 对偶规则

对于任意一个逻辑函数 F,如果将其所有的"·"变成"+","+"变成"·","0"变成"1","1"变成"0",而变量保持不变,所得到的函数式叫作 F 的"对偶式",记作 F'。F 与 F' 互为对偶式。

例如,$F=A+AB+0$,则其对偶式 $F'=A(A+B)\cdot 1$;$F=AB+\overline{A}C$,则其对偶式 $F'=(A+B)(\overline{A}+C)$。

所谓的对偶规则是指,如果两个逻辑函数式相等,那么,它们的对偶式也一定相等。例如:$F_1=A(B+C)$,$F_2=AB+AC$,显然两者是相等的。

而 $F_1'=A+BC$,$F_2'=(A+B)(A+C)=A+AC+BC=A+BC$,故 $F_1'=F_2'$。并且 $(F')'=F$。

在介绍逻辑代数的公理、定理时,给出了11对基本公式。很容易证明,每对公式的左边是对偶式,右边也是对偶式。例如德·摩根定律一对公式的左端 $\overline{AB}$ 和 $\overline{A+B}$ 是对偶式;右端 $\overline{A}+\overline{B}$ 和 $\overline{A}\overline{B}$ 也是对偶式。读者可以自己验证其他公式的对偶式。所以,根据对偶规则,在每对公式中,如果证明了一个成立,则另一个自然成立,无须证明。

求函数的对偶式,与求反函数一样,需要注意运算顺序的问题。

3.3 逻辑函数的表示方法

在给出逻辑函数的定义后,下面讨论逻辑函数的三种表示形式,并给出逻辑函数的标准形式及表达式之间的转换。

3.3.1 逻辑函数的基本形式

逻辑函数常用的表示方法有逻辑表达式、真值表、卡诺图、波形图、逻辑图和硬件描述语言等。本节只介绍前面四种方法，逻辑图和硬件描述语言将在后面介绍。

1. 逻辑表达式

逻辑表达式是由逻辑变量及或、与、非三种运算符构成的式子，也就是用公式来表示逻辑函数的方法。

例如，要表示这样一个逻辑函数关系：当两个变量 A 和 B 取值相同时，函数取值为 0；否则，函数取值为 1。此函数称为异或逻辑函数，可以用下列逻辑表达式来表示：

$$F = f(A,B) = A\overline{B} + \overline{A}B$$

显然，将 A 和 B 的四种可能取值代入这个表达式，均可验证是正确的。

逻辑函数表达式有"与或"（积之和）表达式和"或与"（和之积）表达式两种基本形式。

2. 真值表

真值表是由逻辑变量的所有可能取值的组合及其对应逻辑函数的取值所构成的表格，这是一种用表格表示逻辑函数的方法。对于异或逻辑函数也可以用表 3.5 所示的真值表来表示。表中列出了两个逻辑变量（A 和 B）所有可能的取值组合（00，01，10，11），并列出了与它们相对应的逻辑函数（F）的值。很容易看出，当 $A=B$ 的时候，$F=0$；当 $A \neq B$ 的时候，$F=1$。此真值表中的变量为两个，真值表项共有 2^2 种组合。可以推得当逻辑函数的变量个数为 n 的时候，真值表由 2^n 个表项组成。显然，随着变量数目的增多，真值表的规模就会变得很庞大。

表 3.5　异或逻辑函数的真值表

A	B	F
0	0	0
0	1	1
1	0	1
1	1	0

3. 卡诺图

卡诺图是美国工程师 Karnaugh 于 20 世纪 50 年代提出的。卡诺图是一种平面方格图，由若干小方格构成，每个小方格对应逻辑函数各逻辑变量的一组取值。将对应逻辑函数各逻辑变量所有可能取值组合的全部小方格按一定构造原则构成正方形或长方形，即为卡诺图。构造原则要求卡诺图中相邻两个小方格对应的两组逻辑变量取值相比，只有一个逻辑变量的取值不同，其他逻辑变量取值均相同。

一个逻辑函数的卡诺图就是将此函数在对应逻辑变量一组取值下的逻辑值填入相应的小方格内。利用卡诺图可以表示和化简逻辑函数，将在 3.4.2 节详细介绍。

4. 波形图

如果将逻辑函数输入变量的每一种可能出现的取值与对应的输出值按时间顺序依次排列，就得到了该逻辑函数的波形图，也称为时序图。由于波形图对逻辑函数表示的直观性，使其成为表示和分析电路逻辑关系常用的方法。在一些仿真工具中，常以波形图的形式给出分析结果,也可通过实验观察波形图来检验所设计逻辑电路的功能是否正确。

图 3.4 所示是异或逻辑函数关系的波形。

以上表示逻辑函数的方法,虽然各有特点,适用于不同场合,但所描述的对象却是相同的。它们之间存在内在的联系,可以方便地相互变换。

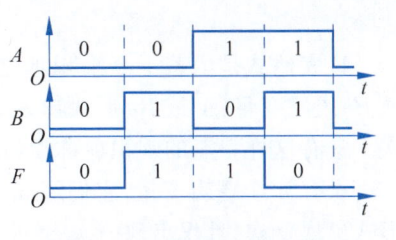

图 3.4 异或逻辑函数的波形

3.3.2 逻辑函数的标准形式

任何一个逻辑函数,其表达式的形式并不是唯一的。本节将介绍逻辑函数的两种基本形式,并在此基础上,进一步介绍逻辑函数基本形式向标准形式的转化。

1. 逻辑函数表达式的基本形式

1)"与或"表达式

所谓"与或"表达式是指在一个函数表达式中,包含着若干个"与项",其中每个"与项"都可能包含一个或多个以原变量或反变量形式出现的逻辑变量,所有这些"与项"的"逻辑或"就构成了"与或"表达式。

例如,$\bar{B}$、$\bar{A}B$、$AB\bar{C}$ 都是与项,这 3 个与项的逻辑或就构成了三变量的逻辑函数的与或表达式,即 $F=\bar{B}+\bar{A}B+AB\bar{C}$。

2)"或与"表达式

所谓"或与"表达式是指在一个函数表达式中,包含着若干个"或项",其中每个"或项"都可能有一个或多个以原变量或反变量形式出现的逻辑变量,所有这些"或项"的"逻辑与"就构成了"或与"表达式。

例如,$(A+B)$,$(\bar{C}+B)$,$(\bar{A}+B+C)$ 均为或项,这 3 个或项的逻辑与就构成了一个三变量的逻辑函数的或与表达式,即 $F=(A+B)(\bar{C}+B)(\bar{A}+B+C)$。

逻辑函数还可以表示成混合形式,这种表示形式既不是"与或"表达式,也不是"或与"表达式。但不论逻辑函数最初给出的是什么形式,它都可以转换为标准的"与或"表达式或"或与"表达式。

2. 最小项及最小项表达式

标准与或表达式又称作最小项表达式,即构成逻辑函数的各个与项都是最小项。下面先介绍最小项的概念。

1)最小项

什么叫最小项?可以从一个简单的例子来看。

现有一个两变量的逻辑函数

$$F=f(A,B)=A+\bar{B}$$

利用已经介绍过的基本公式,可以得到 F 的下列形式:

$$F=A(\bar{B}+B)+\bar{B}=AB+A\bar{B}+\bar{B}(A+\bar{A})=AB+A\bar{B}+A\bar{B}+\bar{A}\bar{B}$$
$$=AB+A\bar{B}+\bar{A}\bar{B}$$

从这一系列的推导过程中可以看出,同一逻辑函数可以用多种形式来表示,有的比较简单,有的比较复杂,但它们所表示的逻辑意义都是相同的。在这些表达式中有一个最规则的形式,就是推导出来的最后一个表达式:

$$F = \overline{A}\overline{B} + A\overline{B} + AB$$

该表达式是由若干个乘积项之和组成的,该函数的全部逻辑变量(两个)以原变量(A 或 B)或反变量($\overline{A}$ 或 $\overline{B}$)形式出现在表达式的乘积项中,且变量在一个乘积项中只出现一次。具有这样特点的乘积项称为最小项。我们将最小项的定义作如下规定:

设有 n 个逻辑变量,它们组成的乘积项("与"项)中,每个变量或以原变量或以反变量形式出现一次,且仅出现一次,这个乘积项称为 n 变量的最小项。

显然,对于 n 个变量,则可以构成 2^n 个最小项。

为了叙述和书写方便,通常用 m_i 来表示最小项。如果各乘积项中的原变量记为 1,反变量记为 0,且当变量顺序确定后,0 或 1 按顺序排列成一个二进制数,则和这个二进制相对应的十进制数就是最小项的下标 i。例如按照上述规定求 $A\overline{B}\overline{C}$ 的下标,由于 A 为原变量,记为 1;B 为反变量,记为 0;C 为反变量,记为 0,从而得到表示下标的二进制数为 100,也就是十进制的 4。故最小项 $A\overline{B}\overline{C}$ 可用 m_4 表示,即 $A\overline{B}\overline{C} = m_4$。表 3.6 给出了三变量全部最小项的真值表。

表 3.6 三变量全部最小项的真值表

ABC 取值	m_0 $\overline{A}\overline{B}\overline{C}$	m_1 $\overline{A}\overline{B}C$	m_2 $\overline{A}B\overline{C}$	m_3 $\overline{A}BC$	m_4 $A\overline{B}\overline{C}$	m_5 $A\overline{B}C$	m_6 $AB\overline{C}$	m_7 ABC	$\sum_{i=0}^{7} m_i$
000	1	0	0	0	0	0	0	0	1
001	0	1	0	0	0	0	0	0	1
010	0	0	1	0	0	0	0	0	1
011	0	0	0	1	0	0	0	0	1
100	0	0	0	0	1	0	0	0	1
101	0	0	0	0	0	1	0	0	1
110	0	0	0	0	0	0	1	0	1
111	0	0	0	0	0	0	0	1	1

2) 最小项的性质

从上述讨论及表 3.6 中不难得知最小项的下列三个主要性质。

(1) 对于任何一个最小项 m_i,只有一组变量的取值才能使其值为 1。例如:最小项 $A\overline{B}C$ 只有在 A、B、C 的取值分别为 1、0、1 的时候,其值才为 1,其他时候其值均为 0。也就是说,最小项的值为 1 的概率最小,最小项也因此而得名。

(2) 任意两个最小项 m_i 和 $m_j (i \neq j)$ 之积必为 0。例如,$m_3 = \overline{A}BC$,$m_6 = AB\overline{C}$,两者的乘积为 $m_3 \cdot m_6 = \overline{A}BC \cdot AB\overline{C}$。容易看出,无论 A、B、C 三个变量的取值是什么,该乘积的结果都为 0。

(3) n 个变量的所有最小项的逻辑和为 1,即 $\sum_{i=0}^{2^n-1} m_i = 1$。这是由于对于 n 个变量的任何一组取值,总有一个最小项的值为 1。

3) 最小项表达式

任何一个逻辑函数都可以用最小项之和的形式来表示,称为逻辑函数的最小项表达式,也称作标准与或表达式或主析取范式。

借用普通代数中的"$\sum$"符号表示多个最小项的累计"或"运算,圆括号内的十进制数表示参与"或"运算的各个最小项的项号,它们是各最小项 m_i 的下标值。如两变量逻辑函数 $F=\overline{A}\overline{B}+A\overline{B}+AB$,它由 3 个最小项组成,可以表示成如下形式:

$$F=\overline{A}\overline{B}+A\overline{B}+AB=m_0+m_2+m_3=\sum m^2(0,2,3)$$

可以证明,任何 n 变量的逻辑函数都有一个且仅有一个最小项表达式。若已知某一逻辑函数不是最小项表达式,则可通过反复使用 $x=x(y+\overline{y})$ 而获得最小项表达式。

【例 3.5】 将三变量函数 $F=ABC+\overline{A}C+B\overline{C}$ 展开为最小项表达式。

解:
$$\begin{aligned} F &= ABC+\overline{A}C+B\overline{C} \\ &= ABC+\overline{A}C(B+\overline{B})+B\overline{C}(A+\overline{A}) \\ &= ABC+\overline{A}BC+\overline{A}\overline{B}C+AB\overline{C}+\overline{A}B\overline{C} \\ &= m_7+m_3+m_1+m_6+m_2 \\ &= \sum m^3(1,2,3,6,7) \end{aligned}$$

逻辑函数最小项表达式的三个主要性质如下。

(1) 若 m_i 是 n 变量逻辑函数 $F(A_1,A_2,\cdots,A_n)$ 的一个最小项,则使 $m_i=1$ 的一组变量取值也必定使 F 的值为 1。

(2) 若 F_1 和 F_2 都是 $A_1,A_2,\cdots,A_n$ 的函数,则 $F=F_1+F_2$ 将包括 F_1 和 F_2 中的所有最小项,$G=F_1\times F_2=F_1\cdot F$ 将包括 F_1 和 F_2 中的公共最小项。

(3) 若逻辑函数 $\overline{F}$ 是逻辑函数 F 的反函数,则 $\overline{F}$ 必定由 F 所包含的最小项之外的其余全部最小项所组成。可用三变量逻辑函数来说明,然后加以推广。

由于 $F(A,B,C)+\overline{F}(A,B,C)=1$,我们也知道 $\sum_{i=0}^{7}m_i=1$。故可知

$$F(A,B,C)+\overline{F}(A,B,C)=\sum_{i=0}^{7}m_i$$

推而广之,则 $F(A_1,A_2,\cdots,A_n)+\overline{F}(A_1,A_2,\cdots,A_n)=\sum_{i=0}^{2^n-1}m_i$

上式表明,一个最小项不在逻辑函数 F 中,就必在其反函数 $\overline{F}$ 中。

3. 最大项及最大项表达式

标准或与表达式又称作最大项表达式。即构成逻辑函数的各个或项都是最大项。下面先介绍最大项的概念。

1) 最大项

对于一个具有 n 个变量的函数的或项,它包含全部 n 个变量,其中每个变量都以原变量或以反变量的形式出现,且仅出现一次,这样的或项称作最大项。最大项的定义同最小项是类似的,例如,$n=2$ 的时候,$A+B,A+\overline{B},\overline{A}+B,\overline{A}+\overline{B}$ 均为最大项;而 $n=3$ 时,$A+B+C,A+B+\overline{C}$ 为最大项,而 $A+B,\overline{C}+B$ 不是最大项。同样,与最小项类似,两个变量最多可以组成 4 个最大项;三个变量最多可以组成 2^3 个最大项;n 个变量最多可以组成 2^n 个最大项。

同样地,为了叙述和书写的方便,通常用 M_i 表示最大项。必须注意的是,这里的最大项编号(下标)和最小项编号恰恰相反。即,将或项中的原变量看作 0,反变量看作 1。这里 0 和 1 按变量排列顺序组成一个二进制数,同这个二进制数相对应的十进制数就是最大项

的下标 i。表 3.7 给出了三变量全部最大项的真值表。

表 3.7　三变量全部最大项的真值表

ABC 取值	M_0 $A+B+C$	M_1 $A+B+\bar{C}$	M_2 $A+\bar{B}+C$	M_3 $A+\bar{B}+\bar{C}$	M_4 $\bar{A}+B+C$	M_5 $\bar{A}+B+\bar{C}$	M_6 $\bar{A}+\bar{B}+C$	M_7 $\bar{A}+\bar{B}+\bar{C}$	$\prod_{i=0}^{7} M_i$
000	0	1	1	1	1	1	1	1	0
001	1	0	1	1	1	1	1	1	0
010	1	1	0	1	1	1	1	1	0
011	1	1	1	0	1	1	1	1	0
100	1	1	1	1	0	1	1	1	0
101	1	1	1	1	1	0	1	1	0
110	1	1	1	1	1	1	0	1	0
111	1	1	1	1	1	1	1	0	0

2）最大项的性质

从上述讨论及表 3.7 中不难得知最大项也有下列三个主要性质。

（1）对于任何一个最大项 M_i，只有一组变量的取值才能使其值为 0，而其他组变量的取值使该最大项的值均为 1。例如 $M_2=A+\bar{B}+C$，只有当 A、B、C 的取值分别为 0、1、0 时，M_2 取值为 0，而其他 A、B、C 的取值均使 M_2 的值为 1。也就是说，最大项为 1 的概率最大，最大项也因此而得名。

（2）任意两个最大项的逻辑和为 1。例如，$n=3$ 的时候，$M_4=\bar{A}+B+C$，$M_1=A+B+\bar{C}$，则 $M_4+M_1=\bar{A}+B+C+A+B+\bar{C}=1+B+1=1$。

（3）全部最大项的逻辑积等于 0。这是因为对于一个 n 个变量的任一组取值，都会有一个最大项的值为 0，故 $\prod_{i=0}^{2^n-1} M_i = 0$。

3）最小项与最大项的关系

分析表 3.6 与表 3.7，可以看出：

$$\bar{m}_0 = \overline{\bar{A}\bar{B}\bar{C}} = A+B+C = M_0$$

$$\bar{m}_1 = \overline{\bar{A}\bar{B}C} = A+B+\bar{C} = M_1$$

$$\cdots$$

即 $\bar{m}_i = M_i$ 或者 $m_i = \bar{M}_i$，也就是说同一组逻辑变量相同下标的最小项与最大项是互补的。

4）最大项表达式

如上所述，任何一个 n 变量逻辑函数都可以表示成最小项之和的形式；同样地，也可以用最大项之积来表示任何 n 变量逻辑函数。所谓最大项表达式，就是由给定函数的最大项之积所组成的逻辑表达式。

将已知逻辑函数展开成最大项表达式，需要利用分配律 $A+B \cdot C=(A+B) \cdot (A+C)$ 将"积之和"表达式（即"与或"表达式）转换为"和之积"表达式（即"或与"表达式）。然后，在该式的各个非最大项的和项中加上它所缺变量的"原""反"之积，并再次使用分配律，直到把全部和项都变成最大项，便可得到已知函数的最大项表达式。

【例3.6】 已知逻辑函数 $F=A+\overline{A}BC$，求 F 的最大项表达式。

解：
$$F=A+\overline{A}BC$$
$$=(A+\overline{A})(A+BC)$$
$$=1\cdot(A+B)(A+C)$$
$$=(A+B+C\overline{C})(A+C+B\overline{B})$$
$$=(A+B+C)(A+B+\overline{C})(A+C+B)(A+C+\overline{B})$$
$$=(A+B+C)(A+B+\overline{C})(A+\overline{B}+C)$$
$$=M_0\cdot M_1\cdot M_2$$
$$=\prod M^3(0,1,2)$$

利用逻辑函数的最小项表达式，可以用另外一种方法求得逻辑函数的最大项表达式。首先，将函数表达成最小项表达式；其次，找出其反函数中的最小项；最后，用和反函数中最小项相同编号的最大项构成原函数的最大项表达式。下面利用此方法求例3.6中给出的逻辑函数的最大项表达式。

【例3.7】 已知逻辑函数 $F=A+\overline{A}BC$，求 F 的最大项表达式。

解：先求出该逻辑函数的最小项表达式
$$F=A+\overline{A}BC$$
$$=A(B+\overline{B})(C+\overline{C})+\overline{A}BC$$
$$=(AB+A\overline{B})(C+\overline{C})+\overline{A}BC$$
$$=ABC+AB\overline{C}+A\overline{B}C+A\overline{B}\,\overline{C}+\overline{A}BC$$
$$=m_7+m_6+m_5+m_4+m_3$$
$$=\sum m^3(3,4,5,6,7)$$

故 $\overline{F}=\sum m^3(0,1,2)$，利用最小项表达式求最大项表达式的规则，可以直接得到逻辑函数的最大项表达式 $F=\prod M^3(0,1,2)$，与例3.6求得的结果完全一样。

根据最大项表达式的定义，可推得类似于最小项表达式的三个性质，这里不再详述。

3.3.3 逻辑函数表达式的转换

在用数字电路实现逻辑函数时，可供选择的数字电路元件主要是各种门电路。常用的门电路有与门、或门、与非门、或非门、与或非门等。为了便于用选定的门电路实现逻辑函数，必须把逻辑函数的最简式转换成与所选门电路一致的形式，这就需要研究不同形式的逻辑函数间转换的问题。本节将介绍相关逻辑函数表达式之间的相互转换。

1. 与或表达式转换为与非-与非表达式

将与或表达式转换为与非-与非表达式只需要对给定的与或表达式两次求反，并对底层非式使用德·摩根定律即可。

【例3.8】 将逻辑函数 $F=ABC+BC+AB$ 转换为与非-与非表达式。

解：$F=\overline{\overline{F}}=\overline{\overline{ABC+BC+AB}}=\overline{\overline{ABC}\cdot\overline{BC}\cdot\overline{AB}}$

2. 与或表达式转换为或非-或非表达式

当 F 是最简与或表达式的时候，先求 F 的对偶式 F'；再将 F' 变换成与非-与非形式；

最后求 F' 的对偶式,还原 F,即 $F=(F')'$。

【例 3.9】 将最简式 $F=AB+A\bar{C}+\bar{A}C$ 转换为或非-或非表达式。

解：先求 F 的对偶式,得
$$F'=(A+B)(A+\bar{C})(\bar{A}+C)=AC+\bar{A}\bar{B}\bar{C}+ABC=AC+\bar{A}\bar{B}\bar{C}$$

再对 F' 两次求反,得
$$F'=\overline{\overline{AC+\bar{A}\bar{B}\bar{C}}}=\overline{\overline{AC}\cdot\overline{\bar{A}\bar{B}\bar{C}}}$$

求上式 F' 的对偶式,得
$$F=\overline{\overline{A+C}+\overline{\bar{A}+B+\bar{C}}}$$

3. 与或表达式变换为与或非表达式

将与或表达式变换为与或非表达式,需先求出逻辑函数的反函数 $\bar{F}$ 的与或表达式,再对 $\bar{F}$ 求反即可。

【例 3.10】 求 $F=AB+A\bar{B}C+\bar{A}BC+\bar{A}\bar{B}C$ 的与或非表达式。

解：求出函数 F 的反函数表达式
$$\bar{F}=\bar{A}\bar{C}+\bar{B}\bar{C}$$

再对 $\bar{F}$ 求反,可得
$$F=\overline{\bar{A}\bar{C}+\bar{B}\bar{C}}$$

4. 与或表达式变换为或与表达式

将与或表达式变换为或与表达式需要经过如下步骤：先求出其反函数 $\bar{F}$ 的与或表达式；再对反函数 $\bar{F}$ 求反,最后用德·摩根定律进行相应变换。

【例 3.11】 求函数 $F=AC+AD+BC+BD$ 的或与表达式。

解：先求出函数 F 的反函数 $\bar{F}$,可得
$$\bar{F}=\bar{A}\bar{B}+\bar{C}\bar{D}$$

对 $\bar{F}$ 求反,可得
$$F=\overline{\bar{A}\bar{B}\cdot\bar{C}\bar{D}}$$

用德·摩根定律进行变换,可得
$$F=\overline{\bar{A}\bar{B}}\cdot\overline{\bar{C}\bar{D}}=(A+B)(C+D)$$

5. 或与表达式变换为或非-或非表达式

将或与表达式变换为或非-或非表达式可以通过以下步骤：先求出逻辑函数的对偶式 F'；然后化简对偶式 F'；求出对偶式的对偶式,还原 F,即 $F=(F')'$；对上述 F 两次求反,并对底层非式使用德·摩根定律进行相应变换。

【例 3.12】 将函数 $F=(\bar{A}+\bar{B})(\bar{A}+\bar{B}+D)(A+C)(B+\bar{C})$ 转变为或非-或非表达式。

解：求 F 的对偶式 F' 并化简,可得
$$F'=\bar{A}\bar{B}+AC+B\bar{C}$$

进一步求 F' 的对偶式,可得
$$F=(\bar{A}+\bar{B})(A+C)(B+\bar{C})$$

对 F 两次求反,并用德·摩根定律进行变换可得

$$F = \overline{\overline{(\overline{A}+\overline{B})(A+C)(B+\overline{C})}} = \overline{\overline{\overline{A}+\overline{B}} + \overline{A+C} + \overline{B+\overline{C}}}$$

3.4 逻辑函数的化简

综上所述,逻辑函数的表达式有各种不同表示形式,即使是同一形式的表达式也有繁简之别。对于一个确定的逻辑函数,尽管函数表达式不同,但它们所描述的逻辑功能却是相同的。在数字系统中,实现这些逻辑功能的是逻辑电路。为了降低成本、减少复杂度,需要对逻辑函数化简。把逻辑函数简化成最简形式也称作逻辑函数的最小化。

逻辑函数的最简式是指将一个多变量的逻辑函数以最少的变量连接数和最少的运算符号表示出来,常见的逻辑函数的最简形式有最简与或式和最简或与式。

逻辑函数的最简与或式的定义如下。一个与给定函数等效的"与或"式中,若同时满足:

(1) 该式包含的乘积项最少;

(2) 该式中每个乘积项不能再用变量更少的乘积项来代替,即式中每个乘积项的因子最少。

则此与或式是给定逻辑函数的最简与或式。

最简或与式的定义与之类似,不再详述。

逻辑函数的化简有两种常用的方法,即公式法、卡诺图法。

3.4.1 公式法化简

在公式法化简中,常应用并项法、吸收法、消去法和配项法。用公式法化简逻辑函数时,要求熟记并灵活应用逻辑代数中的基本公式、定理及常用公式。

1. 并项法

利用互补律 $A+\overline{A}=1$,将两项合并为一项,并消去一个变量。例如:

$$F = \overline{A}B\overline{C} + \overline{A}BC + AB = \overline{A}B(C+\overline{C}) + AB = \overline{A}B + AB = B(\overline{A}+A) = B$$

2. 吸收法

利用常用公式 $A+AB=A$,消去多余的项。例如:

$$F = AB + AB\overline{C}(D+E) = AB(1+\overline{C}(D+E)) = AB$$

3. 消去法

利用常用公式 $A+\overline{A}B=A+B$,消去多余因子。例如:

$$F = AB + \overline{ABC} + B\overline{C} = (AB + \overline{ABC}) + B\overline{C} = AB + C + B\overline{C}$$
$$= AB + (C + B\overline{C}) = AB + C + B = (A+1)B + C = B + C$$

4. 配项法

利用 $A \cdot 1 = A$ 以及 $A+\overline{A}=1$,配在乘积项上,然后利用上述并项法、吸收法、消去法化简。例如:

$$F = AB + \overline{A}BC + BC = AB + \overline{A}BC + (A+\overline{A})BC$$

$$= AB + \overline{A}BC + ABC + \overline{A}\overline{B}C = (AB + ABC) + (\overline{A}BC + \overline{A}\overline{B}C)$$
$$= AB + \overline{A}C$$

上述化简过程的第四步,分别利用了吸收法和并项法。

或与式的化简方法有两种:其一,直接用公式化简;其二,利用对偶式,将其对偶式(与或式)进行化简,再求对偶式,从而得到最简的或与式。

【例 3.13】 化简或与表达式 $F = \overline{A}(\overline{B}+C+D)(A+B+C)(A+\overline{C}+D)$。

解:方法一 公式法

$$F = \overline{A}(\overline{B}+C+D)(B+C)(\overline{C}+D) = \overline{A}[(\overline{B}+C+D)(\overline{C}+D)](B+C)$$
$$= \overline{A}(D+(\overline{B}+C)\overline{C})(B+C) = \overline{A}(D+\overline{B}\overline{C})(B+C)$$
$$= \overline{A}(D+\overline{\overline{B}+C})(B+C) = \overline{A}D(B+C)$$

方法二 利用对偶式

$$F' = \overline{A} + \overline{B}CD + ABC + A\overline{C}D = (\overline{A} + ABC + A\overline{C}D) + \overline{B}CD$$
$$= \overline{A} + BC + \overline{C}D + \overline{B}CD = \overline{A} + (\overline{C}D + \overline{B}CD) + BC$$
$$= \overline{A} + (\overline{BC} + \overline{C})D + BC = \overline{A} + (\overline{B} + \overline{C})D + BC$$
$$= \overline{A} + \overline{BC}D + BC = \overline{A} + D + BC$$

故 $F = (F')' = \overline{A}D(B+C)$

从上述例子可以看出,虽然公式法化简不受变量个数的限制,普遍适用,但化简过程没有固定的规律可循,直观性差,带有一定的试探性,并且难以判断结果是否已最简。为了寻找更简单的方法,人们研究出了卡诺图法化简。

3.4.2 卡诺图法化简

在前述函数的表达方法中提到了卡诺图,利用卡诺图不仅可以表示函数,还能实现逻辑函数的简化,克服公式法直观性差的缺点。本节先介绍卡诺图的构成,然后介绍如何用卡诺图表示函数,以及卡诺图、真值表、表达式之间的转换;最后介绍用卡诺图化简逻辑函数的方法。

1. 卡诺图的构成

卡诺图是一种图形,是由 2^n 个小方格构成的正方形或长方形,n 表示变量的个数。其中每个小方格都对应一个最小项,并且在逻辑上有相邻性的最小项,在几何位置上也会被相邻地排列。相邻性是两个最小项之间只有一个变量互为反变量,其余变量均相同的特性。卡诺图的构成取决于变量的个数,下面分别介绍二变量、三变量、四变量和五变量的卡诺图。

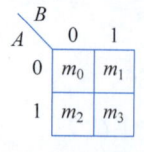

1) 二变量的卡诺图

对于具有两个变量 A、B 的逻辑函数共有 4 个最小项:AB,$\overline{A}B$,$A\overline{B}$,$\overline{A}\overline{B}$。所以二变量的卡诺图应该包含 4 个小方格,如图 3.5 所示。

A\B	0	1
0	m_0	m_1
1	m_2	m_3

图 3.5 二变量的卡诺图

二变量卡诺图的构成方法是:先将逻辑变量分成两组,一组为 A(图 3.5 中,放在左边);另一组为 B(图 3.5 中放在上边)。其次,在卡诺图上标注逻辑变量 0、1 的两种取值,用左边的数字 0 表示反变量 $\overline{A}$、数字 1 表示原变量 A,且从上而下地排列;上边的数字 0 表示反变量 $\overline{B}$、数字 1 表示原变量 B,且自左向右地排列。最后,按最小项等于对应行上和列上的变量相与的原则,将最小项填于相应的小方格内,如:$m_1 = \overline{A}B$,$m_2 = A\overline{B}$ 等。从图 3.5 中易知,最小项的几何相邻性与逻辑相邻性是一致的。

2) 三变量的卡诺图

具有 3 个逻辑变量 A、B、C 的逻辑函数共有 8 个最小项,所以其卡诺图应包含 8 个小方格。依据变量 A、B、C 的不同分组,将有两种形式的卡诺图。

若将逻辑变量 A、B、C 分成 A 一组,B 和 C 一组,其卡诺图如图 3.6(a)所示,而若分成 A 和 B 一组,C 一组,其卡诺图如图 3.6(b)所示。

以图 3.6(a)为例说明其构成方法:首先,把逻辑变量 A 放在左边,逻辑变量 B、C 的与项 BC 放在上边。其次,在卡诺图上标注逻辑变量或表达式的不同取值,用左边的数字 0 表示 $\overline{A}$、1 表示 A;用上边的数字 00 表示 $\overline{B}\overline{C}$、01 表示 $\overline{B}C$、11 表示 BC、10 表示 $B\overline{C}$。注意,数码排列按格雷码的规律,即相邻数码间只有一位不同。最后,按最小项等于相应行上和列上的变量相与的原则,将最小项填写于相应的小方格内。如 $m_2 = A\overline{B}\overline{C}$,$m_5 = A\overline{B}C$ 等。

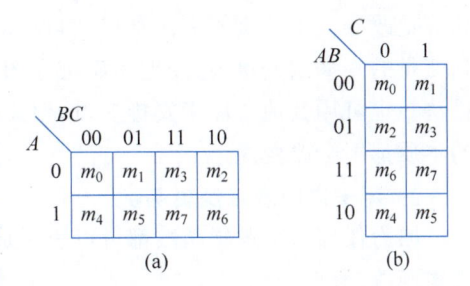

图 3.6 三变量的卡诺图

由图 3.6(a)也可以看出,$m_0 = \overline{A}\overline{B}\overline{C}$,$m_2 = \overline{A}B\overline{C}$,$m_4 = A\overline{B}\overline{C}$ 和 $m_6 = AB\overline{C}$,虽然在几何上不相邻,但在逻辑上是相邻的,称这种相邻为首尾相邻。

3) 四变量的卡诺图

4 个变量 A、B、C、D 共有 16 个最小项,所以其卡诺图应该包含 16 个小方格,如图 3.7 所示。

四变量卡诺图的构成方法:首先,画出包含 16 个小方格的正方形图形,并将变量 A 和 B 分为一组放在左边,变量 C 和 D 分成一组放在上边。其次,在图形左边自上而下依次标注数字 00、01、11、10,它们分别表示 $\overline{A}\overline{B}$、$\overline{A}B$、AB、$A\overline{B}$;在图形上边自左向右依次排列数字 00、01、11、10,它们分别表示 $\overline{C}\overline{D}$、$\overline{C}D$、CD、$C\overline{D}$。最后,按照最小项等于相应行上和列上的变量相与的原则,将最小项填写于相应的小方格内。

由图 3.7 可知,与三变量相似的是,四变量也具有首尾相邻性。如 m_0 与 m_2,m_0 与 m_8,m_2 与 m_{10} 和 m_8 与 m_{10}。

4) 五变量的卡诺图

5 个变量 A、B、C、D、E 共有 32 个最小项,所以其卡诺图应包含 32 个小方格。把五变量中 A 和 B 分为一组,把 C、D 和 E 分为一组的卡诺图如图 3.8 所示。

图 3.7 四变量的卡诺图

图 3.8 五变量的卡诺图

五变量的卡诺图构成方法与四变量类似,这里不再说明。主要强调两点:①五变量的卡诺图是以四变量的卡诺图(四列)右边线为对称轴线,作一个对称图形而构成的。②除了几何相邻、首尾相邻两种情况外,还存在一种所谓重叠相邻的情况,即按对称轴线对折卡诺图、相互重叠的最小项具有逻辑上的相邻性。如,$m_9 = \overline{A}BC\overline{D}E$ 和 $m_{13} = \overline{A}BC\overline{D}E$,$m_{27} = AB\overline{C}DE$ 和 $m_{31} = ABCDE$ 等。

由三变量的卡诺图的两种形式可知,变量分组方法不同,其卡诺图的形状、最小项的位置也不相同。另外,即使分组方法相同,但分组后的变量的排序位置若不同,其卡诺图也会相应地改变。上述例子是按字母的自然顺序分组变量,并按先图形左边再图形的上边来排列变量的。如四变量时,先把 AB 排在图形左边,再把 CD 排在图形上边。这是一种惯用的排法。也可用其他顺序来安排变量,但无论怎样安排变量,用卡诺图表示时,简化逻辑函数的本质都不会改变。

2. 用卡诺图表示逻辑函数

因为任何一个逻辑函数都可以表示成最小项表达式的形式,所以可利用卡诺图来表示逻辑函数。

1) 用卡诺图表示最小项表达式

如果逻辑函数是以最小项的形式给出,则在构成函数的每个最小项相应的卡诺图小方格中填1,其余的小方格中填0。小方格中的1是指函数中有对应的最小项,而0是指函数中不存在该最小项,也可以将小方格中的1和0看作对应变量不同取值时的函数值。卡诺图中的0也可以不填。

2) 用卡诺图表示非最小项表达式

如果逻辑函数不是最小项表达形式,可以利用互补律 $A + \overline{A} = 1$,先将其变换成最小项表达式,然后用卡诺图表示。

【例3.14】 试用卡诺图表示函数 $F(A,B,C,D) = \sum m^4(0,3,5,7,11,14)$。

解:在逻辑函数每个最小项对应的卡诺图小方格中填1,其余的小方格中填0,可得到如图3.9所示的卡诺图。

【例3.15】 用卡诺图表示逻辑函数 $F = AB + A\overline{C}$。

解:先将逻辑函数 F 变换成最小项表达式,即 $F = ABC + AB\overline{C} + A\overline{B}\overline{C} = \sum m^3(4,6,7)$,然后再用卡诺图表示该逻辑函数,如图3.10所示。

AB\CD	00	01	11	10
00	1	0	1	0
01	0	1	1	0
11	0	0	0	1
10	0	0	1	0

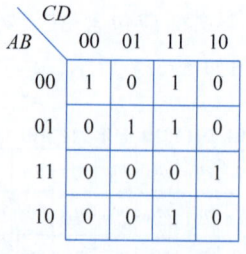

图3.9 例3.14卡诺图

A\BC	00	01	11	10
0	0	0	0	0
1	1	0	1	1

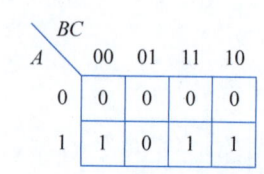

图3.10 例3.15卡诺图

如果逻辑函数是一般的与或表达式,也可以不将逻辑函数变换成最小项表达式,而直接用卡诺图表示它。

【例3.16】 用卡诺图表示逻辑函数 $F=B+A\overline{C}$。

解：根据卡诺图的构成原理，变量 B 对应着卡诺图上 $B=1$ 的那些小方格，共有 4 个小方格；变量 $A\overline{C}$ 对应着卡诺图上 $A=1$，同时 $C=0$ 的那些小方格，共有 2 个小方格。在这些小方格中填 1。因此，可得出相应的卡诺图如图 3.11 所示。

A\BC	00	01	11	10
0	0	0	1	1
1	1	0	1	1

图 3.11　例 3.16 卡诺图

事实上，卡诺图、真值表与逻辑表达式之间是可以相互转换的。我们已经介绍了逻辑表达式到真值表的转换，从真值表向逻辑函数转换也十分简单，只需将真值表中逻辑函数 $F=1$ 所对应的最小项求逻辑和，即得到从真值表转换的逻辑函数。同样，我们也可以直接从真值表得到卡诺图，其方法是将真值表中的逻辑函数值（1 或 0），按对应顺序直接填入卡诺图相应的小方格内。

3. 用卡诺图化简逻辑函数

用卡诺图化简逻辑函数简单、直观，特别适合于四变量以下的逻辑函数的化简。本节先介绍用卡诺图进行函数化简的原理；再介绍合并最小项的规则；最后给出化简逻辑函数的步骤和化简实例。

1) 用卡诺图化简逻辑函数的原理

一个函数的最小项表达式是与其卡诺图一一对应的。卡诺图形象地表达了最小项之间的相邻性。即卡诺图中每两个相邻的小方格的最小项只有一个变量互为反变量，其他变量均相同。因此，用卡诺图表示函数时，如有两个相邻的小方格均填 1，则可用相邻性消去一个变量，使函数得以简化。当填 1 的相邻小方格更多时，可以消去更多的变量，使函数更简化。所以，用卡诺图化简逻辑函数的依据是相邻性。

2) 合并最小项的规则

利用相邻性合并最小项从而简化函数。下面分几种情况介绍最小项的合并。

（1）两个相邻最小项的合并。

图 3.12 给出了两个相邻最小项合并的各种情况。用一个称作卡诺圈的方圈，把填 1 的相邻小方格圈在一起。

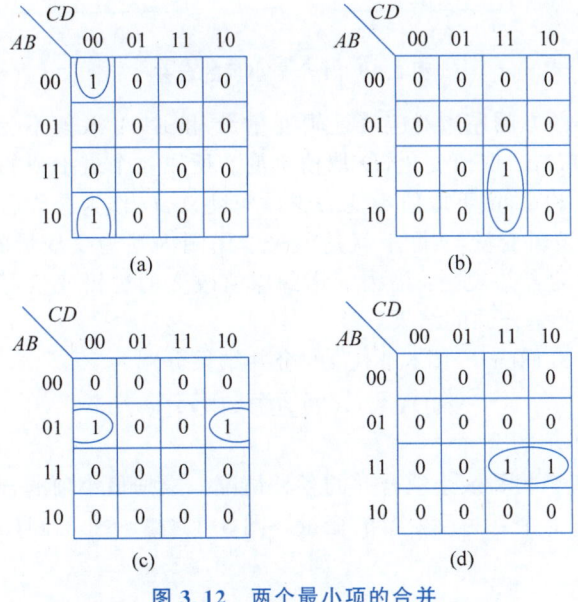

图 3.12　两个最小项的合并

从图 3.12 中可以看出,每个方圈内都包含一个互为反变量的变量:图 3.12(a)是 A 和 $\bar{A}$,图 3.12(b)是 B 和 $\bar{B}$,图 3.12(c)是 C 和 $\bar{C}$,图 3.12(d)是 D 和 $\bar{D}$,它们均可以消去。这样方圈内合并后的与项,图(a)是 $\bar{B}\bar{C}D$,图(b)是 ACD,图(c)是 $\bar{A}B\bar{D}$,图(d)是 ABC。

(2) 4 个相邻最小项的合并。

图 3.13 给出了 4 个相邻最小项合并的各种情况。

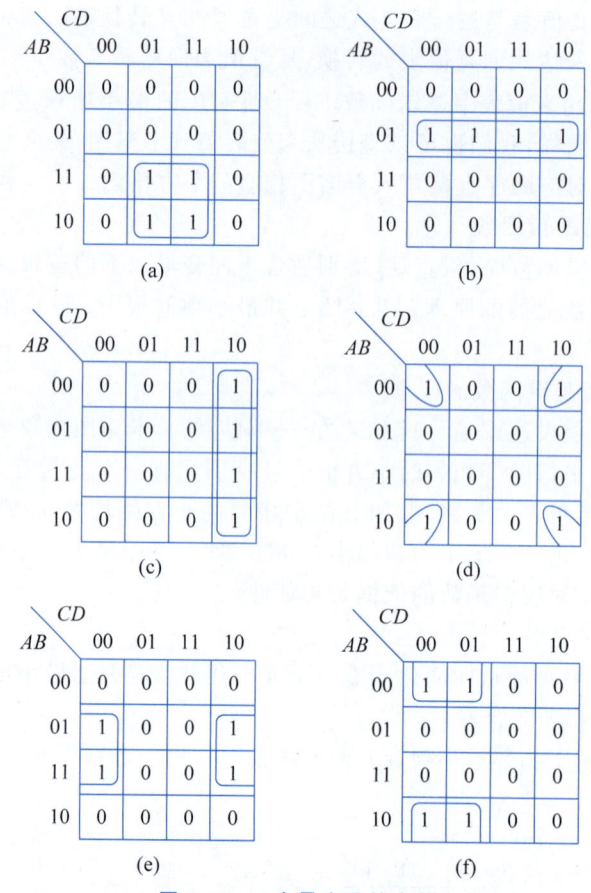

图 3.13　4 个最小项的合并

其中,图 3.13(a)的方圈左边对应着逻辑变量 A 和 B,A 取值不变,B 取值变化;上边对应着逻辑变量 C 和 D,C 取值变化,D 取值不变。所以 4 个最小项的合并,将消去取值变化的 2 个逻辑变量 B 和 C,留下取值不变的逻辑变量 A、D 作为合并后的与项 AD。

消去取值变化的逻辑变量,实际上就是消去卡诺圈内互为反变量的那些逻辑变量。由此不难归纳出最小项的合并规则:消去卡诺圈取值改变的逻辑变量,保留那些取值不变的逻辑变量的逻辑与就是合并的结果。

由此可以得到图 3.13(a)~图 3.13(f)的合并结果分别为

$$AD,\bar{A}B,C\bar{D},\bar{B}D,B\bar{D},\bar{B}\bar{C}$$

(3) 8 个相邻最小项的合并。

图 3.14 展示了 8 个相邻最小项合并的各种情况。根据最小项的合并规则,圈有 8 个最小项的卡诺圈,将消去 3 个互为反变量的变量。图 3.14(a)~图 3.14(d)的合并结果分别为 $B,D,\bar{B},\bar{D}$。

综上所述,可以归纳出 n 个变量卡诺图最小项的合并规律。

(1) 卡诺圈中小方格的个数必须是 2^i 个,即 2 个、4 个、……,i 为小于或等于 n 的整数。

(2) 卡诺圈中的 2^i 个最小项合并,将消去 i 个逻辑变量,其合并结果等于 $(n-i)$ 个逻辑变量的与项。例如,$n=4$ 时,$8=2^3$ 个最小项合并,消去 3 个逻辑变量,留下 1 个逻辑变量。

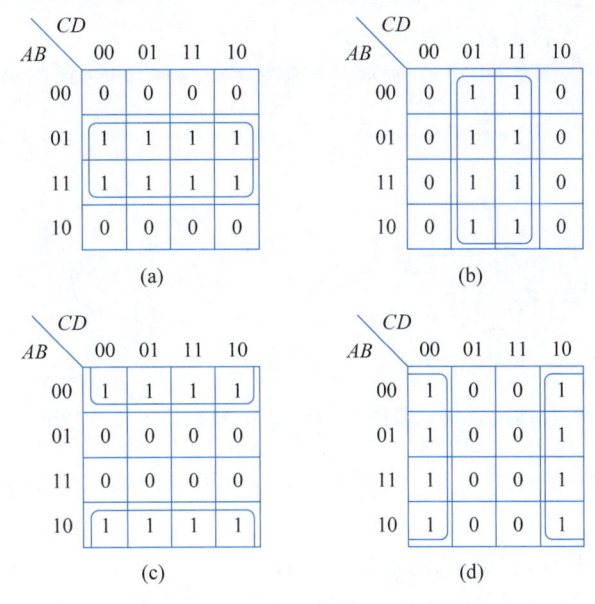

图 3.14 8 个最小项的合并结果

3) 用卡诺图化简逻辑函数的步骤

(1) 用卡诺图表示所要化简的逻辑函数。

(2) 把卡诺图中所有填 1 的小方格用卡诺圈圈起来,将每个卡诺圈中的最小项进行合并。画圈时必须遵守如下原则:

① 每个圈内 1 的个数必须是 2^i 个;

② 每个圈中的小方格可多次被圈,但必须保证每个圈内至少有一个小方格仅被圈一次;

③ 卡诺圈的个数最少;

④ 每个圈应尽量大;

⑤ 所有填 1 的小方格必须圈完。

(3) 将合并的与项进行逻辑加。

(4) 如果卡诺图中填 0 的小方格比填 1 的少,也可以圈 0 先求得逻辑函数化简的反函数,然后取反求得原逻辑函数的最简与或式。

【例 3.17】 化简逻辑函数 $F(A,B,C)=\sum m^3(0,1,2,4,6,7)$。

解:用卡诺图表示逻辑函数,如图 3.15 所示。经画圈合并,最后可以得到

$$F = AB + \overline{A}\,\overline{B} + \overline{C}$$

图 3.15 例 3.17 化简逻辑函数

【例 3.18】 化简逻辑函数 $F(A,B,C,D)=\sum m^4(1,5,6,7,11,12,13,15)$。

解:用卡诺图表示逻辑函数,如图 3.16 所示。

根据图中实线所画的圈,得到逻辑函数最简表达式

$$F = AB\overline{C} + \overline{A}BC + \overline{A}CD + ACD$$

图中虚线虽然也圈入了 4 个最小项,但这 4 个最小项已全部被其他卡诺圈圈过。因此,该圈中 4 个最小项所合并的与项 BD 为冗余项,不应出现在逻辑表达式中。

【例 3.19】 化简逻辑函数 $F = \overline{A}C + A\overline{B} + BC + A\overline{C}$。

解: 函数 F 的卡诺图如图 3.17 所示。根据图中所画的圈得到逻辑函数最简表达式

$$F = A + C$$

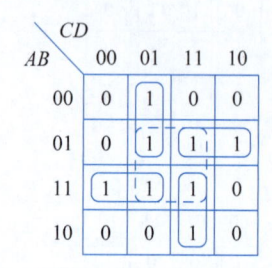

图 3.16 例 3.18 化简逻辑函数

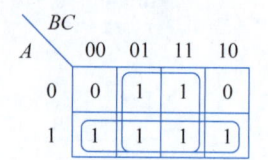

图 3.17 例 3.19 化简逻辑函数

本题卡诺图中填 0 的小方格比填 1 的少,所以也可以用圈 0 的方法先求出逻辑函数的反函数,即 $\overline{F} = \overline{A}\,\overline{C}$。

然后再对反函数取反,得到 F 的最简与或式

$$F = \overline{\overline{A}\,\overline{C}} = A + C$$

从例 3.19 可以看出,根据反演规则,很容易求得逻辑函数最简或与式。此处不再详述。

3.4.3 具有无关项的逻辑函数及其化简

在实际的应用中,还有带有无关项的逻辑函数化简。所谓无关项包含约束项和任意项。

基于问题的背景,具体逻辑函数的有些输入变量的取值不可能出现或不允许出现。例如,以电动机工作状态指示电路为例,用逻辑变量 A、B、C 分别表示对一台电动机正转、反转和停止的命令,取 1 时有效;用 F 表示电动机的工作状态,取 1 时表示电动机运行中,取 0 时表示电动机停止运行。因为电动机任何时候只能执行其中的一个命令,所以不允许 A、B、C 中两个以上的变量同时为 1,ABC 的取值只可能是 001、010、100 中的某一种。此处,A、B、C 是一组有约束的变量,通常用约束条件来描述约束的具体内容。当限制某些输入变量的取值不能出现时,可以用它们对应的最小项恒等于 0 来表示。这样,约束条件可以表示为 $\overline{A}BC + A\overline{B}C + AB\overline{C} + AB\overline{C} + ABC = 0$。将这些恒等于 0 的最小项称为逻辑函数的约束项。

还有一种情况,在某些逻辑函数中,输入变量的某些最小项取值可以是 1 也可以是 0,相应地,该逻辑函数对应的输出值也可以是 1 或是 0,并不影响电路的功能。这些最小项被称作任意项。同样以电动机工作状态指示电路为例。如果电路增加另一个逻辑函数 G,用来表示电动机控制状态,取 1 时表示控制命令出错,启动电机保护程序,取 0 时表示电动机正常工作。当 A、B、C 三个控制变量出现两个以上同时为 1 时,函数 F 表达式中对应的最小项和函数输出等于 1 还是 0 都无关紧要,因为此时函数 $G = 1$,已表明控制命令出错,电动机被保护,函数 F 输出的电动机工作状态无效。

约束项和任意项都是逻辑函数式中的无关项,但二者又有区别。

约束项需要人为强行"不让它们出现或加以限制"。在此条件下,可以将约束项写进逻辑函数式中,也可以将约束项从函数式中删掉,都不会影响电路设计的结果,因为通过限制,约束项对应的逻辑变量的取值不会在输入中出现。在用卡诺图化简逻辑函数时,可根据需要,在卡诺图中对应约束项的小方格中填入"1"或"0"。但不难理解,约束项对应的小方格中的"1"只是一个"表象",它实际上是不存在的,即实际上是"0"。但是,如果限制失败,使约束项客观出现了,而其取值不等于0,就会导致电路的输出错误。

任意项则不然,任意项无须人为对这些变量的取值进行干预,任意项对应变量的取值可以出现,而此时逻辑函数的输出是1还是0皆可,并不影响电路的逻辑功能。

在对带有无关项的逻辑函数化简时,如果能够合理利用这些无关项,一般会得到更加简单的化简结果。无关项可随意加到逻辑函数表达式中或不加到逻辑函数表达式中,不影响逻辑函数的实际逻辑功能。但为达到化简逻辑函数的目的,加入的无关项应与逻辑函数尽可能多的最小项(包括原有的最小项和已加入的无关项)具有逻辑相邻性。可以根据具体情况,对无关项进行适当取舍,再用通常的化简方法进行化简。如用卡诺图化简逻辑函数时,某个无关项对应方格中填1(将该无关项加入逻辑函数式中)还是填0(逻辑函数式中不包含这个无关项),应以得到的相邻最小项的卡诺圈最大,且卡诺圈数目最少为原则。

【**例 3.20**】 化简具有约束的逻辑函数。
$$F = \overline{ABCD} + \overline{AB}C\overline{D} + \overline{A}BC\overline{D} + \overline{A}BCD + A\overline{B}\overline{C}\overline{D} + A\overline{B}CD + AB\overline{C}\overline{D}$$
给定约束条件为
$$\overline{A}B\overline{C}D + A\overline{B}\overline{C}D + AB\overline{C}\overline{D} + ABCD = 0$$
在用最小项之和形式表示上述具有约束条件的逻辑函数时,也可以写成如下形式:
$$F(A,B,C,D) = \sum m^4(0,1,5,7,8,11,14) + \sum d^4(3,9,12,15)$$
式中,d 表示无关项,d 后面括号内的数字是无关项的最小项编号。

解:如图 3.18 所示,画出 F 的卡诺图。

若不利用约束项化简,$F = \overline{A}\ \overline{B}\ \overline{C} + \overline{A}BD + \overline{B}CD + AB\overline{C}\overline{D} + A\overline{B}C\overline{D}$;

利用约束项,经画圈合并得 $F = \overline{B}\overline{C} + \overline{A}D + CD + AB\overline{C}$;

如果用虚线卡诺圈代替二变量的实线卡诺圈,得 $F = \overline{B}\overline{C} + \overline{A}D + CD + AB\overline{D}$。

这两种结果都是正确的。

可见,利用了约束项后,使逻辑函数得以进一步简化。从图 3.18 中可以看出,用实线卡诺圈化简时,为了得到最大的卡诺圈,取约束项 m_3、m_9 和 m_{15} 为 1,而没被圈进去的约束项 m_{12} 被当作 0。

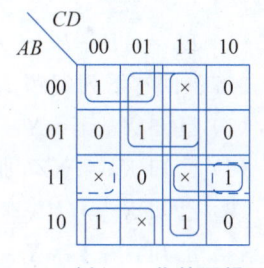

图 3.18 例 3.20 化简逻辑函数

习题 3

3.1 举例说明逻辑函数有哪些基本规则。
3.2 什么是最大项?什么是最小项?最大项、最小项各有哪些性质?
3.3 试用列真值表的方法证明下列异或运算公式。

(1) $A \oplus 0 = A$ (2) $A \oplus 1 = \bar{A}$

(3) $A \oplus A = 0$ (4) $A \oplus \bar{A} = 1$

(5) $(A \oplus B) \oplus C = A \oplus (B \oplus C)$ (6) $A(B \oplus C) = AB \oplus AC$

(7) $A \oplus \bar{B} = \overline{A \oplus B} = A \oplus B \oplus 1$ (8) $A \oplus B \oplus A = B$

3.4 用逻辑代数公理和定理证明：

(1) $A\bar{B} \oplus \bar{A}B = A\bar{B} + \bar{A}B$

(2) $(A \oplus B) \odot AB = \overline{AB}$

(3) $A \cdot \overline{ABC} = A\bar{B}C + AB\bar{C} + A\bar{B}\bar{C}$

(4) $A\bar{B} + B\bar{C} + \bar{A}C = \bar{A}B + \bar{B}C + A\bar{C}$

(5) $AB + A\bar{B} + \bar{A}B + \bar{A}\bar{B} = 1$

注：$A \odot B = AB + \bar{A}\bar{B} = \overline{A \oplus B}$

3.5 写出下列表达式的对偶式：

(1) $F_1 = (A+B)(\bar{A}+C)(C+DE)+F$

(2) $F_2 = \overline{\overline{\bar{A}+B+\overline{\bar{C}+B}} + \overline{A+C+\overline{\bar{B}+C}}}$

(3) $F_3 = \overline{\overline{A\bar{B}} \cdot \overline{CD} \cdot D\overline{AB}}$

(4) $F_4 = B\overline{(A \oplus B)} + B(A \oplus C)$

(5) $F_5 = \overline{\overline{(C \oplus A)} \oplus (B \oplus \bar{D})}$

3.6 写出下列表达式的反函数：

(1) $F_1 = ((\bar{x}_1 x_2 + \bar{x}_3)x_4 + \bar{x}_5)x_6$

(2) $F_2 = S(\overline{W+I(T+\bar{C})})+H$

(3) $F_3 = A(\bar{B}+(CD+\bar{E}F)G)$

(4) $F_4 = \bar{A}B + B\bar{C} + A(C+\bar{D})$

3.7 回答下列问题：

(1) 已知 $X+Y=X+Z$，那么 $Y=Z$ 正确吗？为什么？

(2) 已知 $XY=XZ$，那么 $Y=Z$ 正确吗？为什么？

(3) 已知 $X+Y=X+Z$，且 $XY=XZ$，那么 $Y=Z$ 正确吗？为什么？

(4) 已知 $X+Y=X \cdot Y$，那么 $X=Y$ 正确吗？为什么？

3.8 用公式法化简下列函数：

(1) $F_1 = A\bar{B} + AC + BC$

(2) $F_2 = A\bar{B} + B + BCD$

(3) $F_3 = A + \bar{A}B + AB + \bar{A}\bar{B}$

(4) $F_4 = AB + AD + \bar{B}\bar{D} + AC\bar{D}$

3.9 将下列函数表示成为"最小项之和"形式及"最大项之积"形式：

(1) $F_1 = (A+B+C)(\bar{A}+B)(A+B+\bar{C})(C+D)$

(2) $F_2 = AB\bar{C} + \bar{A}BC + ABC + \bar{A}C$

(3) $F_3 = BC + D + \bar{D}(\bar{B}+\bar{C})(AC+B)$

(4) $F_4 = \bar{C}B + \bar{A}\bar{B}D + A\bar{B}C\bar{D} + ABCD$

3.10 用卡诺图法化简下列函数,并写出最简**与或**表达式和最简**或与**表达式：

(1) $F_1 = (\bar{A}+\bar{B})(AB+C)$

(2) $F_2 = \bar{A}\bar{B} + \bar{A}CD + AC + B\bar{C}$

(3) $F_3 = BC + D + \bar{D}(\bar{B}+\bar{C})(AD+B)$

(4) $F_4(A,B,C,D) = \sum m^4(2,3,4,5,10,11,12,13)$

(5) $F_5(A,B,C,D) = \prod M^4(2,4,6,10,11,12,13,14,15)$

3.11 用卡诺图法化简下列函数,并转化为最简与非-与非式。

(1) $F_1 = A\bar{B}C + B\bar{C}$

(2) $F_2 = (A+C)(\bar{A}+B+\bar{C})(\bar{A}+\bar{B}+C)$

(3) $F_3 = \overline{AB\bar{C}} + \overline{BC\bar{D}} + \bar{A}BD$

(4) $F_4 = \overline{\overline{CD}\,\overline{BC}\,\overline{ABCD}}$

3.12 对于互相排斥的一组变量 A、B、C、D、E(即任何情况下,A、B、C、D、E 不可能有两个或两个以上同时为 1),试证明 $A\bar{B}\bar{C}\bar{D}\bar{E} = A$,$\bar{A}B\bar{C}\bar{D}\bar{E} = B$,$\bar{A}\bar{B}C\bar{D}\bar{E} = C$,$\bar{A}\bar{B}\bar{C}D\bar{E} = D$,$\bar{A}\bar{B}\bar{C}\bar{D}E = E$。

3.13 用卡诺图法化简具有无关项的逻辑函数为最简与或形式。

(1) $F_1(A,B,C,D) = \sum m(0,2,7,13,15) + \sum d(1,3,4,5,6,8,10)$

(2) $F_2 = C\bar{D}(A \oplus B) + \bar{A}B\bar{C} + \bar{A}CD$,约束条件为 $AB + CD = 0$

(3) $F_3 = (A\bar{B}+B)C\bar{D} + \overline{(A+B)(\bar{B}+C)}$,约束条件为 $ACD + BCD = 0$

(4) $F_4(A,B,C,D) = \sum m(2,3,7,8,11,14) + \sum d(0,5,10,15)$

第 4 章　逻辑门电路

CHAPTER 4

在数字系统中，电路设计完成后，合理正确地选用各种门电路就表现得尤为重要。本章系统地介绍数字电路中各种基本门电路的工作原理及使用中应注意的事项。

在数字电路中的二极管、三极管应工作在开关(导通、截止)状态，所以首先介绍它们的开关特性，然后通过具体的门电路介绍常用的 TTL、CMOS 电路的工作原理及电器特性，重点是输入特性及输出特性，为正确使用这些门电路做好准备。

4.1　概述

在数字电路中，能够实现基本逻辑运算及复合逻辑运算功能的电路称为逻辑门电路。与逻辑运算相对应的逻辑门电路大致有与门、或门、非门、与非门、或非门、与或非门、异或门等几种。

数字电路是二值逻辑电路，一般用高低电平来表示二值逻辑中的"1"和"0"两种逻辑状态，这种功能的实现可用图 4.1 来描述，在输入信号 V_I 的作用下，当 K 断开时，输出 $V_O = V_{CC}$ 为高电平；当 K 闭合时，$V_O =$ "地"为低电平。

在通常情况下，数字逻辑有正逻辑、负逻辑之分。

正逻辑：高电平为逻辑"1"，低电平为逻辑"0"；

负逻辑：低电平为逻辑"1"，高电平为逻辑"0"。

图 4.1　二值逻辑电路

开关 K 是由二极管或三极管电路构成的，该电路在 V_I 的作用下，使开关 K 工作在导通或截止状态。本书中如无特殊说明，数字逻辑都为正逻辑。

4.2　半导体管的开关特性

4.2.1　半导体基础

自然界中的物质按其导电性能可以分为导体、半导体、绝缘体。导电性能强的物质称为导体，如铜、铁、铝等；几乎或完全不导电的物质称为绝缘体，如橡胶、空气等；导电性能介于两者之间的物质称为半导体，如硅(Si)、锗(Ge)、砷化镓(GaAs)等。当半导体受到光照、温度变化或在其中掺入杂质时，其导电性能都会产生明显的变化。

在半导体器件中用得最多的半导体材料是硅和锗,下面以它们为例介绍半导体的结构及导电原理。

硅在元素周期表中的序数是14,每个硅原子中都有14个电子围绕原子核旋转,但是在最外层轨道上只有4个电子在运动;锗在元素周期表中的序数是32,每个锗原子中都有32个电子围绕原子核旋转,在它的最外层轨道也只有4个电子在运动。因此,硅和锗都是四价元素。通常把外层轨道的电子称为价电子。为了简要地说明问题,用一个四价的离子和4个价电子来表示一个四价的元素,如图4.2所示。半导体具有晶体结构,即原子按照一定方式有序地排列,形成三维结构,相邻的原子之间由共价键连接,如图4.3所示。简单起见,图中用二维结构表示硅的晶体结构。

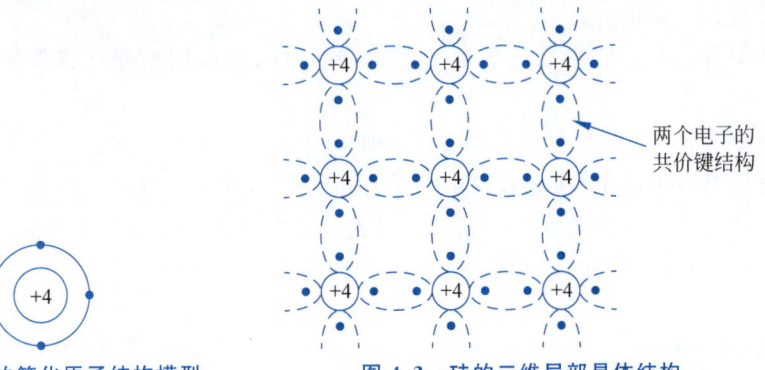

图 4.2 硅的简化原子结构模型

图 4.3 硅的二维局部晶体结构

本征半导体是非常纯净的半导体单晶,原子按晶体结构排列得非常整齐。本征半导体在温度 $T=0K(-273.15℃)$ 并且没有外界激发时,其价电子不具有能量,被共价键牢牢束缚,从而导致本征半导体内没有导电粒子,因而没有导电能力,这时的半导体可以看成是绝缘体。但半导体不同于绝缘体,被共价键束缚的价电子在环境温度升高或光照等外界条件的影响下,可获得能量,从而挣脱共价键的束缚成为自由电子,这些自由电子在半导体中可以自由地运动,这种现象称为本征激发。共价键中的电子激发后成为自由电子的同时,在原来的位置上会出现一个空位,这个空位被称为空穴。自由电子和空穴是成对出现的,称为电子-空穴对,如图4.4所示。

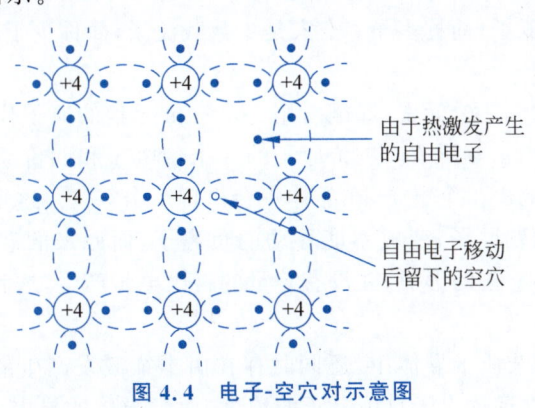

图 4.4 电子-空穴对示意图

自由电子是带负电的粒子,在晶体中可以自由活动。由于空穴的存在,邻近共价键中的价电子很容易去填补这个空穴,从而使空穴转移到邻近的共价键中去,而后,新的空穴又被其相邻的价电子填补,这一过程持续下去,就相当于空穴在运动。带负电的价电子依次填补空穴的运动与带正电的粒子作反方向运动的效果相同,因此我们把空穴视为带正电的粒子。可见,半导体中存在两种载流子,即带正电的空穴和带负电的自由电子,空穴与电子的电荷量相同。在没有外加电场作用时,载流子的运动是无规则的,没有定向运动,所以不能形成电流。在外加电场作用下,自由电子将产生逆电场方向的运动,形成电子电流,同时价电子也将逆电场方向依次填补空穴,其导电作用就像空穴沿电场运动一样,形成空穴电流。用空穴移动的方向代表半导体中电流的方向更为方便。

在本征半导体中,本征激发会产生电子-空穴对,同时运动中的电子遇到空穴,会使电子-空穴对消失,这种现象称为复合。在一定温度下,激发和复合会处于一种平衡状态,因此载流子的浓度是一定的。

半导体对温度和光照的变化非常敏感,据此特性,可以用半导体材料做成光敏或热敏器件。

在本征半导体中,载流子的浓度很低。如,在常温下,每 3.45×10^{12} 个原子中只有 1 个电子可以挣脱共价键的束缚,成为自由电子,由此可见,本征半导体的电阻率很高。但可以在本征半导体中掺入其他的元素(杂质)来改善其导电性能。掺入杂质的本征半导体称为杂质半导体。根据掺入杂质的性质不同,杂质半导体可分为电子(N)型半导体、空穴(P)型半导体。

1. N 型半导体

在本征半导体中掺入五价的元素(如磷),用一个五价元素的原子代替一个四价元素的原子在晶体中的位置,如图 4.5 所示。五价元素原子的 4 个价电子和四价元素原子的 4 个价电子分别形成共价键结构,多余的 1 个价电子所受的束缚力比较小,只需较小的能量即可被激发成自由电子。由于掺入的五价元素的原子很容易贡献出 1 个自由电子,所以把它称为"施主原子"。五价元素的原子提供 1 个自由电子后,本身变成正离子,但在它周围的共价键中没有空位,所以并不产生新的空穴,这与本征激发产生的自由电子不同。

在掺入五价元素的半导体中,除了五价元素的原子提供的大量自由电子外,还同时存在由本征激发产生的电子-空穴对,此时,自由电子的浓度远远大于空穴的浓度,这种杂质半导体的导电主要以自由电子导电为主,因而称为电子型半导体或 N 型半导体。在 N 型半导体中,自由电子是多数载流子,简称多子;空穴是少数载流子,简称少子。

2. P 型半导体

在本征半导体中掺入三价元素(如硼),用一个三价元素的原子代替一个四价元素的原子在晶体中的位置,如图 4.6 所示。三价原子的 3 个价电子和四价原子中的 3 个价电子分别形成共价键结构,因缺少 1 个电子,在晶体中会出现 1 个空位。这个空位会吸引附近原子的价电子。得到电子的硼原子,变成不能移动的负离子,而原来的硅原子因少了 1 个价电子,形成了空穴。此时,空穴的形成,并没有等量的自由电子产生,这和本征激发产生的空穴不同。

在掺入三价元素的杂质半导体中,还同时存在由本征激发产生的电子-空穴对。此时,在半导体中,空穴的浓度远远大于自由电子的浓度,而半导体的导电主要以空穴导电为主,因而称为空穴型半导体或 P 型半导体。在 P 型半导体中,空穴是多数载流子,自由电子是少数载流子。

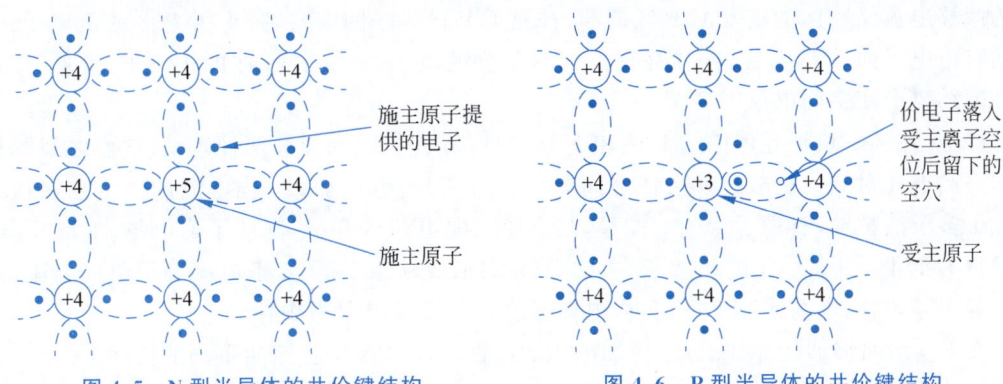

图 4.5　N 型半导体的共价键结构　　　　　图 4.6　P 型半导体的共价键结构

4.2.2　PN 结及其特性

在同一块半导体的两个不同区域分别掺入三价和五价的杂质元素，一端成为 P 型半导体，另一端成为 N 型半导体。这两种半导体紧密地接触在一起，便形成了 PN 结。

PN 结两侧的 P 型半导体、N 型半导体掺入的杂质元素不同，其载流子浓度也不相同。P 型半导体多数载流子是空穴，空穴的浓度远远大于 N 型半导体中空穴的浓度；同理，N 型半导体多数载流子是自由电子，自由电子的浓度远远大于 P 型半导体中自由电子的浓度。由于存在载流子浓度的差异，载流子会从浓度高的区域向浓度低的区域运动，通常把这种运动称为扩散运动，把扩散运动产生的电流称为扩散电流。如图 4.7 所示，自由电子从 N 区向 P 区作扩散运动；空穴从 P 区向 N 区作扩散运动（虚拟）。

当载流子通过两种半导体的交界面后，在交界面附近的区域，N 区扩散到 P 区的自由电子会与 P 区的空穴复合，在 P 区留下不能移动的负离子；P 区扩散到 N 区的空穴，会与 N 区的自由电子复合，在 N 区留下不能移动的正离子。扩散的结果是在交界面附近打破了电中性，形成一个内部势垒，方向是由 N 区到 P 区。失去电中性的区域称为空间电荷区，如图 4.8 所示。由于多数载流子扩散到对方区域后被复合，即被消耗掉了，因此，空间电荷区也称为耗尽层。耗尽层的电阻率很高。扩散作用越强，空间电荷区越宽，势垒就越大，因为这个势垒是由内部载流子的扩散形成的，而不是外加电压形成的，所以称为内电场。

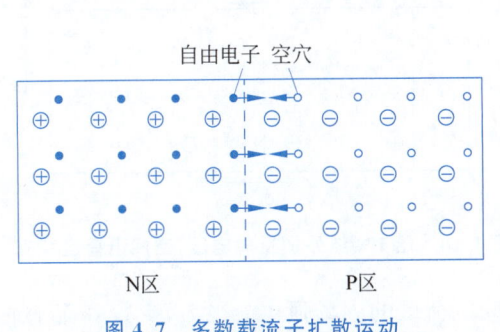

图 4.7　多数载流子扩散运动　　　　　图 4.8　PN 结的形成

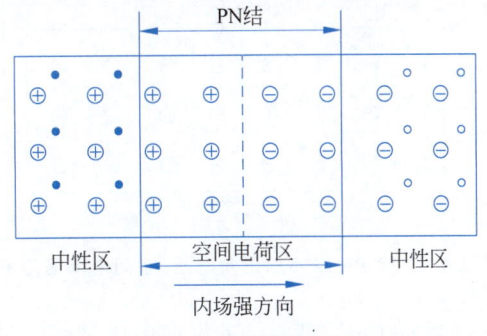

在内电场的作用下，N 区的少数载流子（空穴）会向 P 区作定向运动，同样 P 区的少数载流子（自由电子）会向 N 区作定向运动，这种运动称为漂移运动，由漂移运动产生的电流

称为漂移电流。N 区的空穴向 P 区漂移,补充了 P 区失去的空穴,减少了 P 区的负离子;P 区的自由电子向 N 区漂移,同样补充了 N 区失去的电子,减少了 N 区的正离子,可见,漂移运动的结果会使空间电荷区变窄。

综上,在同一块半导体中的 P 区和 N 区之间,存在扩散和漂移两种运动,它们之间既相互联系又彼此对立。扩散运动会使空间电荷区变宽、内电场加大;内电场的产生和加强又阻止了多子的扩散,有助于少子的漂移,结果使空间电荷区变窄,削弱了内电场,如此反复,在 P 区和 N 区之间,多子的扩散和少子的漂移会形成动态平衡,扩散电流等于漂移电流,总电流等于零,空间电荷区宽度一定,内电场强度一定,PN 结呈电中性。

在 PN 结两端加上外加电压,所加电压的极性不同,PN 结会产生不同的特性。

1) 外加正向电压

如图 4.9 所示,外加直流电源 V_D 的正极接 PN 结的 P 区,负极接 PN 结的 N 区,这种接法称为 PN 结两端加入正向电压。此时,外场强的方向和内场强的方向相反。在外场强的作用下,P 区的空穴向空间电荷区移动,与空间电荷区的负离子复合;N 区的电子也向空间电荷区移动,与空间电荷区的正离子复合,结果使空间电荷区变窄,使扩散运动大于漂移运动,从而产生较大的扩散电流(一般为几毫安)。由扩散产生的电流称为 PN 结的正向电流,外加电压越大,正向电流越大。空间电荷区变窄,使 PN 结的电阻率变得很小,PN 结呈现一个很小的电阻,此时称 PN 结处于导通状态。

2) 外加反向电压

外加直流电源 V_D 的正极接 PN 结的 N 区,负极接 PN 结的 P 区,如图 4.10 所示,这种接法称为 PN 结两端加入反向电压。此时,外场强的方向和内场强的方向相同。在外场强的作用下,P 区的空穴向电源的负极移动,N 区的自由电子向电源的正极移动,结果使空间电荷区变宽,阻止了扩散运动,扩散电流接近于零,PN 结内只存在漂移电流。因为漂移电流是由少数载流子形成的,当温度、光照一定时,少数载流子的浓度是一定的,所以,漂移电流基本上不随外加电压的变化而变化。外加反向电压形成的漂移电流称为 PN 结的反向电流,反向电流不随外加电压的变化而变化,故反向电流又称为反向饱和电流(典型值范围为 $10^{-14} \sim 10^{-8}$ A)。此时,PN 结呈现一个很大的电阻,称 PN 结处于截止状态。

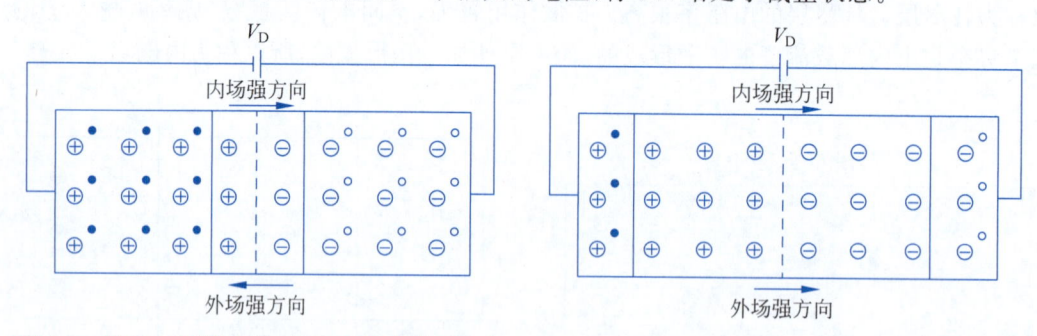

图 4.9 给 PN 结外加正向电压,空间电荷区变窄   图 4.10 给 PN 结外加反向电压,空间电荷区变宽

当加在 PN 结两端的反向电压足够大时,空间电荷区的内场强也会很大,少数载流子通过内场强时,获得足够的能量,将共价键中的电子激发成自由电子,新的自由电子在获得能量后,再去激发其他共价键中的电子,从而产生更多的自由电子,如此下去,PN 结内的自由电子数量激增,导致反向电流迅速加大,这种击穿称为雪崩击穿。

在 PN 结的两端加入高浓度的杂质，在 PN 结中就会有大量的空穴和自由电子，即使空间电荷区的宽度很小，也会产生大的内场强，并且将共价键中的电子拉出成为自由电子，在不太高的反向电压作用下，同样会使反向电流迅速加大，这种击穿称为齐纳击穿。

如图 4.11 所示的 PN 结的伏安特性曲线中，V_{BR} 是反向击穿所需要的电压，称为反向击穿电压。对于用硅材料制成的 PN 结，一般反向电压大于 30V 时产生的击穿是雪崩击穿，小于 6V 时产生的击穿是齐纳击穿，电压在 6～30V 时，雪崩、齐纳击穿兼有。

上述两种电击穿是可逆的，条件是加在 PN 结两端的电压和流过 PN 结的电流的乘积小于 PN 结允许的耗散功率，如果大于允许的耗散功率，PN 结会因为热量散发不出去而被烧毁，此时的击穿称为热击穿。在 PN 结中电击穿、热击穿是不同的概念，但往往是并存的，可以利用电击穿（如制成稳压二极管），对于热击穿则应尽量避免。

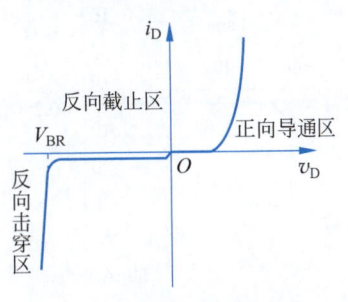

图 4.11 PN 结的伏安特性曲线

4.2.3 晶体二极管开关特性

二极管的核心是 PN 结。在 PN 结的两端各引出一个电极，再用一个管壳封装，就构成了二极管。根据制作材料的不同，二极管分为锗管和硅管。从二极管的 P 端引出的电极称为阳极（正极），从二极管的 N 端引出的电极称为阴极（负极）。图 4.12 是二极管的电路符号。

图 4.12 晶体二极管的电路符号

1. 二极管的伏安特性

流过二极管的电流随其两端电压变化的关系，称为二极管的伏安特性。二极管的伏安特性可以通过数学表达式和伏安特性曲线两种方式描述。二极管伏安特性的数学表达式为

$$i_D = I_S(e^{v_D/nV_T} - 1) \tag{4-1}$$

锗二极管和硅二极管的伏安特性曲线如图 4.13 所示，比较直观地表示了二极管两端电压和电流之间的关系。从图中可以看出，二极管具有单向导电性。以锗二极管为例分析二极管的伏安特性曲线。可以把图 4.13(a)中二极管的伏安($V-I$)特性分为 3 个区间：①段为正向导通区；②段为反向截止区；③段为反向击穿区。

1) 正向特性

在二极管正向偏置且电压比较小时，外加电压不足以克服 PN 结的内电场，二极管的电流约等于零，二极管等同于一个大的电阻，把欲克服的这个内电场 V_{th} 称为门槛电压或者死区电压，硅管的 V_{th} 约为 0.5V，锗管的 V_{th} 约为 0.1V；当正向电压大于门槛电压时，内电场的阻碍作用被大大削弱，二极管等同于一个小的电阻，因而电流迅速加大，二极管开始导通，如图 4.13(a)中所示曲线的①段。硅管的正向导通压降约为 0.7V，锗管的约为 0.2V。

2) 反向特性

在二极管反向偏置时，N 区中的少数载流子（空穴）、P 区中的少数载流子（电子），在内电场和外加电压的共同作用下，很容易通过空间电荷区形成反向饱和电流，此时，扩散电流为零。由于反向饱和电流是由少数载流子漂移形成的，它的数值一般比较小，硅管一般小于

(a) 锗二极管

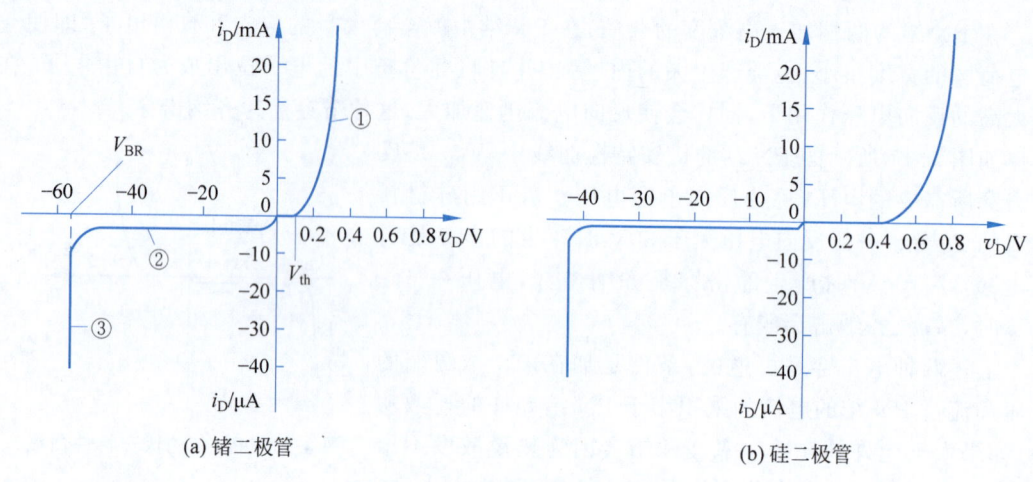

(b) 硅二极管

图 4.13 二极管的伏安特性曲线

$0.1\mu A$,锗管略大一些,一般为几十微安,如图 4.13(a)中所示曲线的②段。二极管的反向电流受温度、光照的影响比较大。

3) 击穿特性

当二极管处于反向偏置状态,且反向电压大于击穿电压 V_{BR} 时,二极管的电流迅速增加,这种击穿称为反向击穿,反向击穿电压一般为几十伏,如图 4.13(a)中所示曲线的③段。

2. 二极管的主要参数

1) 最大整流电流 I_F

I_F 是二极管长期工作时允许通过的最大平均正向电流。当电流通过 PN 结时,二极管会发热。如果电流太大,会使温度过高,导致二极管烧毁。I_F 的大小由 PN 结面积、制作材料、散热情况等因素决定。

2) 最大反向工作电压 V_{BR}

V_{BR} 是二极管允许的最大反向工作电压,当反向电压大于 V_{BR} 时,二极管被击穿,失去二极管的单向导电特性,严重时会被烧毁。为保险起见,一般电子手册上给出的 V_{BR} 是击穿电压的一半。

3) 反向电流 I_R

I_R 是二极管未被击穿时的反向电流。值越小,说明二极管的单向导电性能越好。因为反向电流是由少数载流子漂移形成的,所以 I_R 受温度、光照的影响比较大。

4) 最高工作频率 f_M

f_M 是二极管可以工作的最高频率,在二极管的 PN 结中存在结电容,当频率升高到一定值时,二极管将失去它的单向导电性。

对于上述参数,大部分是二极管的极限参数,不可以超过,否则二极管将处于非正常工作状态。值得注意的是,半导体器件的参数具有离散性,当使用条件和手册上的测试条件不一致时,二极管的参数会发生变化。

3. 二极管的等效电路

1) 指数模型

从二极管伏安特性的数学表达式(4-1)可知,二极管中的电流与外加电压近似于指数关系。指数模型比较精确地反映了二极管中电压与电流的关系。

2）理想模型

图 4.14(a)为理想模型的伏安特性曲线。当外加电压大于 0V 时，二极管导通，电阻为 0Ω；当外加电压小于 0V 时，二极管截止，电阻无穷大。此模型适用于外加电压远远大于二极管的管压降情况。

3）恒压降模型

图 4.15(a)为恒压降模型的伏安特性曲线。当二极管导通时，认为管压降是一个恒定的值，对于硅管典型值是 0.7V。此模型适用于二极管中的电流大于或等于 1mA 的情况。

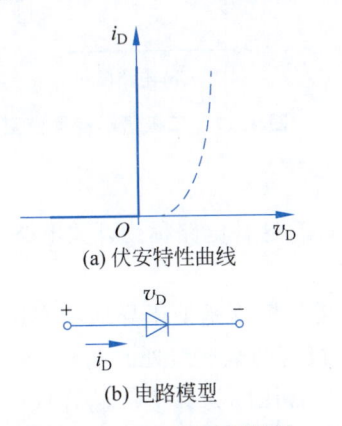

(a) 伏安特性曲线

(b) 电路模型

图 4.14 二极管理想模型

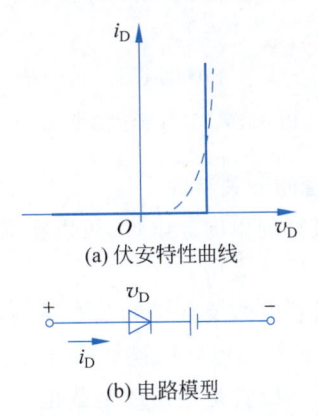

(a) 伏安特性曲线

(b) 电路模型

图 4.15 二极管恒压降模型

4）折线模型

图 4.16(a)为折线模型的伏安特性曲线，它较真实地描述了二极管的伏安特性，认为管压降会随着电流的增大而增加，用一个电池和一个电阻进行修正。电池的电压为二极管的门槛电压 V_{th}，约为 0.5V（硅管）；电阻 r_D 的计算方法如下。

当二极管完全导通时，如果电流是 1mA（管压降是 0.7V），则

$$r_D = \frac{0.7\text{V} - 0.5\text{V}}{1\text{mA}} = 200\Omega \tag{4-2}$$

由于二极管参数的分散性，V_{th} 和 r_D 的值会依据二极管的不同而有所变化。

5）小信号模型

图 4.17(a)为小信号模型的伏安特性曲线，Q 点为直流电压作用于二极管时的工作点，Q 点对应的电流、电压是直流状态下的值。在直流工作电压的基础上，有一个小幅值的变化电压（小信号）作用于二极管，此时在 Q 点作一条曲线的切线，可以求出 Q 点附近的二极管的等效电阻 r_d。

$$r_d = \frac{\Delta v_D}{\Delta i_D} \tag{4-3}$$

对该式求导，可以推出在常温下的 r_d：

$$r_d = \frac{26\text{mV}}{I_{DQ}} \tag{4-4}$$

式中，I_{DQ} 是二极管在 Q 点时的电流。

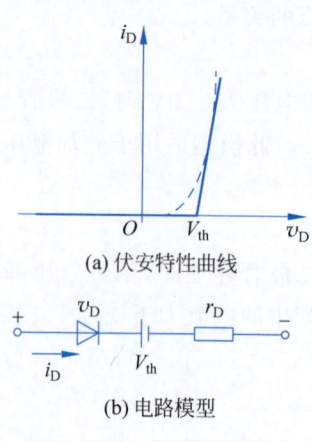

图 4.16　二极管折线模型

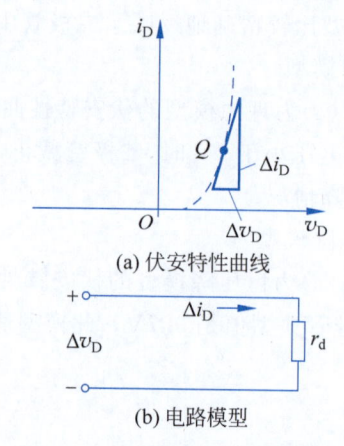

图 4.17　二极管小信号模型

4. 二极管的开关特性

利用二极管的单向导电性，可以接通或断开电路，这种电路称为开关电路。开关电路在数字电路中被广泛应用。

分析二极管电路要掌握的基本原则：正确判断二极管是处于导通状态还是截止状态。方法：先将二极管与电路的连线断开，然后计算二极管两端连线处的电压，再根据电压的方向和差值判断二极管是导通还是截止。导通时认为管压降为 0.7V（硅管）（在理想状态下，可以等效为短路线）；截止时可视为电阻无穷大，二极管处于断开状态。

【例 4.1】　图 4.18 所示是一个简单的开关电路，在数字电路中又被称为"或门"电路。（用恒压降模型分析）

解：当 v_{i1} 输入电压是 5V 时，D_1 导通；当 v_{i2} 输入电压是 5V 时，D_2 导通。无论 v_{i1}、v_{i2} 中哪个输入电压为 5V，输出电压都是 5V－0.7V＝4.3V，输入、输出电压的关系如表 4.1 所示。

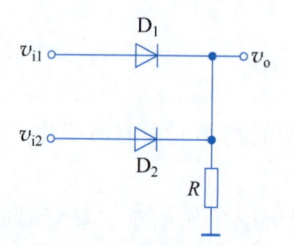

图 4.18　二极管开关电路

表 4.1　图 4.18 输入、输出电压关系

v_{i1}/V	v_{i2}/V	v_o/V
5	5	4.3
5	0	4.3
0	5	4.3
0	0	0

只有 v_{i1}、v_{i2} 同时输入 0V 时，D_1、D_2 才会同时处于截止状态，输出才会是 0V。

下面对二极管开关特性进行说明。

1) 静态特性

二极管具有单向导电性，即外加正向电压时导通，外加反向电压时截止。在导通、截止这两个稳定状态下的特性称为二极管的静态特性。在外加电压极性的控制下，二极管可视为一个开关，如图 4.19 所示，假定 D 是一个理想的开关元件，即正向导通时电阻为 0，反向截止时电阻无穷大。当输入电压为高电平（$V_I = V_{IH}$）时，D 截止，输出为高电平（V_O＝

$V_{OH}=V_{CC}$);当输入电压为低电平($V_I=V_{IL}=0V$)时,D导通,输出为低电平($V_O=V_{OL}=0.7V$)。

可以用V_I的高低电平来控制二极管D的导通、截止,从而在输出端获得对应的高低电平。图4.20是二极管电路的等效电路。

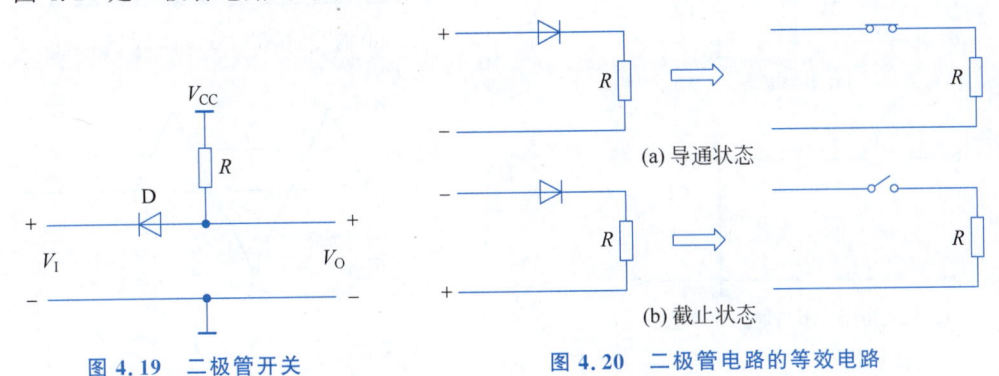

图4.19 二极管开关

图4.20 二极管电路的等效电路

2)动态特性

二极管在导通和截止这两种工作状态间转换,此过程中的特性叫二极管的动态特性。

在动态情况下,加在二极管上的电压突然反向时,二极管上电流的理想态及实际的变化过程如图4.21所示。

当外加电压由反向突然变为正向时,PN结上的电子空穴要向对方扩散,产生一定的势垒后才有电流通过,所以正向导通电流的产生要滞后电压一段时间。当外加电压突然由正向变为反向时,PN结两侧各有对自己来讲的少数载流子存在,在外加反向电压作用下,瞬间产生很大的反向电流,随着载流子的逐渐消散,反向电流迅速衰减,并趋于稳态时的反向截止电流。

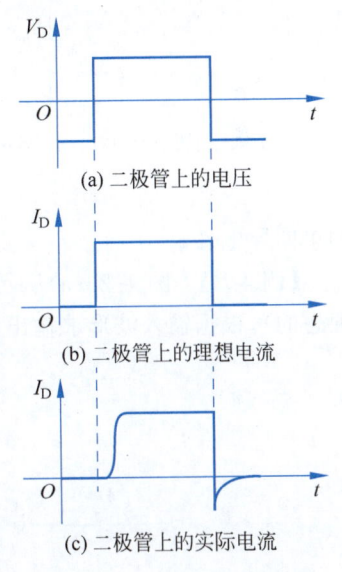

图4.21 二极管的动态特性

5. 二极管应用其他典型电路

1)限幅电路

在电子线路中,一般情况下输入电压的变化范围会影响输出电压的变化范围。但是当输入电压的幅值超出一定值时,输出电压的幅值却保持不变(即输出电压的幅值被限定在一定范围内),这种电路称为限幅电路。

【例4.2】 图4.22(a)所示是一个简单的限幅电路(设图中二极管为理想二极管),设输入电压v_i是幅值为6V的三角波(见图4.22(e)上方的图),求输出电压的波形。

解:当v_i幅值大于3V时D_1导通,D_2截止,等效电路如图4.22(b)所示,输出电压为3V;v_i幅值小于$-4V$时,D_2导通,D_1截止,等效电路如图4.22(c)所示,输出电压为$-4V$;v_i在$-4\sim 3V$时,D_1、D_2都处于截止状态,等效电路如图4.22(d)所示,输出电压等于输入电压。根据以上等效电路绘制的输出电压波形如图4.22(e)下图所示。

2)整流电路

能够将交流电压转变成单向直流电压的电路称为整流电路。整流电路利用的是二极管

(a) 限幅电路

(b) 输入电压大于3V时的等效电路

(c) 输入电压小于-4V时的等效电路

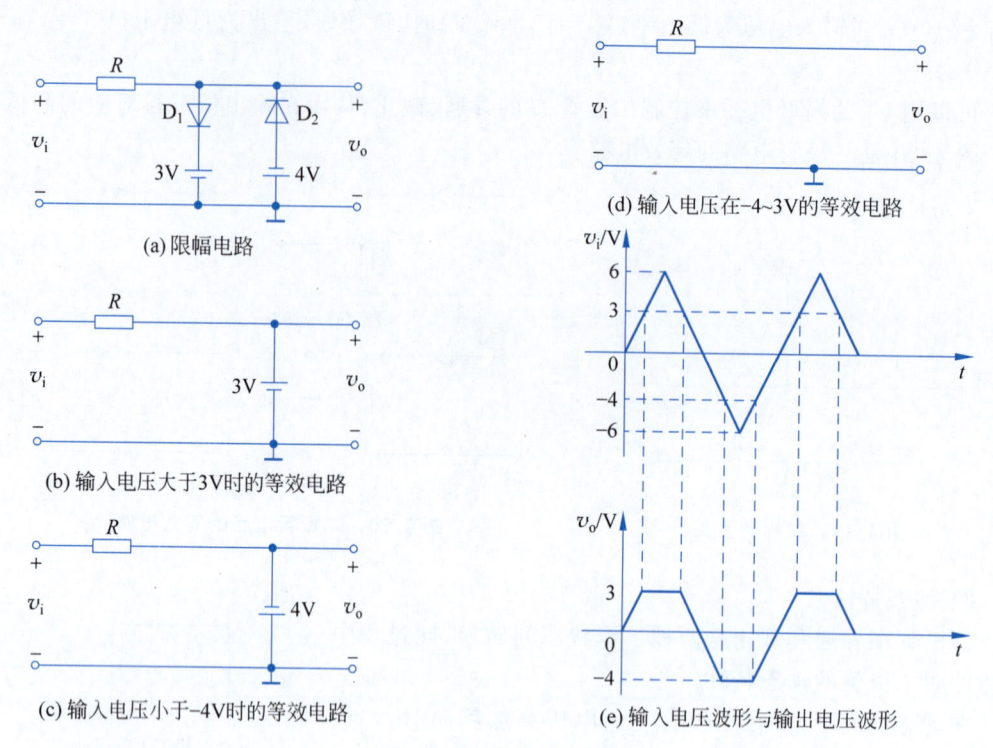

(d) 输入电压在-4~3V的等效电路

(e) 输入电压波形与输出电压波形

图 4.22　二极管限幅电路

的单向导电性。

【例 4.3】 图 4.23(a)所示是一个最基本的整流电路,称为半波整流电路(设二极管是理想的),根据输入波形求输出波形。

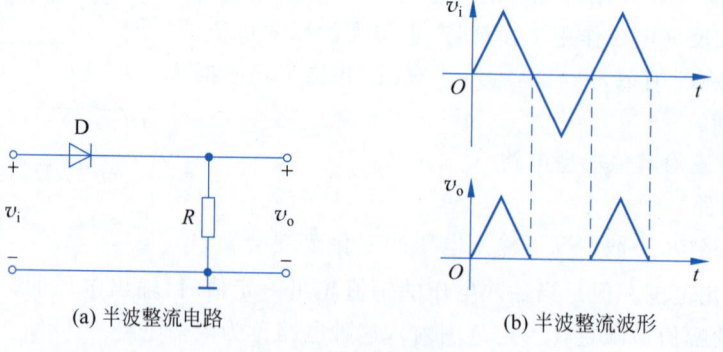

(a) 半波整流电路

(b) 半波整流波形

图 4.23　整流电路

解：当输入电压 v_i 位于正半周时,二极管导通；v_i 位于负半周时,二极管截止,所以输出电压只留下了正半周。

4.2.4　晶体三极管开关特性

在同一个硅（锗）片上制作出三个掺杂区域,P 区夹在两个 N 区之间（NPN 型三极管）,或者 N 区夹在两个 P 区之间（PNP 型三极管）,形成两个 PN 结。图 4.24 是利用平面结构制成的 NPN 型三极管的截面图。位于中间的 P 区称为基区,它很薄且杂质浓度很低；位于上层的 N 区称为发射区,杂质浓度很高;位于下层的 N 区称为集电区,它的面积很大,但杂质浓度远远小于发射区的杂质浓度。基区和发射区之间的 PN 结称为发射结,基区和集电区之间的 PN 结称为集电结。在三个不同区域各引出一个电极,分别称为基极(b)、发射极(e)、集电极(c)。

三极管有 NPN 和 PNP 两种类型。三极管平面结构示意图及电路符号如图 4.25 所示。发射结上箭头的方向,是发射结正偏时,发射极电流的实际方向。两种三极管所需的电压极性相反,产生的电流方向相反。

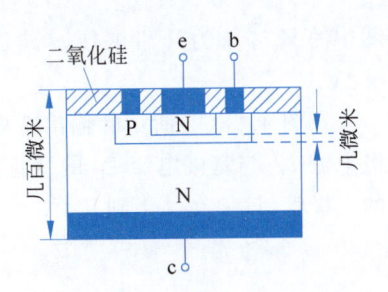

图 4.24 平面型三极管截面图（NPN 型）

(a) NPN型三极管平面结构示意图 (b) NPN型三极管电路符号 (c) PNP型三极管平面结构示意图 (d) PNP型三极管电路符号

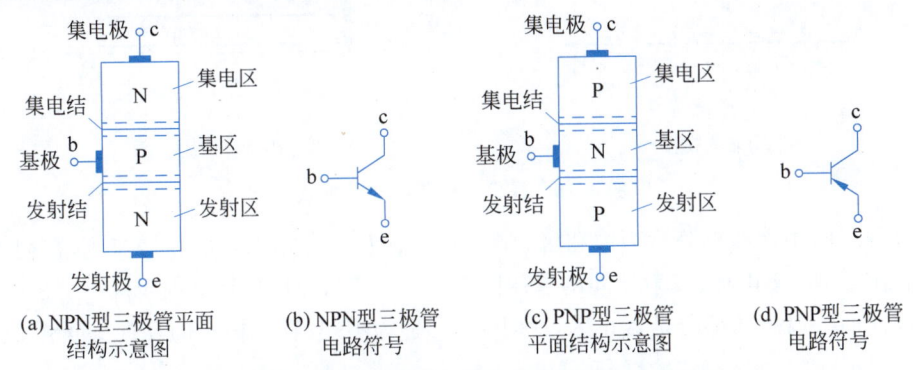

图 4.25 晶体三极管的平面结构示意图及电路符号

以 NPN 型为例,晶体三极管在电路中的三种接法如图 4.26 所示。

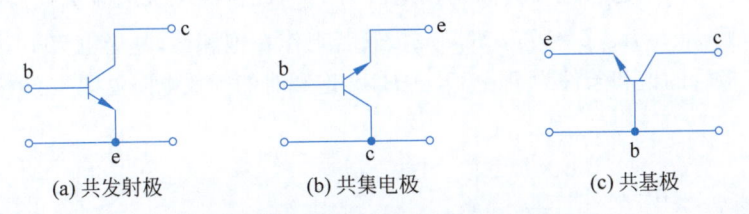

(a) 共发射极 (b) 共集电极 (c) 共基极

图 4.26 晶体三极管在电路中的三种接法

在三极管开关电路中,广泛采用共发射极接法,电路如图 4.27 所示,其输入回路的输入电压为 V_{BE},输入电流为 I_B,输出回路的输出电压为 V_{CE},输出电流为 I_C。

根据集电结和发射结的偏置情况,三极管工作在三个区域:放大区、截止区、饱和区,三极管在三个区域的特性是不同的。在输入信号的作用下,稳定在饱和区时相当于开关闭合,稳定在截止区时相当于开关断开。在数字电路中三极管作为开关元件使用,显然它不可以工作在放大区。

1. 输入输出特性

特性曲线是电压与电流之间的关系曲线。在对输入特性简化分析时,常采用图 4.28(a)中的折线,

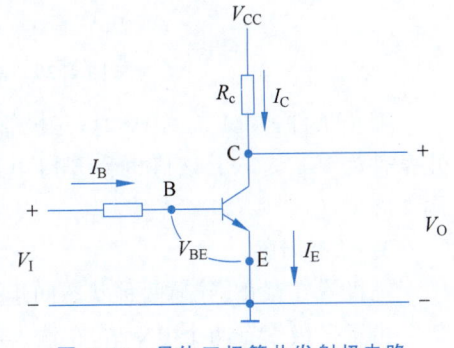

图 4.27 晶体三极管共发射极电路

图中的 V_{ON} 称为开启电压。硅三极管的开启电压为 $0.5\sim0.7V$,锗三极管的为 $0.2\sim0.3V$。

在图 4.28(b)所示的输出特性曲线中,水平部分为放大区,处于放大区时三极管的集电极电流 I_C 与基极电流 I_B 的变化成正比关系,$\Delta I_C/\Delta I_B=\beta$,$\beta$ 为电流的放大系数,对于一般的三极管,该值在几十到几百。

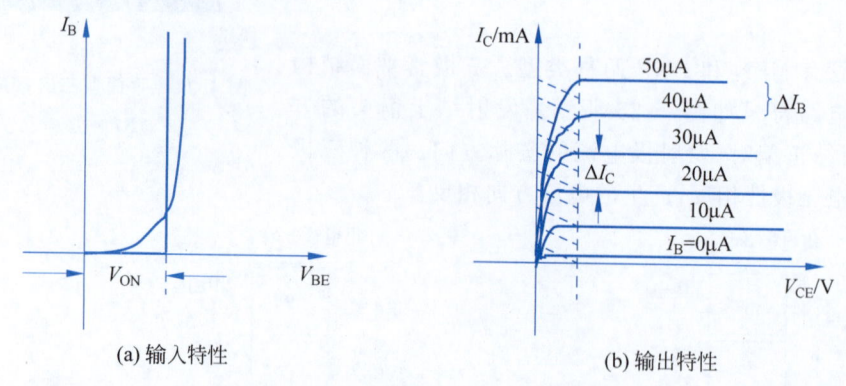

(a) 输入特性

(b) 输出特性

图 4.28　晶体三极管的特性曲线

图 4.28(b)中虚线部分称为饱和区,在饱和区中 I_C 不再随 I_B 以 β 倍变化,在初入饱和区(临界饱和)时,集电极、发射极间的管压降 $V_{CE}=0.7V$,在深度饱和时 $V_{CE}=0.3V$。$I_B=0$ 这条特性曲线以下的部分是截止区,此时 I_C 几乎为零,只存在极小的反向穿透电流,一般该值小于 $1\mu A$。

2. 截止、饱和条件

饱和条件:假如刚进入饱和时的基极电流为 I_{BS},此时集电极电流 $I_{CS}=(V_{CC}-0.7V)/R_C\approx V_{CC}/R_C$,则 $I_{BS}=I_{CS}/\beta=V_{CC}/\beta R_C$,三极管若工作在饱和区,基极电流 I_B 必须大于或等于 I_{BS},所以三极管的饱和条件为 $I_B\geqslant V_{CC}/\beta R_C$。饱和时的等效电路见图 4.29(a)。

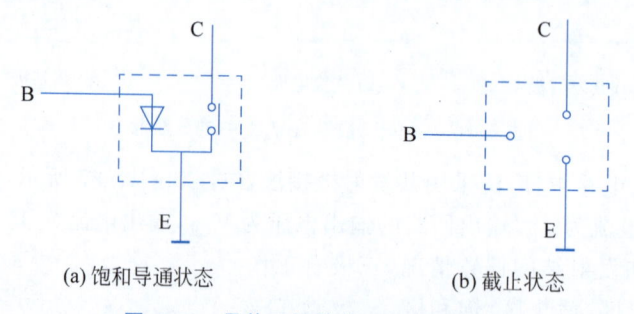

(a) 饱和导通状态

(b) 截止状态

图 4.29　晶体三极管的开关等效电路

截止条件:当 $V_{BE}\leqslant 0V$ 时,三极管的两个 PN 结反向偏置,I_B、I_C、I_E 近似为 0,所以截止条件为 $V_{BE}\leqslant 0V$;该值也称开启电压(实际开启电压为 $0.5V$)。截止时的等效电路见图 4.29(b)。

3. 动态特性

三极管在截止、导通两种状态间迅速转换时所具有的特性称为动态特性。

由于三极管有两个 PN 结,在输入电压影响下状态发生变化时,在 PN 结上存在电荷的积累和扩散现象,这必然导致输出滞后于输入。如图 4.30 所示,图中 $t_{on}=t_r+t_d$ 称为开启时间;$t_{off}=t_s+t_f$称为关闭时间。一般$t_{off} \geq t_{on}$,三极管的开关时间一般为纳秒数量级。在数字电路中,开关时间是三极管的一项重要技术参数,要尽可能地选用该值小的三极管。

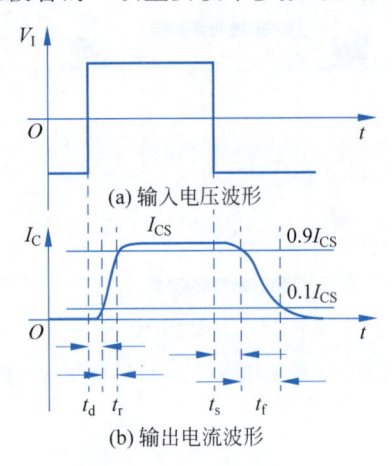

(a) 输入电压波形

(b) 输出电流波形

图 4.30 晶体管的开关时间

4.2.5 MOS 管的开关特性

MOS 是 MOSFET(Metal-Oxide-Semiconductor Field-Effect Transistor)的缩写,即金属-氧化物-半导体场效应晶体管,简称金氧半场效晶体管。根据导电沟道的不同,MOS 管可分为 N 沟道和 P 沟道两类,每一类又分为增强型和耗尽型两种,因此 MOS 管的四种基本类型为 N 沟道增强型、P 沟道增强型、N 沟道耗尽型、P 沟道耗尽型,它们的符号如图 4.31 所示。

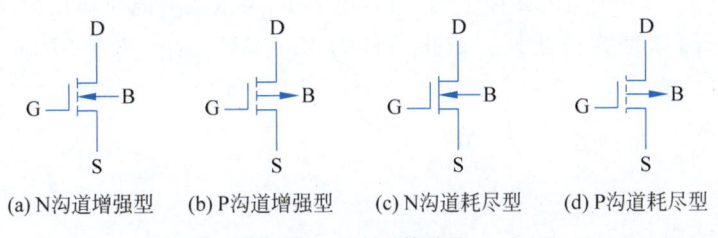

(a) N沟道增强型　(b) P沟道增强型　(c) N沟道耗尽型　(d) P沟道耗尽型

图 4.31 MOS 管符号

以 N 沟道增强型 MOS 管为例介绍它们的特性。N 沟道增强型 MOS 管的结构示意图如图 4.32 所示。它以低掺杂的 P 型硅材料作衬底,在上面制造两个高掺杂的 N 型区,分别引出两个电极,作为源极 S 和漏极 D,在 P 型衬底的表面覆盖一层很薄的氧化膜(二氧化硅)绝缘层,并引出电极作为栅极 G。这种场效应管的栅极 G 和 P 型半导体衬底、漏极 D 及源极 S 之间都是绝缘的,所以也称为绝缘栅场效应管。

若以栅极 G、源极 S 间的回路作为输入回路,以漏极 D、源极 S 间的回路作为输出回路,则称为共源接法,如图 4.33(a)所示。这是一种常用接法。

在栅极 G、源极 S 间加上电压 V_{GS},由 MOS 管的结构可知,由于二氧化硅氧化层的阻隔使栅极不会有电流通过,即 $I_G=0$,故输入特性曲线省略。

如图 4.33(b)所示,MOS 管的输出特性曲线也分为三部分。

V_{GS} 小于开启电压 $V_{GS(TH)}$ 时,源极漏极间没有导电沟道形成,此时 I_D 等于 0,D、S 间

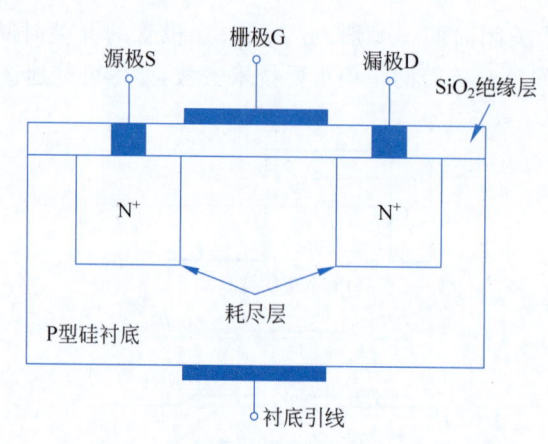

图 4.32 N 沟道增强型 MOS 管的结构示意图

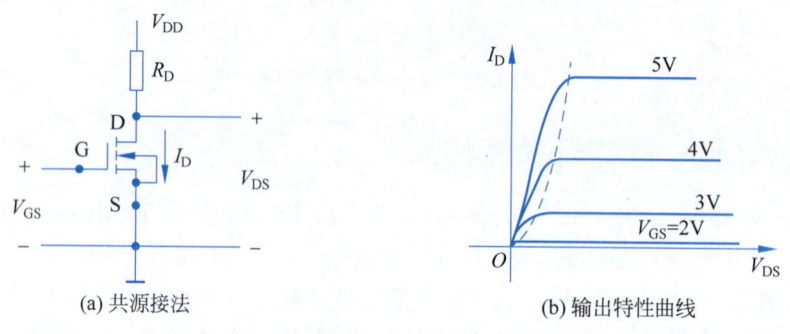

图 4.33 MOS 管共源接法及输出特性曲线

截止电阻 R_{OFF} 很大(可达 $10^9\Omega$ 以上)。负载电阻 $R_D \ll R_{OFF}$，此时输出为高电平，MOS 管相当于开关断开，该区为截止区。截止条件为 $V_{GS} < V_{GS(TH)}$，$R_D \ll R_{OFF}$。等效电路见图 4.34(a)。

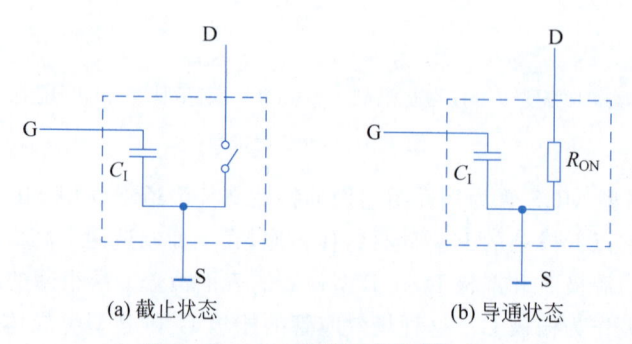

图 4.34 MOS 管的开关等效电路

$V_{GS} > V_{GS(TH)}$ 时特性曲线分为两部分：恒流区和等效电阻区。虚线右侧为恒流区，当 $V_{GS} > V_{GS(TH)}$ 时 MOS 导通，此时 I_D 只随输入电压 V_{GS} 而改变，V_{DS} 对 I_D 影响不大。ΔV_{GS} 与 ΔI_D 的比值(放大系数)是非线性的。当 V_{GS} 继续加大时，MOS 管输出端的等效电阻逐渐变小，MOS 管随之进入饱和态，相当于开关闭合，当 V_{DS} 近似于 0V 时，D、S 间饱和导通电阻很小，记作 R_{ON}。饱和条件为 $V_{GS} > V_{GS(TH)}$，$R_{ON} \ll R_D$。等效电路见图 4.34(b)。在等效电路中，C_I 是栅极的输入电容，一般为几 pF；一般情况下不可以简单地把 R_{ON} 忽略掉。正因为 C_1 的存在，在动态时漏极电流 I_D 和输出电压 V_{DS} 都将滞后于输入电压的变化。

4.3 分离元件逻辑门电路

在数字系统中各种电路的功能比较复杂，但其内部结构通常不过是由几种或几十种电路组成，这些电路有些是基本逻辑门电路，有些是由基本逻辑门电路所组成的功能比较复杂的复合逻辑门电路。为了更好地了解这些电路，先学习一些基本逻辑门的知识。

在数字电路中，有与、或、非三种基本逻辑关系，与之对应，有三种基本逻辑门电路：与门、或门、非门。

4.3.1 与门电路

简单的与门电路可由二极管来实现，其电路和逻辑符号见图 4.35。

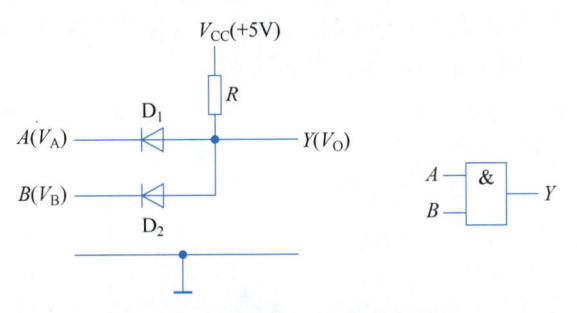

图 4.35 二极管与门电路及符号

设输入电压 V_A、V_B 高电平为 5V，低电平为 0V，二极管正向导通压降为 0.7V。

A、B 两个输入信号都处于高电平，即 $V_A = V_B = 5V$ 时，二极管 D_1、D_2 截止，输出电压 $V_O = 5V$。

A、B 两个输入信号有一个处于低电平，即 V_A 或 $V_B = 0V$ 时，二极管 D_1 或 D_2 必有一个导通，输出电压 $V_O = 0.7V$。

将输入输出的电压关系列于表 4.2 中。如果规定 3V 以上为高电平，用逻辑 1 状态来表示；0.7V 以下为低电平，用逻辑 0 状态来表示，就可以把表 4.2 转换成表 4.3 的形式。观察表 4.3，发现只有 A、B 都为 1 时，Y 才为 1，显然输入 A、B 与输出 Y 是一种与逻辑关系。

表 4.2 与门电路的逻辑电平

V_A/V	V_B/V	V_O/V
0	0	0.7
0	5	0.7
3	0	0.7
5	5	5

表 4.3 与门电路的真值表

A	B	Y
0	0	0
0	1	0
1	0	0
1	1	1

4.3.2 或门电路

二极管或门电路及符号示于图 4.36 中。设输入电压 V_A、V_B 高电平为 5V，低电平为

0V,二极管正向导通压降为0.7V。

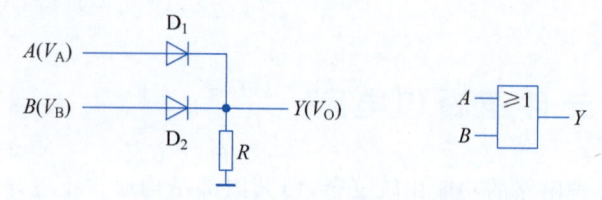

图 4.36 二极管或门电路及符号

A、B 两个输入信号都处于低电平,即 $V_A = V_B = 0V$ 时,二极管 D_1、D_2 截止,输出电压 $V_O = 0V$。

A、B 两个输入信号中有一个处于高电平,即 V_A 或 $V_B = 5V$ 时,二极管 D_1 或 D_2 必有一个导通,输出电压 $V_O = 4.3V$。

将输入输出的电压关系列于表 4.4 中。

如果规定 3V 以上为高电平,用逻辑 1 状态来表示;0V 以下为低电平,用逻辑 0 状态来表示,就可以把表 4.4 转换成表 4.5 的形式。观察表 4.5,发现只要 A、B 中有一个为 1,Y 就为 1,显然输入 A、B 与输出 Y 是一种或逻辑关系。

表 4.4 或门电路的逻辑电平

V_A/V	V_B/V	V_O/V
0	0	0
0	5	4.3
5	0	4.3
5	5	4.3

表 4.5 或门电路的真值表

A	B	Y
0	0	0
0	1	1
1	0	1
1	1	1

4.3.3 非门电路

1. 概念

由晶体三极管构成的非门电路及符号如图 4.37 所示。非门也称为反相器。在 R_1、R_2 选值合理的情况下,当输入端 A 为低电平 0V 时,晶体管 T 的基极电位为负值,晶体管 T 可靠截止,输出端 V_O 的电压为 5V;当输入端 A 为高电平 5V 时,晶体管 T 导通,并且基极电流足够大,使 T 进入饱和态,输出端 V_O 的电压约为 0V。

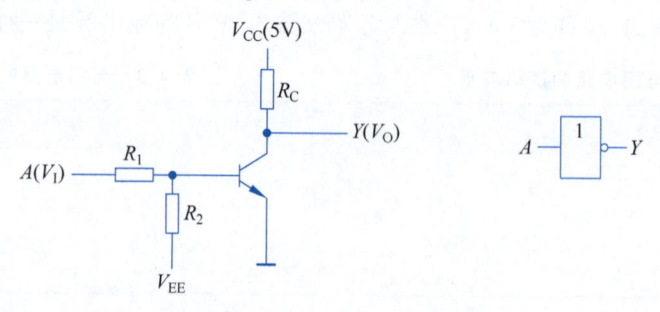

图 4.37 三极管非门电路及符号

将输入输出的电压关系列于表 4.6 中。如果规定 5V 为高电平,用逻辑 1 状态来表示;0V 为低电平,用逻辑 0 状态来表示,就可以把表 4.6 转换成真值表 4.7 的形式。观察表 4.7,

很容易发现 A 和 Y 是一种非逻辑关系。

表 4.6 非门电路的逻辑电平

V_I/V	V_O/V
5	0
0	5

表 4.7 非门电路的真值表

A	Y
1	0
0	1

2. 饱和截止条件的分析

非门的逻辑功能是靠控制晶体管的导通与截止来实现的,因此非逻辑关系能否成立的关键在于控制基极电位足够低,使晶体管截止；或控制基极电流足够大,使晶体管饱和。

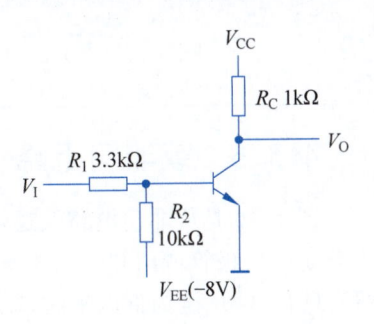

分析图 4.38 的饱和截止情况。图中电源电压 V_{CC} 为 5V,电阻 R_1、R_2、R_C 分别为标称电阻 3.3kΩ、10kΩ、1kΩ,三极管饱和时 $V_{CE}=0.1V$,放大系数 $\beta=20$；外接电源 $V_{EE}=-8V$,作用是为了使 T 可靠地截止。首先确定三极管 T 基极的电压 V_B 及等效输入电阻 R_B。

$$V_B = V_I - [(V_I - V_{EE})/(R_1+R_2)]R_1$$
$$R_B = (R_1 \cdot R_2)/(R_1+R_2) = (3.3 \times 10)/(3.3+10) = 2.5\text{kΩ}$$

图 4.38 饱和截止条件分析

当 $V_I=0V$ 时,$V_B=0-[(0+8)/(3.3+10)]\times 3.3=-2.0V$,此时加到基极与发射极间的电压 V_{BE} 为反向电压,三极管 T 截止,集电极电流为 0,输出电压为 5V。由分析知,加入电压 $-V_{EE}$ 后,即使输入电压 V_I 稍大于 0V,三极管 T 也能可靠地截止。另外,为了使 T 更可靠地截止,在一定的范围内可适当加大 R_1 或减小 R_2。

当 $V_I=5V$ 时,$V_B=5-[(5+8)/(3.3+10)]\times 3.3=1.8V$,根据三极管的输入特性曲线可知,T 导通并且 V_{BE} 保持在 0.7V,此时基极电流 $I_B=(V_B-V_{BE})/R_B=(1.8-0.7)V/2.5\text{kΩ}=0.44\text{mA}$。由 4.2.4 节的饱和条件可知,三极管饱和时基极电流至少为 $I_{BS}=V_{CC}/\beta R_C$,在图 4.38 中,$I_{BS}=5V/(20\times 1\text{kΩ})=0.25\text{mA}$。可见 $I_B > I_{BS}$,三极管处于饱和态,$V_{CE}\approx 0V$,输出电压为 0V。

由上述分析可知,器件的选取很重要,图 4.38 的设计比较合理。

掌握了基本门电路的工作原理后,下面简单介绍一些分离元件的复合门电路。

4.3.4 与非门电路

图 4.39 是与非门电路及逻辑符号,表 4.8 是它的真值表。由图中可看出,与非门电路是

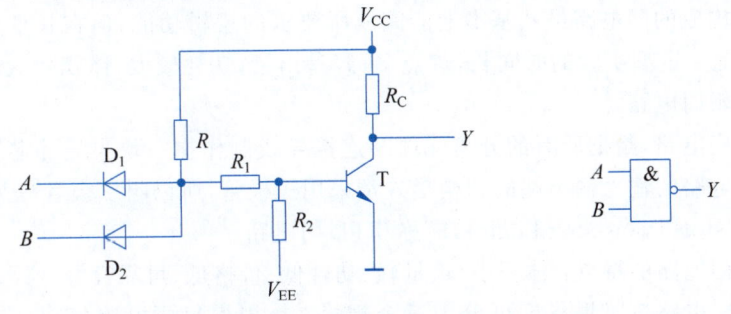

图 4.39 与非门电路及符号

由二极管与门和三极管非门构成的,只要 A、B 有一个为低电平,输出 Y 就为高电平;只有 A、B 全为高电平时,输出 Y 才低电平。

表 4.8　与非门真值表

A	B	Y
0	0	1
0	1	1
1	0	1
1	1	0

4.3.5　或非门电路

图 4.40 是或非门电路及逻辑符号,表 4.9 是它的真值表。由图 4.40 中可看出,或非门电路是由二极管或门和三极管非门构成的,只要 A、B 有一个为高电平,输出 Y 就为低电平;只有 A、B 全为低电平时,输出 Y 才为高电平。

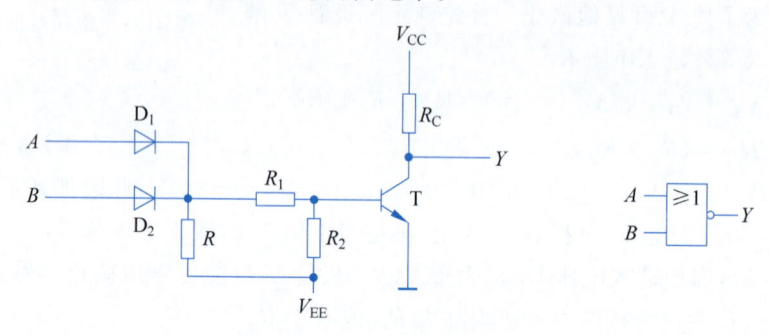

图 4.40　或非门电路及符号

表 4.9　或非门真值表

A	B	Y
0	0	1
0	1	0
1	0	0
1	1	0

4.4　TTL 门电路

分离元件构成的门电路虽然基本上能完成所要求的逻辑功能,但在长期的实践中也发现了一系列问题:定型实验的时间长,焊点多,容易出错,功耗较大,体积较大。这就促使人们采用集成逻辑门电路。

集成逻辑门电路,是把所有的分离元件及连接导线制作在一块半导体芯片上。由于这种集成逻辑门电路的输入输出端的结构形式都采用三极管,所以叫三极管-三极管集成逻辑门电路(Transistor-Transistor Logic),简称 TTL 门电路。

集成逻辑门电路的特点:体积小、重量轻、功耗低、价格低、可靠性好。

集成逻辑门电路按照集成度可分为三个规模:小规模集成电路(SSI),一片芯片上有

1~12 个门,元件为 10~100 个;中规模集成电路(MSI),一片芯片上有 13~99 个门,元件为 10^2~10^3 个;大规模集成电路(LSI),一片芯片上有 100 个以上门,元件为 10^3 个以上。随着现代科技的发展,已经可以在一片几十毫米的芯片上集成数以千万计的半导体三极管。

本节介绍的 TTL 门电路属于小规模集成电路,基本电路形式为 TTL 与非门。

4.4.1 TTL 与非门的电路结构及工作原理

1. 电路结构

图 4.41 所示是 TTL 与非门的典型电路结构,它由三部分组成:T_1、R_1 组成的输入极;R_2、R_3 和 T_2 组成的中间极;R_4、R_5 和 T_3、T_4、T_5 组成的输出极。

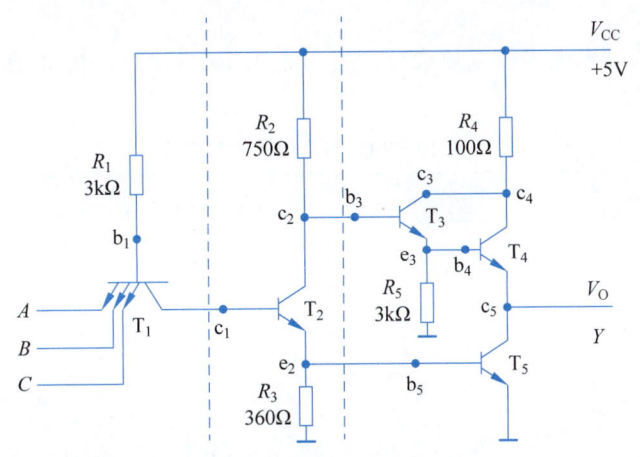

图 4.41 TTL 与非门电路

输入极:多发射极三极管 T_1 的等效电路如图 4.42 所示,它使 A、B、C 三个输入信号形成与逻辑关系。从图 4.41 可看出,T_2 的集电结是 T_1 负载电阻的一部分,当输入 A、B、C 由全高电平变成输入有低电平时,T_2 中的存储电荷被 T_1 迅速拉出,促使 T_2 迅速截止,加速状态转换,提高了开关速度。

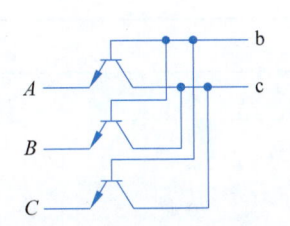

图 4.42 多发射极三极管 T_1 的等效电路

中间极:它使 T_2 的集电极 c_2、发射极 e_2 分别输出相位相反的两个信号,分别驱动 T_3、T_5,从而保证 T_3、T_5 在一个导通时另一个就截止。

输出极:T_5 起倒相的作用,T_3、T_4 组成的射随器,既是 T_5 的有源负载,又与 T_5 构成推拉式电路,使无论输出为高电平还是低电平,输出电阻都很小,从而提高了驱动负载的能力。

2. 工作原理

当输入信号 A、B、C 中至少有一个为低电平时($V_{IL}=0.3V$),T_1 对应的发射结导通,使 T_1 的基极电位被钳制在 $1V$($V_{IL}+V_{BE1}=0.3V+0.7V=1V$),由于 b_1 点到地之间至少有两个 PN 结串联,却只有 $1V$ 的电压,所以 T_1 的集电结和 T_2 的发射结不可能都导通,T_2 截止。因 T_2 截止,T_2 的集电结有非常大的电阻,使 T_1 深度饱和,而 $V_{CES1}\approx 0.1V$,则 $V_{C1}=0.4V$($V_{IL}+V_{CES1}=0.3V+0.1V=0.4V$),$V_{B2}=V_{C1}=0.4V$,加深了 T_2 的截止。因 T_2 截止,$V_{B5}=V_{E2}=0V$,T_5 截止。因 T_2 截止,使 I_{C2} 很小,又由于 R_2 比较小,所以 R_2 上的压

降很小，$V_{B3} \approx 5V$，使 T_3、T_4 导通，输出 $V_O = V_{B3} - V_{BE3} - V_{BE4} = 5V - 0.7V - 0.7V = 3.6V$，为高电平。可见输入端只要有一个为低电平时，输出端即为高电平。

当输入信号 A、B、C 全为高电平时（$V_{IH} = 3.6V$），T_1 的基极电位被抬高至 $4.3V$（$V_{IH} + 0.7V = 3.6V + 0.7V = 4.3V$），使 T_1 的集电结、T_2 和 T_5 的发射结正向偏置而导通，反过来 T_1 的基极电位 V_{B1} 又被钳制在 $2.1V$（$V_{BC1} + V_{BE2} + V_{BE5} = 0.7V + 0.7V + 0.7V = 2.1V$）。由于 T_1 的 $V_{B1} = 2.1V$，$V_{C1} = 1.4V$，而 $V_{E1} = 3.6V$，T_1 处于倒置工作状态（集电极与发射极互换使用），因此，电源 V_{CC} 通过 R_1 向 T_2、T_5 提供大量的偏置电流，使 T_2、T_5 处于饱和导通状态，T_2、T_5 饱和导通压降为 $0.3V$，则输出电压为 $V_O = 0.3V$。T_2 的集电极电位 $V_{C2} = V_{CES2} + V_{BE5} = 0.3V + 0.7V = 1.0V$，使 T_3 微导通，T_4 截止。故输入端全为高电平时，输出端为低电平。

TTL 与非门的逻辑电平及真值表分别列于表 4.10、表 4.11 中，由真值表可知，该电路满足与非的逻辑关系。

表 4.10　TTL 与非门的逻辑电平

V_A/V	V_B/V	V_C/V	V_O/V
0.3	0.3	0.3	3.6
0.3	0.3	3.6	3.6
0.3	3.6	0.3	3.6
0.3	3.6	3.6	3.6
3.6	0.3	0.3	3.6
3.6	0.3	3.6	3.6
3.6	3.6	0.3	3.6
3.6	3.6	3.6	0.3

表 4.11　TTL 与非门的真值表

A	B	C	Y
0	0	0	1
0	0	1	1
0	1	0	1
0	1	1	1
1	0	0	1
1	0	1	1
1	1	0	1
1	1	1	0

4.4.2　TTL 与非门的电压传输特性及抗干扰能力

1. 电压传输特性

描述输入电压 V_I 与输出电压 V_O 对应关系的曲线称为电压传输特性。TTL 与非门的电压传输特性示于图 4.43 中。由图中可看出电压传输特性分为四个区段。

AB 段（截止区）：此段，输入电压 $V_I < 0.6V$，输出电压 V_O 不随输入电压 V_I 变化，而保持恒定值。此时 $V_{C1} < 0.7V$，T_2、T_5 截止，T_3、T_4 导通，输出为高电平 $3.6V$，即 $V_O = 3.6V$。由于 T_2、T_5 截止，故这段称为截止区。

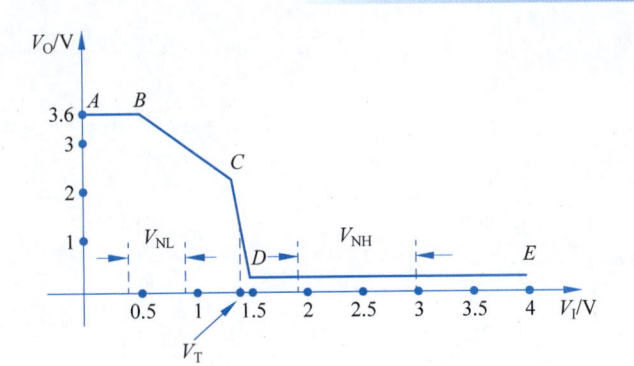

图 4.43 TTL 与非门的电压传输特性

BC 段(线性区):此段,$0.6V<V_I<1.3V$,此时 T_2 开始导通,并处于放大状态,T_2 的集电极电压 V_{C2}、输出电压 V_O 随着输入电压 V_I 的加大而线性降低。因此,这一段叫作线性区。因为 V_{B5} 还低于 $0.7V$,T_5 仍截止,T_3、T_4 仍导通。

CD 段(转折区):此段,当 V_I 上升至 $1.4V$ 时,V_{B1} 约为 $2.1V$,T_2、T_5 将同时导通,T_4 截止,输出电压 V_O 急剧降为低电平。CD 段中点对应的输入电压称为阈值电压(也称为门槛电压)用 V_T 表示。

DE 段(饱和区):在这段,$V_I>1.4V$,T_2、T_5 饱和导通,输出基本不变,维持低电平。

2. 抗干扰能力

TTL 与非门在实际应用过程中,有时存在干扰电压 V_N 会叠加到输入信号上,使与非门的逻辑关系发生错误。把与非门逻辑关系不会发生错误时允许的最大干扰电压称为噪声容限。可见,噪声容限越大,抗干扰能力越强。

在讨论抗干扰能力前,先了解几个基本参数。

V_{ON}:开门电平,输出为逻辑低电平时,所允许的输入高电平的最小值。

V_{OFF}:关门电平,输出为逻辑高电平时,所允许的输入低电平的最大值。

V_{NL}:低电平噪声容限(输入低电平的抗干扰能力)。

V_{NH}:高电平噪声容限(输入高电平的抗干扰能力)。

$$V_{NL} = V_{OFF} - V_{ILmax}$$

V_{NL} 越大,TTL 与非门在输入低电平时抗正向干扰能力越强。

$$V_{NH} = V_{IHmin} - V_{ON}$$

V_{NH} 越大,TTL 与非门在输入高电平时抗负向干扰能力越强。

V_{NL}、V_{NH} 的抗干扰能力如图 4.43 所示。

4.4.3 TTL 与非门的输入特性和输出特性

1. TTL 与非门的输入特性

输入特性是描述输入电压与输入电流关系的曲线。TTL 与非门的输入特性曲线及测试图分别示于图 4.44 及图 4.45 中。

测试方法:在一个输入端接上可变电源及电压表、电流表,其他输入端均悬空(根据后续分析可知,输入端悬空为高电平输入)。使可变电源电压从 0V 渐变到 +5V(反之亦可),规定输入电流(I_i)流入输入端的为正,从输入端流出的为负,逐点记下 V_I、I_i 的值,就可得到图 4.44。

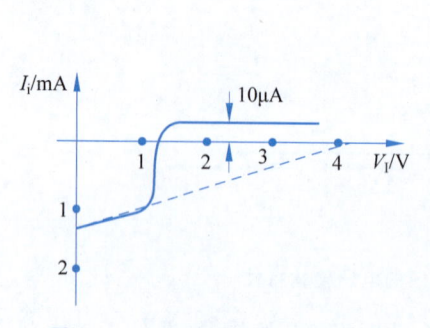

图 4.44　TTL 与非门的输入特性

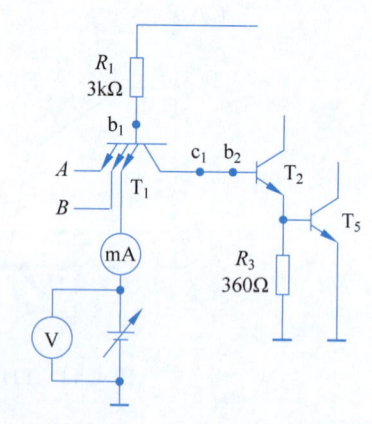

图 4.45　TTL 与非门输入特性测试图

当 $V_I < 0.6V$ 时，T_1 导通，T_2 截止，T_1 的基极电流均经 T_1 的发射极流出（T_1 的集电极负载电阻很大，使 I_{C1} 很小，可忽略不计），此时将输入电流 I_i 近似地计算为 $I_i = (V_{CC} - V_{BE1} - V_I)/R_1$。当 $V_I = 0V$ 时，$I_i = (5 - 0.7 - 0)V/3k\Omega = 1.4mA$。随着 V_I 的增加，I_i 的绝对值将减小，如果按此式计算，当 I_i 等于 0 时 $V_I = V_{CC} - V_{BE1} = 5V - 0.7V = 4.3V$，其变化曲线如图 4.44 中虚线所示。实际上这条曲线是错误的，因为当 $V_I = 0.6V$ 时，T_2 开始导通，这时 I_{B1} 的一部分就要流入 T_2 的基极，在同样的输入电压 V_I 下，I_i 的绝对值就要比图 4.44 中虚线所示的值要小；随着 V_I 的增加，I_{B2} 继续增大而 I_i 减小，当 V_I 增大到 1.3V 以后，T_5 开始导通，V_{B1} 被箝位在 2.1V 左右；V_I 在 1.3~1.4V 时，对输入电流 I_i 有非常大的影响：当 V_I 比 1.3V 略增加时，I_i 的绝对值急剧减小，并使 T_1 进入倒置工作状态，I_i 方向由负变正（I_i 由从 E_1 端流出变成从 E_1 端流入）；三极管在倒置工作状态时放大系数 β_i 很小（约为 0.01），$I_i = \beta_i I_{B1} = \beta_i (V_{CC} - V_{B1})/R_1 = 0.01 \times (5V - 2.1V)/3k\Omega \approx 10\mu A$；以后随着 V_I 的增大，I_i 会有极微小的增加，当 V_I 增大到 8V 左右时，T_1 会被击穿，可见，使用 TTL 时输入电压不能过高。

2. TTL 与非门的输出特性

TTL 与非门在实际使用过程中都要接一定的负载，输出电压与负载电流之间的关系曲线叫 TTL 与非门的输出特性。

因为输出有高低电平之分，所以输出特性也分为两部分。

1）输出为高电平时的输出特性

当输入有低电平存在时，输出为高电平。这时 T_1 饱和，T_2、T_5 截止，T_3、T_4 导通，输出极的等效电路如图 4.46 所示。由该图可看出，负载电流是由输出端流向负载的，所以也叫拉电流负载。特性曲线见图 4.47。

当 $I_L = 0$ 时，$V_{OH} = 3.6V$。当 I_L 比较小时，T_3 处于饱和边缘（通过计算，此时 $V_{CE3} = 0.6V$），T_3、T_4 组成的复合管还有一定的放大作用，故这时输出的等效阻抗较低，V_{OH} 随负载电流 I_L 的变化比较小。当 I_L 增大到 3mA 时，T_3 进入饱和状态，这时输出电压与负载电流的关系为 $V_{OH} = V_{CC} - V_{CE3} - V_{BE4} - I_{R4} \cdot R_4 = 5V - 0.3V - 0.7V - I_{R4} \cdot R_4 \approx 4V - I_L \times R_4$，可见 V_{OH} 随着 I_L 的增大而线性降低，并且当 V_{OH} 等于 0V 时，I_L 约为 40mA。实际上，为了保证 V_O 为标准的高电平 V_{OHmin}，对拉电流的最大值 I_{OHmax} 要有一定的限制。

图 4.46 输出为高电平时输出极的等效电路　　　图 4.47 输出为高电平时的输出特性

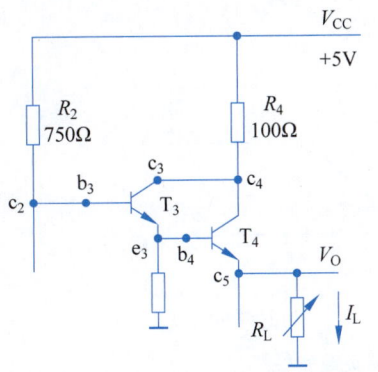

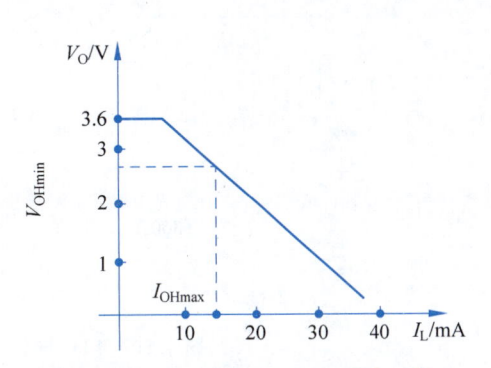

2) 输出为低电平时的输出特性

当输入全为高电平时,输出为低电平。此时 T_1 处于倒置工作状态,T_2、T_5 饱和,T_3 微导通、T_4 截止,输出极的等效电路见图 4.48。等效电路就是一个晶体管,它的基流很大,负载的电流方向是流入三极管,所以也叫灌电流负载,特性曲线示于图 4.49 中。它就是一个三极管在基极电流为某一值时的共发射极接法的输出特性曲线。由于 T_5 工作在饱和状态,导通内阻很小,所以输出为低电平。当 I_L 增大到某一值后,T_5 退出饱和态进入放大态,输出电压 V_O 迅速上升。为了保证低电平的逻辑关系,同样对灌电流有一定的限制,即灌电流 I_L 必须小于输出低电平时的最大灌电流 I_{OLmax}。

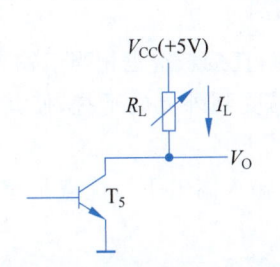

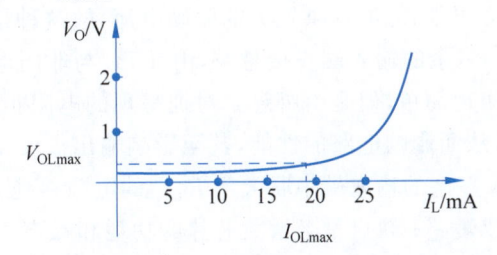

图 4.48 输出为低电平时的输出极等效电路　　　图 4.49 输出为低电平时的输出特性

3. TTL 与非门输入端负载特性

在实际应用过程中,TTL 与非门的输入端要通过外接电阻 R_I 接地,见图 4.50(a)。因此就有电流 I_i 流过 R_I,并产生压降 V_I,V_I 随 R_I 的变化而变化,V_I 随 R_I 变化的关系曲线叫输入端负载特性,如图 4.50(b)所示。

开始时,R_I 增大,V_I 随之增大,但 V_I 增大到 1.4V 时,T_5 开始导通,V_{B1} 被箝位在 2.1V,此后 R_I 不论怎样加大,V_I 都保持在 1.4V 不再增大。

对输入端负载电阻的限制如下。

关门电阻 R_{OFF}:保证 TTL 与非门输出为标准高电平时所允许的 R_I 最大值。

开门电阻 R_{ON}:保证 TTL 与非门输出为标准低电平时所允许的 R_I 最小值。

$R_I < R_{OFF}$ 时,TTL 与非门输出为高电平,即此时视为 TTL 与非门输入为低电平。

$R_I > R_{ON}$ 时,TTL 与非门输出低电平,即此时视为 TTL 与非门输入为高电平。

一般情况下,开门电阻 R_{ON} 比较大($\geqslant 3.2\text{k}\Omega$),关门电阻 R_{OFF} 比较小($\leqslant 0.91\text{k}\Omega$)。

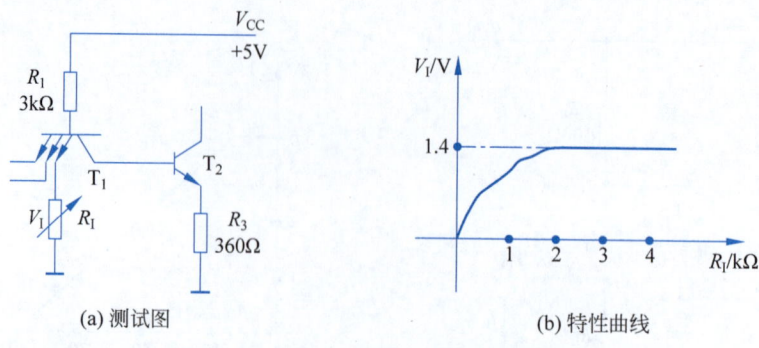

图 4.50 TTL 与非门输入端负载特性

R_{ON} 和 R_{OFF} 的数值会根据具体的电路设计和应用场景有所不同。

TTL 与非门输入端悬空视为接高电平。

在实际使用中，与非门多余的输入端处理方法如下。

（1）将多余的输入端先串联限流电阻，再接高电平（电源 V_{CC}）。优点是不增大信号的驱动电流，且相对于直接与电源 V_{CC} 相接，加入电阻后可以起到限流作用，保证了电路的安全；缺点是会增加芯片的功耗和噪声。

（2）将多余的输入端与有用的输入端并联使用。优点是可以提高电路的可靠性，当有用输入端内容开路或接触不良时，可以代替有用输入端工作；缺点是会使输入端驱动电流变大，增大前级负担。但一般情况下，输入信号是由前一个与非门输出端提供的，而 TTL 负载能力很强，能够提供较大的驱动电流，故这种接法经常被采用。

（3）多余的输入端直接悬空，由 TTL 与非门电路可知，直接悬空也相当于输入高电平。优点是实现简单，但是引脚悬空对地呈现的电阻很高，容易受到外界的干扰，使其输入信号不稳定，从而影响电路的性能，甚至影响输出。

（4）多余的输入端串联大于 R_{ON} 的电阻接地，相当于输入高电平。优点是避免产生意外输入或短路；缺点是会增大芯片的功耗和噪声。

4. TTL 与非门输出端带负载能力

在 TTL 与非门输出端接上负载时，可分为拉电流负载和灌电流负载。负载能力是指带负载电流大小的能力。通常用扇出系数 N_O 来表示，N_O 是带同类门的个数。

图 4.51(a)、(b)分别表示拉电流负载及灌电流负载。

拉电流形式负载的增加会使 TTL 与非门的输出高电平下降；灌电流形式负载的增加会使 TTL 与非门的输出低电平上升。

一般情况下，与非门的扇出系数 N_O 由输出低电平时所能驱动的同类门个数来决定，$N_O = I_{OLmax}/I_{ILmax}$。其中，$I_{OLmax}$ 是输出低电平时允许流入 TTL 与非门输出端的最大电流，I_{ILmax} 是输入低电平时从 TTL 与非门输入端流出的最大电流。

【例 4.4】 在图 4.52 中，为保证 TTL 与非门 G_1 输出的高低电平能正确地传送到 TTL 与非门 G_2 的输入端，要求 $V_{O1}=V_{OH}$ 时 $V_{I2} \geqslant V_{IHmin}$，$V_{O1}=V_{OL}$ 时 $V_{I2} \leqslant V_{ILmax}$，试计算 R 的最大允许值。

已知：$V_{CC}=5V, V_{OH}=3.4V, V_{OL}=0.2V, V_{IHmin}=2.0V, V_{ILmax}=0.8V, G_1、G_2$ 的输入、输出特性如图 4.44、图 4.47、图 4.49 所示。

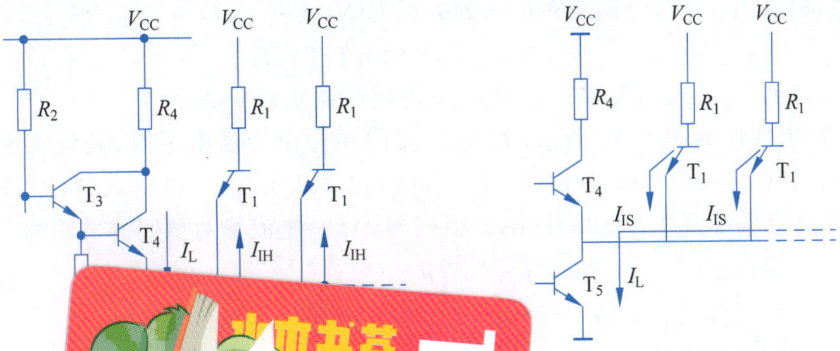

(b) 灌电流负载

...负载能力

解： 首先计算...足大于等于输入高电平的...时，R 的允许值。

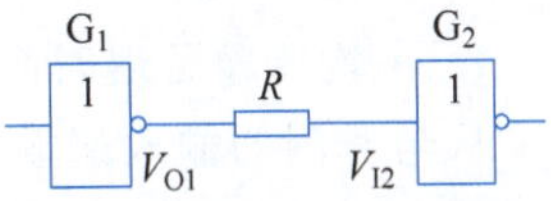

由图 4.52... $\leq (V_{OH} - V_{IHmin})/I_{IH}$

据图 4.44... 输入电流约为 $10\mu A$，把已知值代入上式得

... $\mu A = 140k\Omega$

然后计算... 于等于输入低电平的最高限（即 $V_{O1} = V_{OL}$、$V_{I2} \leq V$... 知，R 的接地端改为接 V_{OL} 时，下列关系式成立：

... $V_{CC} - V_{BE1} - V_{ILmax}$)

... $V_{CC} - V_{BE1} - V_{ILmax}$)

把已知...

... $- 0.7V - 0.8V) = 514\Omega$

可见 ... 4Ω，否则，当 $V_{O1} = V_{OL}$ 时，V_{I2} 就会大于 V_{ILmax}。

【例 4... 动多少个相同的门电路负载。已知这些门电路的输入...、图 4.49 中，TTL... 流为 $I_L = 16mA$，在 ... $4mA$。要求：G_M ... $2V$、$V_{OL} \leq 0.2V$。

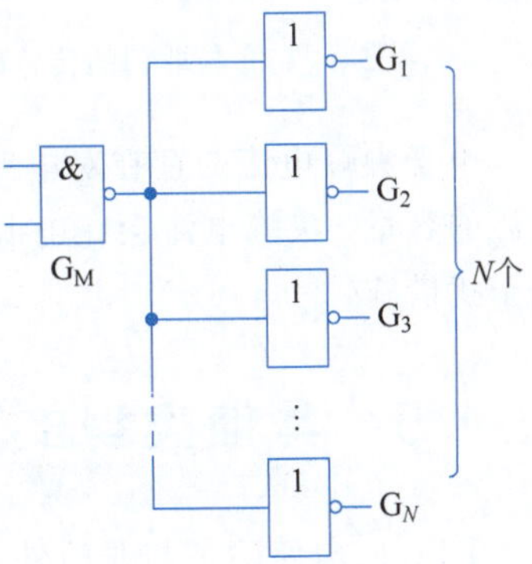

解： 先计算满足 $V_{OL} \leq 0.2V$ 时，G_M 可以驱动的门电路的个数 N_1。

低电平输出特性如图 4.49 所示，TTL 与非门在输出为低电平时，其负载电流为 $I_L = 16mA$；又由图 4.44 的输入特性知，当输入电压为 $0.2V$ 时输入低电平电流 I_{IL} 约

图 4.52 例 4.4 电路

图 4.53 例 4.5 电路

为 -1.4mA，根据图 4.53，电流绝对值间的关系为 $N_1 \times I_{IL} \leqslant I_L$

$$N_1 \leqslant I_L / I_{IL} = 16/1.4 = 11$$

再计算，满足 $V_{OH} \geqslant 3.2\text{V}$ 时，G_M 能驱动的门电路负载个数 N_2。

高电平输出特性如图 4.47 所示，TTL 与非门在输出为高电平时，其负载电流为 $I_L \approx 7\text{mA}$，由题目已知 $I_L \leqslant 0.4\text{mA}$，故应取 $I_L \leqslant 0.4\text{mA}$；从图 4.44 的输入特性可知输入为高电平时，输入高电平电流 $I_{IH} = 0.01\text{mA}$。根据图 4.53，电流绝对值间的关系为

$$N_2 \times I_{IH} \leqslant I_L$$

$$N_2 \leqslant I_L / I_{IH} = 0.4/0.01 = 40$$

比较 N_1、N_2，扇出系数 $N_O = 11$。

4.4.4 TTL 与非门的动态特性

1. 平均传输延迟时间 t_{pd}

从与非门的输入端输入信号到输出端得到相应的信号，需要有一定的延迟时间，这个延迟时间主要是由 PN 结的寄生电容引起的。

输出电压 V_O 由高电平变为低电平时的传输延迟时间称为导通传输延迟时间 t_{PHL}，输出电压 V_O 由低电平变为高电平时的传输延迟时间称为截止传输延迟时间 t_{PLH}。一般技术手册上只给出平均传输延迟时间 t_{pd}，并规定 $t_{pd} = (t_{PLH} + t_{PHL})/2$，如图 4.54 所示。

2. 动态尖峰电流

TTL 与非门在导通、截止两个状态间转换时，会出现 T_4、T_5 瞬间同时导通的现象，此时，瞬间的电源电流要比静态时的电源电流大，因时间很短故称为尖峰电流，如图 4.55 所示。

图 4.54 TTL 与非门的传输时间

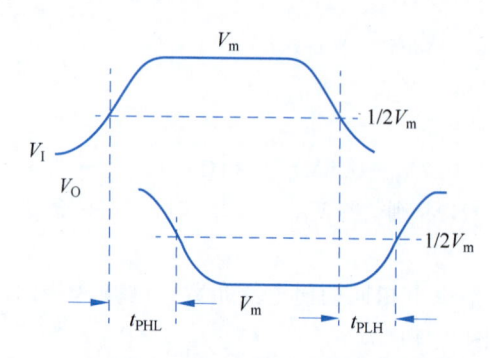

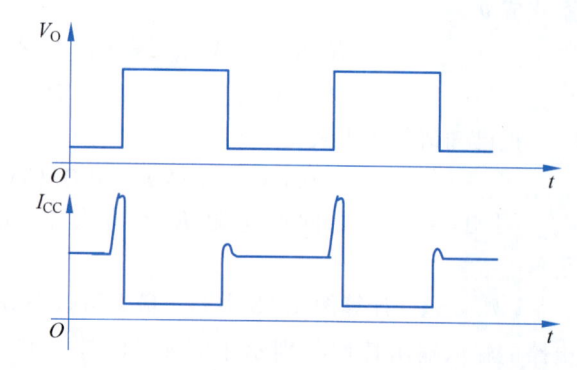

图 4.55 动态时电源电流波形

由于尖峰电流的存在对电路会有一定的影响：使电源的平均电流增大，这就要求加大电源的容量；尖峰电流会在电源线及地线上产生压降，形成干扰，因此要求采取接地去耦等抗干扰措施。

4.5 其他类型的 TTL 门电路

TTL 门电路除了与非门外，还有与门、或门、或非门、与或非门、异或门、同或门、集电极开路门（OC 门）和三态门等逻辑功能门电路。另外还有与扩展器、或扩展器和与或扩展器

等。本节主要介绍集电极开路门和三态门。

4.5.1 集电极开路门(OC 门)

为了了解 OC 门(Open Collector Gate)，先介绍线与逻辑的概念。

1. 线与逻辑

将几个门电路的输出端直接连接，使新的输出与原来几个门电路输出的与作用叫作线与。

例如：假设有三个门电路的输出分别为 Y_1、Y_2、Y_3，它们线与后新的输出为 Y，Y 与 Y_1、Y_2、Y_3 应满足表 4.12 的逻辑关系。

表 4.12 线与的逻辑关系

Y_1	Y_2	Y_3	Y
0	0	0	0
0	0	1	0
0	1	0	0
0	1	1	0
1	0	0	0
1	0	1	0
1	1	0	0
1	1	1	1

TTL 门电路的结构决定了它不能线与。两个 TTL 与非门的输出直接连接之后如图 4.56(a)所示，当一个输出为高电平，另一个输出为低电平，线与时其输出 Y 的电平将如图 4.56(b)所示，既不是高电平也不是低电平，逻辑功能将被破坏。另外，两个门的输出分别是高低电平的情况下，两个门电路的输出极分别是 T_4、T_5 导通，形成一个 V_{CC}、R_4、T_4、T_5、"地"的回路，由于 T_4、T_5 的导通电阻很小，R_4 也比较小，这样在电源与"地"之间产生了低阻回路，流过 T_4、T_5 的电流很大，时间长了会烧毁管子。因此，TTL 门电路的输出是不能进行线与的。

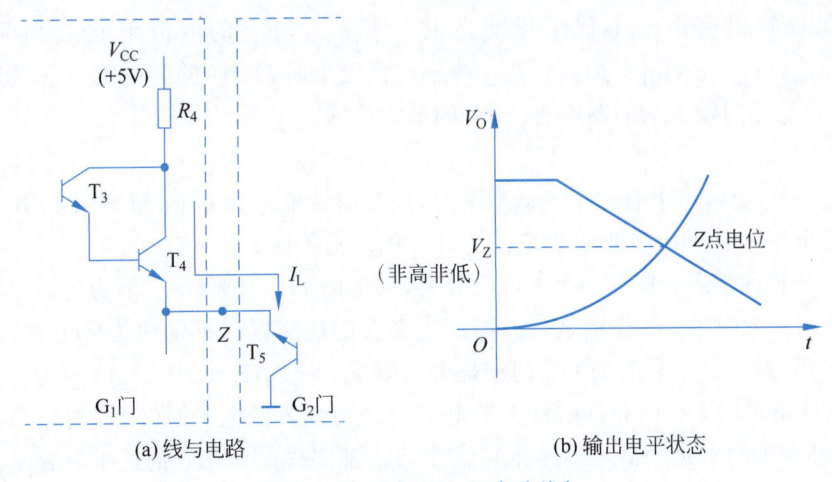

(a) 线与电路 (b) 输出电平状态

图 4.56 两个 TTL 门电路线与

2. OC门的电路结构及工作原理

结构：TTL门电路不能线与，但实际应用中却常出现这样的要求，因此产生了一种输出端可以进行线与的TTL门电路即集电极开路门（OC门）。与非门、或非门、与门等都可以做成OC门的形式。现以与非门为例介绍OC门。

图4.57是OC门形式的与非门。与普通的TTL与非门相比，缺少了T_3、T_4两个晶体管及电阻R_4、R_5，而且在使用时必须在T_5上接上拉电阻R_L、电源V_C。

(a) OC门形式的与非门电路　　(b) 逻辑符号

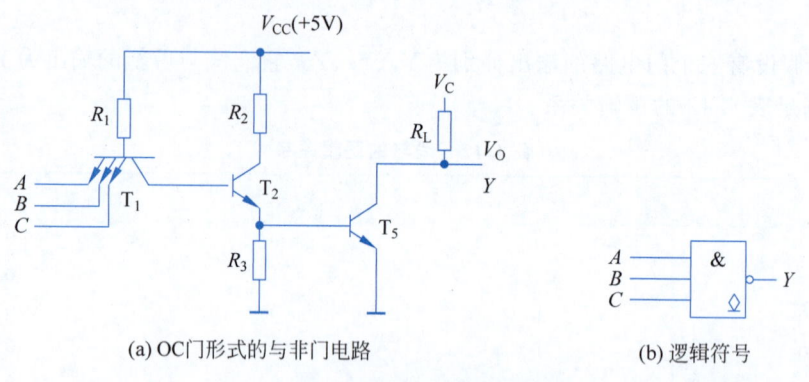

图4.57　OC门形式的与非门

工作原理：当输入A、B、C全为高电平时，T_2、T_5饱和导通，输出为低电平；当输入A、B、C中有一个为低电平时，T_2、T_5截止，输出为高电平。可见，该电路实现了与非的逻辑功能。

几个OC门的输出端直接并联后，可共用一个上拉电阻R_L和电源V_C。

3. OC门输出端负载电阻（上拉电阻）R_L的选择

当几个OC门并联时，为了保证电路正常工作，需要外接一个负载电阻R_L。R_L的作用就是构成所需要的输出电平，并有限流的作用。

假设有m个OC门线与，并用它去驱动n个TTL与非门，n个TTL与非门输入端加在一起的个数为p。当m个OC门输出全为高电平时，线与的结果为高电平，如图4.58所示。为了保证输出高电平不低于标准高电平V_{OHmin}，R_L的取值不能太大，则$V_{CC}-I_R R_L \geqslant V_{OHmin}(I_R = mI_{OH} + pI_{IH})$，$I_{OH}$为输出高电平时OC门的漏电流，$I_{IH}$为输入高电平时的TTL与非门输入端的漏电流。$R_L$的最大值$R_{Lmax}$为

$$R_{Lmax} = (V_{CC} - V_{OHmin})/(mI_{OH} + pI_{IH})$$

当m个OC门输出中有一个为低电平时，线与的结果为低电平，如图4.59所示。为了保证输出低电平不高于标准低电平V_{OLmax}，R_L的取值不能太小。

考虑最严重的情况：只有一个OC门导通，其他的OC门都截止，因为这时电流都流入导通的OC门。此时R_L的作用是一方面产生必要的压降以保证输出为低电平，另一方面有限流的作用，避免某个导通的OC门被烧毁。则$V_{CC} - I_R R_L \leqslant V_{OLmax}(I_R = I_{OL} - nI_{IS})$，$I_{OL}$为输出低电平时OC门允许的最大灌电流，$I_{IS}$为输入低电平时TTL与非门的输入短路电流（不管一个门有几个输入端接在V_{OL}上，I_{IS}都同样大）。R_L的最小值R_{Lmin}为

$$R_{Lmin} = (V_{CC} - V_{OLmax})/(I_{OL} - nI_{IS})$$

R_L的取值范围为$R_{Lmin} < R_L < R_{Lmax}$。

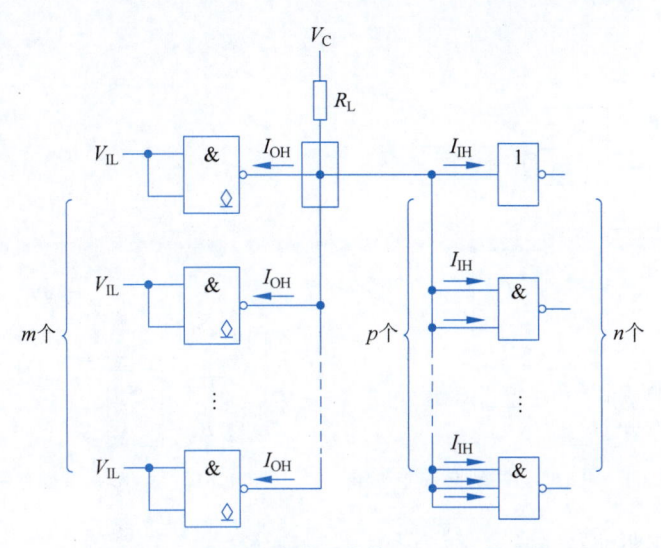

图 4.58 输出为高电平的情况（R_L 为最大值）

其他形式 OC 门的 R_L 计算方式同上。

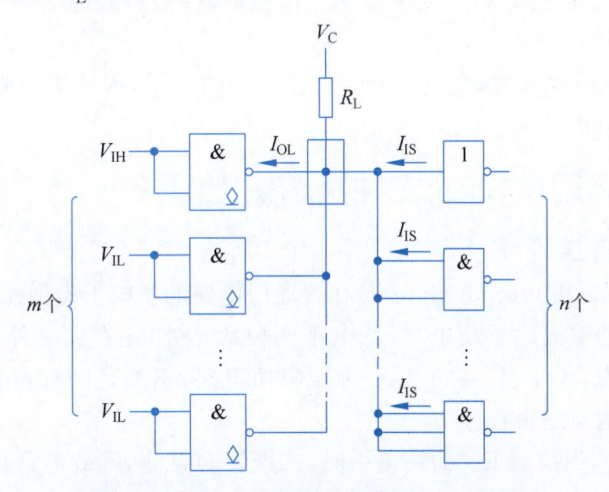

图 4.59 输出为低电平的情况（R_L 为最小值）

4. OC 门的应用

1) 实现与或非的逻辑功能

将几个 OC 门与非门的输出端线与在一起，并且通过一个公共的上拉电阻 R_L 接到电源 V_C 上，如图 4.60 所示。

$$F_1 = \overline{A_1 B_1}, F_2 = \overline{A_2 B_2}, \cdots, F_N = \overline{A_N B_N}$$
$$F = \overline{A_1 B_1 + A_2 B_2 + \cdots + A_N B_N}$$

2) 实现电平转换

在数字系统中经常会出现负载的输入电压是高电平的情况，这时用普通的 TTL 电路就不能胜任（因为 TTL 的输出电压低于 5V），而用 OC 门就可以实现（见图 4.61）。只要把上拉电阻 R_L 接到 10V 电源上即可。这样 OC 门的输入端电平与普通的 TTL 一致，而输出的却是 10V 的高电平。

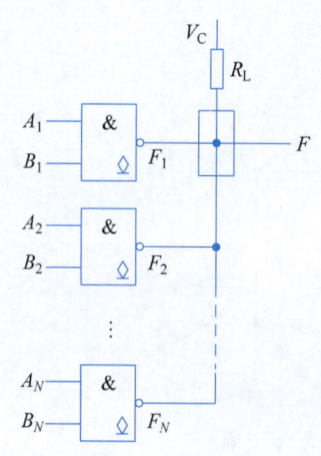

图 4.60　用 OC 门实现与或非逻辑 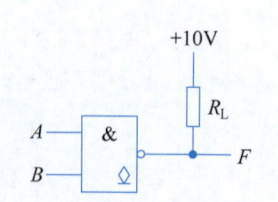　　　图 4.61　用 OC 门实现电平转换

3) OC 门可作驱动器

由于 OC 门的输出电压是可变的,在负载功率不大的情况下,可用 OC 门直接作驱动源,例如驱动指示灯、继电器、脉冲变压器等。作驱动器时,负载的一端接 OC 门输出,另一端接所需的电源即可。

注意事项:当电流过大时,会烧坏 OC 门输出端的管子,因此需要限流,这时只要接上适当的限流电阻就可以了。

4.5.2　三态门(TS 门、三种状态输出门)

1. 三态门的工作原理

三态门(Three-State Output Gate)是在普通门电路的基础上附加控制电路而形成的。

三态是指电路的输出除了高电平、低电平两种状态外,还存在另外一种状态即高阻态(也叫截止态、开路态)。注意:它不是三种逻辑值电路,仍然是两种逻辑值电路。图 4.62 是三态门的电路结构及逻辑符号。

在图 4.62(a)中,当控制 EN 为高电平时,二极管 D 截止,等效电路与普通的 TTL 与非门电路相同,输出为高电平或低电平,依 A、B 的输入情况而定;当 EN 为低电平时,T_5 截止,由于 T_3 被箝位在 0.7V 使 T_4 也截止,从输出端 Y 观察,Y 对电源和地都呈现高阻抗状态(高阻态),由此可见该电路输出了三种状态:高电平、低电平、高阻状态,因此称其为三态门。

由于 EN 为高电平时,三态门为正常的 TTL 与非门,所以称高电平有效。

而在图 4.62(b)中,EN 为低电平时,三态门为正常的 TTL 与非门,所以称低电平有效。输入 EN 通常被叫作控制端或使能端。

2. 三态门的应用

1) 向同一条总线上分时传送信号

观察图 4.63,在任何时候只要有一个门处于工作状态,其他门皆处于高阻状态时,只有工作门的输出信号被送到总线上,且不受其他门输出的干扰,即同一时刻,总线上只存在一个门的信号,这靠控制各个门的 EN 端就能实现(这种连接方式称为总线结构)。

(a) 控制端EN高电平有效

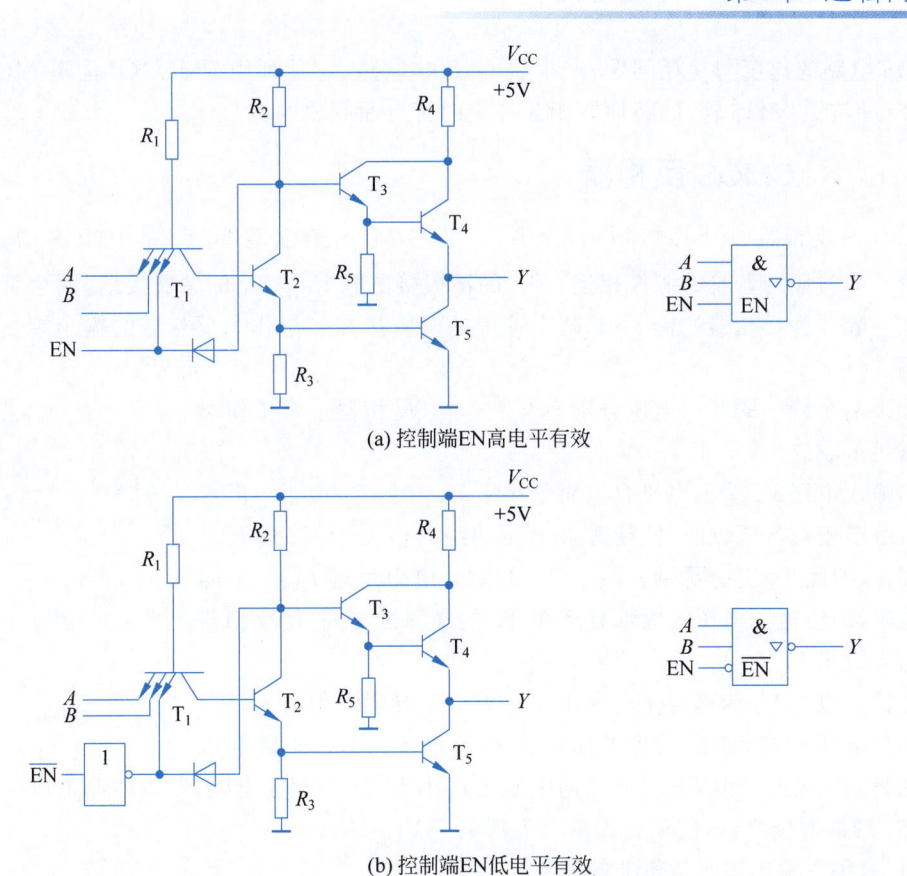

(b) 控制端EN低电平有效

图 4.62 三态门电路结构及符号

2）实现数据的双向传输

在图 4.64 中，当 EN=1 时，G_1 工作，G_2 为高阻状态，数据 D_0 通过 G_1 反相后送到总线 N；当 EN=0 时 G_2 开始工作，G_1 为高阻状态，来自总线 N 的数据 D_1 经 G_2 反相后送到总线 M。

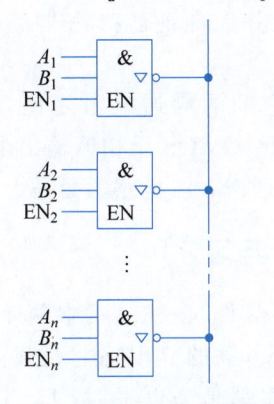

图 4.63 用三态输出门构成总线结构

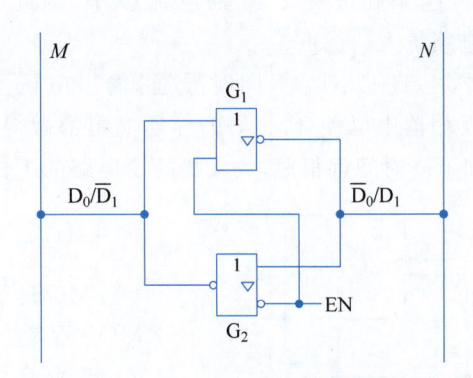

图 4.64 由三态门实现数据的双向传输

4.6 CMOS 门电路

CMOS 逻辑电路具有微功耗、抗干扰能力强、速度快等优点而得到广泛应用。为了解决 MOS 电路的速度与功耗问题,产生了 CMOS 电路,它是利用 PMOS(P 沟道 MOS 管)、NMOS(N 沟道 MOS 管)的特性能相互补充的特点而制成的。

4.6.1　CMOS 反相器

　　CMOS 反相器如图 4.65 所示,其中,T_1 是 NMOS 增强型管,T_2 是 PMOS 增强型管,两个管子的衬底与各自的源极相连。T_2 的源极接电源 V_{DD},T_1 的源极接地,两个管子的栅极接在一起作为反相器的输入端,两个管子的漏极接在一起作为反相器的输出端。V_{DD} 是正电源。

　　如果两个管子的开启电压分别为 V_{T1}、V_{T2},反相器正常工作时必须满足 $V_{DD} > |V_{T1}| + |V_{T2}|$。

　　当输入电压 V_I 为低电平且绝对值小于 V_{T1} 时,T_1 截止。但对于 T_2,由于栅极电压较低,使栅源极电压的绝对值大于 T_2 的开启电压 V_{T2},因此 T_2 充分导通。由于 T_1 的截止电阻远远大于 T_2 的导通电阻,所以电源电压绝大部分降在 T_1 的漏源极之间,使反相器输出为高电平 $V_{OH} \approx V_{DD}$。

　　当输入电压 V_I 为高电平且大于 V_{T1} 时,T_1 导通。但对于 T_2,由于栅极电压较高,使栅源极电压的绝对值小于 T_2 的开启电压 V_{T2},因此 T_2 截止。由于 T_1 的导通电阻远远小于 T_2 的截止电阻,所以电源电压绝大部分降在 T_2 的漏源极之间,使反相器输出为低电平 $V_{OL} \approx 0V$。

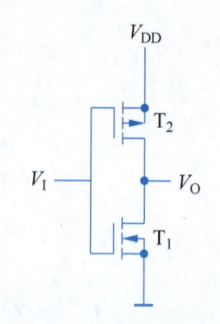

图 4.65　CMOS 反相器

　　可见,输入输出满足逻辑非的关系。

　　不论 V_I 输入的是高电平还是低电平,T_1、T_2 总是工作在一个导通一个截止的状态,这就是所谓的互补状态,所以把这种结构形式的电路称为互补对称式金属-氧化物-半导体电路(Complementary-Symmetery Metal-Oxide-Semiconductor Circuit,CMOS 电路)。

　　在稳态下不论 V_I 输入的是高电平还是低电平,T_1、T_2 总有一个是截止的,而且截止电阻又极大,这样流过 T_1、T_2 的电流极小,因此 CMOS 反相器的静态功耗非常小,这是 CMOS 电路最大的优点。

　　同时,由于 T_1、T_2 不同时导通,输出电压不取决于它们的导通电阻之比。这样在 CMOS 反相器中可使 T_1、T_2 的导通电阻都做得很小。因此,CMOS 反相器输出电压的上升时间和下降时间都很短,大大提高了电路的工作速度,这是 CMOS 电路的另一大优点。

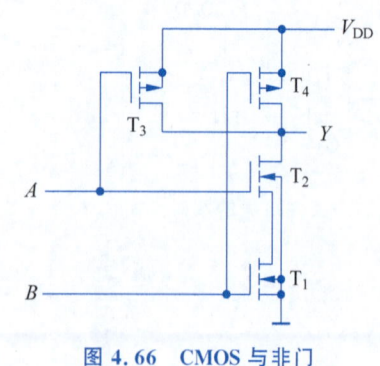

4.6.2　CMOS 与非门

　　CMOS 与非门电路见图 4.66。图中两个串联的 NMOS 管是工作管,两个并联的 PMOS 管是截止管。

　　当 A、B 两个输入端都是高电平时,T_1、T_2 导通,T_3、T_4 截止,输出为低电平;当 A、B 两个输入端有一个是低电平时,T_1、T_2 必有一个截止,同时 T_3、T_4 必有一个导通,因此,输出是高电平。

　　可见,电路满足与非的逻辑关系。

图 4.66　CMOS 与非门

4.6.3 CMOS 或非门

CMOS 或非门电路见图 4.67。图中两个 PMOS 负载管串联,两个 NMOS 工作管并联。

当输入 A、B 中至少有一个为高电平时,T_1、T_2 中至少有一个导通,T_3、T_4 中至少有一个是截止的,于是电路输出为低电平;当输入 A、B 都为低电平时,T_1、T_2 截止,T_3、T_4 都导通,因此电路输出为高电平。

可见,电路满足或非的逻辑关系。

4.6.4 CMOS 三态门

CMOS 三态门电路见图 4.68。A 是输入端,EN 是控制端,Y 是输出端。当控制端 EN 为高电平时,NMOS 管 T_1、PMOS 管 T_4 都截止,电路输出端 Y 呈高阻状态;当控制端 EN 为低电平时 T_2、T_4 同时导通,T_2、T_3 构成的反相器正常工作。

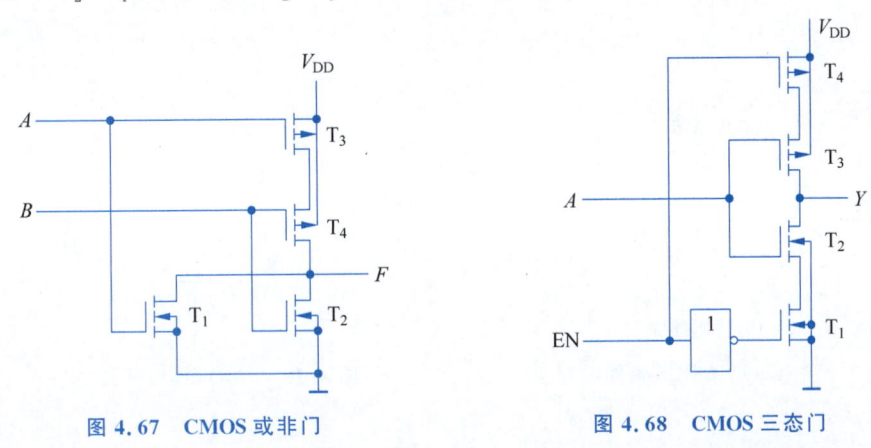

图 4.67 CMOS 或非门

图 4.68 CMOS 三态门

以上几种 CMOS 门电路的逻辑符号与 TTL 门电路的逻辑符号相同。但要注意,CMOS 逻辑电路内部是由 MOS 管电路组成的,MOS 管是压控元件,其控制端电流很小,输入阻抗极高,多余的输入端悬空很容易受到外界的干扰。因此,CMOS 逻辑电路多余的输入端不允许悬空处理。

4.6.5 CMOS 传输门及双向模拟开关

CMOS 传输门的电路结构及逻辑符号见图 4.69。

CMOS 传输门是利用 NMOS、PMOS 管的互补对称性构成的,它同 CMOS 其他门电路(如 CMOS 与非门)一样也是构成各种逻辑电路的一种基本单元电路。

图中 NMOS 管 T_1、PMOS 管 T_2 在结构上是完全对称的(因此,栅极的引出端画在栅极的中间),T_1、T_2 的源极和漏极分别相连作为传输门的输入输出端,因结构对称,输入输出端可以互换。C 与 $\bar{C}$ 是一对互补的控制信号。传输门的导通电阻很低,约为几百 Ω,相当于开关接通,它的截止电阻很高,一般大于 10^9 Ω,相当于开关断开。可将传输门视为一个理想的开关元件。

设 T_1、T_2 开启电压的绝对值均为 3V,输入信号 V_I 的电压变化范围在 0~10V 之间,控制信号 C 和 $\bar{C}$ 的高低电平分别为 10V、0V。当 C 端接 0V,$\bar{C}$ 端接 10V 时,T_1、T_2 同时截止,传输门呈现高阻态,信号 V_I 不能通过传输门到达 V_O 端,相当于开关断开。当 C 端接 10V,$\overline{C}$ 端接 0V,且 V_I 在 0~7V 之间变化时,T_1 导通;V_I 在 3~10V 之间变化时,T_2 导通;V_I 在 3~7V 之间变化时,T_1、T_2 同时导通;此时传输门呈现低阻态,V_I 通过传输门传送到 V_O 端,相当于开关闭合。由以上的分析可知,传输门的导通与截止取决于控制端所加的电平,当 $C=1$,$\overline{C}=0$ 时传输门导通;当 $C=0$,$\overline{C}=1$ 时,传输门截止。

利用 CMOS 传输门和非门可构成模拟开关。如图 4.70 所示,当 $C=1$ 时模拟开关导通,$V_O=V_I$;$C=0$ 时,模拟开关截止,输入与输出之间断开。

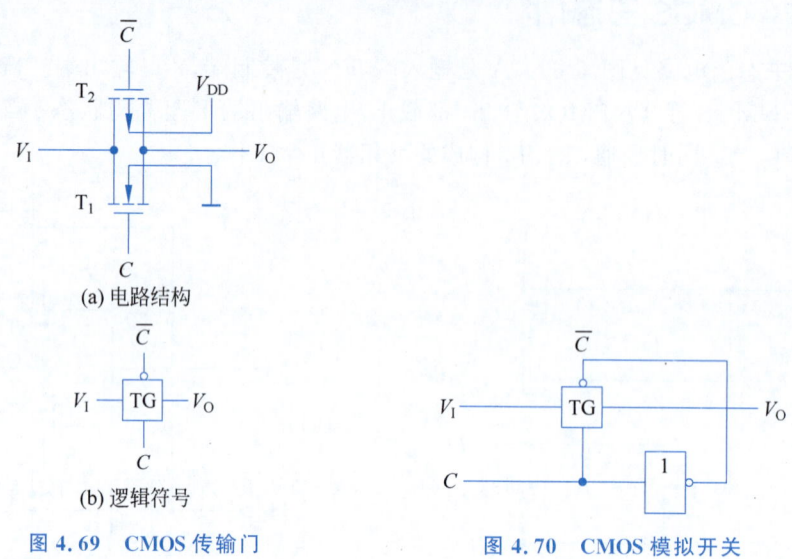

图 4.69 CMOS 传输门

图 4.70 CMOS 模拟开关

4.7 数字逻辑电路符号及集成电路的正确使用

4.7.1 逻辑电路符号

数字逻辑电路符号的表示方法可能因不同的标准而有所不同。在实际应用中,应该根据所使用的标准或规范选择正确的符号来表示数字逻辑电路。

主要的逻辑电路符号见表 4.13。

表 4.13 主要的逻辑电路符号

序号	名称	GB/T 4728.12—1996 国标图形符号	国外流行图形符号	序号	名称	GB/T 4728.12—1996 国标图形符号	国外流行图形符号
1	与门	&		3	非门		
2	或门	≥1		4	与非门	&	

续表

序号	名称	GB/T 4728.12—1996 国标图形符号	国外流行图形符号	序号	名称	GB/T 4728.12—1996 国标图形符号	国外流行图形符号
5	或非门	≥1		8	同或门	=1 / =	
6	与或非门	& ≥1		9	OC门	& ◇	
7	异或门	=1		10	三态使能输出与非门	& ▽ EN / & ▽ EN	

4.7.2 TTL 电路的正确使用

1. 电源

电源电压的稳定度一般要求小于或等于10%~5%,即电源电压应限制在5V±(0.5~0.25)V以内。应给电流容量留出一定的富裕量。特别注意：电源的极性不能接反,否则会将集成电路的芯片烧坏。为了消除电源的纹波电压,在电路板的电源总入口处,需加一个20~50μF的滤波电容。逻辑电路回路的地线与控制电路回路的地线要分开,以消除控制电路地线对系统的干扰。在每个芯片的电源与地线之间接一个0.01~0.1μF的电容,用以消除电源的高频干扰。

2. 输入端

输入端不能与低内阻电源相连,否则,由于电流过大会烧坏芯片。对于多余的输入端,视情况可将其接电源或接地,以减少不必要的干扰。

3. 输出端

TTL电路的输出端不允许与电源直接相连。

4.7.3 CMOS 电路的正确使用

在使用CMOS电路时,要注意技术手册上给出的各种参数,包括电源电压、允许功耗、输入电压幅度、工作环境温度等,不要超出参数的极限。

1. 电源

CMOS电路的工作电压范围比较宽,可达3~18V,使用时不要超出此极限。电源电压极性不能接反。

2. 输入端

输入端不允许悬空,视情况接电源或地。输入高电平不得高于$V_{DD}+0.5V$,输入低电平不得低于$V_{SS}-0.5V$(V_{SS}为CMOS管源极所接电压)。输入端的电流应限制在1mA

以内。

3. 输出端

CMOS 电路的输出端不能线与。CMOS 电路的驱动能力比 TTL 电路小得多,但 CMOS 驱动 COMS 的能力却很强,在高速时扇出系数取 10～20 为宜。

另外,对于 CMOS 电路应特别注意静电击穿的问题。

习题 4

4.1 电路如图 4.71 所示。试求:

(1) 输出 F_1、F_2 的逻辑表达式。

(2) 若二极管的管压降为 0.7V,输入电压如图中所示,求各电路的输出电压值。

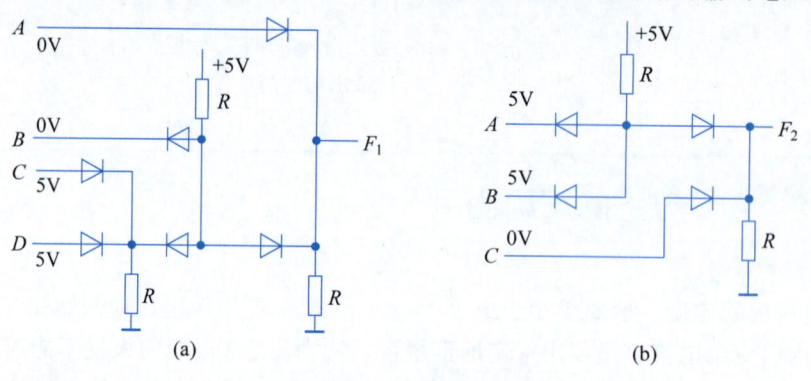

图 4.71 习题 4.1 图

4.2 如果图 4.71(a)中的输入 A、B、C、D 的波形如图 4.72 所示,求输出 F_1 的波形。

图 4.72 习题 4.2 图

4.3 试用一个门来实现表 4.14 的逻辑功能。

表 4.14 习题 4.3 表

输	入	输	出
A	B	Y_1	Y_2
0	0	0	1
0	1	0	1
1	0	0	1
1	1	1	0

4.4 图 4.73(a)为正逻辑与门,图 4.73(b)为正逻辑或门,若改用负逻辑,列出它们的真值表,并给出 Y 与 A、B 的逻辑关系。

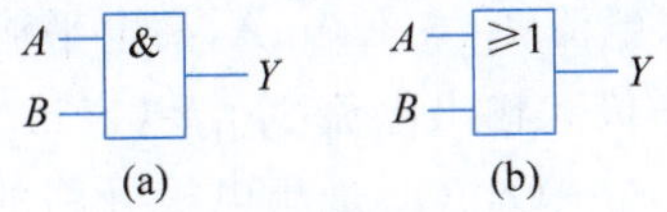

图 4.73 习题 4.4 图

4.5 电路如图 4.74 所示，三极管为硅管。

(1) 在图 4.74(a)中，V_I 小于何值时三极管 T 截止？V_I 大于何值时三极管 T 饱和？

(2) 在图 4.74(b)中，当输入端 V_I 分别接 0V、5V 时，试计算输出电压 V_O 的值，并指出三极管 T 工作在何种状态。

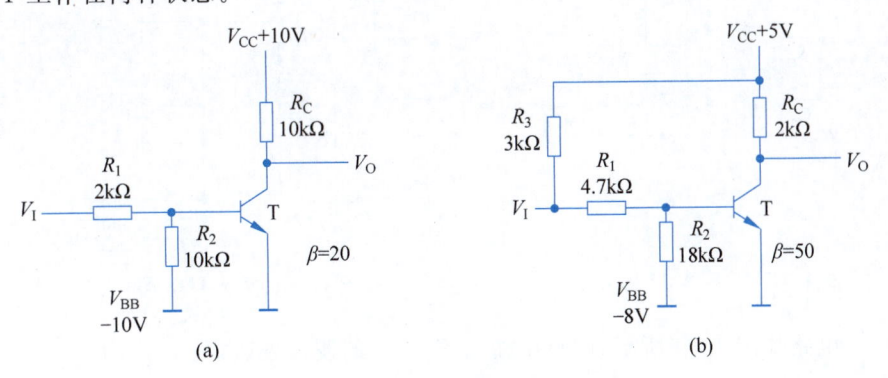

图 4.74 习题 4.5 图

4.6 电路如图 4.75 所示。

(1) 已知 $V_{CC}=5V$，$I_{CS}=10mA$，求集电极电阻 R_C 的值。

(2) 已知三极管的 $\beta=30$，$V_{BE}=0.7V$，输入高电平 $V_{IH}=3.6V$，当电路处于临界饱和时，求 R_B 的值。

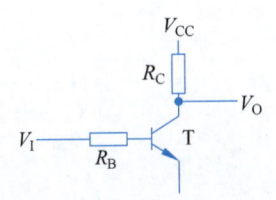

图 4.75 习题 4.6 图

4.7 电路如图 4.76 所示。各门均为 TTL 电路。若各门的高电平输出为 3.6V，低电平输出为 0.3V，试求各门的输出电平值。

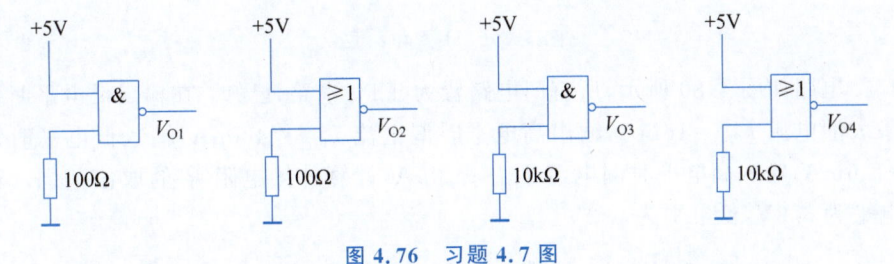

图 4.76 习题 4.7 图

4.8 在挑选 TTL 门电路时，经常要选用输入低电平电流比较小的与非门，为什么？

4.9 在实际应用中，为避免外界干扰的影响，经常会把与非门多余的输入端与有信号的输入端并联使用，这样做对前级与非门有何影响？为什么？

4.10 TTL 与非门的输出端为什么不能连在一起，而 OC 门的输出却能实现线与逻辑？

4.11 多个三态门的输出端是否可以连在一起集中控制？

4.12 电路如图 4.77 所示，各门均为 TTL 与非门，求门 G_S 能驱动多少个同样的与非门。已知：与非门的低电平输入电流 $I_{IL} \leqslant 1.0\text{mA}$，高电平输入电流 $I_{IH} \leqslant 20\mu\text{A}$；低电平最大输出电流 $I_{OL} = 15\text{mA}$，高电平最大输出电流 $I_{OH} = 0.5\text{mA}$。G_S 的输出电阻忽略不计。

4.13 电路如图 4.78 所示，G_1、G_2、G_3 是集电极开路的与非门，在输出低电平时每个门允许的最大灌电流 $I_{OL} = 15\text{mA}$，输出高电平时漏电流 $I_{OH} < 240\mu\text{A}$。G_4、G_5、G_6 为 TTL 与非门，输入低电平短路电流 $I_{IS} = 1.5\text{mA}$，输入高电平漏电流 $I_{IH} < 4\mu\text{A}$，计算外接电阻 R_L 的取值范围。设输出高电平为 3.2V，输出低电平为 0.5V。

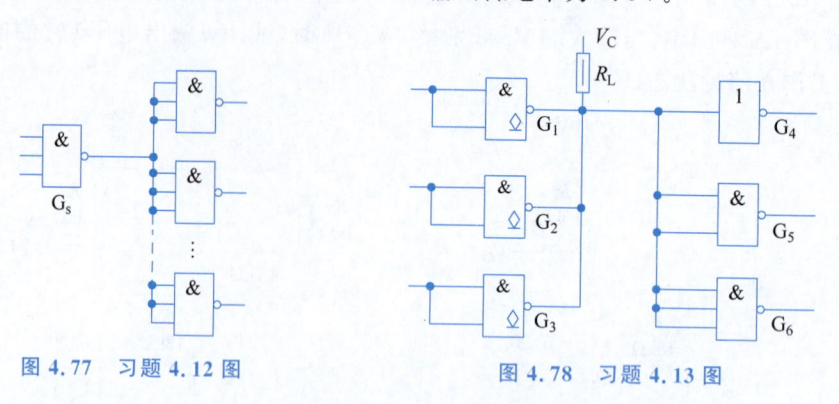

图 4.77 习题 4.12 图

图 4.78 习题 4.13 图

4.14 电路如图 4.79 所示，试写出输出 F_1、F_2 的逻辑表达式。

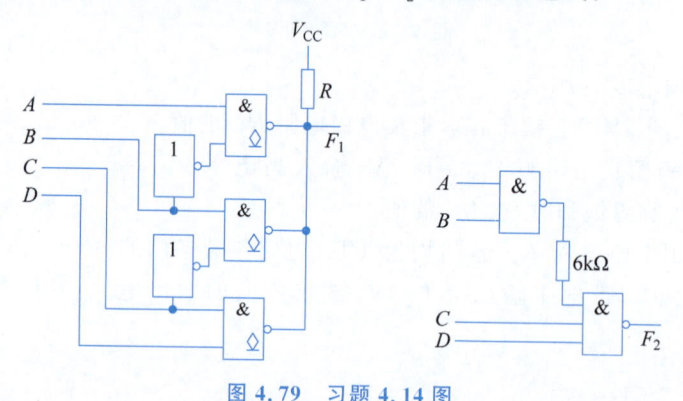

图 4.79 习题 4.14 图

4.15 电路如图 4.80 所示，所有门电路皆为 TTL 电路，已知：在输出低电平时每个门允许的最大灌电流 $I_{OL} = 16\text{mA}$，输出高电平时漏电流 $I_{OH} < 400\mu\text{A}$，输入低电平时短路电流 $I_{IS} = 1.6\text{mA}$，输入高电平时漏电流 $I_{IH} < 10\mu\text{A}$，计算外接电阻 R 的取值范围。设输出 V_{O1} 高电平为 3.6V，低电平为 0.3V。

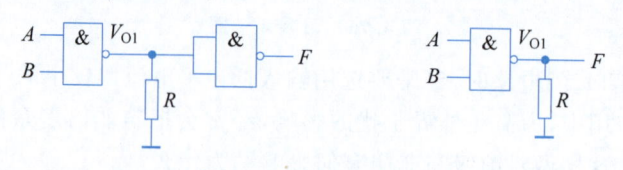

图 4.80 习题 4.15 图

4.16 电路如图 4.81 所示，指出图中 TTL 门组成的各逻辑电路的错误。

4.17 电路如图 4.82 所示，写出输出 F_1、F_2 的逻辑表达式。

图 4.81 习题 4.16 图

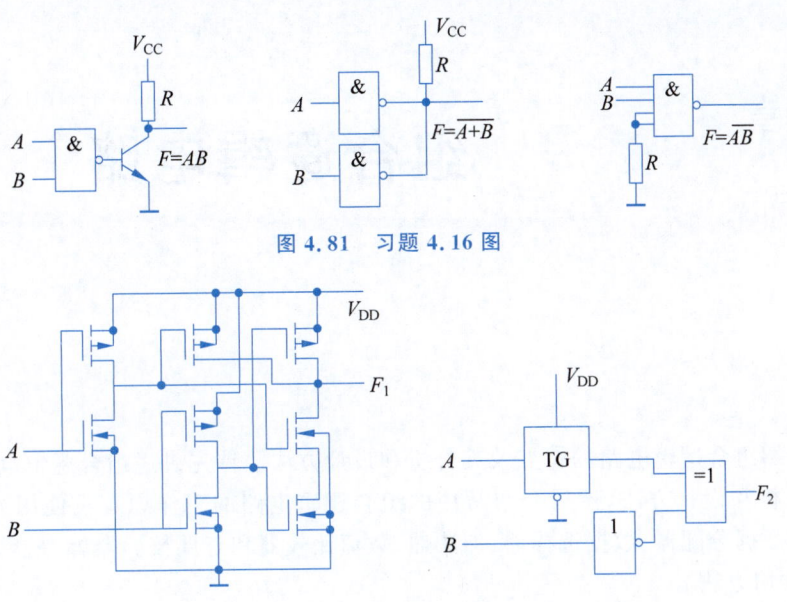

图 4.82 习题 4.17 图

4.18 图 4.83 是 CMOS 电路的功能扩展电路,分析各电路的逻辑功能并写出逻辑表达式。

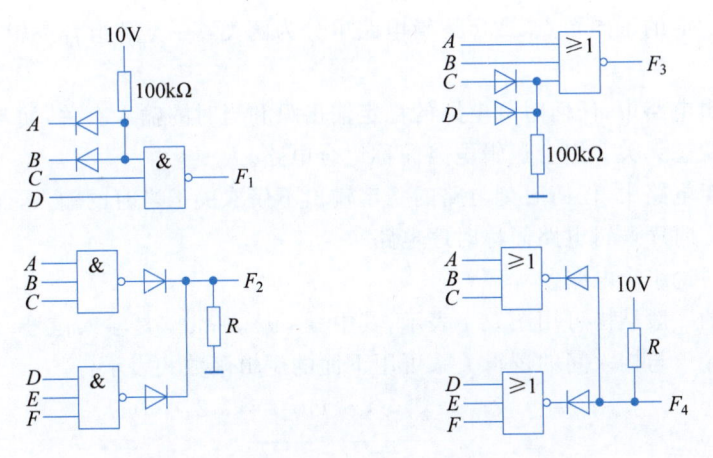

图 4.83 习题 4.18 图

第 5 章

CHAPTER 5

组合逻辑电路

本章介绍组合逻辑电路的特点及其分析和设计方法。首先讲述组合逻辑电路的基本特点及一般分析和设计方法,然后介绍常用的组合逻辑电路的工作原理及使用方法,如编码器、译码器、数据分配器、数据选择器、加法器、数值比较器和奇偶校验器等,最后介绍消除竞争-冒险的常用方法。

5.1 组合逻辑电路的特点

视频 28

视频 29

根据逻辑功能的不同特点,数字逻辑电路可分为两类:一类是组合逻辑电路,一类是时序逻辑电路。

在组合逻辑电路中,任何时刻电路的稳定输出只和当时的输入有关,而与输入信号作用前电路所处的状态无关。组合逻辑电路简称组合电路。

在时序逻辑电路中,任何时刻电路的稳定输出不仅取决于当时的输入,而且还取决于电路原来的状态。时序逻辑电路简称时序电路。

本章我们讨论组合电路。

组合电路的一般结构可用图 5.1 表示,其中 $x_1, x_2, \cdots, x_l$ 是输入信号;$Z_1, Z_2, \cdots, Z_m$ 是输出信号。输出与输入间的逻辑关系可用下面的逻辑函数式表示:

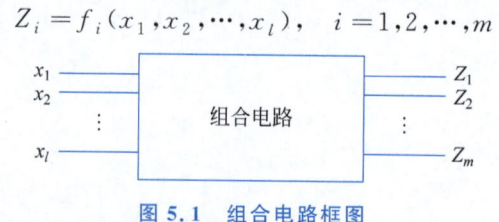

$$Z_i = f_i(x_1, x_2, \cdots, x_l), \quad i = 1, 2, \cdots, m$$

图 5.1 组合电路框图

从电路结构看,组合电路具有两个基本特点:

(1) 只由逻辑门电路组成,不包含任何记忆元件;

(2) 信号是单向传输的,不存在任何反馈回路。

组合电路可以单独完成各种复杂的逻辑功能,而且还是时序逻辑电路的组成部分,在数字系统中的应用十分广泛。

研究组合电路主要有两大类问题:一类是组合电路的分析,另一类是组合电路的设计。

5.2 组合逻辑电路的分析与设计

5.2.1 分析方法

组合逻辑电路分析的目的是找出电路的输出与输入之间的逻辑关系,进而判断电路的逻辑功能和性能,其分析过程可以有以下几个步骤。

(1) 根据逻辑电路,从输入端开始到输出端逐级推导出电路与输入变量相关的输出函数表达式。这一步在分析过程中非常重要,要对电路图正确理解,确保无误。

(2) 化简输出函数表达式。这一步的目的是能简单、清晰地反映输入和输出之间的逻辑关系,也是评定该电路经济性能指标的重要依据。

(3) 列出输出函数的真值表。根据最简输出函数表达式列出输出函数的真值表,由于真值表可以全面地反映输入和输出之间的取值关系,所以通过真值表可以直观地描述电路的逻辑功能。

(4) 对电路的逻辑功能进行评述。用文字对电路的逻辑功能进行描述,并对原电路的设计方法进行评定,在必要时可以提出相应的改进意见。准确判断逻辑功能,并用语言进行描述。对初学者这往往是比较困难的,只有多接触电路,并积累了一定的电路知识,才能做到这一点。

分析流程如图 5.2 所示。

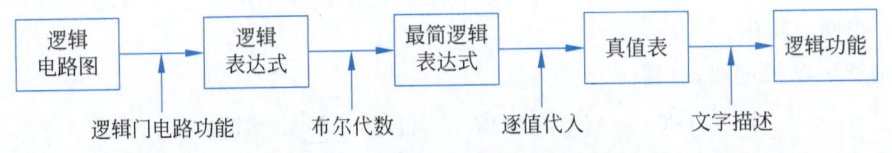

图 5.2 组合逻辑电路分析流程

【例 5.1】 分析图 5.3 所示组合逻辑电路。

解:(1) 逐级写出逻辑表达式。

$$P_1 = \overline{A+B}$$
$$P_2 = \overline{A+P_1}$$
$$P_3 = \overline{B+P_1}$$
$$F = \overline{P_2+P_3}$$

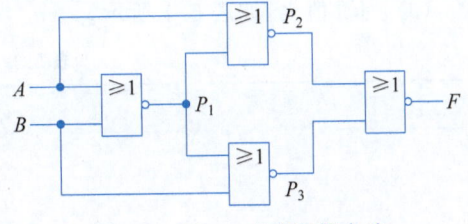

图 5.3 例 5.1 组合逻辑电路

(2) 整理逻辑表达式。

$$F = \overline{P_2+P_3} = \overline{\overline{A+P_1}+\overline{B+P_1}}$$
$$= (A+P_1)(B+P_1) = P_1+AB = \overline{A+B}+AB$$
$$= \overline{A}\overline{B}+AB = \overline{A \oplus B} = A \odot B$$

(3) 功能描述。

由上面的分析可知:该电路是由或非门构成的一个同或电路。

对于上述的简单电路可以不列真值表,而由逻辑函数表达式直接得到其逻辑功能。

【例 5.2】 分析图 5.4 所示的组合逻辑电路的功能。

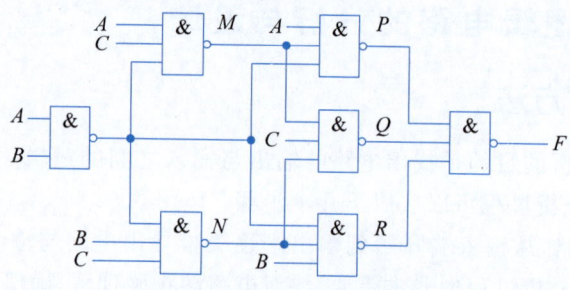

图 5.4 例 5.2 的逻辑电路

解：(1) 写出逻辑表达式。

$$M = \overline{AC\overline{AB}} = \overline{AC\overline{B}}$$

$$N = \overline{\overline{AB}BC} = \overline{\overline{A}BC}$$

$$P = \overline{AM\overline{AB}} = \overline{A\overline{AC\overline{B}}\,\overline{AB}} = \overline{A}\overline{B}\overline{C}$$

$$Q = \overline{MCN} = \overline{\overline{AB}CC\overline{A}BC} = ABC + \overline{A}\overline{B}\overline{C}$$

$$R = \overline{\overline{AB}NB} = \overline{\overline{AB}\,\overline{A}BCB} = \overline{A}B\overline{C}$$

$$F = \overline{PQR} = \overline{\overline{A\overline{B}\overline{C}} \cdot \overline{ABC + \overline{A}\overline{B}\overline{C}} \cdot \overline{\overline{A}B\overline{C}}}$$

(2) 变换与简化。

应用德·摩根定律，可得

$$F = A\overline{B}\overline{C} + ABC + \overline{A}B\overline{C} + \overline{A}\overline{B}\overline{C} = \sum m^3(1,2,4,7)$$

F 为最简与或式。

(3) 列真值表，如表 5.1 所示。

表 5.1 例 5.2 真值表

A	B	C	F
0	0	0	0
0	0	1	1
0	1	0	1
0	1	1	0
1	0	0	1
1	0	1	0
1	1	0	0
1	1	1	1

(4) 功能分析。

从表 5.1 可知，输入变量取值的组合中，含 1 的个数为奇数时，输出 F 为 1；而对于其余输入变量取值组合，输出 F 为 0。因此，该组合电路为三变量输入的奇检验电路。

【例 5.3】 分析图 5.5 所示的组合电路。

解：(1) 写出逻辑表达式。

$$P_1 = \overline{ABC}$$

$$P_2 = A \cdot P_1 = A \cdot \overline{ABC}$$
$$P_3 = P_1 \cdot B = \overline{ABC} \cdot B$$
$$P_4 = P_1 \cdot C = \overline{ABC} \cdot C$$
$$F = \overline{P_2 + P_3 + P_4} = \overline{A \cdot \overline{ABC} + \overline{ABC} \cdot B + \overline{ABC} \cdot C}$$

（2）化简逻辑表达式。

$$F = \overline{\overline{ABC} \cdot (A+B+C)} = \overline{\overline{ABC}} + \overline{A+B+C} = ABC + \overline{A}\,\overline{B}\,\overline{C}$$

可见，原给定的逻辑电路并不是最简的，该电路用了 5 个门电路。经化简，用 3 个门电路就可实现原来的逻辑功能。

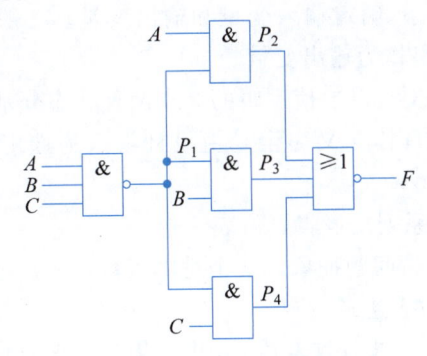

图 5.5　例 5.3 的电路

（3）列出真值表，如表 5.2 所示。

表 5.2　例 5.3 真值表

A	B	C	F
0	0	0	1
0	0	1	0
0	1	0	0
0	1	1	0
1	0	0	0
1	0	1	0
1	1	0	0
1	1	1	1

（4）功能分析。

由真值表可知，仅当输入 A、B、C 取值均为 0 或均为 1 时，该电路的输出 F 为 1，而其他情况输出 F 都为 0。这就是说，当三个输入一致时输出为 1，输入不一致时输出为 0。因此，该电路具有检查输入信号是否一致的逻辑功能，输出为 1，则表明输入一致。所以通常称该电路为"一致电路"。反之，若电路在输入不一致时输出为 1，输入一致时输出为 0，则常称为"不一致电路"。

5.2.2　设计方法

根据给出的实际逻辑问题，求出实现这一逻辑功能的最简单逻辑电路，这就是设计组合逻辑电路时要完成的工作。

组合逻辑电路设计的任务是从给定的逻辑要求出发,得出实现该要求的逻辑电路。必须指出,该逻辑电路还应满足所用器件最少的技术指标要求。

具有一个输出端的组合逻辑电路的设计方法与具有多个输出端的组合逻辑电路的设计方法不完全相同。我们分别给予介绍。

1. 单输出组合逻辑电路的设计

单输出组合逻辑电路的设计过程包括以下步骤。

1) 进行逻辑抽象

许多情况下,所给定的逻辑要求使用文字描述一个具有一定因果关系的事件,这时需要通过逻辑抽象的方法,用一个逻辑函数来描述这一因果关系。逻辑抽象通常的过程如下。

(1) 分析事件的因果关系,确定输入变量和输出变量。一般总是把引起事件的原因定为输入变量,而把事件的结果作为输出变量。

(2) 定义逻辑状态的含义。以二值逻辑的 0、1 两种状态分别代表输入变量和输出变量的两种不同状态。0 和 1 的具体含义完全是由设计者人为选定。这个过程称为逻辑状态赋值。

(3) 根据给定的因果关系列出逻辑真值表。

这样可将一个实际的逻辑问题抽象成一个逻辑函数,并且以真值表的形式给出。

2) 写出简化的逻辑函数表达式

将真值表转换为对应的逻辑函数表达式,并简化。在求简化逻辑表达式时,可用代数法,也可用图形法。化简后一般得到"与或"式。

3) 选定器件的类型

应根据对电路的具体要求和器件的资源情况决定采用哪一种类型的器件,既可以用小规模集成的门电路,也可以用中规模集成的常用组合逻辑器件等构成相应的逻辑电路。

4) 将逻辑函数变换成适当的形式

如果对所用器件的种类有附加的限制,如只允许用单一类型的与非门,则应将逻辑函数变换成与器件种类相适应的形式(如将逻辑函数化简为与非-与非式)。

在使用中规模集成的常用组合逻辑电路设计电路时,也需要将函数式变换为适当的形式,一般能用最少的器件和最简单的连线设计出所要求的逻辑电路。

5) 根据化简或变换后的逻辑函数式,画出逻辑电路图

在逻辑电路图中,需要注意的是连线相交的地方需要用"黑点"标注,没有标注则表示不相交。

上述步骤是对一般的过程而言,但不是一成不变的。可根据问题的难易程度进行适当取舍。我们通过几个实例来说明。

【例 5.4】 设计一个三人投票的表决电路,原则是少数服从多数。

解: (1) 分析要求,进行逻辑抽象,列真值表。

根据题意来判定,要求的电路是一个有三个输入端、一个输出端的组合逻辑电路。设三人分别为 A、B、C,并规定"赞成"时为 1,"不赞成"为 0。取 F 为表决结果,"通过"为 1,"不通过"为 0。A、B、C 是输入变量,F 是输出变量。当有两个以上输入端为 1 时,输出为 1,否则输出为 0。它的真值表很容易列出,见表 5.3。

表 5.3　例 5.4 真值表

A	B	C	F
0	0	0	0
0	0	1	0
0	1	0	0
0	1	1	1
1	0	0	0
1	0	1	1
1	1	0	1
1	1	1	1

(2) 求简化逻辑表达式。

三变量问题用图形法化简比较方便。图 5.6(a)是输出变量的卡诺图,从图中可以求出 F 的逻辑表达式:

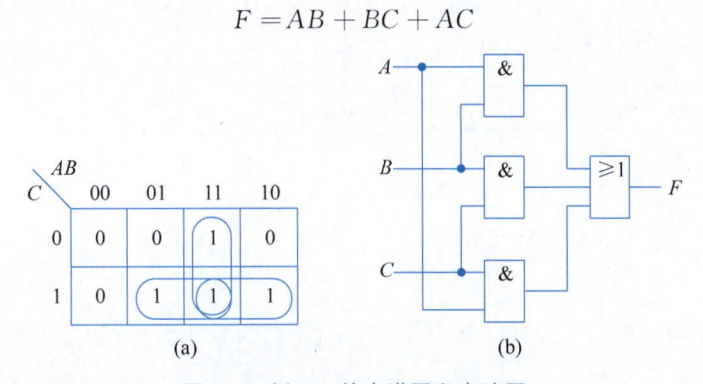

$$F = AB + BC + AC$$

图 5.6　例 5.4 的卡诺图和电路图

(3) 画逻辑电路图。

题目没有要求用哪种器件实现。因此,可采用"与门"和"或门"实现逻辑电路图,见图 5.6(b)。

【例 5.5】　设计一个逻辑电路,输入 A_1A_0 和 B_1B_0 是两个二位二进制数,当 A_1A_0 大于 B_1B_0 时,输出为 1,否则输出为 0。要求用与非门实现。

解:(1) 首先分析要求,列出真值表,见表 5.4。

表 5.4　例 5.5 真值表

A_1	A_0	B_1	B_0	F
0	0	0	0	0
0	0	0	1	0
0	0	1	0	0
0	0	1	1	0
0	1	0	0	1
0	1	0	1	0
0	1	1	1	0
0	1	1	1	0
1	0	0	0	1

续表

A_1	A_0	B_1	B_0	F
1	0	0	1	1
1	0	1	0	0
1	0	1	1	0
1	1	0	0	1
1	1	0	1	1
1	1	1	0	1
1	1	1	1	0

（2）根据真值表画出 F 的卡诺图，见图 5.7(a)。由图中得出 F 的"与或"式

$$F = A_1 \bar{B}_1 + A_0 \bar{B}_1 \bar{B}_0 + A_1 A_0 \bar{B}_0$$

（3）题目要求用与非门实现，将逻辑函数 F 变换为"与非-与非"式

$$F = \overline{\overline{A_1 \bar{B}_1 + A_0 \bar{B}_1 \bar{B}_0 + A_1 A_0 \bar{B}_0}} = \overline{\overline{A_1 \bar{B}_1} \cdot \overline{A_0 \bar{B}_1 \bar{B}_0} \cdot \overline{A_1 A_0 \bar{B}_0}}$$

（4）画逻辑电路图，见图 5.7(b)。

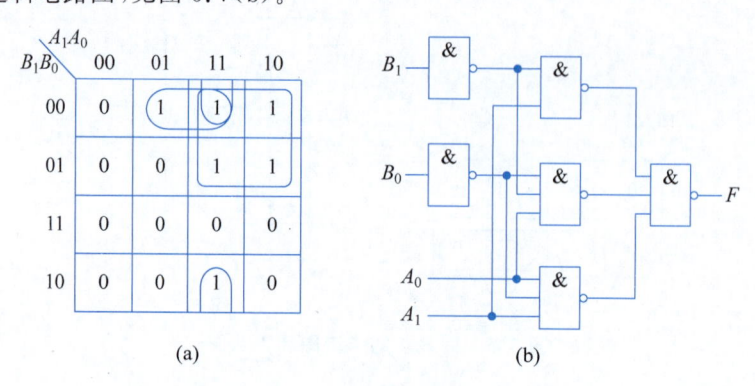

图 5.7 例 5.5 的卡诺图和电路图

如输入信号有反变量 $\bar{B}_1$ 和 $\bar{B}_0$，可省去图中的两个反相器。

【例 5.6】 试用与非门设计一个一位十进制数的范围指示器，十进制数用 8421BCD 码表示，当输入大于等于 5 时，电路输出为 1，否则输出为 0。

解： 设 8421BCD 码变量用 A、B、C、D 表示；输出用 F 表示。由题意知，当 $ABCD = 0000 \sim 0100$ 时，$F = 0$；$ABCD = 0101 \sim 1001$ 时，$F = 1$；而当 $ABCD = 1010 \sim 1111$ 时，$F = d$。由此列出的真值表如表 5.5 所示。

表 5.5 例 5.6 真值表

A	B	C	D	F
0	0	0	0	0
0	0	0	1	0
0	0	1	0	0
0	0	1	1	0
0	1	0	0	0
0	1	0	1	1
0	1	1	0	1

续表

A	B	C	D	F
0	1	1	1	1
1	0	0	0	1
1	0	0	1	1
1	0	1	0	d
1	0	1	1	d
1	1	0	0	d
1	1	0	1	d
1	1	1	0	d
1	1	1	1	d

表 5.5 中最下面的 6 个最小项作无关项处理，可以写出函数的最小项表达式：

$$F = \sum m^4(5,6,7,8,9) + \sum d^4(10,11,12,13,14,15)$$

用卡诺图将上式进行化简，得

$$F = A + BC + BD$$

再对上式进行两次求反，用德·摩根定律变换为"与非-与非"式，可得

$$F = \overline{\overline{A + BC + BD}} = \overline{\overline{A} \cdot \overline{BC} \cdot \overline{BD}}$$

画出逻辑图如图 5.8 所示。

2. 多输出组合逻辑电路的设计

在数字系统中，多数逻辑电路是多输出电路。因此，有必要对这种组合电路的设计进行研究。重点在于如何使所用的器件最少。

一个多输出组合电路，如果单独将每个输出函数化简，得到的结果对于每个函数来说是最简的，但对整个逻辑电路来讲，并不一定最简。因为各输出函数间可能有相同的部分可以共用。利用这些相同部分会使结果进一步简化。

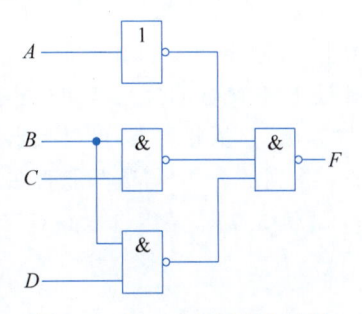

图 5.8 例 5.6 的逻辑电路图

例如，某组合逻辑电路有下面两个输出函数：

$$F_1 = A\overline{B} + C\overline{D}$$

$$F_2 = A\overline{B} + \overline{C}D$$

直接由上述表达式画出的逻辑图见图 5.9(a)。可见，其中门 1 和门 3 的输入相同，都是 A 和 $\overline{B}$，它们对应两个逻辑表达式中的与项 $A\overline{B}$。因此，如果利用这个相同部分，逻辑图就可以简化。见图 5.9(b)，这里少用了一个门。

有时，可以共用的部分并不明显，需要将逻辑表达式进行适当变换才能看出来。例如有下面一个二输出的组合逻辑电路

$$F_1 = \overline{A}B + \overline{A}C$$

$$F_2 = AC + \overline{B}C$$

从 F_1 和 F_2 的简化逻辑表达式看不出有相同的"与项"。可是，如果将表达式变成下面的形式：

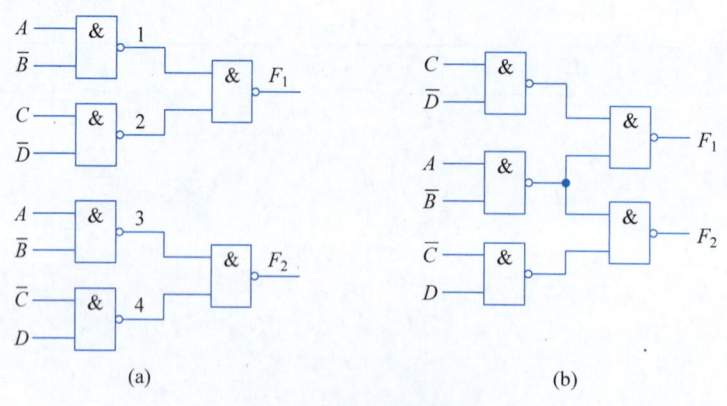

图 5.9 多输出组合电路

$$F_1 = \overline{A}\overline{C} + \overline{A}B(C+\overline{C}) = \overline{A}\overline{C} + \overline{A}BC$$

$$F_2 = AC + \overline{B}C(\overline{A}+A) = AC + \overline{A}BC$$

就可以发现 $\overline{A}BC$ 是相同的"与项",可以共用。用这组逻辑表达式画逻辑电路图,可以省一个"与门"。可见,设计多输出组合逻辑电路的关键在于如何找到各输出函数间的公共项。

为了寻找公共项,可把各函数的输出填在一个公共卡诺图上。为填写方便,在公共卡诺图中,将输出的 1 和 0 全都标出。这样,公共卡诺图中,函数值全为 1 的方格所对应的"与项"是所有函数的公共与项;填有两个 1 的方格所对应的"与项"是这两个 1 所在函数的公共"与项"。依此类推,可以找出所有的公共"与项"。

找到的公共"与项",能否在逻辑表达式中加以利用,完全以能否简化该逻辑电路为准。

【例 5.7】 某组合电路有三个输出,它们分别是

$$F_1(A,B,C) = \sum m(3,4,5,7)$$

$$F_2(A,B,C) = \sum m(2,3,4,5,7)$$

$$F_3(A,B,C) = \sum m(0,1,3,6,7)$$

试化简这个三输出组合电路的逻辑表达式,并画出逻辑电路图。

解：把 F_1、F_2、F_3 填在一个公共卡诺图上,见图 5.10(a)。

从图 5.10(a)中可见,函数值全为 1 的格是 m_3 和 m_7。把它们圈在一起,组成一个与项,对应的"与项"为 BC。填有两个 1 的方格是 m_4 和 m_5,它们是 F_1 和 F_2 的公共部分。把它们圈在一起组成一个与项,对应的"与项"为 $A\overline{B}$。

圈出公共圈后,再分别画 F_1、F_2 和 F_3 的卡诺图进行化简。这时,要把与每个函数有关的公共圈在卡诺图上用虚线标出,以便识别。在构成某一输出的最小覆盖时,首先要注意使用公共图,见图 5.10(b)~图 5.10(d)。

由于 m_3 和 m_7 组成的与项是 F_1、F_2 和 F_3 的公共部分,因此在 F_1、F_2、F_3 的卡诺图上都标出来,m_4 和 m_5 组成的与项是 F_1 和 F_2 的公共部分,因此在 F_1 和 F_2 的卡诺图上分别标出,而在 F_3 的卡诺图上则没有。

在 F_1 的卡诺图中,发现 F_1 恰好可以用两个公共与项覆盖。因此

第5章 组合逻辑电路

	AB			
C	00	01	11	10
0	001	010	001	110
1	001	111	111	110

(a) F_1、F_2、F_3

	AB			
C	00	01	11	10
0	0	0	0	1
1	0	1	1	1

(b) F_1

	AB			
C	00	01	11	10
0	0	1	0	1
1	0	1	1	1

(c) F_2

	AB			
C	00	01	11	10
0	0	1	1	0
1	1	1	1	0

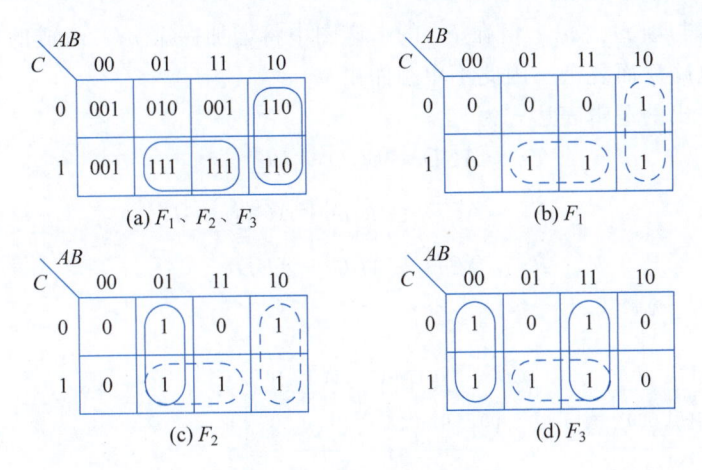

(d) F_3

图 5.10 例 5.7 卡诺图

$$F_1 = BC + A\bar{B}$$

在 F_2 的卡诺图中，除了可使用两个公共与项外，m_2 和 m_3 为相邻最小项，可以进行化简，它对应的与项是 $\bar{A}B$。因此

$$F_2 = A\bar{B} + BC + \bar{A}B$$

在 F_3 的卡诺图中，有一个公共与项，它可以被采用。此外，m_0、m_1 和 m_6、m_7 都为相邻最小项，可以进行化简，它们分别对应与项 $\bar{A}\bar{B}$ 和 AB。因此

$$F_3 = BC + \bar{A}\bar{B} + AB$$

最后画出逻辑图，见图 5.11。

【例 5.8】 某三输出组合电路的 3 个输出函数是

$$F_1(A,B,C,D) = \sum m(3,4,6,7,12,14,15)$$

$$F_2(A,B,C,D) = \sum m(0,1,3,4,5,7,9,12)$$

$$F_3(A,B,C,D) = \sum m(2,3,7,9,11)$$

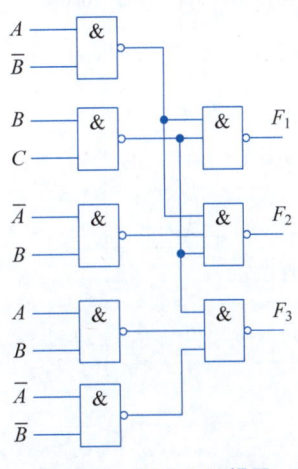

图 5.11 例 5.7 逻辑图

试化简这个组合电路的逻辑表达式，并画出逻辑电路图。

解：首先画出三个输出函数的公共卡诺图，以及每个输出函数的卡诺图，见图 5.12。

在图 5.12(a) 的公共卡诺图中，m_3 和 m_7 组成的与项是 F_1、F_2、F_3 的公共部分，对应的"与项"为 $\bar{A}CD$；m_4 和 m_{12} 组成的与项是 F_1 和 F_2 的公共部分，对应的"与项"是 $B\bar{C}\bar{D}$；最小项 m_9 是 F_2 和 F_3 的公共部分。

在 F_1 的卡诺图上，最小覆盖除包括两个公共圈以外还有 m_6、m_7、m_{14}、m_{15} 组成的与项，它对应的是"与项" BC。在 F_2 的卡诺图上，最小覆盖包括两个与项，它们是 m_3、m_7 和 m_4、m_{12}，但没有选 F_2 和 F_3 的公共部分 m_9。这是综合考虑 F_2 和 F_3 两个卡诺图后得出的结论，我们在 F_2 的卡诺图中解释。最小覆盖还包括两个与项 m_0、m_1、m_4、m_5 和 m_1、m_9。它们分别对应"与项" $\bar{A}\bar{C}$ 和 $\bar{B}\bar{C}D$。在 F_3 的卡诺图上，构成最小覆盖时，使用了 m_3 和 m_7 组成的公共与项，没使用 F_2 和 F_3 的公共部分 m_9。另外圈出了两个与项：m_2 和 m_3 以及 m_9 和 m_{11}。它们分别对应"与项" $\bar{A}B\bar{C}$ 和 $A\bar{B}D$。至于 m_9，若将它单独圈出，则 F_2 的

卡诺图中可去掉与项 m_1、m_9；但在 F_3 的卡诺图中将增加一个 m_{11} 组成的与项。将 F_2 和 F_3 综合考虑，电路反而复杂。因此不单独圈出 m_9。

最后求得输出的逻辑表达式为

$$F_1 = \overline{A}CD + B\overline{C}\overline{D} + BC$$

$$F_2 = \overline{A}CD + B\overline{C}\overline{D} + \overline{A}\,\overline{C} + \overline{B}CD$$

$$F_3 = \overline{A}CD + \overline{A}\,\overline{B}C + A\overline{B}D$$

电路的逻辑图见图 5.13。

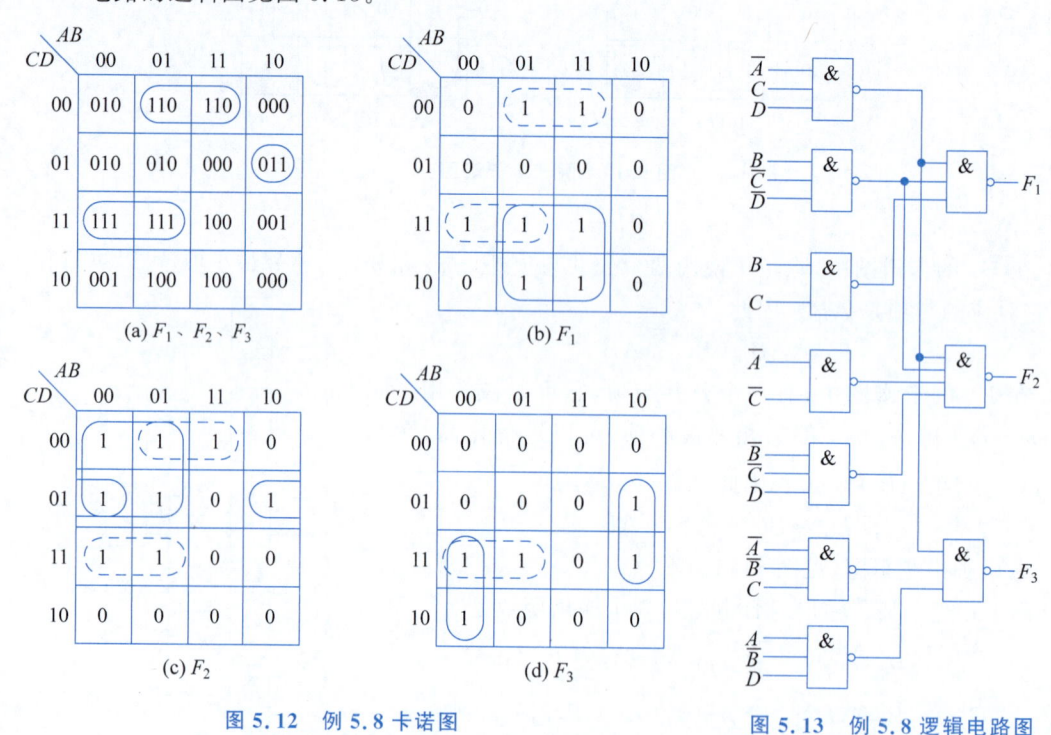

图 5.12 例 5.8 卡诺图

图 5.13 例 5.8 逻辑电路图

通过上述举例可以看出，多输出组合电路的设计步骤与单输出组合电路的设计步骤基本相同，最重要的差别是在化简逻辑函数时要寻找公共项。方法是借助于公共卡诺图。而公共项是否被选作某一函数的最小覆盖，完全取决于化简的需要。

5.3 编码器

在数字系统中，用代码表示特定信号的过程就是编码。实际上编码就是把输入的每个有效电平信号编成一个对应的代码，以表明哪一根输入线产生了有效的输入信号。实现编码操作的电路称作编码器。

按照输出的代码种类不同，可分为二进制编码器和二-十进制编码器；按是否有优先权编码，可分为普通编码器和优先编码器。

5.3.1 二进制编码器

用 N 位的二进制代码给 2^N 个输入信号进行编码的组合逻辑电路就是"二进制编码

器"。根据 N 的不同，可以有不同类型的二进制编码器。$N=3$ 时，就形成了 8 线-3 线二进制编码器，对应的输入线为 8 条，而对应的编码输出线为 3 条。同理当 $N=4$ 时，就形成了 16 线-4 线二进制编码器。下面以 8 线-3 线二进制编码器为例说明二进制编码器的工作原理和功能。

8 线-3 线二进制编码器有 8 个输入，分别记作 $I_0 \sim I_7$；输出是 3 位代码，记作 $F_2 F_1 F_0$。并规定编码有效电平 $I_i = 1$。输入与输出的对应关系如表 5.6 所示。

表 5.6 8 线-3 线二进制编码器功能表

\multicolumn{8}{c	}{输 入}	\multicolumn{3}{c}{输 出}
I_0	I_1	I_2	I_3	I_4	I_5	I_6	I_7	F_2	F_1	F_0
1	0	0	0	0	0	0	0	0	0	0
0	1	0	0	0	0	0	0	0	0	1
0	0	1	0	0	0	0	0	0	1	0
0	0	0	1	0	0	0	0	0	1	1
0	0	0	0	1	0	0	0	1	0	0
0	0	0	0	0	1	0	0	1	0	1
0	0	0	0	0	0	1	0	1	1	0
0	0	0	0	0	0	0	1	1	1	1

由表 5.6 可以得到对应的逻辑表达式：

$$\begin{cases} F_2 = \bar{I}_0 \bar{I}_1 \bar{I}_2 \bar{I}_3 I_4 \bar{I}_5 \bar{I}_6 \bar{I}_7 + \bar{I}_0 \bar{I}_1 \bar{I}_2 \bar{I}_3 \bar{I}_4 I_5 \bar{I}_6 \bar{I}_7 + \bar{I}_0 \bar{I}_1 \bar{I}_2 \bar{I}_3 \bar{I}_4 \bar{I}_5 I_6 \bar{I}_7 + \bar{I}_0 \bar{I}_1 \bar{I}_2 \bar{I}_3 \bar{I}_4 \bar{I}_5 \bar{I}_6 I_7 \\ F_1 = \bar{I}_0 \bar{I}_1 I_2 \bar{I}_3 \bar{I}_4 \bar{I}_5 \bar{I}_6 \bar{I}_7 + \bar{I}_0 \bar{I}_1 \bar{I}_2 I_3 \bar{I}_4 \bar{I}_5 \bar{I}_6 \bar{I}_7 + \bar{I}_0 \bar{I}_1 \bar{I}_2 \bar{I}_3 \bar{I}_4 \bar{I}_5 I_6 \bar{I}_7 + \bar{I}_0 \bar{I}_1 \bar{I}_2 \bar{I}_3 \bar{I}_4 \bar{I}_5 \bar{I}_6 I_7 \\ F_0 = \bar{I}_0 I_1 \bar{I}_2 \bar{I}_3 \bar{I}_4 \bar{I}_5 \bar{I}_6 \bar{I}_7 + \bar{I}_0 \bar{I}_1 \bar{I}_2 I_3 \bar{I}_4 \bar{I}_5 \bar{I}_6 \bar{I}_7 + \bar{I}_0 \bar{I}_1 \bar{I}_2 \bar{I}_3 \bar{I}_4 I_5 \bar{I}_6 \bar{I}_7 + \bar{I}_0 \bar{I}_1 \bar{I}_2 \bar{I}_3 \bar{I}_4 \bar{I}_5 \bar{I}_6 I_7 \end{cases}$$

从表 5.6 可以看出，若限制在任何时刻，$I_0 \sim I_7$ 这 8 个输入变量中，仅有一个输入变量为有效电平 1，而其余输入变量均为无效电平 0。则对于 F_2，$I_4 = 1$ 和 $I_0 = I_1 = I_2 = I_3 = I_5 = I_6 = I_7 = 0$ 是等效的，因此有

$$I_4 = \overline{I_0 + I_1 + I_2 + I_3 + I_5 + I_6 + I_7} = \bar{I}_0 \bar{I}_1 \bar{I}_2 \bar{I}_3 \bar{I}_5 \bar{I}_6 \bar{I}_7$$

同理可得

$$I_5 = \overline{I_0 + I_1 + I_2 + I_3 + I_4 + I_6 + I_7} = \bar{I}_0 \bar{I}_1 \bar{I}_2 \bar{I}_3 \bar{I}_4 \bar{I}_6 \bar{I}_7$$

$$I_6 = \overline{I_0 + I_1 + I_2 + I_3 + I_4 + I_5 + I_7} = \bar{I}_0 \bar{I}_1 \bar{I}_2 \bar{I}_3 \bar{I}_4 \bar{I}_5 \bar{I}_7$$

$$I_7 = \overline{I_0 + I_1 + I_2 + I_3 + I_4 + I_5 + I_6} = \bar{I}_0 \bar{I}_1 \bar{I}_2 \bar{I}_3 \bar{I}_4 \bar{I}_5 \bar{I}_6$$

将上述条件代入 F_0、F_1 和 F_2 表达式，则

$$\begin{cases} F_2 = I_4 + I_5 + I_6 + I_7 \\ F_1 = I_2 + I_3 + I_6 + I_7 \\ F_0 = I_1 + I_3 + I_5 + I_7 \end{cases}$$

其逻辑图可由三个或门组成，如图 5.14 所示。

5.3.2 二-十进制编码器

二-十进制编码器有 10 个输入，分别记作 $I_0 \sim I_9$；输出是 4 位代码，记作 $ABCD$。该电路将 9 个输入线分别编码为 0、1、2、3、4、5、6、7、8、9 这十个十进制数字所对应的二进制编码。输入变量

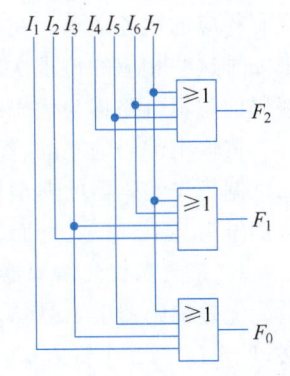

图 5.14 8 线-3 线编码器

与输出变量的对应关系如表 5.7 所示。当使用的二-十进制编码不同时,编码器的电路也将不一样。

分析二-十进制编码器功能表 5.7,这种编码器对输入变量也有约束,要求在任何时刻,输入的 $I_0 \sim I_9$ 中,只有一个为"1"。可得到输出的逻辑表达式为

$$A = I_8 + I_9 = \overline{\overline{I_8 + I_9}}$$

$$B = I_4 + I_5 + I_6 + I_7 = \overline{\overline{I_4 + I_6} \cdot \overline{I_5 + I_7}}$$

$$C = I_2 + I_3 + I_6 + I_7 = \overline{\overline{I_3 + I_7} \cdot \overline{I_2 + I_6}}$$

$$D = I_1 + I_3 + I_5 + I_7 + I_9 = \overline{\overline{I_1 + I_9} \cdot \overline{I_3 + I_7} \cdot \overline{I_5 + I_7}}$$

对应的 8421BCD 码的二-十进制编码器如图 5.15 所示。$I_1 \sim I_9$ 是 9 个输入端,A、B、C、D 是四个编码输出端,共同组成对具有有效信号的输入线的 8421BCD 编码。当 ABCD 全为 0 时,即输出 0 的编码,表明 $I_0 = 1$。

表 5.7 二-十进制编码器功能表

输入信号	输出编码			
	A	B	C	D
I_0	0	0	0	0
I_1	0	0	0	1
I_2	0	0	1	0
I_3	0	0	1	1
I_4	0	1	0	0
I_5	0	1	0	1
I_6	0	1	1	0
I_7	0	1	1	1
I_8	1	0	0	0
I_9	1	0	0	1

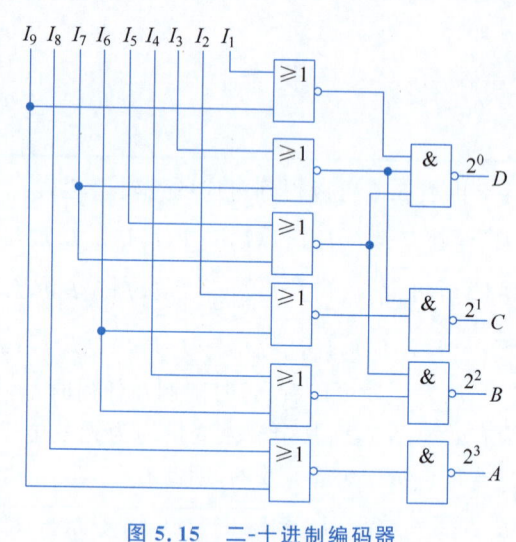

图 5.15 二-十进制编码器

5.3.3 优先编码器

在数字系统中,常常可能出现这种情况,即可能有几个输入线同时出现有效信号,表明都有相应的服务请求。在计算机的中断系统中,这种情况尤为明显。这时要按照轻重缓急来安排这些相应的请求次序,也就是要赋给这些输入信号以不同的优先权。按优先权进行编码的逻辑电路称为优先编码器。

按输出编码的不同,优先编码器也可分为二进制优先编码器和二-十进制优先编码器。二进制优先编码器的典型例子为 8 线-3 线优先编码器 74LS148,二-十进制优先编码器的典型例子为 74LS147。下面就以上述两个芯片来介绍优先编码器的工作原理及性能。

1. 二进制优先编码器 74LS148

优先编码器 74LS148 的逻辑图如图 5.16 所示。图中虚线框内部分是编码器的主体电路,$\overline{I_0} \sim \overline{I_7}$ 为 8 个输入端,$\overline{F_0} \sim \overline{F_2}$ 为 3 个输出端,编码器的有效电平为低电平。附加的门 G_1、G_2 和 G_3 构成控制电路,其目的是扩展电路的功能和增加使用的灵活性。$\overline{E_1}$ 为使能输

入端,当 $\overline{E}_I=0$ 时编码器才正常编码,而当 $\overline{E}_I=1$ 时,所有输出端均被封锁在高电平,即编码被禁止;也就是说,使能输入端 $\overline{E}_I$ 为低电平有效。$\overline{E}_O$ 为使能(选通)输出端,$\overline{F}_{EX}$ 为扩展端,$\overline{E}_O$ 和 $\overline{F}_{EX}$ 用于扩展编码功能。

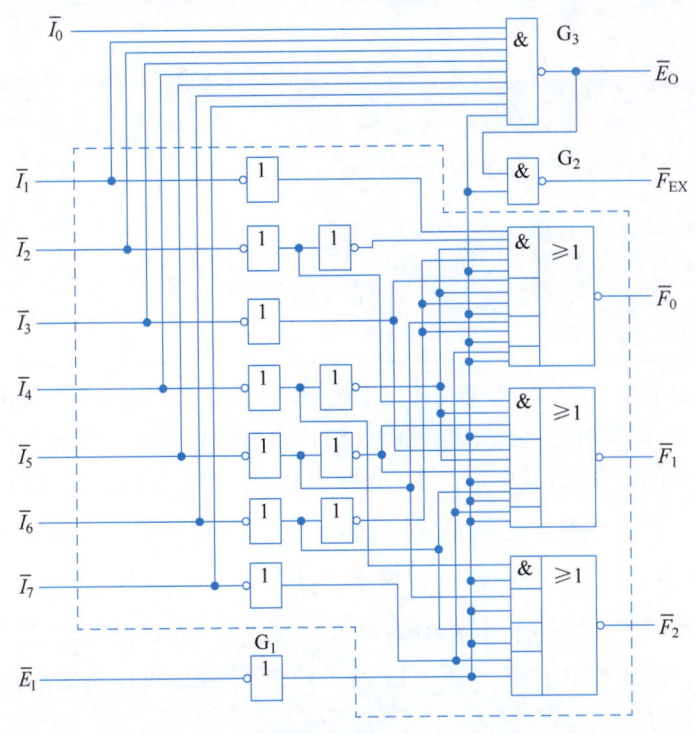

图 5.16　优先编码器 74LS148 的逻辑图

由图 5.16 可以写出编码器的逻辑表达式:

$$\begin{cases} \overline{F}_2 = \overline{(I_4 + I_5 + I_6 + I_7)E_I} \\ \overline{F}_1 = \overline{(I_2\overline{I}_4\overline{I}_5 + I_3\overline{I}_4\overline{I}_5 + I_6 + I_7)E_I} \\ \overline{F}_0 = \overline{(I_1\overline{I}_2\overline{I}_4\overline{I}_6 + I_3\overline{I}_4\overline{I}_6 + I_5\overline{I}_6 + I_7)E_I} \end{cases}$$

使能输出端 $\overline{E}_O$ 的逻辑表达式为

$$\overline{E}_O = \overline{\overline{I}_0\overline{I}_1\overline{I}_2\overline{I}_3\overline{I}_4\overline{I}_5\overline{I}_6\overline{I}_7\overline{E}_I} = I_0 + I_1 + I_2 + I_3 + I_4 + I_5 + I_6 + I_7 + \overline{E}_I$$

上式表明,只有当所有的编码输入均为高电平,即没有编码输入,且 $\overline{E}_I=0$ 时,使能输出端 $\overline{E}_O=0$。因此,$\overline{E}_O$ 的低电平输入表示编码器无编码输入,但未被禁止。

扩展端 $\overline{F}_{EX}$ 的逻辑表达式为

$$\overline{F}_{EX} = \overline{\overline{I}_0\overline{I}_1\overline{I}_2\overline{I}_3\overline{I}_4\overline{I}_5\overline{I}_6\overline{I}_7 E_I} \cdot E_I = \overline{(I_0 + I_1 + I_2 + I_3 + I_4 + I_5 + I_6 + I_7)E_I}$$

上式表明,只要有一个输入端为低电平,且 $\overline{E}_I=0$,则 $\overline{F}_{EX}$ 为低电平。因此,$\overline{F}_{EX}$ 的低电平输出表示编码器工作在有编码输入的状态。

根据上述函数式可以列出编码器 74LS148 的功能表,如表 5.8 所示。

表 5.8　编码器 74LS148 功能表

输　入										输　出				
$\overline{E}_I$	$\overline{I}_0$	$\overline{I}_1$	$\overline{I}_2$	$\overline{I}_3$	$\overline{I}_4$	$\overline{I}_5$	$\overline{I}_6$	$\overline{I}_7$	$\overline{F}_2$	$\overline{F}_1$	$\overline{F}_0$	$\overline{E}_O$	$\overline{F}_{EX}$
1	×	×	×	×	×	×	×	×	1	1	1	1	1
0	1	1	1	1	1	1	1	1	1	1	1	0	1
0	×	×	×	×	×	×	×	0	0	0	0	1	0
0	×	×	×	×	×	×	0	1	0	0	1	1	0
0	×	×	×	×	×	0	1	1	0	1	0	1	0
0	×	×	×	×	0	1	1	1	0	1	1	1	0
0	×	×	×	0	1	1	1	1	1	0	0	1	0
0	×	×	0	1	1	1	1	1	1	0	1	1	0
0	×	0	1	1	1	1	1	1	1	1	0	1	0
0	0	1	1	1	1	1	1	1	1	1	1	1	0

由表 5.8 可以看出，在 $\overline{E}_I=0$ 的正常工作状态下，允许 $\overline{I}_0 \sim \overline{I}_7$ 当中同时有多于一个的输入端为有效电平，即同时可有几个编码输入信号为有效信号——低电平。但由于给输入端赋予了不同级别的优先权，其中，$\overline{I}_7$ 的优先权最高，$\overline{I}_0$ 的优先权最低，所以编码器只能按优先权的高低顺序进行编码。这就是说，当 $\overline{I}_7=0$ 时，无论其他输入端有无编码输入信号（即低电平），编码器只对 $\overline{I}_5$ 进行编码，即输出 $\overline{F}_2\overline{F}_1\overline{F}_0=000$；当 $\overline{I}_5=1$，$\overline{I}_6=0$ 时，无论其余输入端是否为低电平，只对 $\overline{I}_6$ 进行编码，输出 $\overline{F}_2\overline{F}_1\overline{F}_0=001$。其余的输入状态的编码情况可作类似分析。注意表中 $\overline{F}_2\overline{F}_1\overline{F}_0=111$ 的三种情况，它们可以用 $\overline{E}_O$ 和 $\overline{F}_{EX}$ 的不同状态加以区分。

利用使能输出端 $\overline{E}_O$ 和扩展端 $\overline{F}_{EX}$ 可以实现电路功能的扩展。例如，用两片 74LS148 构成 16 线-4 线优先编码器的逻辑电路图如图 5.17 所示。其中，第(1)片 74LS148 的使能端 $\overline{E}_I$ 接低电平，而其使能输出端 $\overline{E}_O$ 接第(2)片 74LS148 的使能输入端 $\overline{E}_I$。这样使得第(1)片 74LS148 编码时，由于其使能输出端 $\overline{E}_O$ 为高电平，故使第(2)片 74LS148 被禁止，亦即第(1)片 74LS148 具有较高的编码优先权。$G_0 \sim G_3$ 为输出门，输出门的类型不同将有不同形式的输入码，$Z_3 \sim Z_0$ 为输出端。$\overline{A}_{15} \sim \overline{A}_0$ 为 16 个信号输入端。将优先权高的 $\overline{A}_{15} \sim \overline{A}_8$ 的输入信号接到第(1)片 74LS148 的输入端 $\overline{I}_7 \sim \overline{I}_0$，而将优先权低的 $\overline{A}_7 \sim \overline{A}_0$ 的输入信号接到第(2)片 74LS148 的 $\overline{I}_7 \sim \overline{I}_0$。

当 $\overline{A}_{15} \sim \overline{A}_8$ 中的任一输入端为低电平时，第(1)片将有编码输出。例如，$\overline{A}_{12}=0$ 时，由表 5.8 可知，第(1)片的 $\overline{F}_{EX}=0$，则 $Z_3=1$，$\overline{F}_2\overline{F}_1\overline{F}_0=011$。同时第(1)片的 $\overline{E}_O=1$，将第(2)片禁止，使其输出为 $\overline{F}_2\overline{F}_1\overline{F}_0=111$。于是最后输出为 $Z_3Z_2Z_1Z_0=1100$。又如，当 $\overline{A}_9=0$ 时，最后输出为 1001。不难得出，对输入 $\overline{A}_{15} \sim \overline{A}_8$ 的编码输出为 $Z_3Z_2Z_1Z_0=1111 \sim 1000$。

当 $\overline{A}_{15} \sim \overline{A}_8$ 全部为高电平，即无编码输入时，第(1)片的输出 $\overline{F}_2\overline{F}_1\overline{F}_0=111$，$\overline{F}_{EX}=1$，且它的 $\overline{E}_O=0$，故第(2)片的 $\overline{E}_I=0$，处于编码工作状态，对 $\overline{A}_7 \sim \overline{A}_0$ 的低电平信号按优先权进行编码。例如，$\overline{A}_3=0$ 时，由表 5.8 可知，第(2)片的输出 $\overline{F}_2\overline{F}_1\overline{F}_0=100$。于是最后的输

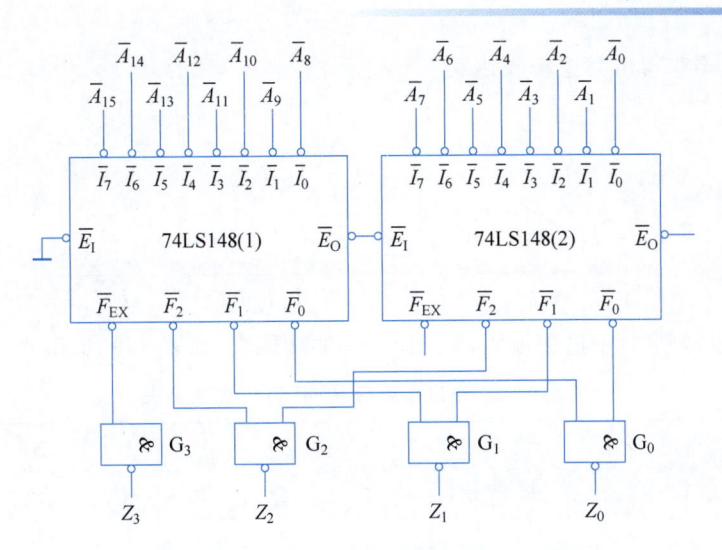

图 5.17 16 线-4 线优先编码器逻辑电路图

出为 $Z_3Z_2Z_1Z_0=0011$。同理可得其余的输入状态。

2. 二-十进制优先编码器 74LS147

二-十进制优先编码器 74LS147 的逻辑图如图 5.18 所示。它应有 10 个输入端 $\overline{I}_9 \sim \overline{I}_0$，$\overline{I}_9$ 的优先权最高，$\overline{I}_0$ 的优先权最低；但是，图中仅有 $\overline{I}_9 \sim \overline{I}_1$ 共 9 个输入端，省去输入端 $\overline{I}_0$ 的理由将在后面说明。$\overline{F}_3 \sim \overline{F}_0$ 为 4 个输出端，并以反码形式的 BCD 码输出。

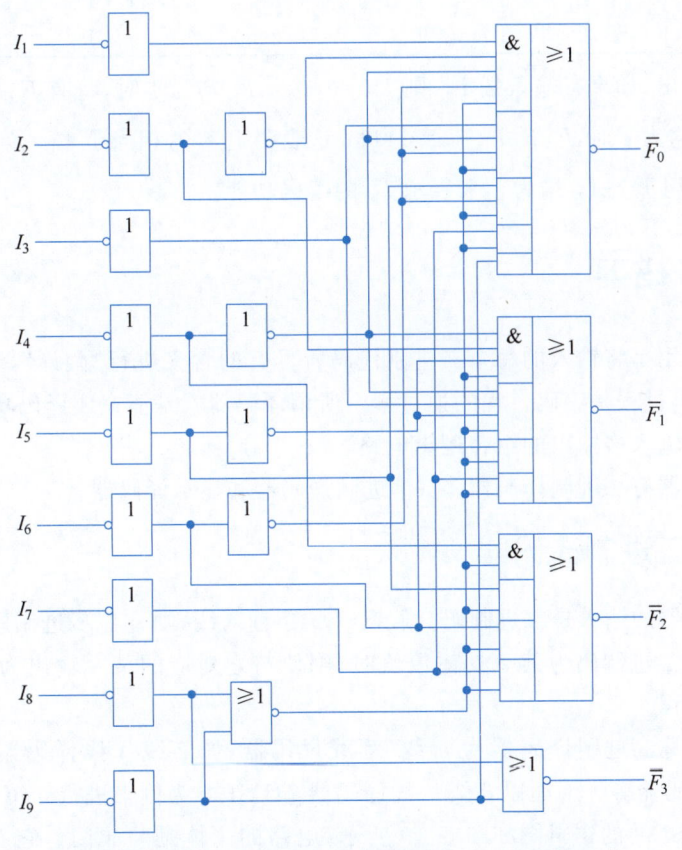

图 5.18 二-十进制优先编码器 74LS147 的逻辑图

由图 5.18 不难得出其逻辑表达式

$$\begin{cases} \overline{F}_3 = \overline{I_8 + I_9} \\ \overline{F}_2 = \overline{I_7 \bar{I}_8 \bar{I}_9 + I_6 \bar{I}_8 \bar{I}_9 + I_5 \bar{I}_8 \bar{I}_9 + I_4 \bar{I}_8 \bar{I}_9} \\ \overline{F}_1 = \overline{I_7 \bar{I}_8 \bar{I}_9 + I_6 \bar{I}_8 \bar{I}_9 + I_3 \bar{I}_4 \bar{I}_5 \bar{I}_8 \bar{I}_9 + I_2 \bar{I}_4 \bar{I}_5 \bar{I}_8 \bar{I}_9} \\ \overline{F}_0 = \overline{I_9 + I_7 \bar{I}_8 + I_5 \bar{I}_6 \bar{I}_8 + I_3 \bar{I}_4 \bar{I}_6 \bar{I}_8 + I_1 \bar{I}_2 \bar{I}_4 \bar{I}_6 \bar{I}_8} \end{cases}$$

由上式可以得到二-十进制编码器 74LS147 的功能表,如表 5.9 所示。

表 5.9 二-十进制编码器 74LS147 的功能表

输 入										输 出			
$\bar{I}_1$	$\bar{I}_2$	$\bar{I}_3$	$\bar{I}_4$	$\bar{I}_5$	$\bar{I}_6$	$\bar{I}_7$	$\bar{I}_8$	$\bar{I}_9$	$\bar{F}_3$	$\bar{F}_2$	$\bar{F}_1$	$\bar{F}_0$
1	1	1	1	1	1	1	1	1	1	1	1	1
×	×	×	×	×	×	×	×	0	0	1	1	0
×	×	×	×	×	×	×	0	1	0	1	1	1
×	×	×	×	×	×	0	1	1	1	0	0	0
×	×	×	×	×	0	1	1	1	1	0	0	1
×	×	×	×	0	1	1	1	1	1	0	1	0
×	×	×	0	1	1	1	1	1	1	0	1	1
×	×	0	1	1	1	1	1	1	1	1	0	0
×	0	1	1	1	1	1	1	1	1	1	0	1
0	1	1	1	1	1	1	1	1	1	1	1	0

由表 5.9 看出,如果有输入端 $\bar{I}_0$,则 $\bar{I}_0 = 0$,$\bar{I}_9 \sim \bar{I}_1$ 均为 1 时,将有 $\bar{F}_3 \bar{F}_2 \bar{F}_1 \bar{F}_0 = 1111$;而表中 $\bar{I}_9 \sim \bar{I}_1$ 均为 1 时,$\bar{F}_3 \bar{F}_2 \bar{F}_1 \bar{F}_0 = 1111$; 这表明 $\bar{I}_0 = 0$,相当于 $\bar{I}_9 \sim \bar{I}_1$ 均为 1 的情况,故可以略去 $\bar{I}_0$,用 $\bar{I}_9 \sim \bar{I}_1$ 均为 1 来表示 $\bar{I}_0$ 的编码功能。

5.4 译码器

译码器的作用是将输入的每个二进制代码所具有的含义进行"翻译",并且给出相应的输出信号,该译码过程是编码过程的逆过程。所谓译码器就是能完成译码功能的逻辑部件,而且它是一个多输入多输出的组合逻辑电路。

常用的译码器有二进制译码器、二-十进制译码器和显示译码器。

5.4.1 二进制译码器

二进制译码器的输入是二进制码。假设有 n 条输入线,则 n 位二进制码就可表示出 2^n 种状态。当 n 位二进制码为某一具体数值时,则使与之对应的某一输出为有效电平,这一过程就是译码过程。

一般习惯上称二进制译码器为 n 线-2^n 线译码器,如 2 线-4 线译码器,3 线-8 线译码器,4 线-16 线译码器等。下面以 3 线-8 线译码器 74LS138 为例来进行介绍。

译码器 74LS138 的逻辑图如图 5.19 所示,电路的主体是与非门。它有 3 个变量输入

端 $A_2 \sim A_0$,8 个输出端 $\overline{F}_7 \sim \overline{F}_0$。$E_1$、$\overline{E}_{2A}$ 和 $\overline{E}_{2B}$ 这三个控制端统称作"片选"输入端,或称作使能端,利用片选作用可以扩展译码器功能,例如,可将两片 74LS138 扩展成 4 线-16 线译码器。当附加控制门 G_S 的输出 $E=1$ 时,可以由图 5.19 写出译码器的输出 $\overline{F}_0 \sim \overline{F}_7$ 的逻辑函数表达式:

$$\begin{cases} \overline{F}_0 = \overline{\overline{A}_2 \overline{A}_1 \overline{A}_0} = \overline{m}_0 \\ \overline{F}_1 = \overline{\overline{A}_2 \overline{A}_1 A_0} = \overline{m}_1 \\ \overline{F}_2 = \overline{\overline{A}_2 A_1 \overline{A}_0} = \overline{m}_2 \\ \overline{F}_3 = \overline{\overline{A}_2 A_1 A_0} = \overline{m}_3 \\ \overline{F}_4 = \overline{A_2 \overline{A}_1 \overline{A}_0} = \overline{m}_4 \\ \overline{F}_5 = \overline{A_2 \overline{A}_1 A_0} = \overline{m}_5 \\ \overline{F}_6 = \overline{A_2 A_1 \overline{A}_0} = \overline{m}_6 \\ \overline{F}_7 = \overline{A_2 A_1 A_0} = \overline{m}_7 \end{cases}$$

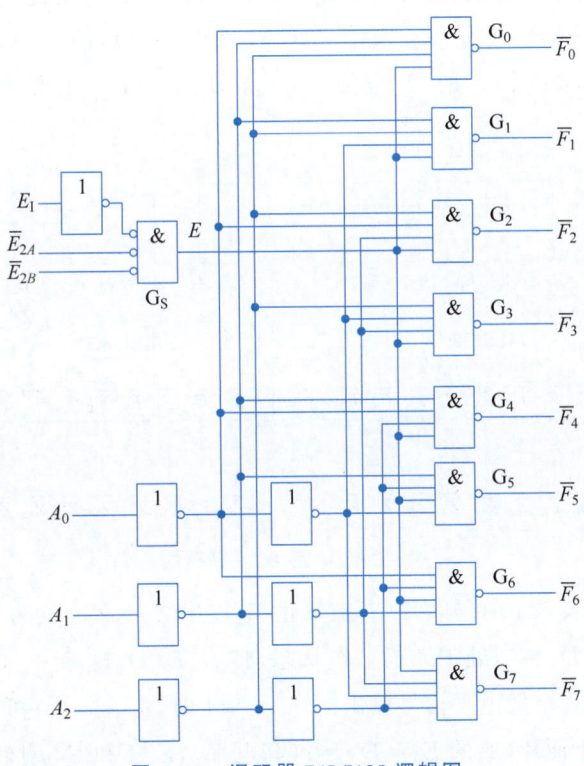

图 5.19 译码器 74LS138 逻辑图

由 $\overline{F}_0 \sim \overline{F}_7$ 的逻辑函数表达式不难看出,译码输出是 A_2、A_1、A_0 这三个输入变量的最小项的非量。因此,也将这类译码器称作最小项译码器。

译码器 74LS138 的功能表如表 5.10 所示。

表 5.10　译码器 74LS138 功能表

输入					输出							
E_1	$\overline{E}_{2A}+\overline{E}_{2B}$	A_2	A_1	A_0	$\overline{F}_0$	$\overline{F}_1$	$\overline{F}_2$	$\overline{F}_3$	$\overline{F}_4$	$\overline{F}_5$	$\overline{F}_6$	$\overline{F}_7$
0	×	×	×	×	1	1	1	1	1	1	1	1
×	1	×	×	×	1	1	1	1	1	1	1	1
1	0	0	0	0	0	1	1	1	1	1	1	1
1	0	0	0	1	1	0	1	1	1	1	1	1
1	0	0	1	0	1	1	0	1	1	1	1	1
1	0	0	1	1	1	1	1	0	1	1	1	1
1	0	1	0	0	1	1	1	1	0	1	1	1
1	0	1	0	1	1	1	1	1	1	0	1	1
1	0	1	1	0	1	1	1	1	1	1	0	1
1	0	1	1	1	1	1	1	1	1	1	1	0

由表 5.10 可看出，在使能端为有效信号（$E_1=1$，$\overline{E}_{2A}=\overline{E}_{2B}=0$）,当 $A_2A_1A_0$ 为不同代码（状态）时，输入 $\overline{F}_0 \sim \overline{F}_7$ 中有一确定输出线为低电平。例如，当 $A_2A_1A_0=010$ 时，输出 $\overline{F}_2=0$。

将两片 3 线-8 线译码器 74LS138 构成 4 线-16 线译码器的接线图如图 5.20 所示。图中 $D_3 \sim D_0$ 为 4 个输入端，$\overline{Z}_{15} \sim \overline{Z}_0$ 为 16 个译码输出。片(1)的 E_1 接高电平（+5V），$\overline{E}_{2A}$ 和 $\overline{E}_{2B}$ 接在 D_3 输入端；片(2)的 E_1 也接在 D_3 上，$\overline{E}_{2A}$ 和 $\overline{E}_{2B}$ 接低电平。

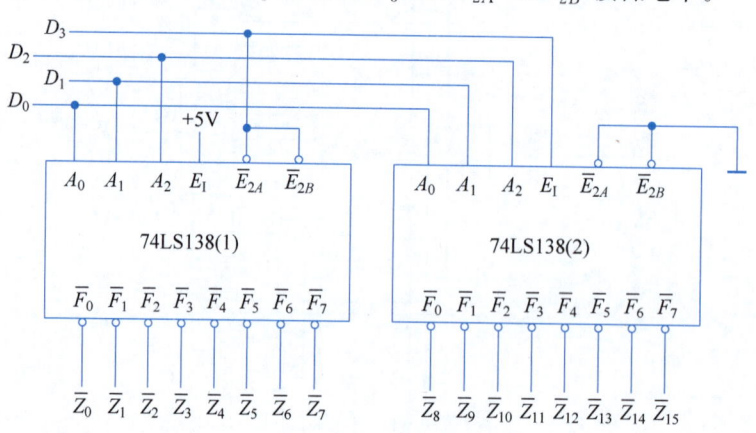

图 5.20　4 线-16 线译码器

当 $D_3=0$ 时，由表 5.10 可知，片(2)被禁止，其输出 $\overline{Z}_8 \sim \overline{Z}_{15}$ 均为 1；而片(1)的 E_1 为高电平，$\overline{E}_{2A}=\overline{E}_{2B}=D_3=0$，处于译码工作状态，将 $D_3D_2D_1D_0=0000 \sim 0111$ 这 8 个编码分别译成 $\overline{Z}_0 \sim \overline{Z}_7$ 共 8 个低电平信号输出。当 $D_3=1$ 时，由表 5.10 可知，片(1)被禁止，其输出 $\overline{Z}_0 \sim \overline{Z}_7$ 均为 1；而片(2)的 $E_1=D_3=1$（高电平），$\overline{E}_{2A}$ 和 $\overline{E}_{2B}$ 接低电平，处于译码工作状态，将 $D_3D_2D_1D_0=1000 \sim 1111$ 这 8 个代码分别译成 $\overline{Z}_8 \sim \overline{Z}_{15}$ 共 8 个低电平信号输出。这样就将两片 3 线-8 线译码器扩展成一个 4 线-16 线译码器。

5.4.2　二-十进制译码器

二-十进制译码器的作用是把 8421BCD 码的 10 个编码翻译成有效输出信号的译码器。

它是一种码制变换译码器。

在 8421BCD 译码器中,有 1010~1111 六个冗余码,它们是不应该出现的。根据这六个冗余码处理方式的不同,二-十进制译码器可分为部分译码器和完全译码器。

1. 部分译码器

部分译码器也称作不完全译码器,这种译码器的输入端只出现规定的前十种代码,而不出现其他六种不采用的代码。

将不采用的代码作为无关项,可利用无关项化简逻辑函数,以便减少门的输入端数的接线。

部分译码的二-十进制译码器的逻辑图如图 5.21 所示。

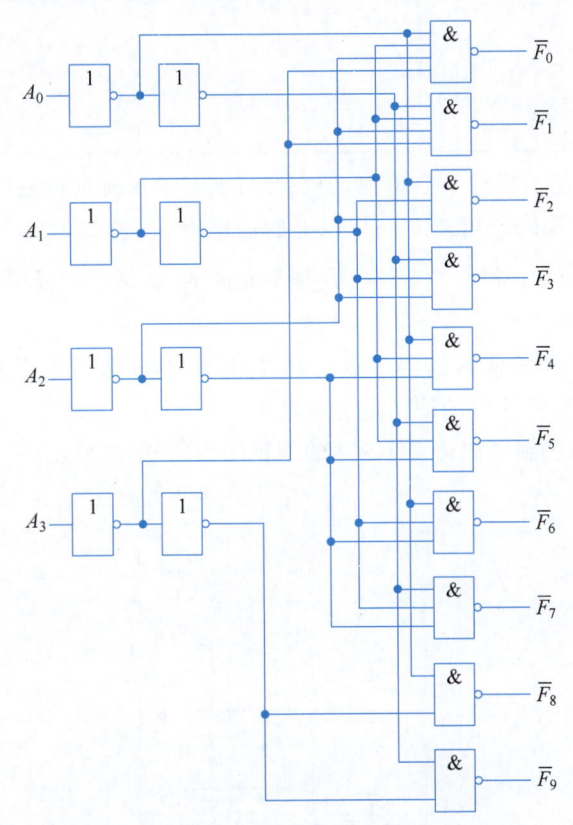

图 5.21 部分译码的二-十进制译码器逻辑图

其输出 $\overline{F}_0 \sim \overline{F}_9$ 的逻辑表达式为

$$\begin{cases} \overline{F}_0 = \overline{\overline{A}_3 \overline{A}_2 \overline{A}_1 \overline{A}_0} & \overline{F}_5 = \overline{A_2 \overline{A}_1 A_0} \\ \overline{F}_1 = \overline{\overline{A}_3 \overline{A}_2 \overline{A}_1 A_0} & \overline{F}_6 = \overline{A_2 A_1 \overline{A}_0} \\ \overline{F}_2 = \overline{\overline{A}_2 A_1 \overline{A}_0} & \overline{F}_7 = \overline{A_2 A_1 A_0} \\ \overline{F}_3 = \overline{\overline{A}_2 A_1 A_0} & \overline{F}_8 = \overline{A_3 \overline{A}_0} \\ \overline{F}_4 = \overline{A_2 \overline{A}_1 \overline{A}_0} & \overline{F}_9 = \overline{A_3 A_0} \end{cases}$$

其功能表如表 5.11 所示。

表 5.11　部分译码的二-十进制译码器功能表

十进制数	A_3	A_2	A_1	A_0	$\overline{F}_0$	$\overline{F}_1$	$\overline{F}_2$	$\overline{F}_3$	$\overline{F}_4$	$\overline{F}_5$	$\overline{F}_6$	$\overline{F}_7$	$\overline{F}_8$	$\overline{F}_9$
0	0	0	0	0	0	1	1	1	1	1	1	1	1	1
1	0	0	0	1	1	0	1	1	1	1	1	1	1	1
2	0	0	1	0	1	1	0	1	1	1	1	1	1	1
3	0	0	1	1	1	1	1	0	1	1	1	1	1	1
4	0	1	0	0	1	1	1	1	0	1	1	1	1	1
5	0	1	0	1	1	1	1	1	1	0	1	1	1	1
6	0	1	1	0	1	1	1	1	1	1	0	1	1	1
7	0	1	1	1	1	1	1	1	1	1	1	0	1	1
8	1	0	0	0	1	1	1	1	1	1	1	1	0	1
9	1	0	0	1	1	1	1	1	1	1	1	1	1	0

不采用的码在正常工作时不会出现，但在开机或有干扰时则可能产生，常称它们为伪输入。一旦出现伪输入，译码器可能有一个以上的输出为 0。例如，当输入端为 $A_3A_2A_1A_0=1111$ 时，则译码器输出 $\overline{F}_7$ 和 $\overline{F}_9$ 均为 0，这是不允许的，也是这种译码器的缺点。

2. 完全译码器

完全译码是指对 16 种输入编码都进行翻译处理，不再把不采用的编码作为无关项处理，而是按最小项译码，但这时的输出全为高电平。

完全译码的二-十进制译码器 74LS42 的逻辑图如图 5.22 所示。

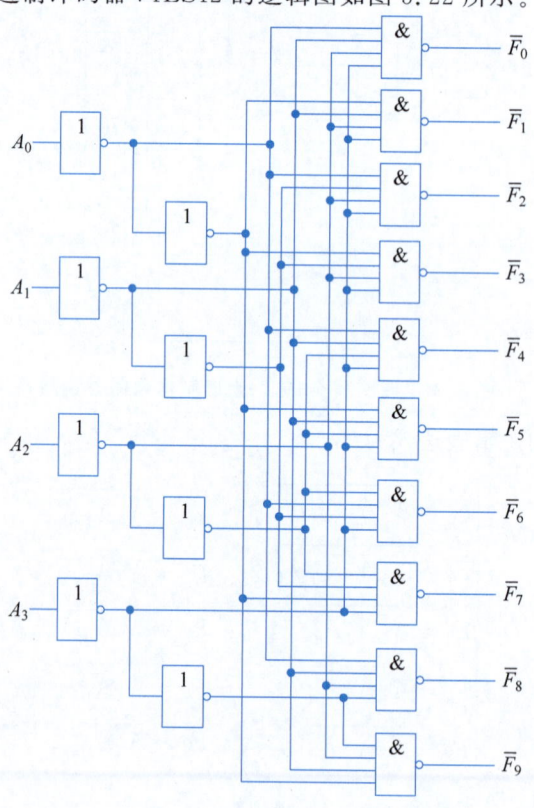

图 5.22　二-十进制译码器 74LS42 逻辑图

其输出 $\overline{F}_0 \sim \overline{F}_9$ 的逻辑表达式为

$$\begin{cases} \overline{F}_0 = \overline{\overline{A}_3 \overline{A}_2 \overline{A}_1 \overline{A}_0} & \overline{F}_5 = \overline{\overline{A}_3 A_2 \overline{A}_1 A_0} \\ \overline{F}_1 = \overline{\overline{A}_3 \overline{A}_2 \overline{A}_1 A_0} & \overline{F}_6 = \overline{\overline{A}_3 A_2 A_1 \overline{A}_0} \\ \overline{F}_2 = \overline{\overline{A}_3 \overline{A}_2 A_1 \overline{A}_0} & \overline{F}_7 = \overline{\overline{A}_3 A_2 A_1 A_0} \\ \overline{F}_3 = \overline{\overline{A}_3 \overline{A}_2 A_1 A_0} & \overline{F}_8 = \overline{A_3 \overline{A}_2 \overline{A}_1 \overline{A}_0} \\ \overline{F}_4 = \overline{\overline{A}_3 A_2 \overline{A}_1 \overline{A}_0} & \overline{F}_9 = \overline{A_3 \overline{A}_2 \overline{A}_1 A_0} \end{cases}$$

译码器 74LS42 的功能表如表 5.12 所示。

表 5.12 完全译码的二-十进制译码器功能表

十进制数	输入				输出									
	A_3	A_2	A_1	A_0	$\overline{F}_0$	$\overline{F}_1$	$\overline{F}_2$	$\overline{F}_3$	$\overline{F}_4$	$\overline{F}_5$	$\overline{F}_6$	$\overline{F}_7$	$\overline{F}_8$	$\overline{F}_9$
0	0	0	0	0	0	1	1	1	1	1	1	1	1	1
1	0	0	0	1	1	0	1	1	1	1	1	1	1	1
2	0	0	1	0	1	1	0	1	1	1	1	1	1	1
3	0	0	1	1	1	1	1	0	1	1	1	1	1	1
4	0	1	0	0	1	1	1	1	0	1	1	1	1	1
5	0	1	0	1	1	1	1	1	1	0	1	1	1	1
6	0	1	1	0	1	1	1	1	1	1	0	1	1	1
7	0	1	1	1	1	1	1	1	1	1	1	0	1	1
8	1	0	0	0	1	1	1	1	1	1	1	1	0	1
9	1	0	0	1	1	1	1	1	1	1	1	1	1	0
伪码	1	0	1	0	1	1	1	1	1	1	1	1	1	1
	1	0	1	1	1	1	1	1	1	1	1	1	1	1
	1	1	0	0	1	1	1	1	1	1	1	1	1	1
	1	1	0	1	1	1	1	1	1	1	1	1	1	1
	1	1	1	0	1	1	1	1	1	1	1	1	1	1
	1	1	1	1	1	1	1	1	1	1	1	1	1	1

由上述分析可知,不完全译码的二-十进制译码器可以接收 6 个伪码,接收到伪码时,将在其输出端的某些输出线产生低电平。例如,$A_3 A_2 A_1 A_0 = 1101$,将使 $\overline{F}_5 = \overline{F}_9 = 0$。从这个意义上看,不完全译码器也称不拒绝伪码的译码器。而完全译码器对于 6 个伪码,其输出全部为高电平,没有任何输出,故称它为拒绝伪码的译码器。

5.4.3 显示译码器

显示译码器是将输入的 8421BCD 码翻译成显示器所需要的驱动信号,以便显示器能用十进制数字显示 8421BCD 代码所表示的数值的一种译码器。它和显示器一起构成了数字设备的显示电路。

1. 数码显示器

数码显示器是用来显示数字、文字和符号等的器件。目前广泛采用七段字符显示器,这种字符显示器由七段可发光的线段拼合而成。常见的七段字符显示器有半导体数码管和液晶显示器两种。

半导体数码管的每个线段都是一个发光二极管(Light Emitting Diode,LED),因此常称作 LED 数码管或 LED 七段显示器。其示意图如图 5.23 所示。对于不同输入的 8421BCD 代码,显示器相应的段将发光,显示所对应的十进制数码。

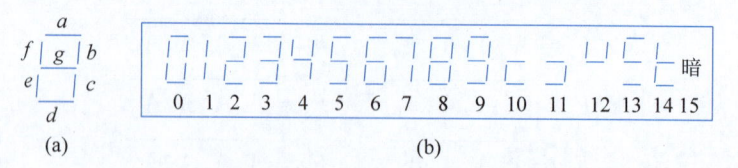

图 5.23 七段数码显示器

发光二极管使用的材料与普通硅二极管和锗二极管不同,有磷砷化镓、磷化镓、砷化镓等几种,而且半导体中的杂质浓度很高。当外加正向电压时,大量的电子和空穴在扩散过程中复合,其中一部分电子从导带跃迁到价带,把多余的能量以光的形式释放出来,便发出一定波长的可见光。在 BS201 等一些数码管中还在右下角增设了一个小数点,形成了所谓八段数码管,如图 5.24(a)所示。此外,由图 5.24(b)的等效电路可见,BS201A 的八段发光二极管的阴极是连在一起的,属于共阴极类型。为了增加使用的灵活性,同一规格的数码管一般都有共阴极和共阳极两种类型可供选用。

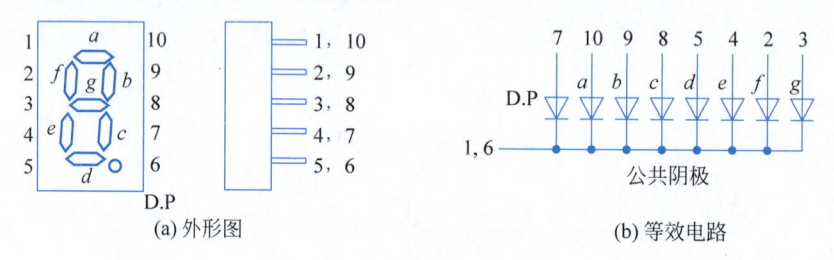

图 5.24 半导体数码管 BS201A

半导体数码管具有工作电压低、体积小、寿命长、可靠性高等优点,同时其响应时间短(一般不超过 $0.1\mu s$),亮度也比较高。但缺点是工作电流比较大,每一段的工作电流在 10mA 左右。

另一种常用的七段字符显示器是液晶显示器(Liquid Crystal Display,LCD)。液晶是一种既具有液体的流动性,又具有光学特性的有机化合物,它的透明度和呈现的颜色受外加电场的影响,利用这一特点做成字符显示器。在没有加外电场的情况下,液晶分子按一定方向整齐地排列着,如图 5.25(a)所示。这时液晶为透明状态,射入的光线大部分由反射电极反射回来,显示器呈白色。在电极上加上电压以后,液晶分子因电离而产生正离子,这些正离子在电场作用下运动并碰撞其他液晶分子,破坏了液晶分子的整齐排列,使液晶呈现浑浊状态。射入的光线散射后仅有少量反射回来,故显示器呈暗灰色。这种现象称为动态散射效应。外加电场消失以后,液晶又恢复到整齐排列的状态。如果将七段透明的电极排列成 8 字形,那么只要选择不同的电极组合并加以正电压,便能显示出各种字符。

液晶显示器的最大优点是功耗极小,每平方厘米的功耗在 $1\mu W$ 以下;工作电压也很低,在 1V 以下仍能工作。因此,液晶显示器在电子表以及各种小型、便携式仪器中得到了广泛的应用。但是,由于它本身不会发光,仅靠反射外界光线显示字形,所以亮度很差。此

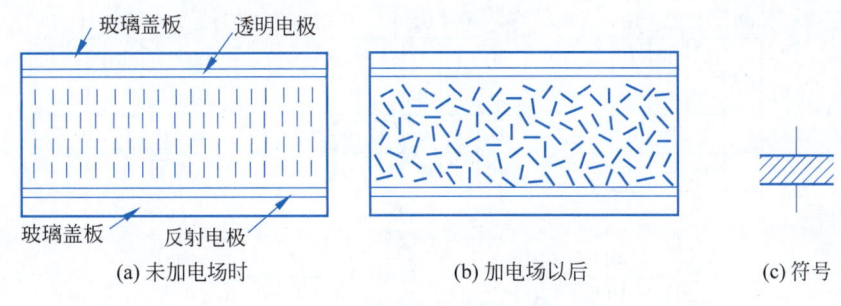

(a) 未加电场时　　　　(b) 加电场以后　　　　(c) 符号

图 5.25　液晶显示器的结构及符号

外,液晶显示器的响应速度很低(在 10～200ms),这就限制了它在快速系统中的应用。

2. 显示译码器

适用于七段共阴极数码显示器的集成译码器有 74LS48,适用于七段共阳极数码显示器的集成译码器有 74LS47 等型号。

下面以 74LS48 为例进行分析。

现以 $A_3A_2A_1A_0$ 表示显示译码器输入的 8421BCD 代码,以 $a\sim g$ 表示译码器的输出并与数码管的线段一一对应,规定用 1 表示数码管的线段点亮状态,用 0 表示线段熄灭状态。

根据图 5.23 的显示字形要求,8421BCD 代码-七段显示译码器的功能表如表 5.13 所示。

表 5.13　8421BCD 代码-七段显示译码器功能表

十进制数	输入				输出						
	A_3	A_2	A_1	A_0	a	b	c	d	e	f	g
0	0	0	0	0	1	1	1	1	1	1	0
1	0	0	0	1	0	1	1	0	0	0	0
2	0	0	1	0	1	1	0	1	1	0	1
3	0	0	1	1	1	1	1	1	0	0	1
4	0	1	0	0	0	1	1	0	0	1	1
5	0	1	0	1	1	0	1	1	0	1	1
6	0	1	1	0	1	0	1	1	1	1	1
7	0	1	1	1	1	1	1	0	0	0	0
8	1	0	0	0	1	1	1	1	1	1	1
9	1	0	0	1	1	1	1	1	0	1	1
10	1	0	1	0	0	0	0	1	1	0	1
11	1	0	1	1	0	0	1	1	0	0	1
12	1	1	0	0	0	1	0	0	0	1	1
13	1	1	0	1	1	0	0	1	0	1	1
14	1	1	1	0	0	0	0	1	1	1	1
15	1	1	1	1	0	0	0	0	0	0	0

由功能表 5.13,可以画出 $a\sim g$ 的卡诺图,如图 5.26 所示。

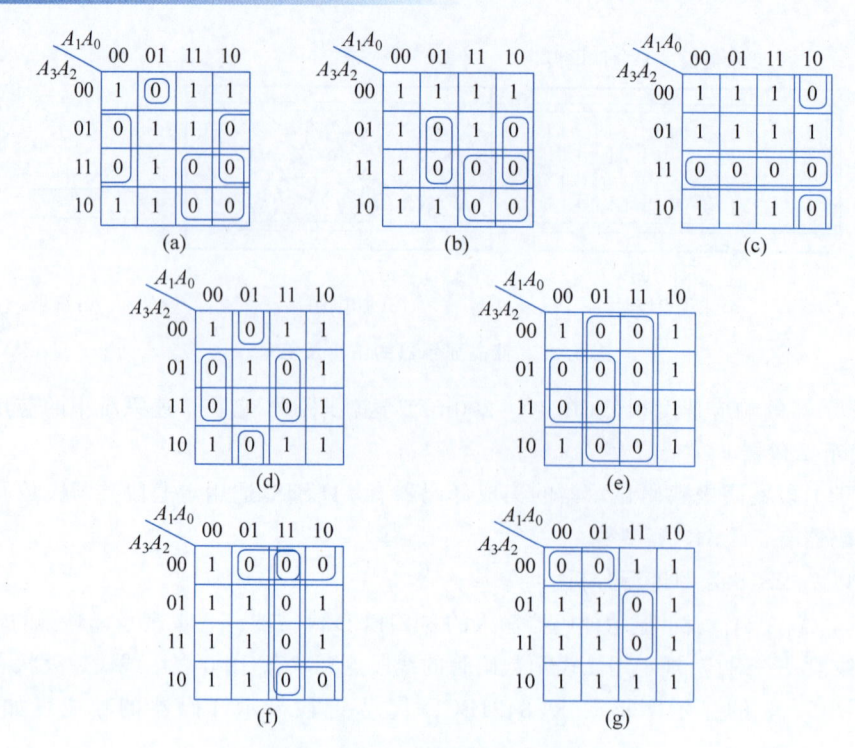

图 5.26 显示译码器的卡诺图

由图 5.26 可以看出，圈 0 要比圈 1 方便；通过圈 0 化简得到 $a \sim g$ 的逻辑表达式为

$$\begin{cases} a = \overline{\overline{A}_3 \overline{A}_2 \overline{A}_1 A_0 + A_2 \overline{A}_0 + A_3 A_1} \\ b = \overline{A_2 \overline{A}_1 A_0 + A_2 A_1 \overline{A}_0 + A_3 A_1} \\ c = \overline{A_3 A_2 + \overline{A}_2 A_1 \overline{A}_0} \\ d = \overline{A_2 \overline{A}_1 \overline{A}_0 + A_2 A_1 A_0 + \overline{A}_2 \overline{A}_1 A_0} \\ e = \overline{A_2 \overline{A}_1 + A_0} \\ f = \overline{A_1 A_0 + \overline{A}_2 A_1 + \overline{A}_3 \overline{A}_2 A_0} \\ g = \overline{\overline{A}_3 \overline{A}_2 \overline{A}_1 + A_2 A_1 A_0} \end{cases}$$

在以上 $a \sim g$ 逻辑函数的基础上，附加一些控制功能设计的显示译码器 74LS48 的逻辑图，如图 5.27 所示。如果不考虑图中控制门 $G_1 \sim G_4$ 的作用，即 G_3 和 G_4 输出高电平时，由 $a \sim g$ 与 A_3、A_2、A_1、A_0 之间的关系与上式完全相同。由图可知，除了主体电路外，还设置了控制门 $G_1 \sim G_4$ 相应的控制端。下面将介绍它们的功能。

1) 测试端 $\overline{\text{LT}}$

测试端 $\overline{\text{LT}}$ 是用来检查数码管各线段是否发光正常的输入端。低电平有效，即 $\overline{\text{LT}} = 0$ 时，数码管各线段应被点亮，否则数码管不正常。

由图 5.27 可知，当 $\overline{\text{LT}} = 0$ 时，G_2 输出为 0，则 G_3、G_4 输出均为 1，因此相应的输出 $A_0' = A_1' = A_2' = 0$。又由于 $A_0' \sim A_2'$ 均为 0，使得输出 $a \sim g$ 的与或非门的每组输入都含有低电平，它们的输出均为高电平。因此数码管的各线段 $a \sim g$ 全部被点亮。当正常工作时

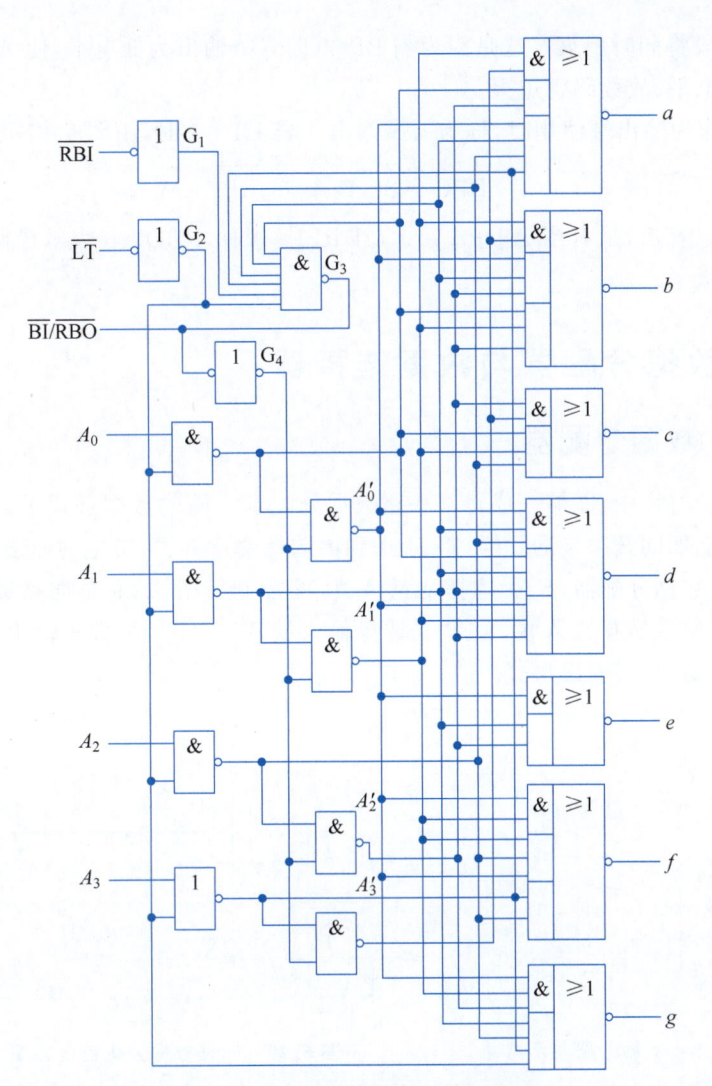

图 5.27　显示译码器 74LS48 逻辑图

$\overline{\text{LT}}$ 为高电平。

2) 灭零输入 $\overline{\text{RBI}}$

灭零输入 $\overline{\text{RBI}}$ 的作用是把不希望显示的零熄灭。即将有效数字前、后多余的零熄灭。例如,一个 4 位的数字显示电路,整数部分为 2 位,小数部分为 2 位,当显示 5.4 这个数时将出现 05.40 的字样,这时需将非必要的"0"灭掉,即不予显示。$\overline{\text{RBI}}$ 就是实现此功能的。

由表 5.13 可知,当 $A_3=A_2=A_1=A_0=0$ 时,$a\sim f$ 为高电平,g 为低电平,应该显示 0 字符。如果需要将这个 0 熄灭,则可令 $\overline{\text{RBI}}=0$。由于这时 $A_3\sim A_0$ 均为 0,$\overline{\text{LT}}=1$,使得 G_3 的全部输入均为高电平,故 G_3 输出为低电平;从而使 G_4 输出为低电平,进而使 $A'_3\sim A'_0$ 均为 1。这样就使各与非门都有一个与门的输入全为高电平,故 $a\sim g$ 全为低电平,使原本应显示的 0 熄灭。

3) 熄灭输入/灭零输出 $\overline{\text{BI}}/\overline{\text{RBO}}$

$\overline{\text{BI}}/\overline{\text{RBO}}$ 作为输入端使用时,称熄灭输入。无论 $A_3\sim A_0$ 处于什么状态,只要 $\overline{\text{BI}}=0$,

数码管的各线段将同时熄灭。这是因为当 $\overline{BI}=0$ 时,G_4 输出为低电平,使 $A_3' \sim A_0' = 1$,$a \sim g$ 同时输出低电平,故数码管熄灭。

$\overline{BI}/\overline{RBO}$ 作为输出端使用时,称为灭零输出。当 $\overline{LT}=1$ 时,由图 5.27 可以得出

$$\overline{RBO} = \overline{\overline{A}_3 \overline{A}_2 \overline{A}_1 \overline{A}_0 RBI}$$

由上式可以看出,只有当 $A_3 \sim A_0 = 0$,且 $\overline{RBI} = 0$ 时,$\overline{RBO} = 0$ 表示译码器已将原来应该显示的零熄灭了。

5.5 数据分配器与数据选择器

5.5.1 数据分配器

在数据传输过程中,能够完成将某一路数据分配到不同的数据通道上的电路称为数据分配器。其功能如同开关接通一样,将 D 送到由选择变量 A、B 指定的通道。如图 5.28 所示,图中为一个数据分配器,K 受选择变量 A、B 的控制。图 5.29 是四路数据分配器的逻辑图,D 为被传输的数据输入端,A、B 是选择输入端,$W_0 \sim W_3$ 为数据输出端(称作数据通道)。电路为单输入、多输出形式。

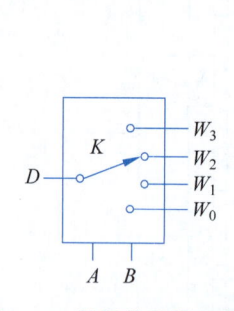

图 5.28 数据分配器示意图

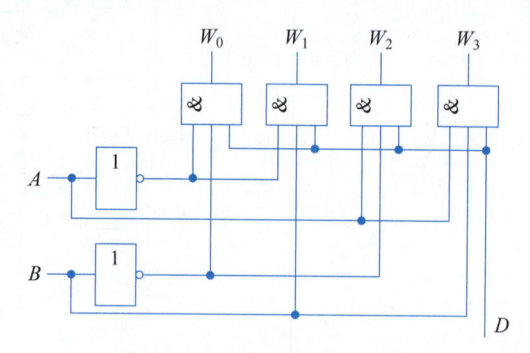

图 5.29 四路数据分配器逻辑图

根据图 5.29 可列出四路数据分配器真值表,如表 5.14 所示。其函数表达式 $W_0 = D\overline{A}\overline{B}$,$W_1 = D\overline{A}B$,$W_2 = DA\overline{B}$,$W_3 = DAB$。可见,分配器实质上是地址译码器与数据 D 的组合,因而选择输入端有时也称地址选择输入端。

表 5.14 数据分配器真值表

A	B	W_0	W_1	W_2	W_3
0	0	D	0	0	0
0	1	0	D	0	0
1	0	0	0	D	0
1	1	0	0	0	D

数据分配器功能可用译码器来实现。3 线-8 线译码器 74LS138 有 3 个地址输入端,3 个控制输入端,8 个输出端,利用 74LS138 可以实现八路数据分配。

例如,用 74LS138 实现的八路数据分配器。

74LS138 输出为低电平有效。当 $S_1 = 1$,$\overline{S}_2 = \overline{S}_3 = 0$,满足译码条件时,若 $A_2 A_1 A_0 =$

000，则 $\overline{F}_0=0$。当 $S_1=1, \overline{S}_2=\overline{S}_3=1$ 时，$\overline{F}_0 \sim \overline{F}_7$ 全为 1，当然 $\overline{F}_0=1$。如果 $\overline{S}_2=\overline{S}_3=D$，则 $\overline{F}_0=D$。若 $A_2A_1A_0=001$，则 $\overline{F}_1=D,\cdots,A_2A_1A_0=111$ 时 $\overline{F}_7=D$。实现了八路数据分配。电路如图 5.30 所示。

图 5.30　74LS138 构成八路数据分配器

5.5.2　数据选择器

数据选择器又叫多路开关，数据选择器的逻辑功能是在地址选择信号的控制下，从多路数据中选择一路数据作为输出信号，数据选择器原理示意图如图 5.31 所示。

图 5.32 为双四选一数据选择器 74LS153 的逻辑图。它的功能见表 5.15。

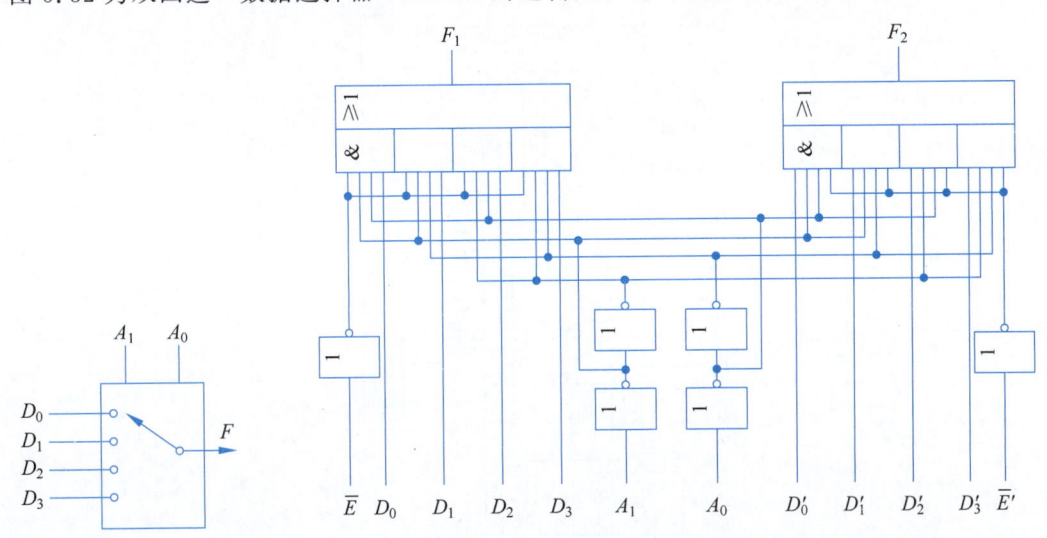

图 5.31　数据选择器原理示意图

图 5.32　双四选一数据选择器 74LS153 逻辑图

表 5.15　74LS153 的功能

输入					输出	
地址选择		使能	数据			
A_1	A_0	$\overline{E}(\overline{E}')$	D_i	(D_i')	F_1	(F_2)
×	×	1	×	×	0	0
0	0	0	$D_0 \sim D_3$	$(D_0' \sim D_3')$	D_0	(D_0')
0	1	0	$D_0 \sim D_3$	$(D_0' \sim D_3')$	D_1	(D_1')
1	0	0	$D_0 \sim D_3$	$(D_0' \sim D_3')$	D_2	(D_2')
1	1	0	$D_0 \sim D_3$	$(D_0' \sim D_3')$	D_3	(D_3')

在控制端输入电平有效，即 $\overline{E}=\overline{E}'=0$ 时，数据选择器的输出逻辑函数表达式为
$$F_1=\overline{A}_1\overline{A}_0D_0+\overline{A}_1A_0D_1+A_1\overline{A}_0D_2+A_1A_0D_3$$
$$F_2=\overline{A}_1\overline{A}_0D_0'+\overline{A}_1A_0D_1'+A_1\overline{A}_0D_2'+A_1A_0D_3'$$

当 $\overline{E}=\overline{E}'=1$ 时，$F_1=F_2=0$。

图 5.33 给出了八选一数据选择器 74LS151 的逻辑图。它的功能见表 5.16。

表 5.16　74LS151 的功能

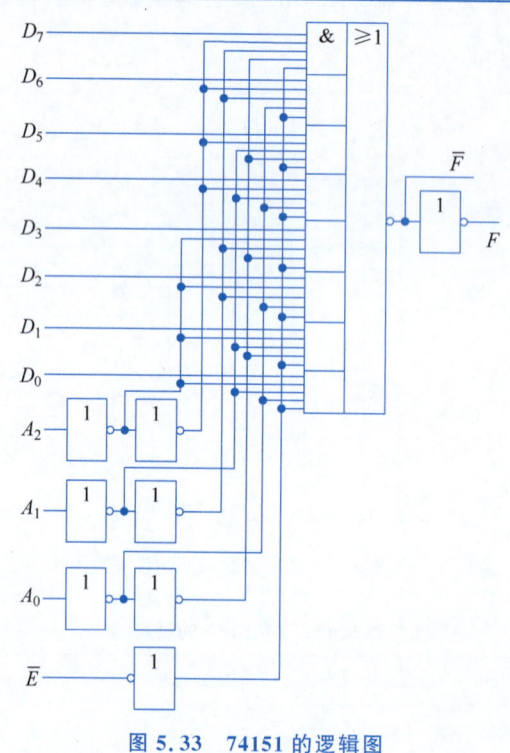

$\overline{E}$	A_2	A_1	A_0	F	$\overline{F}$
1	×	×	×	0	1
0	0	0	0	D_0	$\overline{D}_0$
0	0	0	1	D_1	$\overline{D}_1$
0	0	1	0	D_2	$\overline{D}_2$
0	0	1	1	D_3	$\overline{D}_3$
0	1	0	0	D_4	$\overline{D}_4$
0	1	0	1	D_5	$\overline{D}_5$
0	1	1	0	D_6	$\overline{D}_6$
0	1	1	1	D_7	$\overline{D}_7$

图 5.33　74151 的逻辑图

5.6　加法器

在数字系统中，加法器是构成算术运算单元的基本电路，加、减、乘、除四则运算都是通过加法器实现的。一位加法器是构成多位加法器的基础。一位加法器有半加器和全加器；多位加法器有串行进位加法器和超前进位加法器。

5.6.1　一位加法器

1. 半加器

不考虑低位进位，直接将两个一位二进制数相加的运算称作半加。实现半加的逻辑电路称作半加器,通常用符号 HA 表示。

根据二进制数加法的运算规则可以列出半加器的功能表,如表 5.17 所示。其中 A_i、B_i 是两个加数,S_i 是相加的和,C_{i+1} 是向高位的进位。

表 5.17 半加器功能表

A_i	B_i	S_i	C_{i+1}
0	0	0	0
0	1	1	0
1	0	1	0
1	1	0	1

由表 5.17 可以很容易地写出半加器的输出逻辑表达式:

$$\begin{cases} S_i = \overline{A}_i B_i + A_i \overline{B}_i = A_i \oplus B_i \\ C_{i+1} = A_i B_i \end{cases}$$

由上式可知,半加器仅需要一个异或门和一个与门就可构成。其逻辑电路图与符号如图 5.34 所示。

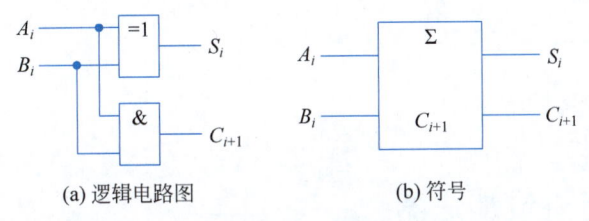

图 5.34 半加器

2. 全加器

在进行两个一位二进制数相加时,考虑来自低位的进位,即为全加运算。实际上进行了需要 3 个 1 位数相加的运算。实现全加运算的逻辑电路称作全加器,通常用符号 FA 表示。

依照二进制数的加法规则可列出全加器的功能表,如表 5.18 所示。

表 5.18 全加器功能表

C_i	A_i	B_i	S_i	C_{i+1}
0	0	0	0	0
0	0	1	1	0
0	1	0	1	0
0	1	1	0	1
1	0	0	1	0
1	0	1	0	1
1	1	0	0	1
1	1	1	1	1

由表 5.18 可以求出输出 S_i 和 C_{i+1} 的逻辑表达式:

$$\begin{cases} S_i = \overline{\overline{A}_i \overline{B}_i \overline{C}_i + A_i B_i \overline{C}_i + \overline{A}_i B_i C_i + A_i \overline{B}_i C_i} \\ C_{i+1} = \overline{\overline{A}_i \overline{B}_i \overline{C}_i + \overline{A}_i B_i \overline{C}_i + A_i \overline{B}_i \overline{C}_i + \overline{A}_i \overline{B}_i C_i} = \overline{\overline{A}_i \overline{B}_i + \overline{A}_i \overline{C}_i + \overline{B}_i \overline{C}_i} \end{cases}$$

S_i 和 C_{i+1} 的表达式是由等于 0 的最小项相或（即得到其反函数），再取反构成。按照逻辑表达式画出的全加器逻辑电路图如图 5.35(a) 所示，图 5.35(b) 为全加器的符号。实际上，全加器的电路结构还有其他形式，读者请参阅有关资料。

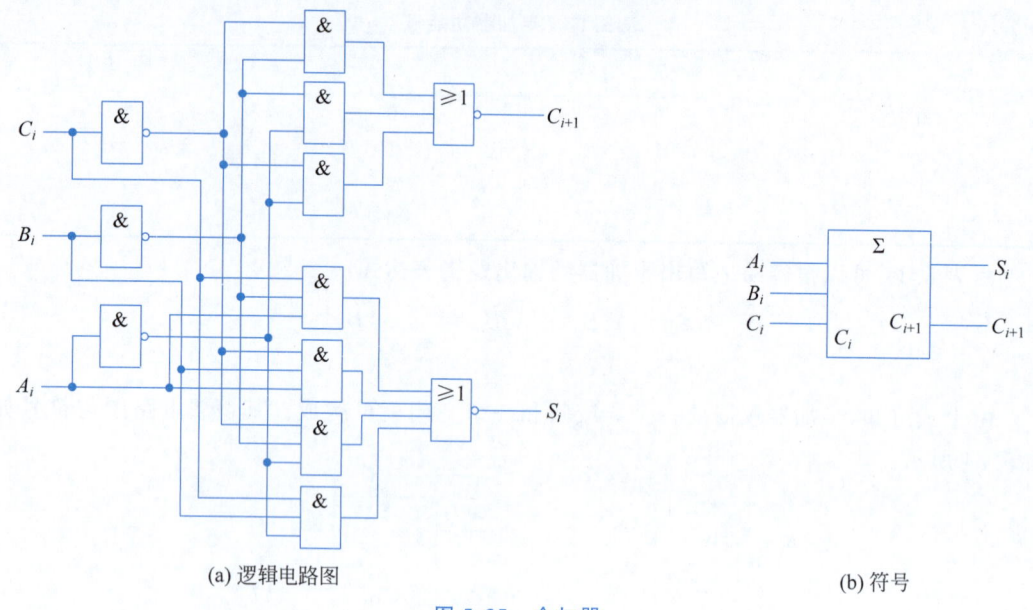

(a) 逻辑电路图　　　　　　　　　　　　　　　(b) 符号

图 5.35　全加器

5.6.2　串行进位加法器

两个多位二进制数相加时，除了最低位之外，每一位相加都包括低位进位，因此，必须用全加器。按加法规则，只需将低位全加器的进位输出端 C_{i+1} 接到高位全加器的进位输入端 C_i，就可以构成多位二进制加法器。按照该全加器构成多位加法器的原理，用全加器接成 4 位加法器的电路如图 5.36 所示。图中，最低位全加器的进位输入端 C_i 接低电平。从图 5.36 不难看出，每位的相加结果必须等到低它一位的进位产生后才能得出。因此，这种结构形式的加法器称作串行进位加法器，也叫作行波进位加法器。

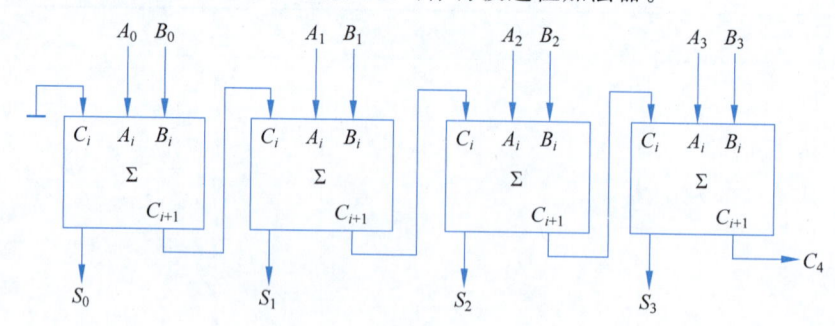

图 5.36　4 位串行进位加法器

由于这种加法器的进位方式是串行进位，所以运算速度低。在最坏情况下，作一次加法运算需要 4 个全加器的传输延迟时间。例如，$A=1111$，$B=0001$，这两个数相加，各位都有进位，完成加法运算所需的时间正好等于 4 个全加器的传输延迟时间。但是，由于这种加法器的电路结构较为简单，所以在运算速度要求不高的情况下，仍可以采用。

5.6.3 超前进位加法器

如上所述,串行进位加法器的工作特点是低位加法运算后的进位与高一位的加数进行全加运算,高位的进位再和更高一位加数进行全加运算,如此从最低位到最高位逐位进行全加运算。简言之,这种加法器的进位信息是逐位从低向高传送的。那能否将进位信号同时提供给加法运算的各位呢? 超前进位加法器就具有这种功能。

由表 5.18 可知,根据等于 1 的最小项写出的 S_i 和 C_{i+1} 的逻辑表达式为

$$\begin{cases} S_i = \overline{A}_i \overline{B}_i \overline{C}_i + A_i \overline{B}_i \overline{C}_i + \overline{A}_i \overline{B}_i C_i + A_i B_i C_i \\ C_{i+1} = A_i B_i \overline{C}_i + A_i \overline{B}_i C_i + \overline{A}_i B_i C + A_i \overline{B}_i C \end{cases}$$

用卡诺图化简 C_{i+1} 的表达式,得

$$C_{i+1} = A_i B_i + (A_i + B_i) C_i$$

令 $G_i = A_i B_i$,$P_i = A_i + B_i$,代入 C_{i+1} 并将 S_i 的表达式变换形式,则

$$\begin{cases} S_i = A_i \oplus B_i \oplus C_i \\ C_{i+1} = G_i + P_i C_i \end{cases}$$

现在,将上式看作多位加法器中第 i 位的全加运算。其中,S_i 表示第 i 位的全加和,C_i 表示第 i 位的进位输出信号,即向高一位进位的信号。

当 $i = 0 \sim 3$ 时,由上式可以得到 $0 \sim 3$ 的全加和 $S_0 \sim S_3$,进位输入信号 $C_0 \sim C_3$ 以及第 3 位的进位输出信号 C_4 分别为

$$\begin{cases} S_0 = A_0 \oplus B_0 \oplus C_0 \\ C_0 = C_0 \end{cases}$$

$$\begin{cases} S_1 = A_1 \oplus B_1 \oplus C_1 \\ C_1 = G_0 + P_0 C_0 \end{cases}$$

$$\begin{cases} S_2 = A_2 \oplus B_2 \oplus C_2 \\ C_2 = G_1 + P_1 C_1 = G_1 + P_1(G_0 + P_0 C_0) = G_1 + P_1 G_0 + P_1 P_0 C_0 \end{cases}$$

$$\begin{cases} S_3 = A_3 \oplus B_3 \oplus C_3 \\ C_3 = G_2 + P_2 C_2 = G_2 + P_2(G_1 + P_1 C_0 + P_1 P_0 C_0) = G_2 + P_2 G_1 + P_2 P_1 G_0 + P_2 P_1 P_0 C_0 \end{cases}$$

$$C_4 = G_3 + P_3 C_3 = G_3 + P_3(G_2 + P_2 G_1 + P_2 P_1 G_0 + P_2 P_1 P_0 C_0)$$
$$= G_3 + P_3 G_2 + P_3 P_2 G_1 + P_3 P_2 P_1 G_0 + P_3 P_2 P_1 P_0 C_0$$

在上述各逻辑表达式中,G_i 称为进位生成函数,P_i 称为进位传送函数。由上面的表达式可以看出,每一位的进位输入信号均由低位的生成函数和传送函数构成。即第 i 位的进位输入信号是由 0 位到 $(i-1)$ 位的输入 $A_{i-1} \sim A_0$、$B_{i-1} \sim B_0$ 所决定。由于加数和被加数输入 $A_i \sim A_0$、$B_i \sim B_0$ 是一次性提供给运算电路的,如果设计一电路直接产生进位输入信号,不必等待低位全加运算后的进位,这样,各位即可同时实现全加运算。这时进位输入信号是超前各位全加运算先到达该位的,故称作超前进位。

根据上面的式子构成的 4 位超前进位加法器 74LS283 如图 5.37 所示。由图 5.37 不难看出,$P_0 \overline{G}_0 = (A_0 + B_0)\overline{A_0 B_0} = (A_0 + B_0)(\overline{A_0} + \overline{B_0}) = A_0 \overline{B}_0 + \overline{A}_0 B_0 = A_0 \oplus B_0$,则 $S_0 =$

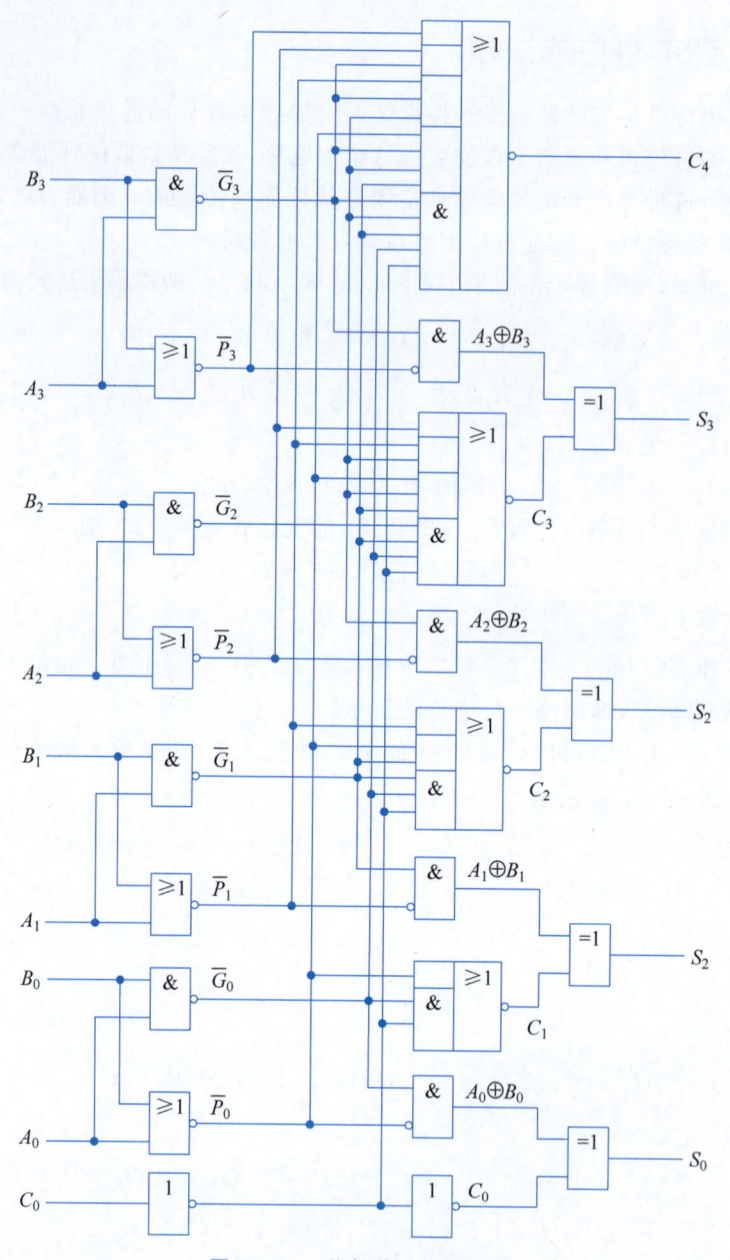

图 5.37　4 位超前进位加法器

$A_0 \oplus B_0 \oplus C_0$；同理可以得出 $P_1 \overline{G_1} = A_1 \oplus B_1$，进位信号 $C_1 = \overline{\overline{P_0} + \overline{G_0} \overline{C_0}} = P_0 \overline{\overline{G_0} \overline{C_0}} = P_0 G_0 + P_0 C_0 = (A_0 + B_0) A_0 B_0 + P_0 C_0 = G_0 + P_0 C_0$，$S_1 = A_1 \oplus B_1 \oplus C_1$。其他情况依此类推。

5.7　数值比较器

用来比较两个位数相同的二进制数大小是否相等的逻辑电路称作数值比较器，也称作数码比较器。比较两个数的大小一般应从它们的最高位开始比较，最高位数大的数就大，若最高位数相等,则比较次最高位,如此逐位比较直至最低位,若直至最低位数都相等,则这两个二进制数相等。例如,两个四位二进制数 $A=A_3A_2A_1A_0$ 和 $B=B_3B_2B_1B_0$ 的比较过程如下:

若 $A_3>B_3$,则 $A>B$;

若 $A_3<B_3$,则 $A<B$;

若 $A_3=B_3$,$A_2>B_2$,则 $A>B$;

若 $A_3=B_3$,$A_2<B_2$,则 $A<B$;

若 $A_3=B_3$,$A_2=B_2$,$A_1>B_1$,则 $A>B$;

若 $A_3=B_3$,$A_2=B_2$,$A_1<B_1$,则 $A<B$;

若 $A_3=B_3$,$A_2=B_2$,$A_1=B_1$,$A_0>B_0$,则 $A>B$;

若 $A_3=B_3$,$A_2=B_2$,$A_1=B_1$,$A_0<B_0$,则 $A<B$;

若 $A_3=B_3$,$A_2=B_2$,$A_1=B_1$,$A_0=B_0$,则 $A=B$。

多位比较器是在一位比较器的基础上构成的,下面先介绍一位比较器,然后再介绍四位比较器。

5.7.1 一位数值比较器

比较二进制数 A 和 B 的第 i 位 A_i 和 B_i 的大小有三种可能的结果:$A_i>B_i$,$A_i<B_i$,$A_i=B_i$。其功能表如表 5.19 所示。由表 5.19 可以写出一位比较器的输出逻辑表达式:

表 5.19 一位数值比较器功能表

输 入		输 出		
A_i	B_i	$A_i>B_i$	$A_i<B_i$	$A_i=B_i$
0	0	0	0	1
0	1	0	1	0
1	0	1	0	0
1	1	0	0	1

$$\begin{cases} (A_i>B_i)=A_i\overline{B_i} \\ (A_i<B_i)=\overline{A_i}B_i \\ (A_i=B_i)=A_iB_i+\overline{A_i}\overline{B_i}=\overline{A_i\oplus B_i} \end{cases}$$

根据上面表达式可以画出一位数值比较器的逻辑图,如图 5.38 所示。

5.7.2 四位数值比较器

四位集成数值比较器 74LS85 的功能如表 5.20 所示。其中输入端 $(a>b)$,$(a<b)$ 和 $(a=b)$ 为低四位的级联输入;表下部的 5 行给出了不正常级联输入和输出的情况。当不使用级联输入时,应将 $(a>b)$ 和 $(a<b)$ 两端接低电平,输入端 $(a=b)$ 接高电平。

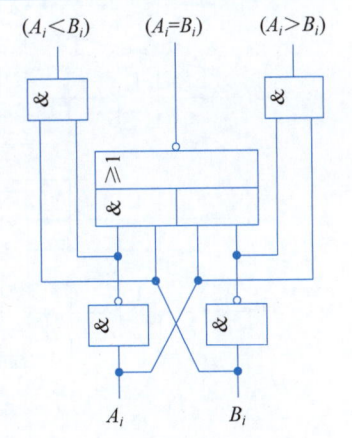

图 5.38 一位数值比较器

在级联输入端的约束条件下,由表 5.20 写出的输出逻辑表达式为

$$(A>B)=A_3\overline{B_3}+\overline{A_3\oplus B_3}\cdot A_2\overline{B_2}+\overline{A_3\oplus B_3}\cdot\overline{A_2\oplus B_2}\cdot A_1\overline{B_1}+$$

$$\overline{A_3 \oplus B_3} \cdot \overline{A_2 \oplus B_2} \cdot \overline{A_1 \oplus B_1} \cdot A_0 \overline{B_0} +$$
$$\overline{A_3 \oplus B_3} \cdot \overline{A_2 \oplus B_2} \cdot \overline{A_1 \oplus B_1} \cdot \overline{A_0 \oplus B_0} \cdot (a > b)$$

$$(A < B) = \overline{A_3} B_3 + \overline{A_3 \oplus B_3} \cdot \overline{A_2} B_2 + \overline{A_3 \oplus B_3} \cdot \overline{A_2 \oplus B_2} \cdot \overline{A_1} B_1 +$$
$$\overline{A_3 \oplus B_3} \cdot \overline{A_2 \oplus B_2} \cdot \overline{A_1 \oplus B_1} \cdot \overline{A_0} B_0 +$$
$$\overline{A_3 \oplus B_3} \cdot \overline{A_2 \oplus B_2} \cdot \overline{A_1 \oplus B_1} \cdot \overline{A_0 \oplus B_0} \cdot (a < b)$$

$$(A = B) = \overline{A_3 \oplus B_3} \cdot \overline{A_2 \oplus B_2} \cdot \overline{A_1 \oplus B_1} \cdot \overline{A_0 \oplus B_0} \cdot (a = b)$$

由上式可以得出四位数值比较器的逻辑图,如图 5.39 所示。由图 5.38 可知,四位数值比较器基本上是由四个一位数值比较器构成。

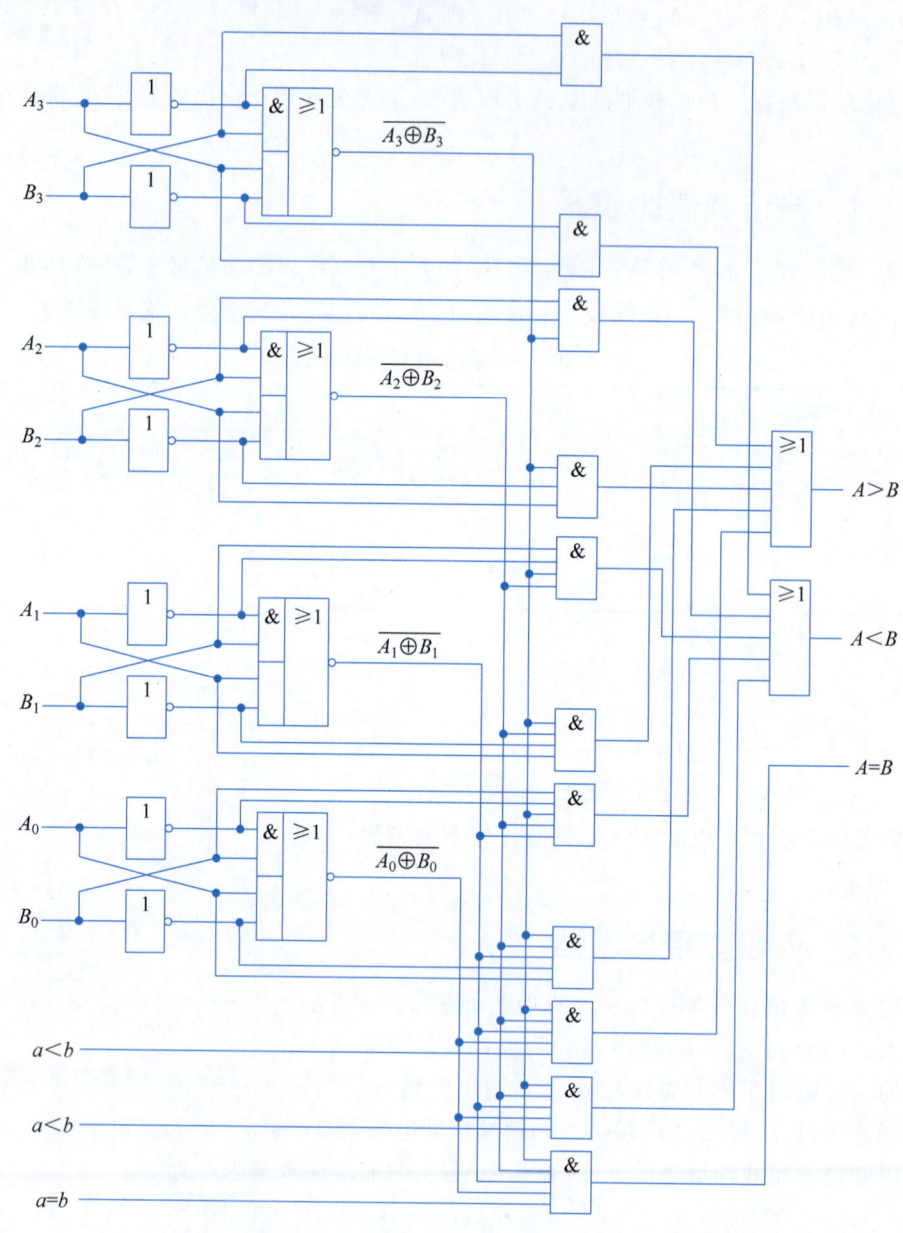

图 5.39 四位数值比较器

表 5.20 四位集成数值比较器 74LS85 功能表

$A_3\ B_3$	$A_2\ B_2$	$A_1\ B_1$	$A_0\ B_0$	$(a>b)$	$(a<b)$	$(a=b)$	$(A>B)$	$(A<B)$	$(A=B)$
$A_3>B_3$	× ×	× ×	× ×	×	×	×	1	0	0
$A_3<B_3$	× ×	× ×	× ×	×	×	×	0	1	0
$A_3=B_3$	$A_2>B_2$	× ×	× ×	×	×	×	1	0	0
$A_3=B_3$	$A_2<B_2$	× ×	× ×	×	×	×	0	1	0
$A_3=B_3$	$A_2=B_2$	$A_1>B_1$	× ×	×	×	×	1	0	0
$A_3=B_3$	$A_2=B_2$	$A_1<B_1$	× ×	×	×	×	0	1	0
$A_3=B_3$	$A_2=B_2$	$A_1=B_1$	$A_0>B_0$	×	×	×	1	0	0
$A_3=B_3$	$A_2=B_2$	$A_1=B_1$	$A_0<B_0$	×	×	×	0	1	0
$A_3=B_3$	$A_2=B_2$	$A_1=B_1$	$A_0=B_0$	1	0	0	1	0	0
$A_3=B_3$	$A_2=B_2$	$A_1=B_1$	$A_0=B_0$	0	1	0	0	1	0
$A_3=B_3$	$A_2=B_2$	$A_1=B_1$	$A_0=B_0$	0	0	1	0	0	1
$A_3=B_3$	$A_2=B_2$	$A_1=B_1$	$A_0=B_0$	1	0	1	1	0	1
$A_3=B_3$	$A_2=B_2$	$A_1=B_1$	$A_0=B_0$	0	1	1	0	1	1
$A_3=B_3$	$A_2=B_2$	$A_1=B_1$	$A_0=B_0$	1	1	1	1	1	1
$A_3=B_3$	$A_2=B_2$	$A_1=B_1$	$A_0=B_0$	1	1	0	1	1	0
$A_3=B_3$	$A_2=B_2$	$A_1=B_1$	$A_0=B_0$	0	0	0	0	0	0

由两片 74LS85 构成 8 位数值比较器的连线图如图 5.40 所示。

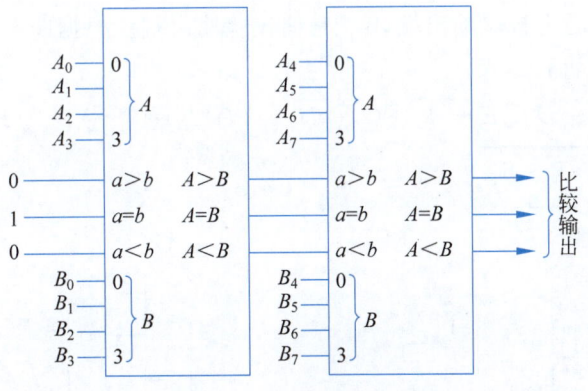

图 5.40 8 位数值比较器

图 5.40 中,数的高 4 位 $A_7 \sim A_4$,$B_7 \sim B_4$ 分别加在高位片的 $A_3 \sim A_0$、$B_3 \sim B_0$ 端;低位片的输出$(A>B)$、$(A<B)$ 和 $(A=B)$ 分别连在高位片的级联输入端 $(a>b)$、$(a<b)$ 和 $(a=b)$;数的低 4 位 $A_3 \sim A_0$、$B_3 \sim B_0$ 分别接在低位片的 $A_3 \sim A_0$、$B_3 \sim B_0$ 端;低位片的级联输入端 $(a>b)$、$(a=b)$ 和 $(a<b)$ 分别接低电平、高电平和低电平。

5.8 奇偶校验器

在数字系统中,有大量由若干位二进制代码 0 和 1 组合而成的数据传输要求。系统内部或外部干扰等,可能使数据信息在传输过程中产生错误。奇偶校验器就是能自动检验数据信息在传送过程中是否出现误传的逻辑电路。

图 5.41 是奇偶校验原理框图。奇偶校验的基本方法就是在待发送的有效数据位之外再增加一位奇偶校验位,利用这一位将待发送的数据代码中含 1 的个数补成奇数(奇校验)或者补成偶数(偶校验),形成传输码。然后,在接收端通过检查接收到的传输码中 1 的个数的奇偶性判断传输过程中是否有误传现象,传输正确则向接收端发出接收命令,否则拒绝接收或发出报警信号。产生奇偶校验位的工作由图 5.41 所示的奇偶发生器来完成。判断传输码中含 1 的个数奇偶性的工作由图 5.41 所示奇偶校验器完成。

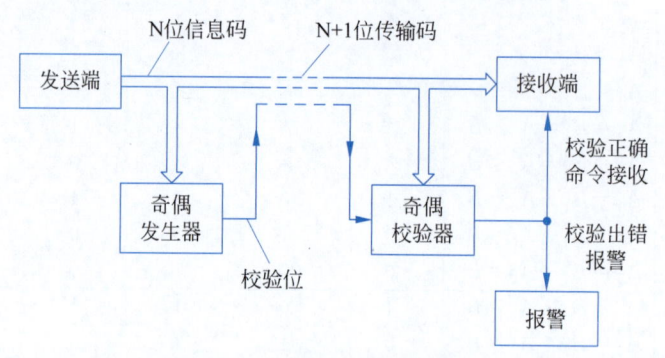

图 5.41 奇偶校验原理框图

目前常用的中规模集成奇偶发生器/校验器有 74LS180。图 5.42 是中规模集成奇偶发生器/校验器 74LS180 的逻辑图,74LS180 既可作为奇偶发生器,也可作为奇偶校验器。74LS180 具有较强的使用灵活性。在图 5.42 中,$A,B,\cdots,H$ 是八位输入代码,S_{OD} 和 S_E 是奇偶控制端,W_{OD} 是奇校验输出端,W_E 是偶校验输出端。根据图 5.42 所示逻辑图可写出 P、W_{OD}、W_E 的逻辑表达式:

$$P = \overline{\overline{A \oplus B} \oplus \overline{C \oplus D} \oplus \overline{E \oplus F} \oplus \overline{G \oplus H}} = A \oplus B \oplus C \oplus D \oplus E \oplus F \oplus G \oplus H$$

$$W_{OD} = \overline{P \cdot S_{OD} + \overline{P} \cdot S_E}$$

$$W_E = \overline{\overline{P} \cdot S_{OD} + P \cdot S_E}$$

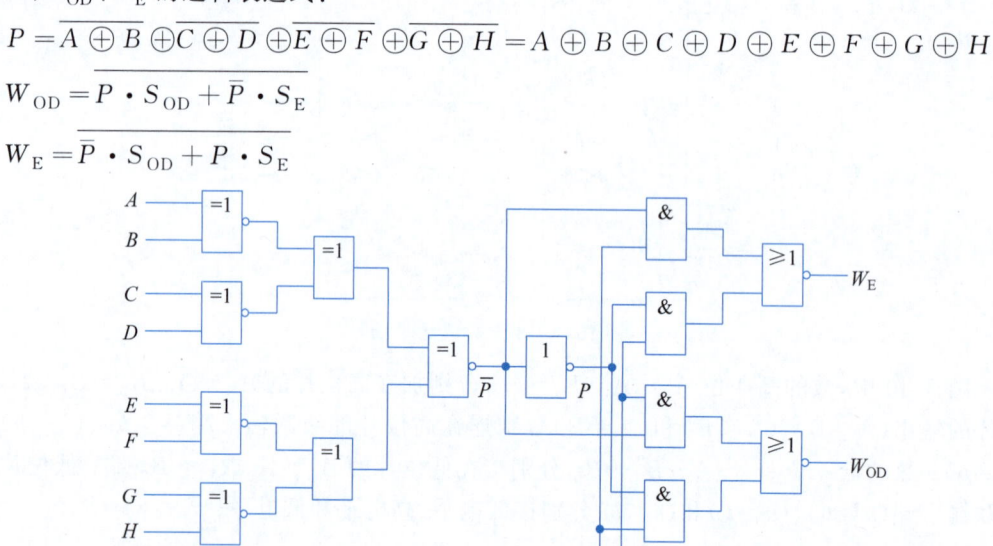

图 5.42 八位奇偶发生器/校验器 74LS180 的逻辑图

表 5.21 是 74LS180 的功能表。当进行奇校验时,根据 74LS180 的功能表,S_{OD} 应接 1,S_E 应接 0。若把 74LS180 作为奇偶发生器则校验码从 W_{OD} 引出。这种接法保证了 9 位传

输码中有奇数个 1。图 5.43 是一个八位奇校验系统,在发送端奇偶发生器(74LS180)的输出端 W_{OD1} 给出待传输的 8 位代码的校验码,形成 9 位传输码。在接收端奇偶校验器的 S_{OD} 端接收校验码位,若 8 位数据代码中有奇数个 1,奇偶发生器的 W_{OD1} 一定发出 0 信号,这就意味着奇偶校验器的 $S_{OD}=0$,$S_E=1$,根据 74LS180 的功能表可知,若传输正确,奇偶校验器的 W_{OD2} 应输出 1 信号。若 W_{OD2} 输出是 0 信号,就说明传输有错误。

表 5.21 74LS180 的功能表

输 入			输 出	
A~H 中 1 的个数	S_E	S_{OD}	W_E	W_{OD}
偶 数	1	0	1	0
奇 数	1	0	0	1
偶 数	0	1	0	1
奇 数	0	1	1	0
×	1	1	0	0
×	0	0	1	1

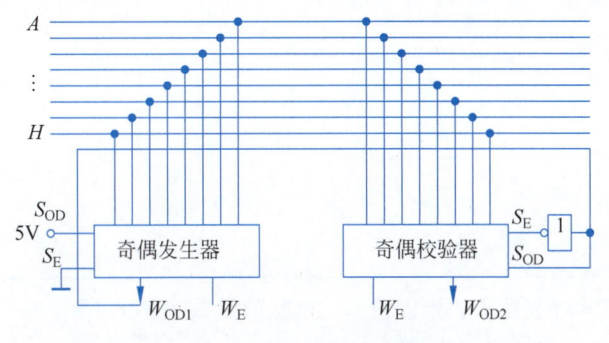

图 5.43 八位奇校验系统

在上述的奇偶校验系统中,如果有二位同时产生错误或者校验码位产生错误,系统则无校验能力。

5.9 利用中规模集成电路进行组合电路设计

利用各种门电路进行组合电路的设计是组合电路的设计基础。由于小规模集成电路仅仅是器件的集成,所以基于小规模集成电路设计而成的组合逻辑电路体积较大,总体功耗较高,可靠性较低,而且还不易于设计调试和维护。而中规模集成电路,如译码器、数据选择器、加法器等是逻辑部件的集成,利用中规模集成电路进行组合电路的逻辑设计,可以使电路体积较小、功耗较低、可靠性大为提高,而且易于设计调试和维护。

利用中规模集成电路进行组合逻辑电路的设计,要求器件选择合理,充分利用器件的功能。为提高可靠性要求,互相连线要尽可能地少。电路性能指标的考核主要是芯片的使用数量和总体价格的高低。

利用中规模集成电路进行组合电路设计的步骤与前面介绍的组合逻辑电路的设计方法基本相同,只是在列出逻辑表达式后,要将其变换成与所选用的中规模集成电路的表达式相似的形式,以利用所选用的器件实现其逻辑功能。

下面介绍用具体的中规模集成电路进行组合逻辑电路设计的方法。

1. 利用译码器实现组合逻辑电路的设计

由于译码器的所有输出是由输入变量的全部最小项的非组成的,所以就可以利用与非门组合出全部或部分最小项之和,即可以由 n 线-2^n 线译码器生成任何形式的由 n 变量构成的与或表达式。译码器的编码输入就是逻辑函数的变量输入,进而可以实现任何组合逻辑函数的设计。

【例 5.9】 用 74LS138 和适当的门电路实现一位二进制全减器。

解:全减器可以实现一位被减数与减数、低位借位的二进制减法运算。输入为被减数 A_i、减数 B_i 和表示低位的借位 G_{i-1},输出为本位的差 D_i 及向高位的借位 G_i。

全减器的真值表如表 5.22 所示。

表 5.22 例 5.9 全减器真值表

输 入			输 出	
A_i	B_i	G_{i-1}	D_i	G_i
0	0	0	0	0
0	0	1	1	1
0	1	0	1	1
0	1	1	0	1
1	0	0	1	0
1	0	1	0	0
1	1	0	0	0
1	1	1	1	1

由表 5.22 可以写出差数 D_i 和借位 G_i 的逻辑函数表达式:

$$D_i(A_i, B_i, G_{i-1}) = m_1 + m_2 + m_4 + m_7$$

$$G_i(A_i, B_i, G_{i-1}) = m_1 + m_2 + m_3 + m_7$$

对上述逻辑函数表达式进行适当变换后,可得

$$D_i(A_i, B_i, G_{i-1}) = \overline{\overline{m_1} \cdot \overline{m_2} \cdot \overline{m_4} \cdot \overline{m_7}}$$

$$G_i(A_i, B_i, G_{i-1}) = \overline{\overline{m_1} \cdot \overline{m_2} \cdot \overline{m_3} \cdot \overline{m_7}}$$

由于译码器可以产生输入变量的所有最小项的非,所以可利用 74LS138 产生 m_1、m_2、m_3、m_4、m_7 这 5 个最小项的非,再利用两个与非门,就可实现 D_i 和 G_i 的输出。在这里,全减器的输入变量 A_i、B_i、G_{i-1} 分别要与译码器的输入 A_2、A_1、A_0 相连接,而译码器要处在使能状态,其使能端 S_1 接高电平,$\overline{S}_2$ 和 $\overline{S}_3$ 接低电平,译码器相应的输出端(最小项的非)接 D_i 和 G_i 所需的非门,便可得到所需的输出 D_i、G_i。

全减器的逻辑电路图如图 5.44 所示。

【例 5.10】 用 74LS138 和适当的门电路实现逻辑函数

$$F(A, B, C, D) = \sum m(1, 3, 5, 7, 9, 11, 13, 15)$$

解:由于给定的逻辑函数有四个输入变量,有十六种可能的输入组合,则可以使用四输入十六输出的译码器来实现。

而 74LS138 只是 3 位编码输入的译码器,要实现四位编码输入的译码器,就要利用两

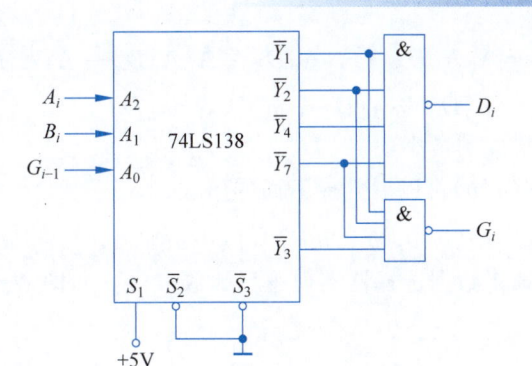

片 74LS138 译码器，即要把两个 3 输入-8 输出的译码器扩展成 4 输入-16 输出的译码器。

对于给定的逻辑函数需作相应的变换：
$$F(A,B,C,D) = \overline{\overline{m_1}\,\overline{m_3}\,\overline{m_5}\,\overline{m_7}\,\overline{m_9}\,\overline{m_{11}}\,\overline{m_{13}}\,\overline{m_{15}}}$$

这样，只要将逻辑函数的 B、C、D 分别接到两片 74LS138 译码器的输入端 A_2、A_1、A_0 上，同时将逻辑函数最高位的输入变量 A 作为两片 74LS138 译码器的片选信号，即可实现该逻辑函数。

将逻辑函数最高位的输入变量 A 作为片选信号有多种办法，在这里，当 A 为 0 时，选中译码器芯片Ⅰ，使其输出 m_1、m_3、m_5、m_7，而译码器芯片Ⅱ不被选中；当 A 为 1 时选中译码器芯片Ⅱ，使其输出 m_9、m_{11}、m_{13}、m_{15}，而译码器芯片Ⅰ不被选中。只要将 A 接到译码器芯片Ⅰ的 $\overline{S_2}$ 上和译码器芯片Ⅱ的 S_1 上，而译码器芯片Ⅰ的 S_1 接高电平，$\overline{S_3}$ 接低电平，译码器芯片Ⅱ的 $\overline{S_2}$ 和 $\overline{S_3}$ 接低电平，就可以实现上述要求。

其逻辑电路图如图 5.45 所示。

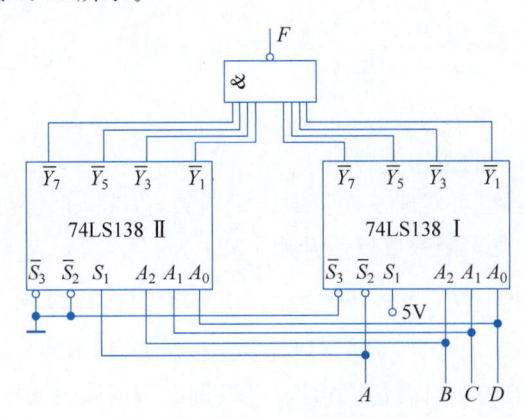

图 5.45 例 5.10 逻辑电路图

通过上面的例子可以看出，利用译码器可以实现多输入多输出的组合逻辑函数，只要将逻辑函数转换成最小项之和的表达形式，再通过两次取反，作相应的变换，选择编码输入个数与逻辑函数输入变量数相同的译码器，经与非门就可实现组合逻辑函数的设计。

2. 利用数据选择器实现组合逻辑电路的设计

我们以双 4 选 1 数据选择器为例，说明如何用数据选择器实现逻辑函数。

其输出逻辑函数可以表示为

$$W = \overline{A}_1\overline{A}_0 D_0 + \overline{A}_1 A_0 D_1 + A_1 \overline{A}_0 D_2 + A_1 A_0 D_3$$
$$= m_0 D_0 + m_1 D_1 + m_2 D_2 + m_3 D_3$$

其中,m_i 是由 A_1,A_0 构成的最小项。

一个二变量函数 $F(a,b)$ 可以展开成下面的形式:

$$F(a,b) = \overline{a}\overline{b}F(0,0) + \overline{a}bF(0,1) + a\overline{b}F(1,0) + abF(1,1)$$

可以发现,若用 4 选 1 数据选择器实现逻辑函数 $F(a,b)$,即 $W = F(a,b)$。

若令

$$A_0 = b$$
$$A_1 = a$$

则

$$D_0 = F(0,0)$$
$$D_1 = F(0,1)$$
$$D_2 = F(1,0)$$
$$D_3 = F(1,1)$$

这说明,在用数据选择器实现逻辑函数时,只要给出函数的真值表或最小项标准式即可。不必进行逻辑化简。

【例 5.11】 用数据选择器实现逻辑函数 $F(a,b) = a\overline{b} + \overline{a}b = m_1 + m_2$。

解:函数有两个变量,可用 4 选 1 数据选择器实现。容易求得

$$F(0,0) = 0, \quad F(0,1) = 1, \quad F(1,0) = 1, \quad F(1,1) = 0$$

将 a 接数据选择器的地址端 A_1,将 b 接地址端 A_0,则数据选择器的数据输入为

$$D_0 = F(0,0) = 0$$
$$D_1 = F(0,1) = 1$$
$$D_2 = F(1,0) = 1$$
$$D_3 = F(1,1) = 0$$

从而得到图 5.46 所示的逻辑电路图。

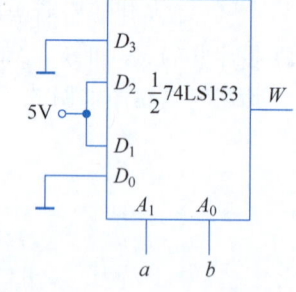

图 5.46 例 5.11 逻辑电路图

用 4 选 1 数据选择器也可实现三变量的逻辑函数,因为,利用展开定理,一个三变量逻辑函数可以展开成下式:

$$F(a,b,c) = \overline{a}\overline{b}\,F(0,0,c) + \overline{a}b\,F(0,1,c) +$$
$$a\overline{b}\,F(1,0,c) + ab\,F(1,1,c)$$

与 4 选 1 数据选择器的逻辑表达式相比,可以得出,若将 a 接 A_1,b 接 A_0,再令

$$D_0 = F(0,0,c)$$
$$D_1 = F(0,1,c)$$
$$D_2 = F(1,0,c)$$
$$D_3 = F(1,1,c)$$

就可用 4 选 1 数据选择器实现三变量的逻辑函数。

【例 5.12】 利用 74LS153 实现逻辑函数 $F(A,B,C) = \sum m(0,3,4,5)$。

解:为简化利用数据选择器进行组合逻辑电路设计的方法,可将该逻辑函数表示在卡

诺图上。根据前面所介绍的用 4 选 1 数据选择器实现三变量逻辑函数的特点，D_0 由 m_0、m_1 决定。在卡诺图上，如果 $m_0=m_1=0$，则表明 D_0 应接 0；如果 $m_0=m_1=1$ 则表明 D_0 应接 1；如果 $m_0=0,m_1=1$ 则说明当 $c=1$ 时 $m_1=1$，表明 D_0 应接 c；如果 $m_0=1,m_1=0$ 则说明当 $c=0$ 时 $m_0=1$，表明 D_0 应接 $\bar{c}$。而 D_1 由 m_2、m_3 决定，D_2 由 m_4、m_5 决定，D_3 由 m_6、m_7 决定，D_i 的取值情况与对 D_0 取值情况的分析相同。

因此，可以在卡诺图上，直接求得利用 4 选 1 数据选择器实现三变量逻辑函数的 D_i 取值，当然，A,B 变量要接到 4 选 1 数据选择器的数据选择端 A_1、A_0。

其卡诺图如图 5.47 所示。

由卡诺图可得：$D_0=\bar{c}$；$D_1=c$；$D_2=1$；$D_3=0$。其电路图如图 5.48 所示。

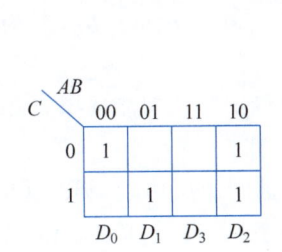

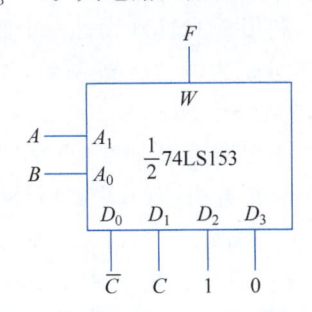

图 5.47　例 5.12 卡诺图　　　图 5.48　例 5.12 逻辑电路图

通过上面的两个例子我们可以看到，当逻辑函数的变量个数与数据选择器地址变量的个数相同或多一位时，可以不附加任何电路，只要提供原、反变量输入，就可以直接用数据选择器来实现该逻辑函数。如果需要设计的逻辑函数的输入端个数比数据选择器地址变量个数多两个以上时，通常需要增加附加门电路来实现。

【例 5.13】 用 4 选 1 数据选择器实现 $F(A,B,C,D)=\sum m(0,1,2,3,4,6,7,13,14)$。

解：很显然，该逻辑函数共有 4 个输入变量而 4 选 1 数据选择器只有两个地址变量输入端，当逻辑变量 A、B 分别接数据选择器地址变量的 A_1、A_0 时，数据选择器的数据输入端 D_i 就要由逻辑变量 C、D 的组合来决定。

该函数的卡诺图如图 5.49 所示。

由卡诺图可知：

当 $AB=00$ 时，$F=1$，所以 $D_0=1$；

当 $AB=01$ 时，F 的输出与 C,D 的组合有关，这时 $F=C+\bar{B}$，假设用与非门实现则 $D_1=\overline{\bar{C}D}$；

当 $AB=10$ 时，$F=0$，则 $D_2=0$；

当 $AB=11$ 时，$F=\bar{C}D+C\bar{D}$，假设可以用异或门实现，则 $D_3=C\oplus D$。

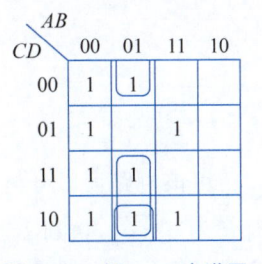

图 5.49　例 5.13 卡诺图

由此，我们可以得到由 4 选 1 数据选择器实现该函数的逻辑电路图如图 5.50 所示。

由于数据选择器只有一个输出端，所以我们常用它来实现单输出端的组合逻辑电路。

3. 利用加法器实现组合逻辑电路的设计

由于加法器的功能主要是完成二进制的加法运算，所以利用加法器来进行组合逻辑电路的设计，就要对逻辑函数进行相应的变换，一般要将其变换成一组变量与另一组变量相加或一组常量在数值上相加的形式，只有这样才能充分利用加法器的功能和特性。

一般当我们设计二进制可逆加减器、十进制加法器、代码转换电路时，可利用加法器来实现。下面我们通过例子来说明。

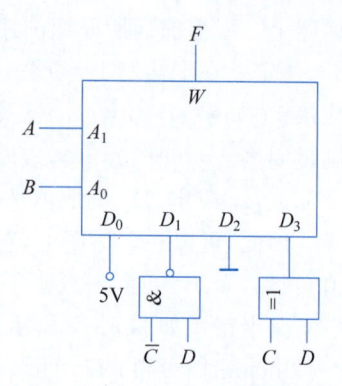

【例 5.14】 利用 74LS283 设计一个四位加法/减法器。

图 5.50 例 5.13 逻辑电路图

解： 设 A、B 分别为四位二进制数，$A=a_3a_2a_1a_0$，$B=b_3b_2b_1b_0$，A 为被加数或被减数，B 为加数或减数，$S=S_3S_2S_1S_0$，S 为和或差。

由于该加法/减法器具备加、减两种功能，因此要设定一个功能选择变量 M，假设 $M=0$ 时作加法，$M=1$ 时作减法，而减法要用补码来进行运算。

由于四位二进制加法器 74LS283 本身就具备二进制加法功能，所以这里我们主要是在其基础之上实现减法功能。由于通过补码表示可以把减法变成加法运算，所以主要工作就是将 $-B$ 如何变成补码。由于补码可通过按位取反、末位加 1 的方法来实现，因此我们利用异或门来实现各位取反，再利用 74LS283 的低位进位 C_0 端为 1，实现末位加 1。将低位进位 C_0 端连上功能选择变量 M，且 $M=0$ 实现加法，$M=1$ 实现减法，进而实现该加法/减法器。其逻辑电路如图 5.51 所示。

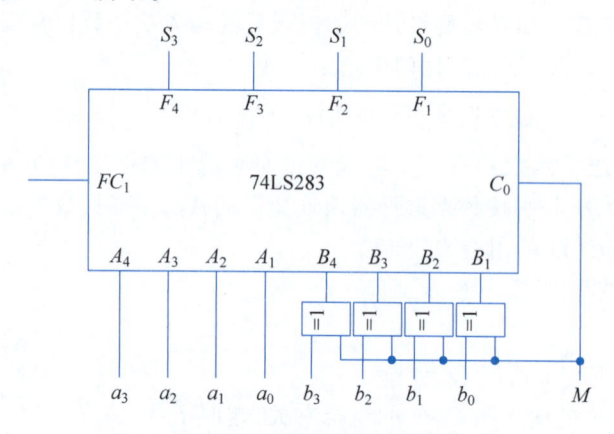

图 5.51 四位加法/减法器

由该电路可以分析出，当 $M=0$ 时，$b_i\oplus 0=b_i$，完成的是 $A+B$ 的加法功能；当 $M=1$ 时，$b_i\oplus 1=\overline{b_i}$，送到 B_i 端的数值为 $\overline{b_i}$，即 B 的反码，又因 $M=1$ 送了 C_0，在作加法的同时完成了末位加 1 的工作。所以当 $M=1$ 时实现了 $A+(-B)$ 的减法功能。

【例 5.15】 用四位并行二进制加法器 74LS283 设计一位 8421BCD 码十进制加法器。

解： 设 A、B 分别为一位 8421BCD 码，$A=A_3A_2A_1A_0$ 为被加数，$B=B_3B_2B_1B_0$ 为加数，$S=S_3S_2S_1S_0$ 为和。

当利用 74LS283 进行 $A+B$ 的工作时，由于 A、B 为 8421BCD 码，而 74LS283 实现的是四位二进制加法功能，所以，所得到的结果需要调整。当 8421BCD 码 A、B 相加有进位时，表明该进位为十六，而一位十进制数相加时的进位为 10，所以要在十进制数个位上进行加 6 调整；而 A、B 相加有时还可能出现这种情况，即十进制的个位出现了非 8421BCD 码的冗余码，而出现冗余码的原因是本应逢十进一，向上进位，但由于加法器是四位二进制加法器，四位二进制数相加向上进位为逢十六进位，这样为保证出现冗余码时能够进位（逢十进一），也需要进行加 6 调整。

一位 8421BCD 码加法器的逻辑电路图如图 5.52 所示。

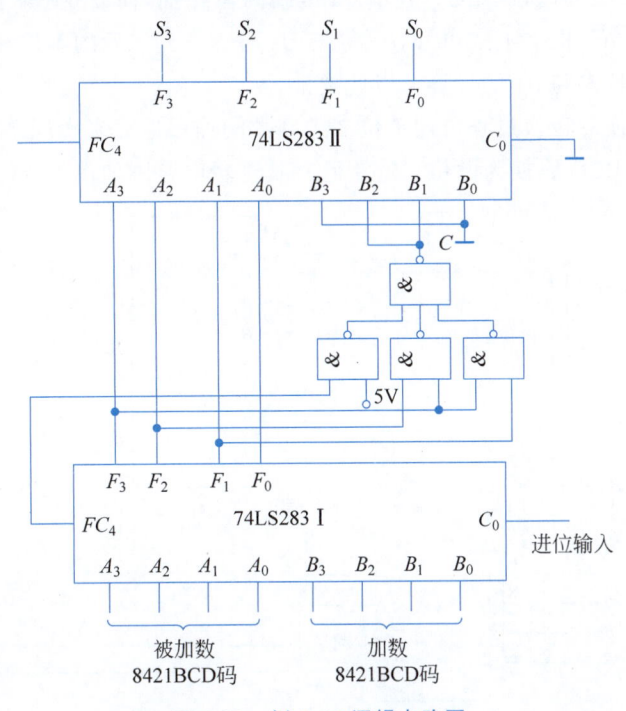

图 5.52 例 5.15 逻辑电路图

在图 5.52 中，两位十进制数及低位进位首先在 74LS283 I 中相加，相加的结果需要进行调整，根据前面的分析，调整要加 6，即当 74LS283 I 的 FC_4 为 1 或结果为冗余码时，要在 74LS283 I 的结果上加 6，所以需要另一片 74LS283 II 完成加 6 操作。

由图 5.52 可知，C 端的输出为 $C = FC_4 + F_3 F_2 + F_3 F_1$。

该式表明，当 74LS283 I 的 FC_4 为 1 时，需要加 6 调整或 74LS283 I 的 $F_3 F_2$ 同时为 1（74LS283 I 输出的结果为 1100，1101，1110，1111）或 $F_3 F_1$ 同时为 1（74LS283 I 输出结果为 1010，1011）需要加 6 调整，即有冗余码输出时进行加 6 调整。

而将 C 端接到 74LS283 II 的 $B_2 B_1$ 端，同时 B_3 和 B_0 接地，则可在 74LS283 II 上实现根据 C 端的输出对 74LS283 I 的输出进行加 6 调整。

【例 5.16】 把用 8421BCD 码表示的两位十进制数转换成二进制数。

解：设有一个两位的十制数 D，其 BCD 码为 $D = B_{80} B_{40} B_{20} B_{10} B_8 B_4 B_2 B_1$，将此式按权展开：

$$D = B_{80} \times 80 + B_{40} \times 40 + B_{20} \times 20 + B_{10} \times 10 + B_8 \times 8 + B_4 \times 4 + B_2 \times 2 + B_1 \times 1$$
$$= B_{80} \times (64 + 16) + B_{40} \times (32 + 8) + B_{20} \times (16 + 4) + B_{10} \times (8 + 2) +$$
$$B_8 \times 8 + B_4 \times 4 + B_2 \times 2 + B_1 \times 1$$

$$= B_{80} \times 2^6 + B_{40} \times 2^5 + (B_{80} + B_{20}) \times 2^4 + (B_{40} + B_{10} + B_8) \times 2^3 +$$
$$(B_{20} + B_4) \times 2^2 + (B_{10} + B_2) \times 2^1 + B_1 \times 2^0$$

该式说明,两位十进制数对应七位二进制数。设该七位二进制数为

$$b_6 \quad b_5 \quad b_4 \quad b_3 \quad b_2 \quad b_1 \quad b_0$$

则 $b_6, b_5, b_4, b_3, b_2, b_1, b_0$ 可根据上式求得。例如 b_1 对应 $B_{10} + B_2$。这可用全加器实现。但必须注意,相加产生的进位(用 J_1 表示)要送到高位相加,而 b_1 则等于 $B_{10} + B_2$ 的本位和。b_1 的高一位是 b_2,根据上式可知,b_2 等于 $B_{20} + B_4 + J_1$ 后的本位和,而三数相加产生的进位还要送到高位参与 b_3 的计算。以此类推。

可见该代码变换的转换过程可用 7 位二进制数的加法运算来实现。使用 2 片 4 位全加器就可将二位 8421BCD 码换为七位二进制码。其逻辑电路图如图 5.53 所示。

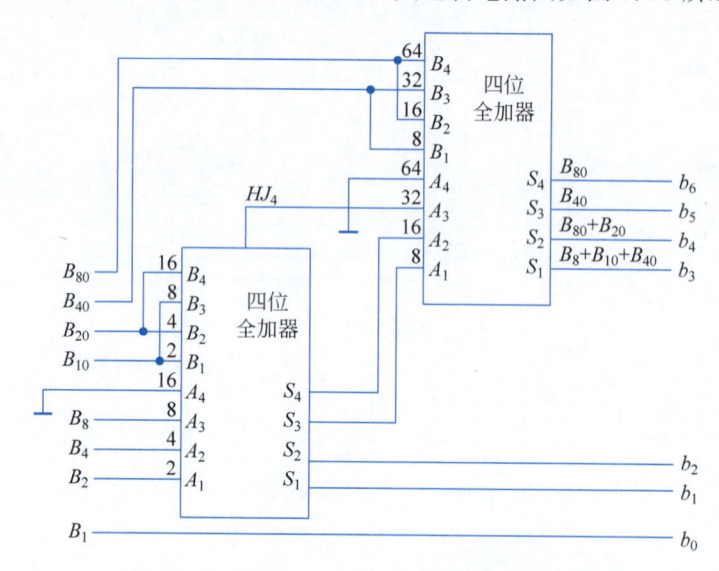

图 5.53 8421BCD 码转换为二进制码的逻辑电路图

5.10 组合逻辑电路的竞争与冒险

在本章,我们讨论了几种常用的组合逻辑电路。讨论的着眼点在于电路的输出信号与输入信号之间的逻辑关系。"输入信号"和"输出信号"指的是逻辑电路中的稳定状态。由于各种组合电路对输入信号都有延迟,因此,当输入信号发生变化并进入稳定状态时,输出信号并不能马上进入稳定状态,而要经过一个时间段。在这个时间段中,输出信号将发生怎样的变化,并没讨论。在本节中,我们将讨论这个问题。

我们在 Logisim 中绘制电路图,观察信号延迟的传播过程。如图 5.54 所示,与门的输入为原信号和原信号的非,按逻辑分析,输出端应为 0。若输入信号为 0,该信号经过非门后为 1,与原信号 0 在与门相遇,此时输出值显然为 0。但当电路输入从 0 变为 1 时,由于非门的延迟存在,非门的输出不会对输入信号立刻做出反应,与门将短暂地获得两个信号:①来自信号源

图 5.54 信号延迟示意图

处的信号 1；②来自非门传输的信号 1(非门延迟输出 0)。在这短暂时刻里，与门接收到的是两个 1，所以输出端会短暂输出 1，之后才恢复输出 0。用单步调试的方法可以观察到信号短暂的波动。

可见，在组合逻辑电路中，当输入信号发生变化时，这种变化可能经过不同的途径到达电路中同一个门的不同输入端。由于不同途径的延迟时间不同，到达就有先有后。我们把这种现象叫作"竞争"。

由于竞争的存在，在输出信号达到稳定之前，可能出现短暂的错误输出。但不是每一次竞争都会产生错误输出。我们把能产生错误输出的竞争称为"临界竞争"；把不能产生错误输出的竞争称为"非临界竞争"。

当组合逻辑电路中有临界竞争时，输入信号的变化会引起短暂的错误输出。我们把这种输出端出现短暂错误输出的现象称为"冒险"，或"险象"。

组合电路中的冒险可分为"静态冒险"和"动态冒险"两大类。

1. 静态冒险

如果根据组合电路的逻辑关系，假设当输入信号由一种取值变为另一种取值时，输出信号不应发生变化，可是输出却产生了短暂的错误输出。我们把这种现象称为"静态冒险"，或"静态险象"。静态冒险又分为"0"态冒险和"1"态冒险。

1)"0"态冒险

在图 5.55(a)所示的电路中，电路的逻辑关系是 $F=AB+\bar{A}C$。

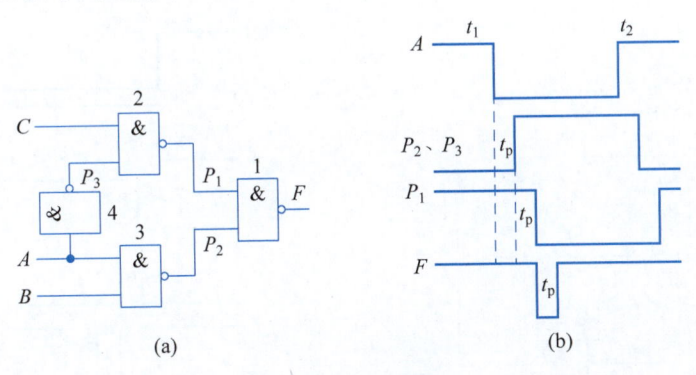

图 5.55 "0"态冒险

当 $B=C=1$ 时 $F=A+\bar{A}=1$。

这说明，当 $B=C=1$ 时，不论 A 为何值，F 都为 1。请注意，这里显然没有考虑门的延迟时间。

当考虑门的延迟时间时，若 A 发生变化，这一变化到达门 1 的输入端 P_1 要经过门 2、门 4 两个门的延迟，这里假定每个门的延迟时间都相等；而到达门 1 的输入端 P_2 只经过门 3 一个门的延迟。这就会产生竞争，其结果就可能出现冒险。我们用图 5.55(b)中的波形图来分析。设各门的延迟时间相同，都是 t_p。在 t_1 时刻，A 由 1 变为 0。这一变化会使门 1 的输入端 P_1 由 1 变为 0。但要经过门 2 和门 4 两个门的延迟时间($2t_p$)才能完成；同时，A 的这一变化会使门 1 的输入端 P_2 由 0 变为 1，但要经过门 3 一个门的延迟时间(t_p)才能完成。由于 P_1 和 P_2 的变化不同时发生，就使输出 F 产生一个宽度为 t_p 的负脉冲信号。这就是一次冒险。我们称这种 1→0→1 式的冒险为"0"态冒险。同时又把这种错误的输出信号称为"毛刺"。"0"态冒险又称为"偏1型冒险"。

我们再看 t_2 时刻。A 由 0 变为 1，竞争仍然存在，但从波形图上看，没有产生冒险。这说明有竞争并不一定出现冒险。

2)"1"态冒险

图 5.56(a)所示电路的逻辑关系是 $F=(A+B)\overline{A}$。当 $B=0$ 时，$F=A\overline{A}=0$，无论 A 取何值都有 $F=0$。在 t_1 时刻，A 由 1 变为 0。由于门 1 的输入 A 和 P 的变化不同时发生，使输出 F 产生一个宽度为 t_p 的正脉冲信号。称这种 0→1→0 式的冒险为"1"态冒险。

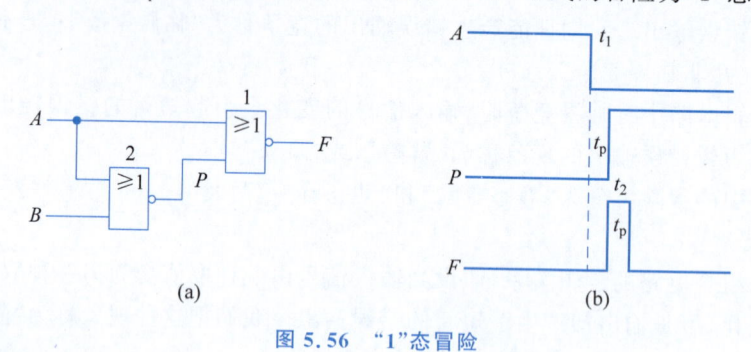

图 5.56 "1"态冒险

2. 动态冒险

在图 5.57(a)所示的电路中，当 $B=0$ 时：$F=C\oplus\overline{A+\overline{A}}=C\oplus 0=C$。

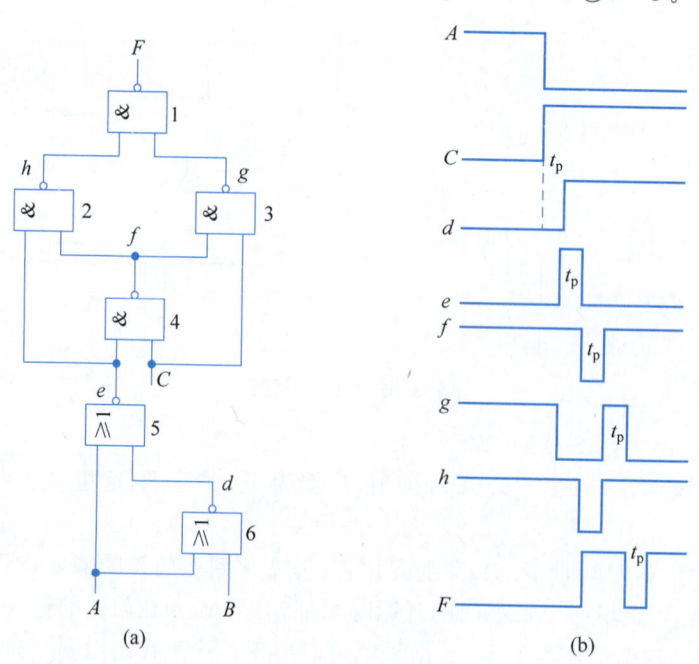

图 5.57 动态冒险

若 AC 由 10 变为 01，则 F 应由 0 变为 1。当考虑门的延迟时间时，可得图 5.57(b)的波形图。

由波形图可见，AC 由 10 变为 01 时，首先是 A 的变化在 e 端产生一次"1"态冒险。再经过门 1~门 4 组成的异或门后，F 就产生了 0→1→0→1 的变化。这也是一次冒险，但和静态冒险又有区别,我们称为"动态冒险"。一般地,在组合电路中,当输入信号发生变化时,若根据电路的逻辑关系输出信号应有变化,但在变化过程中出现短暂错误输出,我们称这种现象为"动态冒险"或"动态险象"。

动态险象和静态险象一样,也是竞争的结果。动态险象往往是由静态险象发展来的。所以发现和排除了静态险象,也就消除了动态险象。

3. 竞争冒险的确定方法

竞争和冒险是不同的概念,但它们之间又有联系。冒险是竞争的结果,竞争是产生冒险的条件。为可靠地找到冒险发生的部位,又不使讨论太烦琐,我们把竞争和冒险结合起来,作为一种可能性来讨论。判别竞争冒险有以下两种可行的方法。

1) 判别式法

我们已经知道,当一个组合电路的逻辑表达式可以化为 $F=A \cdot \overline{A}$ 的形式时,电路就可能出现"1"态冒险;而当逻辑表达式可以化为 $F=A+\overline{A}$ 的形式时,电路可能出现"0"态冒险。这就是判断竞争冒险的两个判别式。观察这两个判别式可以发现,只有当同一个变量以原变量和反变量两种形式出现在电路的逻辑表达式中时,电路才可能出现竞争冒险。因此判别式法应用的步骤是:

(1) 找出在表达式中以原变量和反变量两种形式出现的变量;

(2) 消去式中其他变量,仅保留被研究的变量,若能得到上述两种判别式中的一种,就说明电路中存在竞争冒险。

例如,某组合电路的逻辑表达式为 $F=AB+\overline{A}C$。

变量 A 以 A 和 $\overline{A}$ 两种形式出现,故研究变量 A 的变化是否会产生竞争冒险。

$BC=00$ 时,$F=0$;

$BC=01$ 时,$F=\overline{A}$;

$BC=10$ 时,$F=A$;

$BC=11$ 时,$F=A+\overline{A}$。

说明当 $BC=11$ 时,变量 A 的变化会引起竞争冒险。

2) 卡诺图法

我们仍以逻辑表达式 $F=AB+\overline{A}C$ 为例来说明。图 5.58 是 F 的卡诺图。代表与项 AB 和 $\overline{A}C$ 的卡诺圈"相切"。

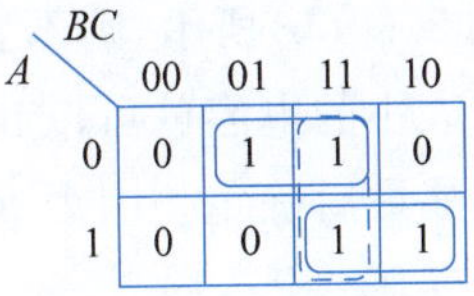

当 $BC=11$ 时,若 $A=1$,与项 $AB=1$,从而使 $F=1$;若 $A=0$,与项 $\overline{A}C=1$ 从而使 $F=1$。在电路中,AB 和 $\overline{A}C$ 各对应一个门。因此,当 A 由 1 变为 0 时,若由于竞争使 AB 对应的门输出变为 0 时,$\overline{A}C$ 对应门的输出还没有变为 1,就会产生"0"态冒险。

图 5.58 卡诺图法

因此,当卡诺图上两与项对应的卡诺圈"相切"时,就存在竞争冒险。这就是卡诺图法判断竞争冒险的准则。

4. 竞争冒险的消除

在数字电路中,当电路的某一部分存在竞争冒险时,有的电路可能无法正常工作,而在另一些电路中,电路的正常工作并不受影响。因此,当竞争冒险的存在危及电路的正常工作时,就必须设法消除竞争冒险。这里有三种可供选择的办法。

(1) 修改逻辑设计。这种方法的实质就是在原函数上加上冗余项,使函数式不能化成 $A+\bar{A}$ 或 $A \cdot \bar{A}$ 的形式。

寻找冗余项有两种方法。

① 代数法:利用公式 $AB+\bar{A}C=AB+\bar{A}C+BC$ 来寻找冗余项 BC。

例如,上面例子中 $F=AB+\bar{A}C$,当 $BC=11$ 时,可化为 $A+\bar{A}$ 的形式。但加上冗余项 BC 后 $F=AB+\bar{A}C+BC$,当 $BC=11$ 时,$F=1$,因此就消除了竞争冒险。

② 卡诺图法:利用卡诺图寻找冗余项。具体做法是在卡诺图上用一个多余的卡诺圈将两相切的圈连接起来。而将这多余的卡诺圈对应的与项加到电路的函数表达式当中。例如图 5.58 卡诺图中,虚线圈是后添上去的多余的卡诺圈,它的与项恰为冗余项,这样就消除了竞争冒险。

很明显,代数法和卡诺图法只是寻找冗余项的方法不同而已。

【例 5.17】 试用增加冗余项的代数法消除函数 $F=AB+\bar{A}C$ 的竞争冒险。

解:当 $B=C=1$ 时,$F=A+\bar{A}$,故可能产生竞争冒险。

由包含律可知

$$F=AB+\bar{A}C=AB+\bar{A}C+BC$$

其中,BC 就是所增加的冗余项。

【例 5.18】 试用增加冗余项的卡诺图法消除函数 $F=\bar{A}C+B\bar{C}D+A\bar{B}\bar{C}$ 的竞争冒险。

解:作出函数的卡诺图,如图 5.59 所示。由图可知,三个卡诺圈两次相切,因此增加两个冗余项,它们分别为虚线卡诺图所对应的与项,即 $\bar{A}BD$ 和 $A\bar{C}D$。为消除竞争冒险,函数则为 $F=\bar{A}C+B\bar{C}D+A\bar{B}\bar{C}+\bar{A}BD+A\bar{C}D$。

AB\CD	00	01	11	10
00	0	0	1	1
01	0	1	1	1
11	0	0	1	0
10	1	1	0	0

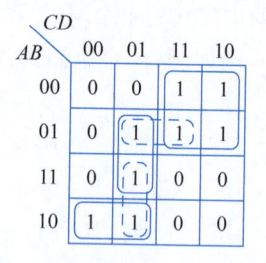

图 5.59 例 5.18 的卡诺图

(2) 增加惯性延时环节。

图 5.60(a)中的电路就是一个惯性延时环节,即一个 RC 低通滤波器。其时间常数为 $\tau=RC$。将它接在可能产生竞争冒险的门的输出端。当 τ 与毛刺的宽度相比足够大时,毛刺的幅值可被压到足够小,如图 5.60(b)所示,则不会影响电路的正常工作。由于电路本身有输出电阻,因此只接一个适当大小的电容就可以起到消除冒险的作用。在实际设计电路时,R 和 C 的大小要经过实验才能最后确定。因为 RC 值太小就起不到消除毛刺的用;RC 值太大则会使输出信号的边沿变坏。

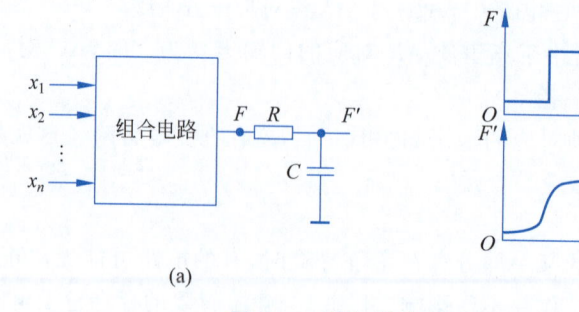

图 5.60 增加惯性延时环节

(3) 加选通信号。

这种方法的实质就是设法保证在毛刺出现时,禁止输出信号送到下级电路;当毛刺消失后,再把输出信号送到下级电路。

以图 5.56 所示电路为例,将这个电路重画如图 5.61 所示。所不同的是,在输出可能出现毛刺的门 1 的输入端增加一个选通信号 T。如图 5.61 所示,信号 T 要满足在有毛刺时 $T=1$,封闭门 1;当毛刺过去后,$T=0$,门 1 被"选通"。这样,F 端就不会出现"1"态冒险。

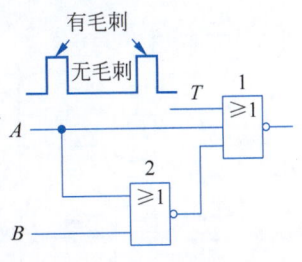

图 5.61 加选通信号的电路

习题 5

5.1 将下列函数简化,并用"与非"门和"或非"门画出逻辑电路图。

(1) $F(A,B,C) = \sum m(0,2,3,7)$

(2) $F(A,B,C) = \prod M(3,6)$

(3) $F(A,B,C,D) = A\bar{B} + A\bar{C}D + \bar{A}C + B\bar{C}$

(4) $F(A,B,C,D) = \overline{AB} + \bar{A}C + \bar{B}CD$

5.2 将下列函数简化,并用"与或非"门画出逻辑电路图。

(1) $F(A,B,C) = AB + (A\bar{B} + \bar{A}B)C$

(2) $F(A,B,C,D) = \sum m(1,2,6,7,8,9,10,13,14,15)$

5.3 分析图 5.62 所示逻辑电路图,并说明其逻辑功能。

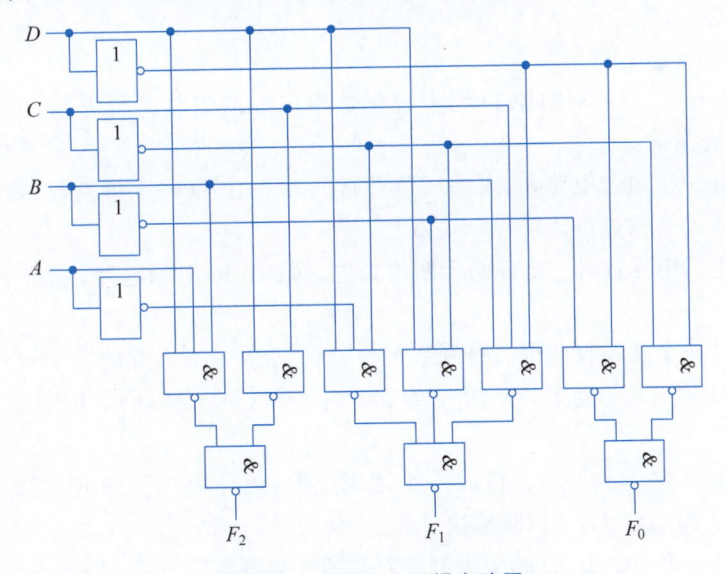

图 5.62 习题 5.3 逻辑电路图

5.4 试分析图 5.63 所示的码制转换电路的工作原理。

5.5 当输入变量取何值时,图 5.64 中各逻辑电路图等效。

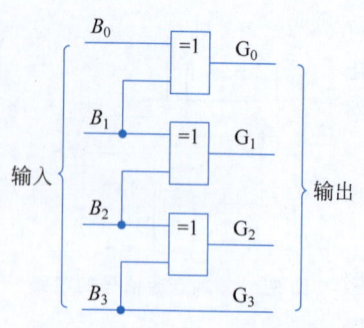

图 5.63　习题 5.4 逻辑电路图

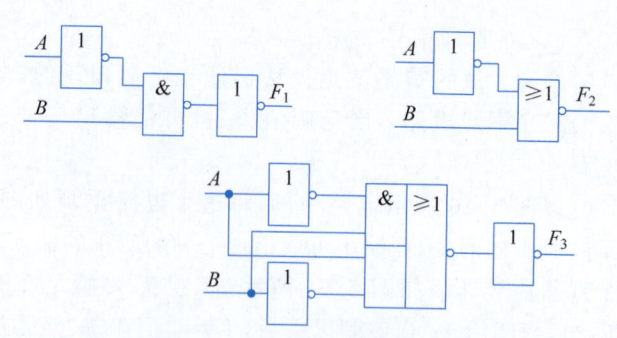

图 5.64　习题 5.5 逻辑电路图

5.6　假设 x 为 8421BCD 码，写出下列问题的判断条件：

(1) $5 < x \leqslant 13$；　　　　　　(2) $1 \leqslant x \leqslant 9$。

5.7　设二进制补码 $[x]_补 = x_0.x_1x_2x_3x_4$，分别写出下列要求的判断条件：

(1) $\dfrac{1}{2} \leqslant x$ 或 $x < -\dfrac{1}{2}$

(2) $\dfrac{1}{4} \leqslant x < \dfrac{1}{2}$ 或 $-\dfrac{1}{2} \leqslant x < -\dfrac{1}{4}$

(3) $\dfrac{1}{8} \leqslant x < \dfrac{1}{4}$ 或 $-\dfrac{1}{4} \leqslant x < -\dfrac{1}{8}$

(4) $0 \leqslant x < \dfrac{1}{8}$ 或 $-\dfrac{1}{8} \leqslant x < 0$

5.8　假定 $X = AB$ 代表一个两位二进制正整数，用"与非"门设计满足如下要求的逻辑电路（Y 也用二进制数表示）。

(1) $Y = X^2$

(2) $Y = X^3$

5.9　设计一个一位 8421BCD 码十进制数乘以 5 的组合逻辑电路，电路的输出也为 8421BCD 码十进制数。

5.10　设计一个组合电路，输入为一位并行的 8421BCD 码十进制数，输出为该一位十进制数 4 舍 5 入的舍入进位。

5.11　自选门电路设计：比较两个四位二进制数 A 和 B 的电路，要求当 $A = B$ 时，输出 $F = 1$。

5.12　设计一个能接收两位二进制数 $Y = y_1y_0$，$X = x_1x_0$，并输出 $Z = z_1z_2$ 的逻辑电路。当 $Y = X$ 时，$Z = 11$；当 $Y > X$ 时，$Z = 10$；当 $Y < X$ 时，$Z = 01$。用"与非"门实现该逻辑电路。

5.13　已知 $[x]_原 = x_0x_1x_2$，设计一个逻辑电路，以原码作为输入，要求：当 $AB = 01$ 时，其输出反码；当 $AB = 10$ 时，其输出补码。

5.14　设计一个 8421BCD 码十进制数对 9 的变补电路。要求：写出真值表；给出最简逻辑表达式；画出电路图。

5.15　用与非门设计一个将 2421 码转换成 8421BCD 码的转换电路。

5.16　用与非门设计一个将余 3 码转换成七段数字显示器代码的转换电路。

5.17 设计一个组合逻辑电路,其输入为三位二进制数 $A=A_2A_1A_0$,输出也为一个三位二进制数 $Y=Y_2Y_1Y_0$。当 $A<2$ 时,$Y=0$;当 $2\leqslant A<5$ 时,$Y=A+3$;当 $A>5$ 时,$Y=A-3$。要求用与非门实现该电路。

5.18 某组合电路有四个输入 A、B、C、D(表示 4 位二进制数,A 为最高位,D 为最低位),两个输出 X 和 Y。当且仅当该数被 3 整除时,$X=1$;当且仅当该数被 4 整除时,$Y=1$。写出该逻辑函数的真值表和逻辑函数表达式,画出最简逻辑电路。

5.19 试设计一个宠物饮水自动添水装置,通过传感器监测水位高度。水位高度用 0~9 格来表示。当水位高度不低于 5 格时,表示水量充足,不需要添水,指示灯为绿色;当水位处于 2~5 格之间时,表示水位已不足,指示灯变为黄色;水位低于 2 格时,表示缺水,红色指示灯亮。水位为 0 时,自动加水到满格。试用或非门设计此报警器的控制电路。

5.20 判断下列电路是否存在冒险,并消除可能出现的冒险。

(1) $F_3(A,B,C,D)=\overline{A}CD+AB\overline{C}+ACD+\overline{A}BC$

(2) $F_4(A,B,C)=(A+\overline{B})(\overline{A}+\overline{C})$

第 6 章 集成触发器

CHAPTER 6

触发器是数字系统的基本逻辑单元,本章首先介绍触发器的基本形式 R-S 触发器,然后按照触发方式的不同,分别介绍电平触发式触发器、主从触发式触发器及边沿触发式触发器,并介绍不同逻辑功能的触发器间的转换。

6.1 基本 R-S 触发器

视频 42

在数字系统中,需要对二值信号进行算术运算和逻辑运算,同时还需要将二值信号和运算结果保存起来。为此,需要用具有记忆功能的基本逻辑电路来实现上述功能。

能够存储一位二值信号的基本逻辑电路统称为触发器(Flip-Flop),由门电路组合而成。为实现记忆一位二值信号的功能,触发器必须具备两个基本特点。

(1) 具有两个能自行保持的稳定状态,即 0 态和 1 态,分别用来表示逻辑状态 0 和 1,或表示二进制数 0 和 1。

(2) 在触发器信号的作用下,触发器根据不同的输入信号可以置为 1 或 0 状态。或者说,触发器的状态可以由输入信号来改变。

电路结构是指电路中门电路的种类及组合方式。因为采用的电路结构不同,触发器的触发方式也不一样。触发方式是指改变触发器状态的控制方式,分为电平触发、主-从触发(脉冲触发)和边沿触发三种。在不同触发方式下,当触发信号到达时,触发器的状态转换过程具有不同的动作特点。掌握这些动作特点对正确使用触发器是非常必要的。

逻辑功能是指触发器状态和输入信号之间在稳态下的逻辑关系。触发器的逻辑功能在细节上也有所不同,按逻辑功能进行分类,有 R-S 触发器、D 触发器、J-K 触发器、T 触发器。需要指出的是,同一种触发方式可以实现不同逻辑功能的触发器,例如,用边沿触发方式既可实现 D 触发器,也可以实现 J-K 触发器;同一逻辑功能的触发器可以用不同的触发方式来实现,例如,J-K 触发器既有主-从触发方式,也有边沿触发方式。

触发器作为存储元件是具有记忆功能的电子器件。触发器有高低电平的输出,如果触发器的输出端 Q 输出为高电平时,称为"1"状态,反之,称为"0"状态。另一个输出端 $\bar{Q}$ 与 Q 正好相反,如果 Q 为高,那么 $\bar{Q}$ 必为低,反之,如果 Q 为低,则 $\bar{Q}$ 必为高,即 Q 与 $\bar{Q}$ 为两个互补输出端。对于触发器来说,状态是至关重要的,触发器每改变一次状态,称为"翻转"。触发器在接收输入信号前,所处的某种状态(1 或 0 状态)称为现态;触发器接收输入信号后的状态叫作次态。现态常用 Q 或 Q^n 表示,次态用 Q^{n+1} 表示。现态和次态是两个相邻离散时间里触发器输出端的状态。

6.1.1 基本 R-S 触发器结构

基本 R-S 触发器又叫作 R-S 锁存器,R 表示复位(Reset),S 表示置位(Set)。基本 R-S 触发器是构成各种复杂结构触发器的基本组成部分,它可以由与非门构成,也可以由或非门构成。

由与非门构成的基本 R-S 触发器如图 6.1 所示,图 6.1(a)为逻辑结构图,图 6.1(b)为逻辑符号。R 和 S 是触发器的两个输入端。S 为置 1 端,又称置位端;R 为置 0 端,又称复位端。逻辑符号 R 和 S 端的圆圈表示低电平有效,或称作输入信号负跳变有效,即输入端 R 或 S 为低电平(或负跳变)时,触发器的状态发生变化(也称翻转)。Q 和 $\bar{Q}$ 是两个互补输出端,它们决定了触发器的状态。即当 $Q=1$,$\bar{Q}=0$ 时,称触发器为 1 状态;当 $Q=0$,$\bar{Q}=1$ 时,称触发器为 0 状态。

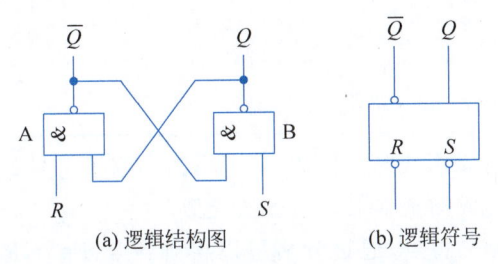

(a) 逻辑结构图 (b) 逻辑符号

图 6.1 由与非门构成的基本 R-S 触发器

由于触发器只有两个输入端,所以 R 和 S 只有四种组合情况。下面分四种情况来分析基本 R-S 触发器输出和输入的逻辑关系。

(1) 当 $S=0$,$R=1$ 时,触发器置 1。

由与非门的逻辑功能可知,不管触发器的现态是 1 态还是 0 态,只要 $S=0$,$R=1$,触发器的次态 Q^{n+1} 为 1,即 $Q^{n+1} = \overline{Q^n \cdot S} = \overline{X \cdot 0} = 1$。这种工作过程称作触发器置 1。

(2) 当 $S=1$,$R=0$ 时,触发器置 0。

这时不管触发器的现态是 1 态还是 0 态,同样由与非门的逻辑功能可知,只要 $S=1$,$R=0$,触发器的次态 Q^{n+1} 则为 0 态。因 $R=0$,故 $\bar{Q}^n=1$,则 $Q^{n+1} = \overline{\bar{Q}^n \cdot S} = \overline{1 \cdot 1} = 0$。这种工作过程称作触发器置 0。

(3) 当 $S=1$,$R=1$ 时,触发器状态不变。

如果触发器的现态为 0 态,则 $\bar{Q}^n=1$;由于 $S=R=1$,所以 A 门输出为 1,B 门输出为 0,即触发器保持原来 0 态。如果触发器的现态 $Q^n=1$,则 $\bar{Q}^n=0$;而 $S=R=1$,所以 A 门的输出为 0,B 门的输出为 1,即触发器仍为 1 态。这种工作过程称作触发器保持原来状态,即 $Q^{n+1}=Q^n$。

(4) 当 $S=0$,$R=0$ 时,触发器状态不确定。

如果触发器的两个输入端同时为低电平,两个输出端 $Q=\bar{Q}=1$。这不是触发器的正常状态,既非 0,又非 1 状态,没有实际意义。这时如果将 S 和 R 的低电平信号撤掉,即全都变为高电平,此刻 A 门和 B 门的输入全都为高电平 1,根据与非门的功能,两个门的输出都有可能变为 0。但是，由于门电路元件受各种环境因素影响，两个门的输出时间不可能完全一致，将导致一个门先变为 0，但究竟哪一个门先变为 0 是不可预知的，因为这与每个门电路元件的性能和当时的环境因素有关，这时触发器的状态是稳定的，可能为 1 态或 0 态。由于触发器的状态究竟是 1 态还是 0 态是不可预知的，故称这种工作过程为不确定状态。

上述四种工作过程可用表 6.1 表示。其中，"×"表示状态不确定。

表 6.1 R-S 触发器（与非门）状态转换真值表

S	R	Q^n	Q^{n+1}
0	0	0	×
0	0	1	×
0	1	0	1
0	1	1	1
1	0	0	0
1	0	1	0
1	1	0	0
1	1	1	1

基本 R-S 触发器也可以由或非门构成，其逻辑图和逻辑符号如图 6.2 所示。其工作原理的分析过程和与非门构成的基本 R-S 触发器类似。

根据或非门逻辑功能的特点，通过分析可以得到：当 $S=0, R=1$ 时，触发器置 0；当 $S=1, R=0$ 时，触发器置 1；当 $S=1, R=1$ 时，触发器状态不确定；当 $S=0, R=0$ 时，触发器状态不变。由或非门构成的 R-S 触发器状态转换真值表见表 6.2。

表 6.2 R-S 触发器（或非门）状态转换真值表

S	R	Q^n	Q^{n+1}
0	0	0	0
0	0	1	1
0	1	0	0
0	1	1	0
1	0	0	1
1	0	1	1
1	1	0	×
1	1	1	×

由上面的分析可以看出，由与非门构成的基本 R-S 触发器对于输入端 R 和 S 低电平 0 为有效电平，而由或非门构成的基本 R-S 触发器对于输入端 R 和 S 高电平 1 为有效电平。

无论是由与非门构成的基本 R-S 触发器还是由或非门构成的基本 R-S 触发器，当 R 为有效电平而 S 为无效电平时，则基本 R-S 触发器的次态置 0；当 S 为有效电平而 R 为无效电平时，基本 R-S 触发器的次态置 1；当 R 和 S 都为有效电平时，则基本 R-S 触发器的次态不确定；当 R 和 S 都为无效电平时，则基本 R-S 触发器的次态不变。

由图 6.1(a) 和图 6.2(a) 可见，在触发器中输入信号直接加在输出门上，所以输入信号 S、R 在全部作用时间里，都能直接改变输出端 Q 和 $\overline{Q}$ 的状态。正因为如此，也将 S 称为直

(a) 逻辑结构图　　　　(b) 逻辑符号

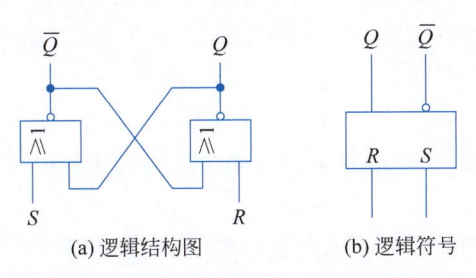

图 6.2　或非门构成的基本 R-S 触发器

接置位端，将 R 称为直接复位端，并且这类电路称为直接置位、复位锁存器。

6.1.2　触发器的功能描述方法

触发器的功能描述可通过状态转移真值表、特征方程、激励表、状态图和时序图等方法给出，下面对这些触发器的功能描述方法进行介绍。

1. 状态转移真值表

表 6.1 是以 Q^{n+1} 为逻辑函数，以 S,R 和 Q^n 为逻辑变量，由与非门构成的基本 R-S 触发器的真值表。因它表明了触发器的状态转移过程，所以称作状态转移真值表。

该状态转移真值表可以进行化简，以 S,R 为逻辑变量，以 Q^{n+1} 为逻辑函数。其简化表如表 6.3 所示。该简化表更直观明确地表明了触发器的状态转移过程。表 6.4 是由或非门构成的基本 R-S 触发器状态转移的真值简化表。

表 6.3　R-S 触发器（与非门）状态转移真值简化表

S	R	Q^{n+1}
0	0	×
0	1	1
1	0	0
1	1	Q^n

表 6.4　R-S 触发器（或非门）状态转移真值简化表

S	R	Q^{n+1}
0	0	Q^n
0	1	0
1	0	1
1	1	×

2. 特征方程

描述触发器逻辑功能的逻辑函数表达式称为特征方程，或称状态方程、次态方程。由状态转移真值表可以得出基本 R-S 触发器的卡诺图，由与非门构成的基本 R-S 触发器的卡诺图如图 6.3 所示。化简后，可得 $Q^{n+1} = \overline{S} + RQ^n$。但触发器的输入是有条件的，两个输入端 R 和 S 中至少有一个为高电平 1，不能同时为有效电平，即应满足条件 $S + R = 1$，此式称作约束条件。因此，由与非门构成的基本 R-S

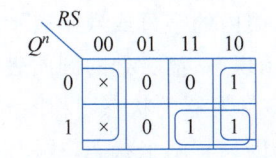

图 6.3　由与非门构成的基本 R-S 触发器的卡诺图

触发器的特征方程为

$$\begin{cases} Q^{n+1} = \bar{S} + RQ^n \\ S + R = 1 \end{cases}$$

同样可以得到由或非门构成的基本 R-S 触发器的特征方程为

$$\begin{cases} Q^{n+1} = S + \bar{R}Q^n \\ S \cdot R = 0 \end{cases}$$

其中 $S \cdot R = 0$ 为约束条件。为保证触发器有确定的状态，S,R 中至少有一个为低电平 0。

3. 激励表

激励表是表示触发器从 Q^n 态变为 Q^{n+1} 态所需的输入信号状态的表格。

它可以很方便地从状态转移真值表得到。例如，对于由与非门构成的基本 R-S 触发器，当 $Q^n = 0$ 变到 $Q^{n+1} = 1$ 时，则要求 $S = 0, R = 1$；当 $Q^n = 1$ 变到 $Q^{n+1} = 1$ 时，则要求 $S = 0$ 或 $1, R = 1$；等等。

在设计时序逻辑电路时需用激励表。由与非门构成的基本 R-S 触发器的激励表如表 6.5 所示，由或非门构成的基本 R-S 触发器的激励表如表 6.6 所示。

表 6.5　由与非门构成的基本 R-S 触发器的激励表

状态转换			输入信号	
Q^n	→	Q^{n+1}	R	S
0		0	×	1
0		1	1	0
1		0	0	1
1		1	1	×

表 6.6　由或非门构成的基本 R-S 触发器的激励表

状态转换			输入信号	
Q^n	→	Q^{n+1}	R	S
0		0	×	0
0		1	0	1
1		0	1	0
1		1	0	×

4. 状态图

状态图是一种描述时序逻辑电路的状态转移规律与输入、输出信号取值关系的图形，是一种用图形描述时序电路逻辑功能的方法，也称作状态转移图。在状态图中，圆圈表示状态，圈内的字母或数字表示状态名称，圆圈之间用带箭头的直线或弧线相连。箭尾处的圆圈表示现态，箭头处的圆圈表示次态，连线旁标明状态发生转移的条件。由与非门构成的基本 R-S 触发器的状态图如图 6.4 所示。根据激励表可以很方便地求其状态图。由表 6.5 可知，因只有两个状态，故用两个圆圈表示即可，因有 0→0,0→1,1→0,1→1 四种状态转移关系，故可用四条带箭头的弧线表示，在弧线旁标明转移条件即可。由或非门构成的基本 R-S 触发器的状态图如图 6.5 所示。

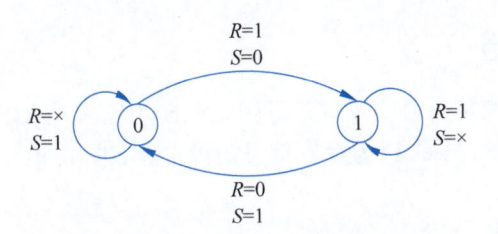

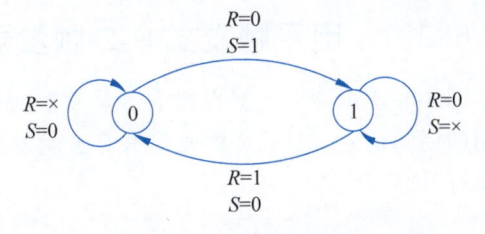

图 6.4　基本 R-S 触发器的状态图（与非门）　　　图 6.5　基本 R-S 触发器的状态图（或非门）

5. 时序图

触发器输入信号和输出信号之间对应关系的工作波形图称作时序图。它可直观地说明触发器的工作特性。由与非门构成的基本 R-S 触发器的时序图如图 6.6 所示。

画时序图时，当给定触发器的初始状态时，可根据状态转移真值表、特征方程或状态图确定触发器次态；当没有给定触发器初始状态时，可以任意假定为 1 态或 0 态，然后按规则画波形。

由或非门构成的基本 R-S 触发器的时序图如图 6.7 所示。

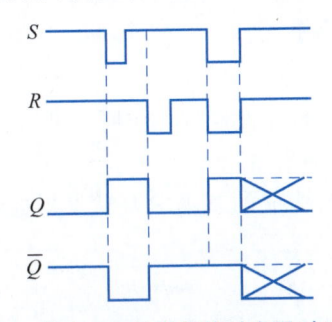

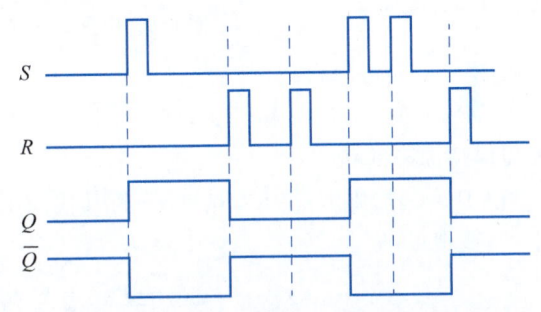

图 6.6　基本 R-S 触发器的时序图（与非门）　　　图 6.7　基本 R-S 触发器的时序图（或非门）

6.2　电平触发式触发器

基本 R-S 触发器的状态变化是直接由输入信号 R、S 的变化引起的。在数字系统中，为了协调各部分的动作，常要求某些触发器在同一时刻开始动作，即要求触发器同步工作。这样就必须引入同步信号，使这些触发器只有在同步信号到达时才按输入信号改变状态。通常把这种同步信号称为时钟脉冲信号 CLK（Clock 信号），或称为时钟信号，简称为时钟，也可用 CP（Clock Pulse）表示。当系统中有多个触发器需要同步动作时，就可以用一个时钟信号作为同步控制信号。

有时要求当控制信号为约定电平时，触发器状态才能随输入信号变化而变化；当控制信号为非约定电平时，尽管输入信号发生变化，触发器的状态也不变。当同步控制信号为约定电平时，触发器的状态才随输入信号的变化而改变的工作方式称作电平触发方式。

因为触发器只有在同步信号到来时才按输入信号改变状态，所以电平触发式触发器也称作时钟触发器，或钟控触发器，或同步触发器。

常用的电平触发式触发器有 R-S 触发器、D 触发器、J-K 触发器和 T 触发器，下面分别予以介绍。

6.2.1 电平触发式 R-S 触发器

图 6.8 所示为电平触发式 R-S 触发器的逻辑符号。图 6.8(a)中，R、S 为输入端，CP 为控制(时钟)信号，门 A、B 构成基本 R-S 触发器，门 C、D 为触发信号门控电路；图 6.8(b)为逻辑符号。

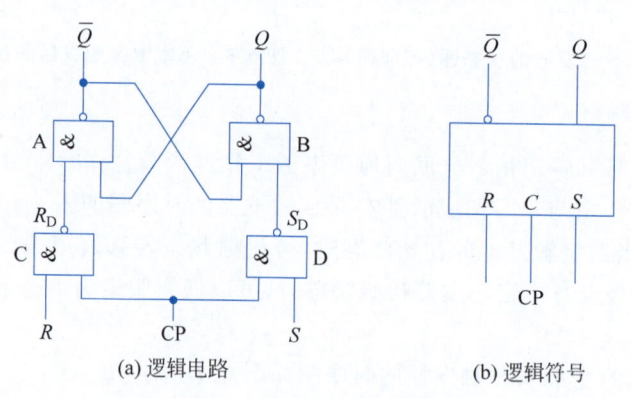

(a) 逻辑电路　　　　　　(b) 逻辑符号

图 6.8　电平触发式 R-S 触发器

由图 6.8(a)可以得到：

当 CP=0 时，门 C、D 被封锁，$R_D = S_D = 1$；由基本 R-S 触发器的工作原理可知，这时的触发器保持原来的状态。

当 CP=1 时，则 $R_D = \bar{R}$，$S_D = \bar{S}$；将其代入由与非门构成的基本 R-S 触发器的特征方程中，经整理得

$$\begin{cases} Q^{n+1} = S + \bar{R}Q^n \\ R \cdot S = 0 \end{cases}$$

该式为电平触发式 R-S 触发器特征方程或次态方程，其中 $R \cdot S = 0$ 为约束条件。可见由与非门构成的电平触发式 R-S 触发器的特征方程和由或非门构成的基本 R-S 触发器的特征方程是相同的。由与非门构成的电平触发式 R-S 触发器的状态转移真值表、激励表、状态图同样与由或非门构成的基本 R-S 触发器相同。表 6.7 为其状态转移真值表，表 6.8 为其激励表，图 6.9 为其状态图。

表 6.7　与非门构成的电平触发式 R-S 触发器状态转移真值表

R	S	Q^n	Q^{n+1}
0	0	0	0
0	0	1	1
0	1	0	1
0	1	1	1
1	0	0	0
1	0	1	0
1	1	0	×
1	1	1	×

表 6.8　与非门构成的电平触发式 R-S 触发器激励表

状态转移		输入信号	
$Q^n \to Q^{n+1}$		R	S
0	0	×	0
0	1	0	1
1	0	1	0
1	1	0	×

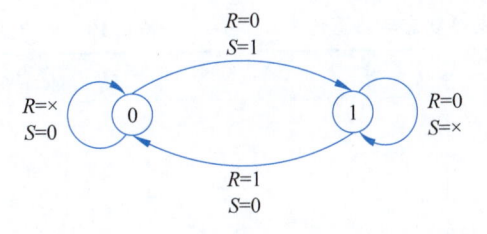

图 6.9　与非门构成的电平触发式 R-S 触发器状态图

6.2.2　电平触发式 D 触发器

电平触发式 R-S 触发器必须满足约束条件，否则其输出的状态不确定。为了解决 $R=S=1$ 时次态不确定的问题，人们设计出功能更完善的触发器。电平触发式 D 触发器就可以解决这一问题。

图 6.10 所示为电平触发式 D 触发器的逻辑图和逻辑符号。它只有一个输入端 D。与电平触发式 R-S 触发器相比，少了一个输入端，但多了一条反馈线。该反馈线由门 E 的输出反馈到门 C 的一个输入端。

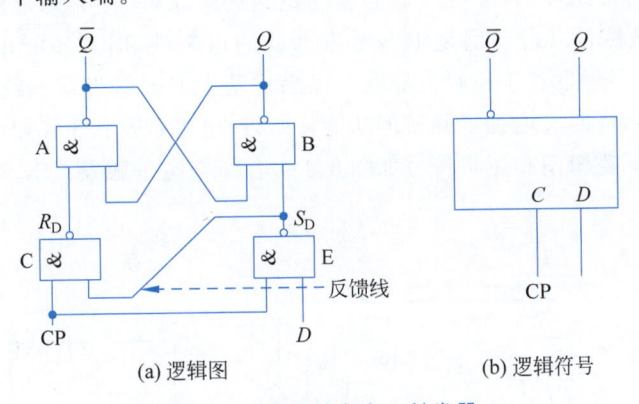

图 6.10　电平触发式 D 触发器

当 CP=0 时，门 C、E 均被封锁，此时无论 D 处于什么状态，也不会改变门 C、E 的高电平状态，故触发器保持原态。

当 CP=1 时，则 $S_D = \overline{D}$，$R_D = \overline{CP \cdot S_D} = D$，这使得基本 R-S 触发器的输入 S_D 和 R_D 正好互补，S_D 和 R_D 只有 10 或 01 两种组合，约束条件 $S_D + R_D = 1$ 自动满足。将 $S_D = \overline{D}$，$R_D = D$ 代入基本 R-S 触发器特征方程中，可得到电平触发式 D 触发器的特征方程：

$$Q^{n+1} = \overline{S}_D + R_D Q^n = D + DQ^n = D$$

同时，也可以将这个电平触发式 D 触发器看作是一个输入端 $S=D$，另一个输入端 $R=\overline{D}$（CP=1）的电平触发式 R-S 触发器。由 D 触发器的特征方程可以看出 D 触发器的次态始终与输入信号保持一致，因此，也称为 D 锁存器或数据暂存器。由于次态 Q^{n+1} 是在信号 D 和时钟 CP 共同作用下产生的，所以它虽等于 D 但在时间上落后于 D。因此，称作 D（Delay）触发器。

由特征方程可以得到电平触发式 D 触发器的状态转移真值表，如表 6.9 所示。由此得到的激励表如表 6.10 所示。其状态转移图如图 6.11 所示。

表 6.9 电平触发式 D 触发器状态转移真值表

D	Q^n	Q^{n+1}
0	0	0
0	1	0
1	0	1
1	1	1

表 6.10 电平触发式 D 触发器激励表

$Q^n \to Q^{n+1}$	D
0 0	0
0 1	1
1 0	0
1 1	1

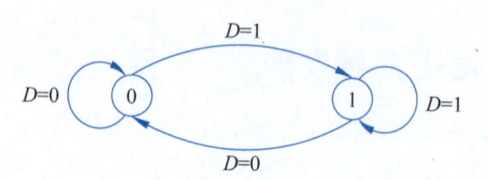

图 6.11 电平触发式 D 触发器状态图

6.2.3 电平触发式 J-K 触发器

如前所述，电平触发式 R-S 触发器必须满足其约束条件，才有确定的输出状态。电平触发式 D 触发器虽然可以自动满足 R-S 触发器的约束条件，但其功能相对单一，只有置 1 和置 0 功能。而电平触发式 J-K 触发器既可以满足基本 R-S 触发器的约束条件，又可以保持其所有基本功能，同时又增加了翻转的功能。所以，电平触发式 J-K 触发器是具有较强逻辑功能的触发器，其逻辑图和逻辑符号如图 6.12 所示，与电平触发式 R-S 触发器相比，它增加了两条反馈线。

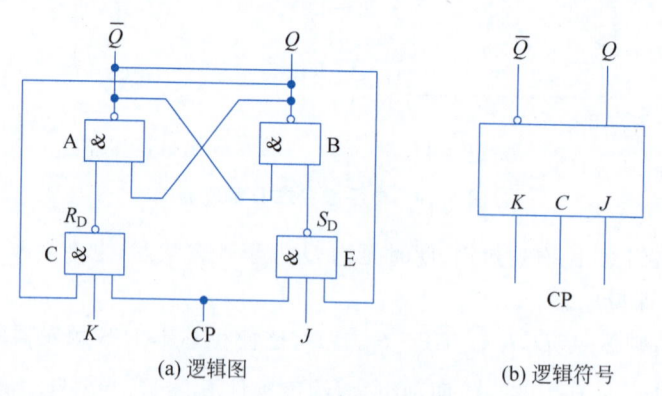

图 6.12 电平触发式 J-K 触发器

当 CP=0 时，则 $S_D = \overline{J \cdot CP \cdot \overline{Q^n}} = R_D = \overline{K \cdot CP \cdot Q^n} = 1$，因此，触发器保持原态。

当 CP=1 时，则 $S_D = \overline{J\bar{Q}^n}, R_D = \overline{KQ^n}$，代入基本 R-S 触发器特征方程：
$$Q^{n+1} = \bar{S}_D + R_D Q^n = J\bar{Q}^n + \overline{KQ^n}Q^n = J\bar{Q}^n + \bar{K}Q^n$$
由于从输出端引出两条反馈线到输入端，可以得到
$$S_D + R_D = \overline{J\bar{Q}^n} + \overline{KQ^n} = \bar{J} + Q^n + \bar{K} + \bar{Q}^n = 1$$
由此可知，自动满足了基本 R-S 触发器的约束条件。

由特征方程可以直接得到电平触发式 J-K 触发器的状态转移真值表，如表 6.11 所示。其激励表如表 6.12 所示。

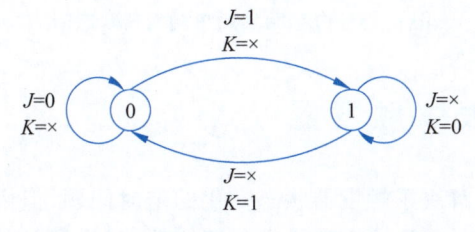

表 6.11 电平触发式 J-K 触发器状态转移真值表

J	K	Q^n	Q^{n+1}
0	0	0	0
0	0	1	1
0	1	0	0
0	1	1	0
1	0	0	1
1	0	1	1
1	1	0	1
1	1	1	0

表 6.12 电平触发式 J-K 触发器激励表

$Q^n \to Q^{n+1}$		J	K
0	0	0	×
0	1	1	×
1	0	×	1
1	1	×	0

由表 6.11 可知：

$J=0, K=0$ 时，触发器处于保持状态；

$J=0, K=1$ 时，触发器置 0；

$J=1, K=0$ 时，触发器置 1；

$J=1, K=1$ 时，触发器翻转，即 $Q^{n+1} = \overline{Q^n}$。去掉了状态不确定的情况。

由激励表很容易得到电平触发式 J-K 触发器的状态图，如图 6.13 所示。

图 6.13 电平触发式 J-K 触发器状态图

6.2.4 电平触发式 T 触发器

如果电平触发式 J-K 触发器的两个输入端 J 和 K 短接在一起，作为一个信号输入端

T,就构成了电平触发式 T 触发器,其逻辑图和逻辑符号如图 6.14 所示。

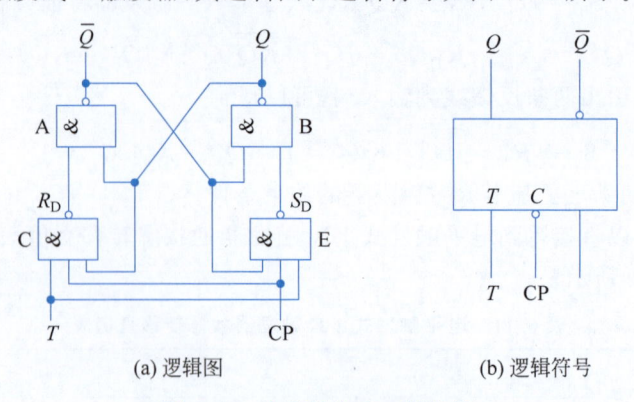

(a) 逻辑图　　(b) 逻辑符号

图 6.14　电平触发式 T 触发器

将电平触发式 J-K 触发器的特征方程中的 J 和 K 均用 T 代入,就可得到电平触发式 T 触发器的特征方程:

$$Q^{n+1} = T\bar{Q}^n + \bar{T}Q^n$$

由 T 触发器的特征方程可以得到电平触发式 T 触发器的状态转移真值表,如表 6.13 所示。由表 6.13 可知,$T=0$ 时,触发器处于保持态;$T=1$ 时,触发器状态翻转。T 触发器又叫计数触发器。由其状态转移真值表可以很方便地得到激励表,如表 6.14 所示。由其激励表也很容易得到其状态图,如图 6.15 所示。

表 6.13　电平触发式 T 触发器状态转移真值表

T	Q^n	Q^{n+1}
0	0	0
0	1	1
1	0	1
1	1	0

表 6.14　电平触发式 T 触发器激励表

$Q^n \to Q^{n+1}$		T
0	0	0
0	1	1
1	0	1
1	1	0

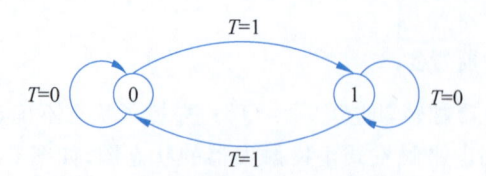

图 6.15　电平触发式 T 触发器状态图

6.3　主从触发式触发器

时钟控制触发器虽然解决了触发器状态变化的定时问题,但由于时钟信号具有一定的宽度,在时钟信号作用期间,如果输入信号发生了变化,触发器的状态也会发生变化。在一次时钟信号作用期间(即 CP 脉冲为 1 期间),如果触发器的状态发生多次翻转的现象称为"空翻"。"空翻"现象将造成触发器状态不确定,使系统工作紊乱,应该避免这种情况发生。

主从触发式触发器由于采用了主、从触发器结构,可以有效地防止空翻,提高了触发器的工作可靠性。下面介绍主从触发式 R-S 触发器和主从触发式 J-K 触发器。简称为主从 R-S 触发器和主从 J-K 触发器。

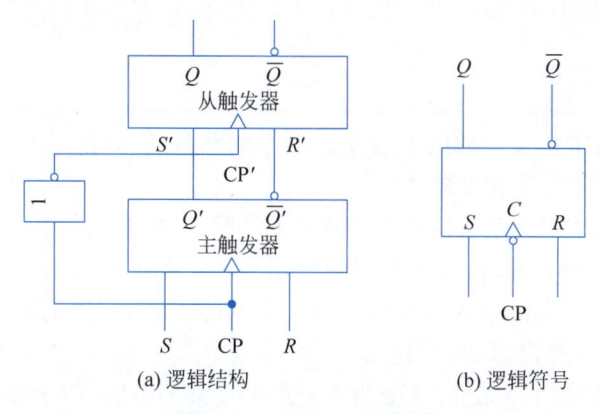

6.3.1 主从 R-S 触发器

主从 R-S 触发器由两个 R-S 触发器组成,分别称为主触发器和从触发器,主触发器和从触发器都是电平触发式 R-S 触发器。主从 R-S 触发器的逻辑结构和逻辑符号如图 6.16 所示。它是由主触发器、从触发器和一个非门构成。非门的作用是使主触发器和从触发器的时钟信号相位相反。逻辑符号中 C 端的小圆圈表示时钟信号下降沿时,触发器状态翻转。

图 6.16 主从 R-S 触发器

当 CP=1 时,主触发器接收输入信号,其输出端 Q' 和 $\overline{Q'}$ 由输入信号端 R 和 S 的状态决定。由于 $CP'=0$,所以从触发器保持原来状态不变。

当 CP 由高电平回到低电平时,即 CP 信号下降沿到来时,$CP'=1$,从触发器将由此刻的输入信号 $S'=Q'$,$R'=\overline{Q'}$ 决定其输出的 Q 和 $\overline{Q}$,即从触发器的状态由 CP 信号下降沿时的 $S'=Q'$,$R'=\overline{Q'}$ 确定。

当 CP=0 以后,主触发器处于保持状态,不再接收输入信号 S 和 R,则 $S'=Q'$ 和 $R'=\overline{Q'}$ 不变,因而从触发器的状态也不会再改变。

因此,在一个 CP 信号作用期间,尽管主触发器的状态可能随输入信号改变多次,但从触发器的状态只可能在 CP 信号下降时改变一次。显然,这种触发器有效地防止了空翻。

主从 R-S 触发器的状态转移真值表如表 6.15 所示。其中 CP 为"×"表示 CP 没有有效的正脉冲到来,这时,无论 S 和 R 如何变化,触发器的状态都不变。

通过上面分析可以看到,主从 R-S 触发器的翻转工作是分为两步完成的。

第一步,在 CP=1 期间,主触发器接收输入端信号,被置为相应状态,而从触发器保持原来的状态;

第二步,CP 下降沿到来时,从触发器依照主触发器的状态而翻转。因此,整个触发器的状态改变发生在 CP 下降沿(若 CP 以低电平为有效信号,则 Q 和 $\overline{Q}''$ 状态的变化发生在 CP 的上升沿)。

表 6.15　主从 R-S 触发器状态转移真值表

CP	S	R	Q^n	Q^{n+1}
⎍	0	0	0	0
⎍	0	0	1	1
⎍	0	1	0	0
⎍	0	1	1	0
⎍	1	0	0	1
⎍	1	0	1	1
⎍	1	1	0	×
⎍	1	1	1	×
×	×	×	Q^n	Q^n

但由于主触发器本身是一种电平触发式 R-S 触发器，所以在 CP＝1 的全部时间里，输入信号的任何变化都将对主触发器产生影响。

所以在使用主从结构的触发器时会遇到如下情况，即如果在 CP＝1 期间输入信号发生变化以后，在 CP 下降沿到来时，从触发器的状态不一定能按此刻输入信号的状态来确定，而必须考虑整个 CP＝1 期间输入信号的变化过程才能确定触发器的次态。

例如，在主从 R-S 触发器中，假定 $Q^n=0$，CP＝0。如果 CP 变为 1 以后，先是 $S=1$，$R=0$，然后在 CP 下降沿到来之前又变为 $S=R=0$，那么如果用 CP 下降沿到来时的 $S=R=0$ 去查触发器的特性表，会得到触发器的次态 $Q^{n+1}=Q^n=0$ 的错误结果。而实际上由于 CP＝1 的开始阶段曾出现 $S=1$，$R=0$，故主触发器已被置 1，在 CP 下降沿到来时 $S=R=0$ 变化后，主触发器仍为 1，所以 CP 下降沿到来时，从触发器也随之置为 1，即正确的次态应为 $Q^{n+1}=1$。

6.3.2　主从 J-K 触发器

主从 J-K 触发器是在主从 R-S 触发器基础上增加两条反馈线，并把输入端改为 J 和 K 而构成的。主从 J-K 触发器的逻辑结构和逻辑符号如图 6.17 所示。它可以看作 $S=J\bar{Q}$，$R=KQ$ 的主从 R-S 触发器。

(1) 当 $J=0$，$K=0$ 时：$S=J\bar{Q}^n=0$，$R=KQ^n=0$，由表 6.15 可知，触发器将保持原态，即 $Q^{n+1}=Q^n$。

(2) 当 $J=0$，$K=1$ 时：

① 假设 $Q^n=0$，则 $S=J\bar{Q}^n=0$，$R=KQ^n=0$，由表 6.15 可知，主从 R-S 触发器为保持功能，当 CP 信号下降沿到来时，触发器将保持原来状态，即 $Q^{n+1}=0$；

② 假设 $Q^n=1$，则 $S=J\bar{Q}^n=0$，$R=KQ^n=1$，由表 6.15 可知，主从 R-S 触发器为置 0 功能，当 CP 信号下降沿到来时，触发器置 0，使 $Q^{n+1}=0$。

因此，只要 $J=0$，$K=1$，不管触发器初始状态如何，触发器的次态将置 0，即 $Q^{n+1}=0$。

(3) 当 $J=1$，$K=0$ 时：分析过程同上，不管触发器的初始状态如何，其次态 $Q^{n+1}=0$。

(4) 当 $J=1$，$K=1$ 时：

(a) 逻辑结构　　(b) 逻辑符号

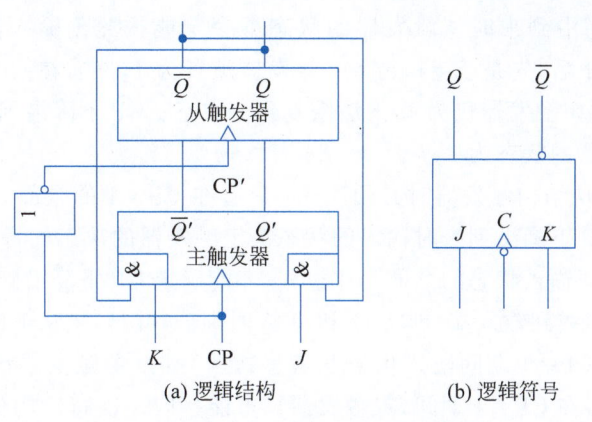

图 6.17　主从 J-K 触发器

① 假设 $Q^n=0$，由于 $S=J\bar{Q}^n=1,R=KQ^n=0$，触发器将置 1，即 $Q^{n+1}=\bar{Q}^n$；
② 假设 $Q^n=1$，由于 $S=J\bar{Q}^n=0,R=KQ^n=1$，触发器将置 0，即 $Q^{n+1}=\bar{Q}^n$。

因此，只要 $J=K=1$，不管触发器初态如何，其次态均将处于翻转态。即 $Q^{n+1}=\bar{Q}^n$。

从功能来看，主从 J-K 触发器与电平触发式 J-K 触发器是一样的，其特征方程、激励表、状态图也是相同的，但触发方式有所不同。主从 J-K 触发器在 CP 为负跳变时确定次态，其状态转移真值表如表 6.16 所示。

表 6.16　主从 J-K 触发器状态转移真值表

CP	J	K	Q^n	Q^{n+1}
⊓	0	0	0	0
⊓	0	0	1	1
⊓	0	1	0	0
⊓	0	1	1	0
⊓	1	0	0	1
⊓	1	0	1	1
⊓	1	1	0	1
⊓	1	1	1	0
×	×	×	Q^n	Q^n

由上述分析可知，主从 J-K 触发器的翻转同样是分两步动作的，即在 CP=1 期间，主触发器接收输入端信号，被置为相应状态，从触发器不动；在 CP 下降沿到来时，从触发器依照主触发器的状态而翻转。整个触发器的状态改变发生在 CP 下降沿。

同样，主从 J-K 触发器的主触发器也是电平触发式触发器，因此在 CP=1 的全部时间里，主触发器可以接收输入信号。

当 $Q^n=0$ 时，主触发器的 $S=J\bar{Q}^n=J,R=KQ^n=0$；若 $J=0$ 则 $Q^{n+1}=0$；若 $J=1$，则 $Q^{n+1}=1$；这时主从 J-K 触发器只接收置 1 信号。同样，当 $Q^n=1$ 时，主触发器的 $S=J\bar{Q}^n=0,R=KQ^n=K$；若 $K=1$ 则 $Q^{n+1}=0$；若 $K=0$，则 $Q^{n+1}=1$；此时主从 J-K 触发器只接收置 0 信号。主从 J-K 触发器同样存在这样一个情况，即在 CP=1 期间输入信号发生

过变化以后,CP 下降沿到来时从触发器的状态不一定能按此刻输入信号的状态来确定。例如,如果 CP 变为 1 后,先是 $J=1,K=0$,触发器被置为 1,然后在 CP 下降沿到来之前又变为 $J=K=0$,此时主触发器仍为 1,无法恢复到 0 状态。CP 下降沿到来时,从触发器被置为 1,主从 J-K 触发器的状态为 1。

因此,在使用主从结构触发器时必须注意:只有在 CP=1 的全部时间里输入状态始终未变的条件下,用 CP 下降沿到来时输入的状态决定触发器的次态才肯定是正确的。否则,必须考虑 CP=1 期间输入状态的全部变化过程,才能确定 CP 下降沿到来时触发器的次态。

但由于引了反馈线到输入端(即将 Q 和 $\bar{Q}$ 接回到输入门),主从 J-K 触发器不会像主从 R-S 触发器一样,在 CP=1 期间输入信号状态多次改变时,主触发器状态也会随着多次翻转。主从 J-K 触发器在 CP=1 期间,主触发器只可能接收一次特定的信号(当 $Q^n=0$ 时接收置 1 信号;当 $Q^n=1$ 时接收置 0 信号),可能导致主触发器只有一次翻转,以后无论 J,K 状态如何改变,也不会再翻转。这种现象被称为一次翻转现象。这一点与主从 R-S 触发器不同。

6.4 边沿触发式触发器

主从触发式触发器虽然解决了空翻问题,但是在 CP=1 期间要求输入端信号状态保持不变。否则,其次态就不能按特性表来确定。如果在 CP=1 期间有干扰信号混入输入端,将使触发器产生不必要的翻转,可靠性降低。为了提高触发器的可靠性,增强抗干扰能力,人们又设计出边沿触发方式的触发器。边沿触发方式是指只在 CP 的上升沿或下降沿时刻,触发器才依据此刻的输入决定其次态。而在 CP=1 和 CP=0 期间,输入的任何变化都不会引起触发器状态的变化。以这种方式工作的触发器称为边沿触发式触发器,简称为边沿触发器。

实现边沿触发的方法有两种:一种是利用触发器内部门电路的延迟时间不同来实现;另一种是靠直流反馈原理,即维持阻塞原理来实现。

6.4.1 利用传输延迟的边沿触发器

图 6.18 是利用传输延迟方法构成的负沿触发 J-K 触发器。图上部是由两个与或非门构成的基本 R-S 触发器;图下部的两个与非门作为输入导引门。R_D 和 S_D 分别为异步复位端和异步置位端。要求与非门 1 和 2 的传输延迟时间大于基本 R-S 触发器的翻转时间。

在分析其工作原理时,假设 $S_D=R_D=1$。这是由于不需要触发器进行异步复位或异步置位时,需把 S_D 和 R_D 输入 1。

当 CP=0 时,与非门 1,2 和与门 3,6 均被封锁;$S=R=1$,基本 R-S 触发器保持。

当 CP=1 时,设 $Q^n=0$,因 CP=1,则 $S=\bar{J},R=1$。因此,门 3~6 的输出分别为:$G_3=1,G_4=\bar{J},G_5=0,G_6=0$;故触发器的次态为 $Q^{n+1}=\overline{G_3+G_4}=\overline{1+\bar{J}}=0,\overline{Q^{n+1}}=\overline{G_5+G_6}=\overline{0+0}=1$;即保持原态。对 $Q^n=1$ 的情况可做类似分析,结果也是保持原态。当 CP=1 时,有 $Q^{n+1}=\bar{Q^n}+\bar{Q^n}S=Q^n,\overline{Q^{n+1}}=\bar{Q^n}+Q^nR=\bar{Q^n}$。因此,触发器的状态维持不变。

即不管输入信号 J 和 K 为何种状态,只要是 CP=0 或 CP=1,触发器的状态保持不变。

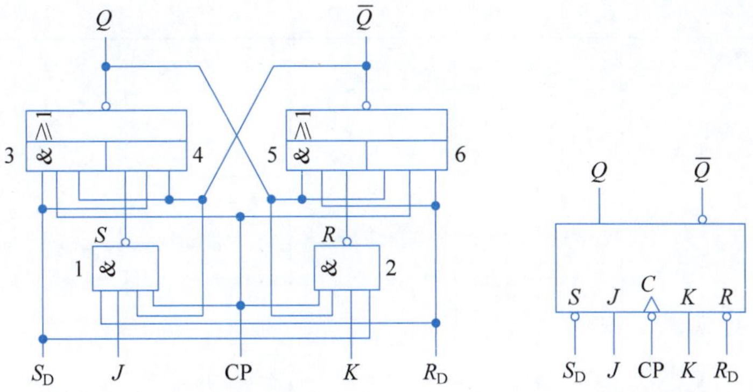

(a) 逻辑结构

(b) 逻辑符号

图 6.18　负沿触发 J-K 触发器

当 CP 下降沿到来时,触发器的工作过程如下。

假定在 CP=1 时,$Q^n=0, J=1, K=0$；则 $S=0, R=1$。CP 下降沿到来时,门 3 和门 6 立即被封锁,即 $G_3=G_6=0$；由于门 1 和 2 的传输延迟时间长,故仍有 $S=0$；$R=1$,则 $G_4=0, Q^{n+1}=1$,门 5 开启, $G_5=1, Q^{n+1}=1$,即触发器置 1。这时 CP 下降沿的作用才传输到 S 端和 R 端,从而过渡到 CP=0 时状态维持不变的情况。

当 Q^n, J 和 K 为其他状态的工作情况列于表 6.17 中。

表 6.17　利用传输延迟的负沿触发 J-K 触发器工作情况

CP	Q^n	$\overline{Q^n}$	J	K	S	R	CP	G_3	G_4	G_5	G_6	Q^{n+1}	$\overline{Q^{n+1}}$	功能
0	×	×	×	×	1	1	0	0	$\overline{Q^n}$	Q^n	0	Q^n	$\overline{Q^n}$	保持
1	0	1	×	×	$\overline{J}$	1	1	1	$\overline{J}$	0	0	0	1	保持
1	1	0	×	×	1	$\overline{K}$	1	0	0	$\overline{K}$	1	1	0	
1	0	1	0	1	1	1	↓	0	1	0	0	0	1	置 0
1	1	0	0	1	1	0	↓	0	1	0	0	0	1	
1	0	1	1	0	0	1	↓	0	0	1	0	1	0	置 1
1	1	0	1	0	1	1	↓	0	0	0	1	1	0	
1	0	1	0	0	1	1	↓	0	1	0	0	0	1	保持
1	1	0	0	0	1	1	↓	0	0	0	1	1	0	
1	0	1	1	1	0	1	↓	0	0	1	0	1	0	翻转
1	1	0	1	1	1	0	↓	0	1	0	0	0	1	

从上面的分析可知,这类触发器几乎在整个 CP 周期内对输入信号都是封锁的,只是在 CP 下跳 ↓ 的瞬间,将一个与非门平均延迟时间之前的输入信号 J 和 K 的状态传输给基本 R-S 触发器,从而改变触发器状态的。这表明,只有最临近 CP 下降沿的前一刻的 J 和 K 信号才能改变触发器的状态。这将大大提高触发器的抗干扰能力。其激励表、状态图均与前面叙述的相同,其状态特性表如表 6.18 所示。

表 6.18　利用传输延迟的负沿触发 J-K 触发器状态特性表

R_D	S_D	CP	J	K	Q^n	Q^{n+1}
0	1	×	×	×	×	0
1	0	×	×	×	×	1

续表

R_D	S_D	CP	J	K	Q^n	Q^{n+1}
1	1	0/1	×	×	×	Q^n
1	1	↓	0	0	0	0
1	1	↓	0	0	1	1
1	1	↓	1	0	0	1
1	1	↓	1	0	1	1
1	1	↓	0	1	0	0
1	1	↓	0	1	1	0
1	1	↓	1	1	0	1
1	1	↓	1	1	1	0

6.4.2 维持-阻塞 D 触发器

维持-阻塞正边沿触发的 D 触发器又称为维持-阻塞 D 触发器,是利用直流反馈原理实现的触发器,其逻辑图和逻辑符号如图 6.19 所示。它由 6 个与非门构成,其中门 1、2 组成基本 R-S 触发器,门 3~6 为输入导引门。R_D 和 S_D 分别为异步复位、异步置位输入端。

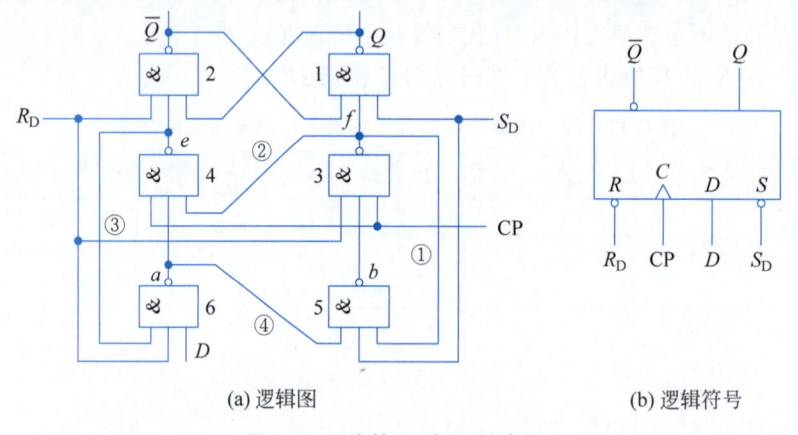

(a) 逻辑图   (b) 逻辑符号

图 6.19 维持-阻塞 D 触发器

为了实现边沿触发,电路中引入了置 1 维持线①、置 0 阻塞线②、置 0 维持线③和置 1 阻塞线④。

假设 $R_D=S_D=1$,即维持-阻塞 D 触发器处在非直接置 0 置 1 状态。

(1) 在 CP=0 时,门 3 和门 4 均被封锁,其输出 $e=f=1$,所以由门 1、2 组成的基本 R-S 触发器处于保持状态。这时门 5、6 的输出分别为 $a=\overline{D}, b=D$。

(2) 在 CP 为其他状态时分两种情况进行讨论。

在 $D=1$ 的情况下,$a=0, b=1$。当 CP 上升沿到来时,门 3 开启,输出 $f=0$,而门 4 输出 $e=1$;此时触发器被置 1,即 $Q^{n+1}=1=D$。由于置 1 维持线①的作用,使门 3 和门 5 构成一个基本 R-S 触发器,从而保证了输出端在 CP=1 期间 f 为低电平,即 $f=0$。另外,由于置 0 阻塞线②的作用,门 4 输出仍为高电平,即 $e=1$。即使 $D=1$ 的信号消失,由于两条反馈①和②的作用,触发器仍置 1。

在 $D=0$ 的情况下,$a=1, b=0$。当 CP 上升沿到来时,门 4 开启,输出 $e=0$,而门 3 输

出 $f=1$；此时触发器被置 0，即 $Q^{n+1}=0=D$。由于置 0 维持线③的作用，使门 4 和门 6 构成一个基本 R-S 触发器，从而保证了在 CP=1 期间 e 仍为低电平，即使 $D=0$ 的信号消失仍能保持 $e=0$。同理，由于置 1 阻塞线④的作用，使 $b=0$，从而保证 $f=1$，即不让其为 0，亦即阻止触发器置 1，此线由此得名。总之，由于两条反馈③和④的作用，即使 $D=0$ 的输入信号消失，触发器仍置 0。其特征方程、激励表和状态图与前面所述相同。其状态特性表如表 6.19 所示。

表 6.19　维持-阻塞正边沿触发的 D 触发器状态特性表

R_D	S_D	CP	D	Q^n	Q^{n+1}
0	1	×	×	×	0
1	0	×	×	×	1
1	1	↑	0	0	0
1	1	↑	0	1	0
1	1	↑	1	0	1
1	1	↑	1	1	1

6.5　触发器逻辑功能的转换

在实际工作中，经常需要利用手中现有的触发器完成其他触发器的逻辑功能，这就需要将不同功能的触发器进行转换。常用的转换方法有公式法和图表法。公式法是不同触发器间转换最简单、最直接的方法，其依据是描述触发器功能的特征方程。转换过程主要是通过对比源触发器和要实现的目标触发器的特征方程，直接推导出源触发器的输入端与目标触发器的输入端及现态之间的逻辑关系，求得转换电路输出函数（接入源触发器输入端）的逻辑表达式。图表法则依据描述触发器功能的状态转移真值表与激励表。转换过程是先列出要实现的目标触发器的状态转移真值表，该真值表反映了在不同的输入组合及不同的现态下，对应目标触发器的次态；再根据使用的源触发器的激励表，在上述真值表中列出每一行中不同现态到次态的状态转换对应源触发器输入端的值；最后以此表为依据推导出源触发器的输入端与目标触发器输入端及现态之间的逻辑关系。

6.5.1　由 D 触发器到其他功能触发器的转换

1. 从 D 触发器到 J-K 触发器的转换

已知 D 触发器的特征方程是 $Q^{n+1}=D$，而 J-K 触发器的特征方程是 $Q^{n+1}=J\overline{Q^n}+\overline{K}Q^n$。对比两个特征方程，可得到 D 即转换逻辑电路输出端的逻辑表达式为

$$D = J \cdot \overline{Q^n} + \overline{K}Q^n = \overline{\overline{J \cdot \overline{Q^n}} \cdot \overline{\overline{K}Q^n}}$$

上式表明，既可以用非门、与门和或门构成转换逻辑电路，也可以全部用与非门构成电路。由与非门实现由 D 触发器到 J-K 触发器转换的电路如图 6.20 所示。

2. 从 D 触发器到 T 触发器和 T′触发器（翻转触发器）的转换

T 触发器的特征方程是 $Q^{n+1}=T\overline{Q^n}+\overline{T}Q^n$，对比 D 触发器的特征方程可得

$$D = T \cdot \overline{Q^n} + \overline{T}Q^n = T \oplus Q^n$$

T′触发器是指每输入一个时钟脉冲 CP，其状态就翻转一次的触发器。当 T 触发器的

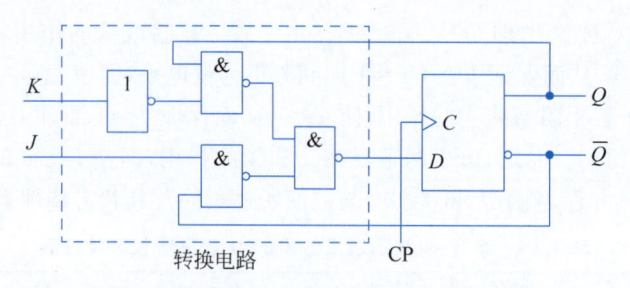

图 6.20 由 D 触发器到 J-K 触发器的转换

T 固定接高电平,即 $T\equiv 1$ 时,就可得到一个 T' 触发器。T' 触发器的特征方程为 $Q^{n+1}=\overline{Q^n}$,则时钟脉冲每作用一次,该触发器就翻转一次。

可得从 D 触发器到 T' 触发器的转换表达式:

$$D=\overline{Q^n}$$

图 6.21(a)为 D 触发器到 T 触发器的转换电路,图 6.21(b)为 D 触发器到 T' 触发器的转换电路。

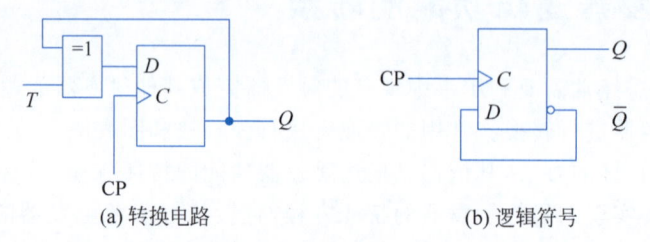

(a) 转换电路　　(b) 逻辑符号

图 6.21 从 D 触发器到 T 触发器和 T' 触发器的转换

6.5.2 由 J-K 触发器到其他功能触发器的转换

1. 从 J-K 触发器到 D 触发器的转换

已知 J-K 触发器的特征方程是 $Q^{n+1}=J\overline{Q^n}+\overline{K}Q^n$,将 D 触发器的特征方程进行变换得 $Q^{n+1}=D=D(Q^n+\overline{Q^n})=D\overline{Q^n}+DQ^n$。对比两个特征方程可得

$$\begin{cases}J=D\\K=\overline{D}\end{cases}$$

若采用图表法,为了确定源触发器 J、K 的组合逻辑,先列出 D 触发器的状态转移真值表,并在该表右侧按 J-K 触发器的激励表逐行列出对 J、K 的驱动要求,即 J 和 K 所要求的逻辑值。例如,若 $Q^n \rightarrow Q^{n+1}$ 为 0→0 时,可以 $J=0$、$K=0$ 或 $J=0$、$K=1$,故该行填入 $J=0$、$K=d$。转换真值表如表 6.20 所示。

表 6.20 J-K 触发器实现 D 触发器的转换真值表

D	Q^n	Q^{n+1}	J	K
0	0	0	0	d
0	1	0	d	1
1	0	1	1	d
1	1	1	d	0

进一步可求得 $\begin{cases} J = D \\ K = \overline{D} \end{cases}$

从 J-K 触发器到 D 触发器的转换电路如图 6.22 所示。

2. 从 J-K 触发器到 T 触发器和 T′ 触发器的转换

T 触发器的特征方程是 $Q^{n+1} = T\overline{Q}^n + \overline{T}Q^n$，与 J-K 触发器的特征方程对比后可得
$$J = K = T$$

当 $T=1$，即 $J=K=1$，就可得到从 J-K 触发器到 T′ 触发器的转换。

图 6.23 表示从 J-K 触发器到 T 触发器和 T′ 触发器转换的电路。

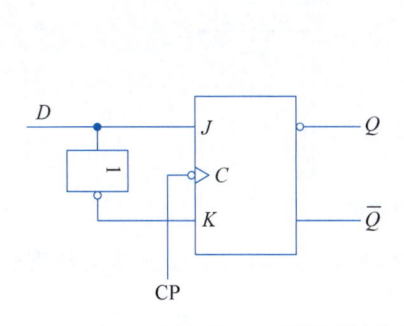

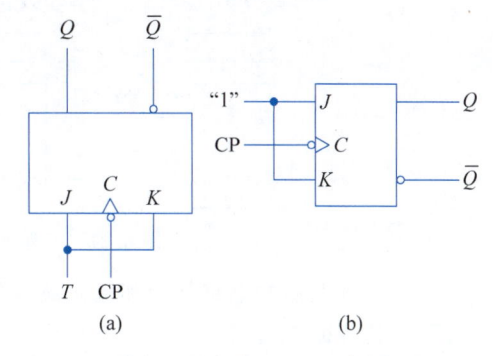

图 6.22 从 J-K 触发器到 D 触发器的转换

图 6.23 从 J-K 触发器到 T 和 T′ 触发器的转换

习题 6

6.1 按逻辑功能划分触发器有哪些类型？说明各自的逻辑功能并写出它们的特征方程。

6.2 什么是电平触发式触发器？说明电平触发式触发器的工作特点及应用场合。

6.3 什么是主从触发式触发器？说明主从触发式触发器的工作特点及应用场合。

6.4 什么是边沿触发式触发器？说明边沿触发式触发器的工作特点及应用场合。

6.5 逻辑电路如图 6.24 所示。试分析该电路的逻辑功能，并给出逻辑功能的真值表。

6.6 针对电平触发式 R-S 触发器，假设给出的时钟脉冲及输入波形如图 6.25 所示，并假设初始状态为 0，试画出 Q 及 $\overline{Q}$ 的波形。

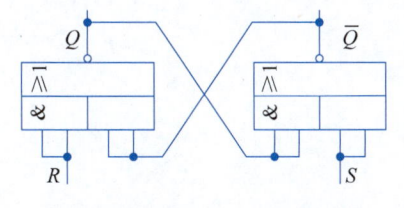

图 6.24 习题 6.5 逻辑电路图

图 6.25 习题 6.6 波形图

6.7 假设给出的主从 J-K 触发器的输入波形如图 6.26 所示，并假设初始状态为 0，试画出 Q 及 $\overline{Q}$ 的波形。

6.8 写出图 6.27 所示的各触发器的次态方程。

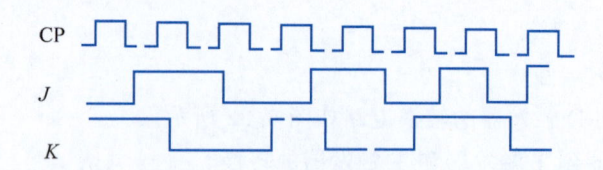

图 6.26　习题 6.7 波形图

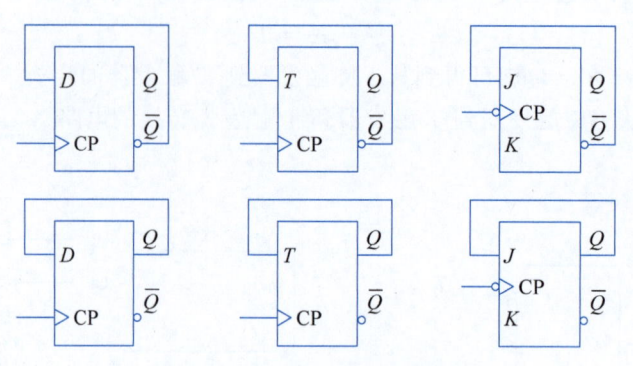

图 6.27　习题 6.8 逻辑电路图

6.9　有一触发器的电路结构和输入波形如图 6.28 所示,试给出该触发器的状态转移真值表,写出其特征方程。

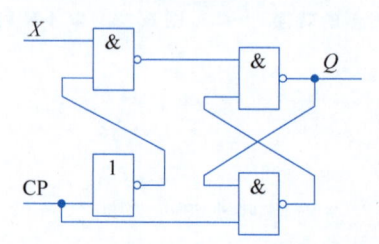

图 6.28　习题 6.9 逻辑电路图

6.10　用 J-K 触发器实现 D 触发器和 T 触发器的逻辑功能,画出相应的逻辑电路图。

6.11　用 D 触发器实现 J-K 触发器和 T 触发器的逻辑功能,画出相应的逻辑电路图。

6.12　用 T 触发器实现 D 触发器和 J-K 触发器的逻辑功能,画出相应的逻辑电路图。

第 7 章　同步时序逻辑电路

CHAPTER 7

本章在介绍时序电路的特点和表示方法的基础上，重点介绍同步时序电路的分析和设计方法，特别是对同步时序逻辑电路设计过程中的原始状态图和原始状态表的建立方法、完全给定状态表和不完全给定状态表的化简方法、状态分配进行详细的介绍。并对典型的时序电路如数码寄存器、移位寄存器、二进制计数器、十进制计数器进行分析和介绍，并给出典型的同步时序逻辑电路设计举例。

7.1　时序逻辑电路的特点和描述方法

7.1.1　时序逻辑电路的特点

组合逻辑电路在任何时刻所产生的稳定输出仅取决于该时刻电路的输入，而时序逻辑电路任何时刻所产生的输出，不仅取决于该时刻电路的输入，还与电路过去的输入有关。为了能使电路过去的输入能够影响当前时刻电路的输出，在时序电路中就要有记忆装置。时序逻辑电路的结构模型如图 7.1 所示。

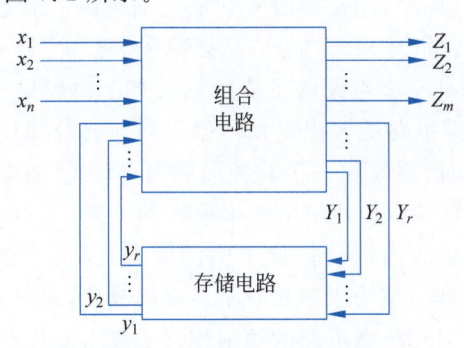

图 7.1　时序逻辑电路结构模型

由图 7.1 可知，时序逻辑电路由组合电路和存储电路两部分组成，存储电路的输出作为组合电路的输入，组合电路的部分输出作为存储电路的输入，形成了一个反馈回路。

其中，$x_1, x_2, \cdots, x_n$ 称为时序逻辑电路的外部输入，$Z_1, Z_2, \cdots, Z_m$ 称为时序逻辑电路的外部输出，$y_1, y_2, \cdots, y_r$ 称为时序逻辑电路的内部输入，$Y_1, Y_2, \cdots, Y_r$ 称为时序逻辑电路的内部输出。

在同步时序逻辑电路中，采用带有时钟控制的触发器构成存储电路，且有统一的时钟信号,电路状态在时钟脉冲控制下同时发生转换,即电路状态的改变依赖于输入信号和时钟脉冲信号。电路中触发器的状态就是内部输入,触发器的激励信号就是内部输出。在研究同步时序逻辑电路时,通常不把同步时钟信号作为输入信号处理,而是将它当成一种默认的时间基准。

一般可将输出与输入之间的关系描述成如下逻辑函数表达式:

$$Z_i = f_i(x_1, x_2, \cdots, x_n, y_1, y_2, \cdots, y_r), \quad i = 1, 2, \cdots, m$$

$$Y_j = g_j(x_1, x_2, \cdots, x_n, y_1, y_2, \cdots, y_r), \quad j = 1, 2, \cdots, r$$

上式中 Z_i 称为输出函数,而 Y_j 称为激励函数或控制函数,以上函数分别描述了外部输出和内部输出与所有输入(内部输入和外部输入)之间的逻辑关系。

按上述输出逻辑函数表达式,Z_i 不仅与时序电路的外部输入 $x_1, x_2, \cdots, x_n$ 有关,还与存储电路的输出即内部输入 $y_1, y_2, \cdots, y_r$ 有关,由该函数表达式所描述的时序电路模型称为 Mealy 型电路。

在实际的电路中,有时外部输出 Z_i 仅与 $y_1, y_2, \cdots, y_r$ 有关,而与 $x_1, x_2, \cdots, x_n$ 无关,其输出函数和激励函数可表示为

$$Z_i = f_i(y_1, y_2, \cdots, y_r), \quad i = 1, 2, \cdots, m$$

$$Y_j = g_j(x_1, x_2, \cdots, x_n, y_1, y_2, \cdots, y_r), \quad j = 1, 2, \cdots, r$$

这种时序电路模型称为 Moore 型电路。

在时序电路中,也可以把外部输入 x_i 称为外部输入状态;外部输出 Z_i 称为外部输出状态;内部输入 y_j 称为内部输入状态;内部输出 Y_j 称为内部输出状态。由于时序电路含有存储电路,使得该电路的输出不仅与外部输入有关,还与内部输入有关,如果存储电路是由触发器构成的,则其内部输入就为触发器的状态,在这里,把触发器的状态称为时序电路的状态。如果时序电路中使用统一的时钟信号,这时时钟信号起着同步作用,所以,这种时序电路被称为同步时序电路。因此同步时序电路的电路状态 $(y_1, y_2, \cdots, y_r)$ 只有当时钟信号到来时,才能发生变化。通常,将时钟信号到来之前电路的状态称为现态,记为 $y^{(n)}$(右上标 n 可以省略),而将时钟信号到来之后的状态称为次态,记为 $y^{(n+1)}$。

而 Mealy 型电路和 Moore 型电路的主要区别就在于输出信号与当前状态和外部输入信号的关系不同。Mealy 型电路的输出直接依赖于当前的外部输入信号和内部状态,所以当外部输入信号发生变化时,通常在一个时钟周期内,Mealy 型电路的输出也会立即变化。这种特性使得 Mealy 型电路能够快速响应外部输入的变化,但也可能导致输出中出现短暂的额外脉冲。Moore 型电路的输出仅依赖于内部状态,而不直接反映外部输入信号的变化。因此 Moore 型电路的输出在输入变化时不会立即改变,它只在时钟信号触发状态更新时才改变。这种设计使得 Moore 型电路的输出相对于输入变化存在一个时钟周期的延迟,但它的输出序列更加可预测且没有额外的脉冲。

7.1.2 时序逻辑电路的表示方法

在时序电路中,虽然有输出函数和激励函数来描述电路的逻辑功能,但它们不能清晰地描述出输入、输出的逻辑关系及现态和次态之间的转移关系。为了形象地描述时序电路的特性,通常要用状态图和状态表来描述电路的输入、输出及电路状态的转移关系。

状态图是用来表示输入、输出和电路状态之间转移关系的图。每一个状态用一个圆圈

表示,圆圈内的字母或数字表示状态的名称,用带箭头的有向线段将状态联系起来,箭尾连接现态,箭头指向次态,有向线段上标有引起该状态转移的外部输入条件。当有 n 个外部输入时,则每个状态有 2^n 个发出的有向线段,指向不同输入条件下现态要转向的次态。

根据输出函数的模型不同,可形成不同类型的状态图。Mealy 型电路的输出与电路的外部输入及状态都有关系,其输出标在输入的下面,表明在当前的状态 y(现态)下及输入 x 情况下,尽管同步时钟未到,则其输出为当前值 Z。此类型 Mealy 型状态图如图 7.2 所示。而 Moore 型电路的状态图与 Mealy 型电路的状态图类似,但由于 Moore 型电路的输出只与现态有关,而与外部输入无关,所以其输出要标在圆圈内的状态名的下面。Moore 型状态图如图 7.3 所示。

图 7.2 Mealy 型状态图　　图 7.3 Moore 型状态图

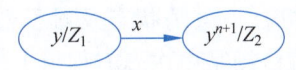

在进行时序电路设计时,电路的输入、输出和电路状态的转移关系还必须用表格的方式表示出来,这就是状态表,也称为状态转移表。状态表与状态图有着一一对应的关系,由状态表可得到状态图,也可由状态图得到状态表。状态表也分为 Mealy 型和 Moore 型,状态表的格式分别如表 7.1、表 7.2 所示。

表 7.1　Mealy 型状态表

现　态	次态/输出	
	输入 x	⋯
y	$y^{(n+1)}/Z$	
⋮		

表 7.2　Moore 型状态表

现　态	次　态		输　出
	输入 x	⋯	
y	$y^{(n+1)}$		Z
⋮			

对于 Mealy 型状态表,最左一列列出所有可能的状态,其后各列为所有可能的输入组合下的次态及输出。由于 Moore 型电路的输出只与现态有关,所以该类电路的输出可单列一列,不需要标在每个与输入相关的单元格中。

状态图和状态表是同步时序电路分析和设计的主要工具,在同步时序电路的分析过程中,需要得到状态图,以直观地描述其输入、输出及电路状态的转移关系;在同步时序电路的设计过程中,也需要通过状态表所描述的输入、输出和电路状态的转移关系及所选用的触发器的功能,得到输出函数和激励函数。

7.2　同步时序逻辑电路的分析

同步时序逻辑电路的分析,就是要根据给定的逻辑电路图,分析其输入、输出和电路状态的转移关系,即研究在一系列输入信号作用下,电路状态如何转变,并会产生怎样的输出,从而说明电路的逻辑功能和工作特性。通过对电路功能的评述,有助于改进电路的设计。

由于同步时序电路的主要特点在于其有存储电路的存在,随着时间顺序的推移和外部输入的不断改变,电路的状态相应发生变化。分析时序电路的关键是确定电路状态的变化规律,而这种变化情况可用状态表和状态图明显地表示出来,另外也可以用时间图来描述电路的工作过程。

由于同步时序逻辑电路中所有触发器都是在同一个时钟信号操作下工作的,所以分析方法比较简单。同步时序电路的分析步骤可归纳如下。

(1) 根据给定的时序逻辑电路,列出输出函数和激励函数表达式。

(2) 建立状态转移真值表或列出次态方程。

建立状态转移真值表又称列表法,表格当中的内容为在所有可能的输入组合(包括外部输入和内部输入)下构成存储电路的各触发器的激励状态;列次态方程的方法又叫方程法,将激励函数代入所选触发器的次态方程中,就可以得到构成存储电路的所有触发器的次态方程组,即次态与输入之间的关系。

(3) 作出时序电路的状态表,并画出状态图。表格法是根据不同输入组合下激励状态及触发器的功能求其相应的次态;而方程法则是由次态方程组求出电路在各输入组合下的次态。

(4) 用文字和时间图描述电路的逻辑功能和工作过程。在用时间图描述电路的工作过程中要给出典型的外部输入序列和初始状态。

下面通过具体例子加以说明。

【例 7.1】 分析图 7.4 所示的同步时序逻辑电路。

解:采用表格法进行电路分析。

(1) 列出该电路的输出函数和激励函数表达式:

$J_0 = K_0 = 1$, $J_1 = K_1 = x \oplus y_0$, $Z = \bar{y}_1 \bar{y}_0 x + y_1 y_0 \bar{x}$

(2) 列出状态转移真值表,如表 7.3 所示。

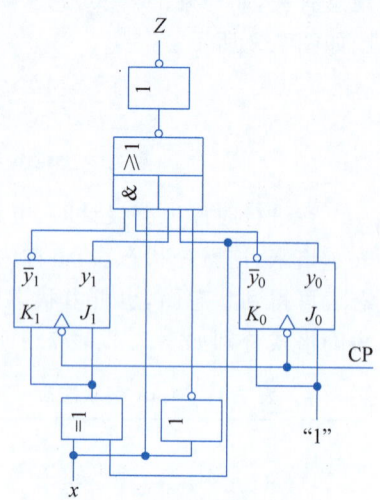

图 7.4 例 7.1 逻辑电路图

表 7.3 例 7.1 状态转移真值表

| 现态 || 输入 | 激励 |||| 次态 || 输出 |
y_1	y_0	x	J_1	K_1	J_0	K_0	y_1^{n+1}	y_0^{n+1}	Z
0	0	0	0	0	1	1	0	1	0
0	0	1	1	1	1	1	1	1	1
0	1	0	1	1	1	1	1	0	0
0	1	1	0	0	1	1	0	0	0
1	0	0	0	0	1	1	1	1	0
1	0	1	1	1	1	1	0	1	0
1	1	0	1	1	1	1	0	0	1
1	1	1	0	0	1	1	1	0	0

(3) 作出状态表和状态图。

由于输出 Z 不仅与现态 y_1、y_0 有关,还与输入 x 有关,所以该电路为 Mealy 型电路。将表 7.3 中的激励去掉,就可转换成状态表,由状态表可转换成相应的状态图。整理后的状态表如表 7.4 所示,状态图如图 7.5 所示。

表 7.4　例 7.1 状态表

y_1　y_0	$y_1^{(n+1)} y_0^{(n+1)}/Z$	
	$x=0$	$x=1$
0　0	01/0	11/1
0　1	10/0	00/0
1　0	11/0	01/0
1　1	00/1	10/0

(4) 作出时间图。

时间图又叫时间波形图,可以反映给定的典型输入序列及初始状态下,该电路状态及输出的变化情况。时间图实际上反映了状态图的内容,是对电路特性的直观描述。

为了作出准确无误的时间图,通常根据状态图先给出状态响应序列。状态响应序列如下所示,时间图如图 7.6 所示。

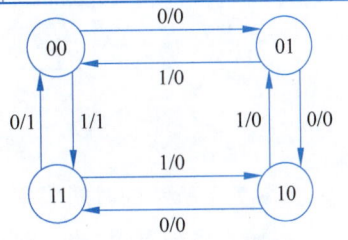

图 7.5　例 7.1 状态图

```
CP：          1    2    3    4    5    6    7    8
x：           1    1    1    1    0    0    0    0
y₁y₀：        00   11   10   01   00   01   10   11
y₁^(n+1) y₀^(n+1)： 11   10   01   00   01   10   11   00
Z：           1    0    0    0    0    0    0    1
```

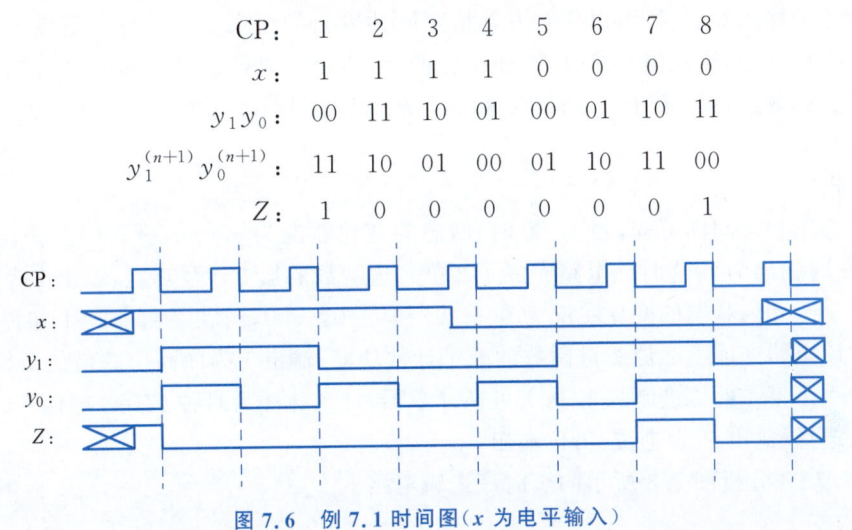

图 7.6　例 7.1 时间图(x 为电平输入)

由状态响应序列和时间图可以看出,在状态响应序列中描述了次态 $y_1^{(n+1)} y_0^{(n+1)}$,这种描述方法的目的是形象地表现出现态和次态的关系。例如当前的现态为 00,x 为 1,当 CP 的下降沿到来时,其次态为 11,输出为 1,状态响应序列的第一列清楚地描述了这一过程,而次态 11 将成为下一个时钟到来时的现态。而在时间图当中没有次态 $y_1^{(n+1)} y_0^{(n+1)}$,这是由于时间图所描述的是每条线路上的变化,y_1 与 $y_1^{(n+1)}$ 及 y_0 与 $y_0^{(n+1)}$,只是状态输出线路 y_1、y_0 上不同时间的逻辑状况,分别代表 CP 下降沿到来之前(y_1、y_0)和到来之后($y_1^{(n+1)} y_0^{(n+1)}$)的逻辑状态,所以在每个下降沿之前的 y_1、y_0 就表示针对该时刻的现态,而下降沿之后的 y_1、y_0 就表示针对该时刻的次态,也就没有必要再描述次态 $y_1^{(n+1)} y_0^{(n+1)}$ 了。

输入序列 x 实际上既可以是电平也可以是脉冲。图 7.7 所示的时间图中 x 是电平输入,电平的变化同时钟的上升沿同步,所选用的触发器是下降沿有效的边沿触发器。对于同步时序电路来说,输入序列无论是电平还是脉冲,对触发器效果是一样的,电平与脉冲的不同之处在于时钟作用时间的长短不同,脉冲信号可以看作是一种特殊的电平信号,这种脉冲输入信号的宽度可以与时钟信号的宽度相同。如果把输入序列改为脉冲输入,其时间图如图 7.7 所示。

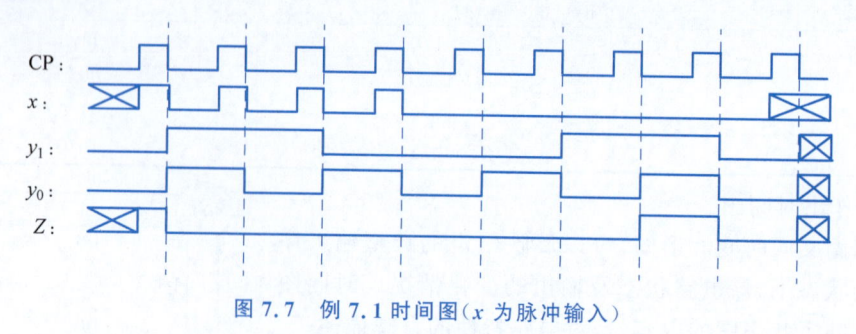

图 7.7 例 7.1 时间图(x 为脉冲输入)

在图 7.7 所示的时间图中,由于 x 与 CP 同步,x 经过了一个异或门的门延迟作用到了 J_1,K_1,输入脉冲对 J_1,K_1 的作用迟于 CP,对于下降沿有效的边沿触发器,效果同电平输入是相同的。如果输入 x 直接作用到触发器的激励端,假设 x 与 CP 同步,则 CP 与 x 同时到达触发器的输入端,同样可以使触发器按照脉冲输入的要求工作。如果触发器是上升沿有效的边沿触发器,输入信号是电平,还是脉冲(可假设与时钟信号同步),并且输入信号是经门延迟送达触发器的激励端,则其对触发器的工作效果与上面的分析是不同的,这种情况请读者自行分析。

(5)分析。

由状态图和时间图可知,当 $x=0$ 时,状态的变化状况为 00→01→10→11→00,当状态由 11→00 时输出为 1,这时该电路完成了 2 位二进制数的加 1 计数功能,输出 1 为向高位的进位;当 $x=1$ 时,状态的变化状况为 00→11→10→01→00,当状态由 00→11 时输出为 1,可得这时该电路完成了 2 位二进制数的减 1 计数功能,输出 1 为向高位的借位。综上所知,该电路是一个模 4 的二进制加 1/减 1 可逆计数器,计数脉冲为时钟 CP,外部输入 x 为加 1/减 1 方式选择,输出 Z 为进位/借位输出。

【例 7.2】 分析图 7.8 所示同步时序逻辑电路。

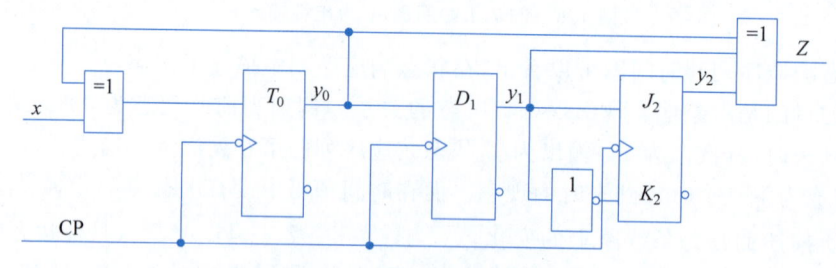

图 7.8 例 7.2 逻辑电路图

解:采用方程法进行电路分析。

(1)列出激励函数与输出函数表达式:

$$T_0 = x \oplus y_0$$
$$D_1 = y_0$$
$$J_2 = y_1$$

$$K_2 = \bar{y}_1$$
$$Z = y_0 \oplus y_1 \oplus y_2$$

(2) 写出电路的次态方程组。将激励函数表达式代入相应触发器的次态方程得

$$y_0^{(n+1)} = T_0 \cdot \bar{y}_0 + \bar{T}_0 \cdot y_0 = T_0 \oplus y_0 = (x \oplus y_0) \oplus y_0 = x \oplus 0 = x$$

$$y_1^{(n+1)} = D_1 = y_0$$

$$y_2^{(n+1)} = J_2 \cdot \bar{y}_2 + \bar{K}_2 \cdot y_2 = y_1 \cdot \bar{y}_2 + \bar{\bar{y}}_1 \cdot y_2 = y_1$$

在进行同步时序电路分析时,可以利用列状态转移真值表的方法,也可以用列次态方程组的方法,列次态方程组的方法可以直接形成状态表。

(3) 作出电路的状态表和状态图。由于输出 Z 仅与现态 y_2、y_1、y_0 有关,与输入 x 无关,所以该电路为 Moore 型电路。该电路的状态表如表 7.5 所示,状态图如图 7.9 所示。

表 7.5 例 7.2 状态转移真值表

y_2	y_1	y_0	\multicolumn{3}{c|}{$y_2^{(n+1)} y_1^{(n+1)} y_0^{(n+1)}$}	Z
			$x=0$		$x=1$	
0	0	0	0 0 0	0 0 1	0
0	0	1	0 1 0	0 1 1	1
0	1	0	1 0 0	1 0 1	1
0	1	1	1 1 0	1 1 1	0
1	0	0	0 0 0	0 0 1	1
1	0	1	0 1 0	0 1 1	0
1	1	0	1 0 0	1 0 1	0
1	1	1	1 1 0	1 1 1	1

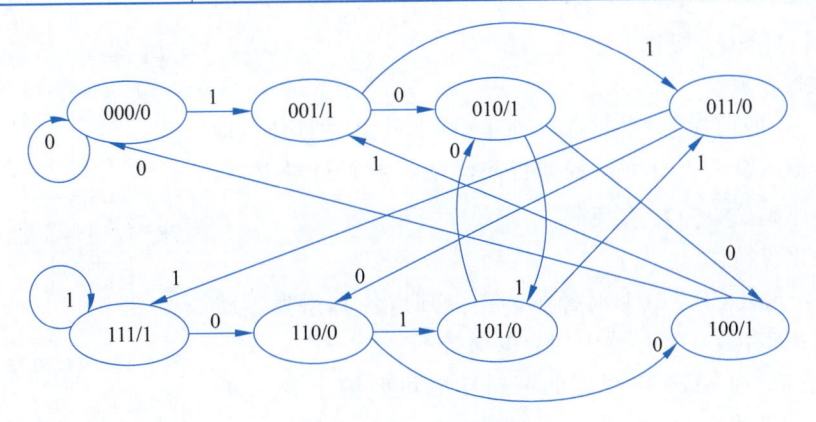

图 7.9 例 7.2 状态图

(4) 电路功能描述。

由状态表和状态图可知,当 $x=0$ 时,无论现态 y_0 是什么,次态 $y_0^{(n+1)}$ 都为 0,当 $x=1$ 时其次态 $y_0^{(n+1)}$ 都为 1,表明每次时钟脉冲到来时 x 都寄存到了 y_0;而无论 $x=0$ 还是 $x=1$,每次脉冲到来时次态 $y_2^{(n+1)} = y_1$,$y_1^{(n+1)} = y_0$。由此可知,该电路是一个 3 位串行输入的移位寄存器。在时钟的作用下,x 寄存到该寄存器的低位,寄存器的内容从低位向高位左移一位,原来的最高位丢弃。输出 Z 完成了现态 y_2、y_1、y_0 的连续异或运算,则当 1 的个数为奇数时 $Z=1$,1 的个数为偶数时 $Z=0$,完成了对当前的移位寄存器内容进行奇偶校验的工作。

7.3 寄存器

寄存器是能暂时存放二进制代码的时序电路。在数字系统中常用寄存器暂存数据中间运行结果和指令。按寄存器的功能特点,可将其分为两大类,数码寄存器和移位寄存器。数码寄存器可以暂存一组二进制代码,在时钟脉冲的作用下,可以实现并行的数据接收、存储和传送。如果在寄存器的输出端增加一组缓冲器(如一组三态门)就可使其成为锁存器。常用的集成数码寄存器有 74LS273、74LS174、74LS175、74LS373 等。移位寄存器除了具有存储功能之外,还可以在时钟脉冲的作用下,对数据实现左移或右移功能,在数字系统中有着广泛的应用。常用的集成移位寄存器有 74LS194、74LS164、74LS195、74LS198 等。

在这一节,我们将对数码寄存器 74LS175、锁存器 74LS373、单向移位寄存器 74LS164 及双向移位寄存器 74LS194 的外部特性进行介绍,以了解和掌握寄存器的基本工作原理。

7.3.1 数码寄存器

1. 数码寄存器 74LS175

图 7.10 为四位数码寄存器 74LS175 的逻辑图。74LS175 是一个典型的集成数码寄存器,它主要由 4 个 D 触发器构成,有统一的异步置 0 端 $\overline{R}_D$ 和统一的时钟脉冲 CP,各个触发器数据输入端为 D,并且各个触发器具有互补输出。下面简要说明该寄存器的工作原理。

(1) 异步清零。

当异步置 0 端 $\overline{R}_D=0$ 时,触发器的输出端 $Q_0 \sim Q_3$ 均被置 0,其互补端 $\overline{Q}_0 \sim \overline{Q}_3$ 均置 1。

(2) 数据存放。

在 $\overline{R}_D=1$ 的前提下,当时钟脉冲正沿(上升沿)到达时,即 CP=↑时,输入端 $D_0 \sim D_3$ 的数据将并行存入 4 个 D 触发器,$Q_0 \sim Q_3$ 存原码,$\overline{Q}_0 \sim \overline{Q}_3$ 存反码。

(3) 数据保持。

在 $\overline{R}_D=1$,且 CP=0(非时钟脉冲正沿)时,各 D 触发器状态保持不变,即存放在寄存器中的数据保持不变。

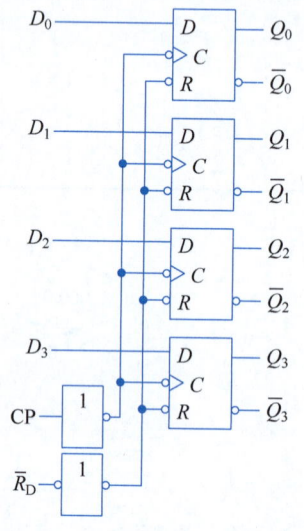

图 7.10 74LS175 的逻辑图

综上所述,74LS175 寄存器的逻辑功能可归纳于表 7.6,表 7.6 称作功能表。

表 7.6 74LS175 功能表

$\overline{R}_D$	CP	D_0	D_1	D_2	D_3	Q_0	Q_1	Q_2	Q_3
0	×	×	×	×	×	0	0	0	0
1	↑	D_0	D_1	D_2	D_3	D_0	D_1	D_2	D_3
1	0	×	×	×	×	保	持		

2. 数码锁存器 74LS373

图 7.11 为八位数码锁存器 74LS373 的逻辑图。

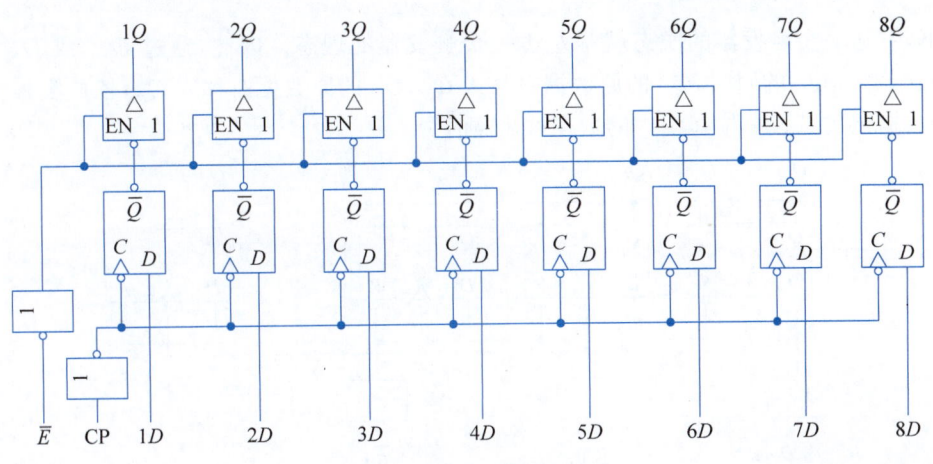

图 7.11　74LS373 的逻辑图

74LS373 也是一个典型的集成同步时序逻辑电路。它主要由八个 D 触发器和八个三态非门组成。$\overline{E}$ 为三态非门的控制端,CP 为上升沿有效的触发器时钟端。接收的数据由 $1D \sim 8D$ 送入,当时钟端 CP 上升沿到来时分别寄存到对应 D 触发器中,当 $\overline{E}=0$ 时为有效电平,可将触发器的输出送到 $1Q \sim 8Q$,而当 $\overline{E}=1$ 为无效电平时 $1Q \sim 8Q$ 为高阻状态,所以可以利用锁存器实现总线的分时使用。

综上所述,74LS373 的功能表如表 7.7 所示。

表 7.7　74LS373 功能表

$\overline{E}$	CP	$1D \sim 8D$	$1Q \sim 8Q$
1	×	×～×	高阻
0	↑	$1D \sim 8D$	$1D \sim 8D$
0	0	×～×	保持

7.3.2　移位寄存器

在时钟脉冲的作用下移位寄存器不仅可以暂存代码,还可以对所存的代码进行左移或右移的操作。所以移位寄存器除了具有寄存代码的功能外,还可以实现数据的串并转换及各种基于移位的数据运算或处理,在数字系统中有着广泛的应用。

1. 单向移位寄存器 74LS164

图 7.12 是 74LS164 八位单向集成移位寄存器的逻辑图。它由 8 个 D 触发器构成,它们有统一的异步置 0 端 $\overline{R}_D$,统一的时钟脉冲输入端 CP,D_{S1} 和 D_{S2} 为串行数据输入端。

其工作原理如下。

(1) 异步清零。

当异步置 0 端 $\overline{R}_D=0$ 时,8 个 D 触发器均被置 0,即寄存器所存数据被清零。

(2) 串行接收数据和单向移位。

当串行数据输入端 D_{S1} 或 D_{S2} 有一个为低电平时,则串行数据禁止输入,Q_0 因 $D=0$ 而为 0,在 CP 作用下,这个 0 依次右移。当 D_{S1} 或 D_{S2} 中有一个为高电平时,则另一个就作为串行数据输入端而用于输入数据。例如,$D_{S1}=1$ 时,D_{S2} 为数据输入端,反之亦然。由图 7.12 可以看出,左边一个触发器的输出总是连到右边一个触发器输入端 D。这样,在 CP

作用下，右边一个触发器的次态就是左边一个触发器的现态。因此，通过 D_{S1} 或 D_{S2} 把数据送入触发器 Q_0 的同时，Q_0 的原数据右移入 Q_1，Q_1 的原数据右移入 Q_2，依此类推，Q_0～Q_7 中数据依次右移一位，Q_7 中的数据移出寄存器。

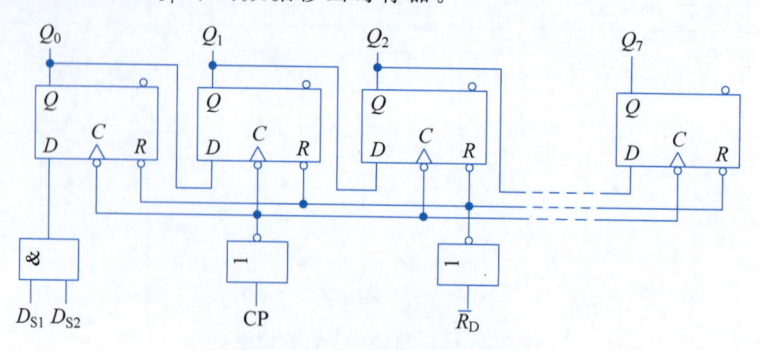

图 7.12　74LS164 的逻辑图

（3）数据保持。

当 $\overline{R}_D$＝1 且 CP＝0（CP 为非上升沿）时，各触发器状态保持不变，数据保存在寄存器中。74LS164 的功能表如表 7.8 所示。

表 7.8　75LS164 功能表

$\overline{R}_D$	CP	D_{S1}	D_{S2}	Q_0	Q_1	Q_2	Q_3	…	Q_7
0	×	×	×	0	0	0	0	…	0
1	0	×	×	Q_0	Q_1	Q_2	Q_3	…	Q_7
1	↑	1	×	D_{S2}	Q_0	Q_1	Q_2	…	Q_6
1	↑	×	1	D_{S1}	Q_0	Q_1	Q_2	…	Q_6
1	↑	0	×	0	Q_0	Q_1	Q_2	…	Q_6
1	↑	×	0	0	Q_0	Q_1	Q_2	…	Q_6

如果在串行数据输入端输入一个 8 位数据，则在经历 8 个 CP 脉冲后，可以实现最先输入的数据被右移至 Q_7，最后输入的数据暂存在 Q_0 中。这就是说，串行输入的 8 个数据暂存在 8 个触发器中，如果同时从触发器的输出端 Q_0～Q_7 取出这 8 个数据，则这种寄存器就可以把串行数据转换成并行数据。即实现数据的串行输入-并行输出。

2. 双向移位寄存器 74LS194

图 7.13 给出了 4 位双向集成移位寄存器 74LS194 的逻辑图。

由 74LS194 的逻辑图可知，该双向移位寄存器由 4 个下升沿有效的 D 触发器及相应的逻辑门电路组成。其中 $M_B M_A$ 为工作方式选择，当 $M_B M_A$＝11 时，D_0、D_1、D_2、D_3 所连接的与门处在开门状态，使 D_0、D_1、D_2、D_3 送到 D 触发器相应的 D 端，实现并行寄存的功能；当 $M_B M_A$＝01 时，D_R 所连接的与门及 Q_i 的向右传递所连接的与门开门，实现右移功能；当 $M_B M_A$＝10 时，D_L 所连接的与门及 Q_i 的向左传递所连接的与门开门，实现左移功能；而当 $M_B M_A$＝00 时，向 D 触发器的时钟信号 C 端输入 0 电平，此时没有有效的边沿，使该电路处在保持状态。

由此可见，74LS194 是一个多功能的移位寄存器，既可以实现并行寄存，也可以实现左移和右移寄存。

74LS194 的功能表如表 7.9 所示。

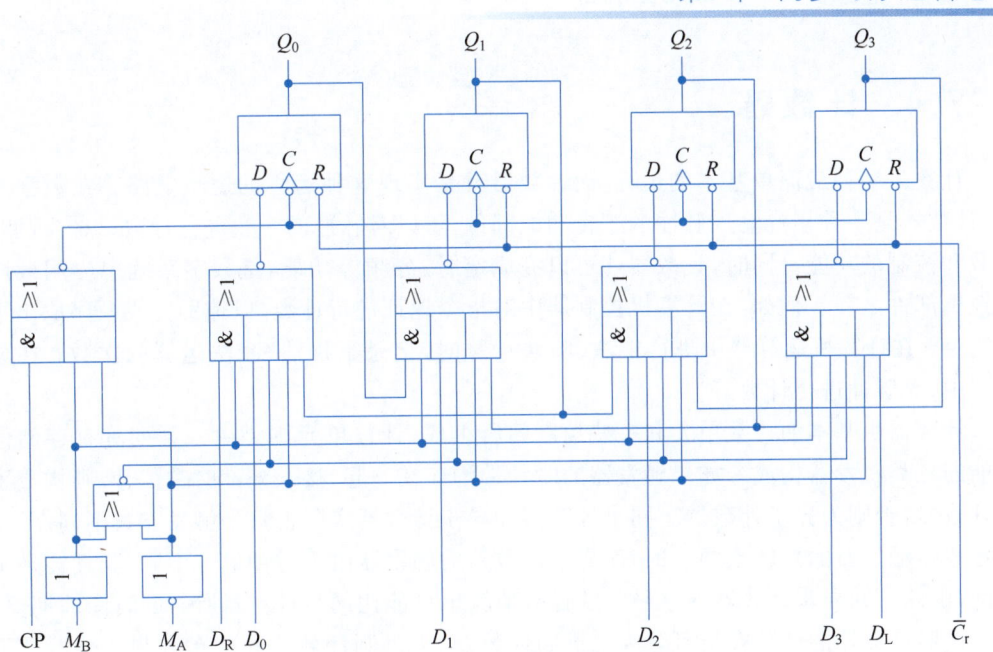

图 7.13 74LS194 逻辑图

表 7.9 74LS194 功能表

$\overline{C_r}$	CP	M_A	M_B	D_R	D_0	D_1	D_2	D_3	D_L	Q_0	Q_1	Q_2	Q_3
0	×	×	×	×	×	×	×	×	×	0	0	0	0
1	0	×	×	×	×	×	×	×	×	保		持	
1	↑	1	1	×	d_0	d_1	d_2	d_3	×	d_0	d_1	d_2	d_3
1	↑	0	1	d_R	×	×	×	×	×	d_R	Q_0	Q_1	Q_2
1	↑	1	0	×	×	×	×	×	d_L	Q_1	Q_2	Q_3	d_L
1	×	0	0	×	×	×	×	×	×	保		持	

由功能表可以看出,在工作方式选择控制 M_B 和 M_A 的作用下,74LS194 具有并行输入、左移输入、右移输入、保持和清零功能,其中清零功能是在 $\overline{C_r}$ 的作用下异步完成的。

可以用几片 74LS194 连接成多位双向移位寄存器。例如,用两片 74LS194 连接成 8 位双向移位寄存器的连线图,如图 7.14 所示。具体连线方法是,将其中一片的 Q_3 连接到另一片的 D_R,而将另一片的 Q_0 连接到该片的 D_L,同时把两片的 M_A、M_B、CP 和 $\overline{C_r}$ 分别连接。

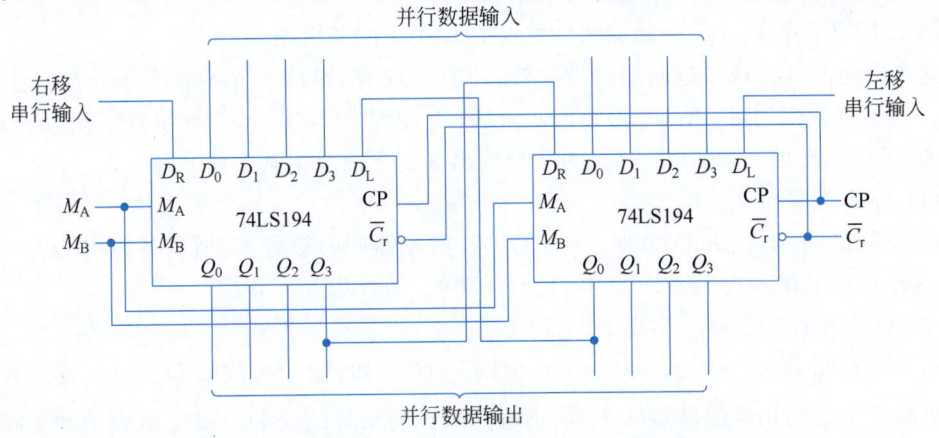

图 7.14 由两片 74LS194 连接成的 8 位双向移位寄存器

7.4 计数器

计数是一种最简单基本的运算,而计数器就是实现这种运算的逻辑电路。在数字系统中,计数器是一种累计输入脉冲的逻辑功能部件,可以对脉冲的个数进行计数,以实现测量、计数和控制的功能。同时,计数器还可以完成定时、分频等功能,是数字系统中应用最广泛的逻辑部件之一。例如,在计算机控制器中对指令地址进行计数,以辅助完成顺序取出下一条指令;在计算机运算器中进行乘法、除法运算时,记录下加法、减法运算的次数;在数字仪器中,对脉冲进行计数等。

计数器由基本的计数单元和一些控制门所组成,计数单元则是由一系列具有存储信息功能的各类触发器构成。如果触发器的时钟端均连在一起,接入外部时钟信号,则构成了同步计数器,否则为异步计数器。同步计数器和异步计数器实际上只是触发方式不同而已,同步计数器触发器的翻转是同时的,而异步计数器的触发器由于时钟信号不同,其翻转是不同时的,由此可知异步计数器建立稳定的计数值输出可能比同步计数器所需的时间周期要长。

按照计数器的计数容量可分为二进制计数器、十进制计数器和任意进制计数器。不同进制的计数器只是计数规律有所不同而已。

按照计数器计数值增减的趋势不同,可分为加法计数器和减法计数器,如果计数器既可以完成加法计数功能,也可以完成减法计数功能,则该计数器称为加减可逆的计数器。

另外,由于移位寄存器的输出状态可以随移位脉冲的到来而发生变化,所以,还可以利用移位寄存器构成计数器,称为移位寄存器型计数器。

7.4.1 二进制计数器

在数字系统中,广泛采用二进制计数体制。如果计数器在输入脉冲的作用下,计数器的计数值按二进制变化,循环经历 2^n 个独立状态,就称该计数器为二进制计数器,也叫模 2^n 进制计数器,其中 n 为计数器中触发器的个数。在实际应用中,集成二进制计数器都增加了一些附加的控制电路,以扩展电路的功能和增强其应用的灵活性。常用的集成二进制计数器有74LS161、74LS163、74LS191、74LS193 等,这些二进制计数器都是同步的二进制计数器,下面介绍四位同步二进制加法计数器 74LS161 和四位同步二进制可逆计数器 74LS193。

1. 四位同步二进制加法计数器 74LS161

图 7.15 为四位同步二进制加法计数器 74LS161 的逻辑图。

这个电路除了实现二进制加法计数外,还有预置数、保持和异步置零等功能。图 7.15 中,$\overline{LD}$ 为预置控制端,$D_0 \sim D_3$ 为数据输入端,O_C 为进位输出端,为异步置零端,E_P 和 E_T 为使能(工作状态控制)端,$Q_0 \sim Q_3$ 为数据输出端。下面介绍其工作原理。

(1) 异步置零。

由图 7.15 可知,当 $\overline{R}_D = 0$ 时,所有的 J-K 触发器同时被置零,所以其输出 $Q_0 \sim Q_3$ 均为 0,这种置零工作方式不受其他输入信号的影响,为异步置零方式。

(2) 同步预置。

当清零控制端 $\overline{R}_D = 1$,而 $\overline{LD} = 0$ 时,由图 7.15 可知,输入的数据 $D_0 \sim D_3$ 通过若干逻辑门电路分别送到相应触发器的 J 端,而输入数据的信号的反 $\overline{D}_0 \sim \overline{D}_3$ 分别加到了相应的

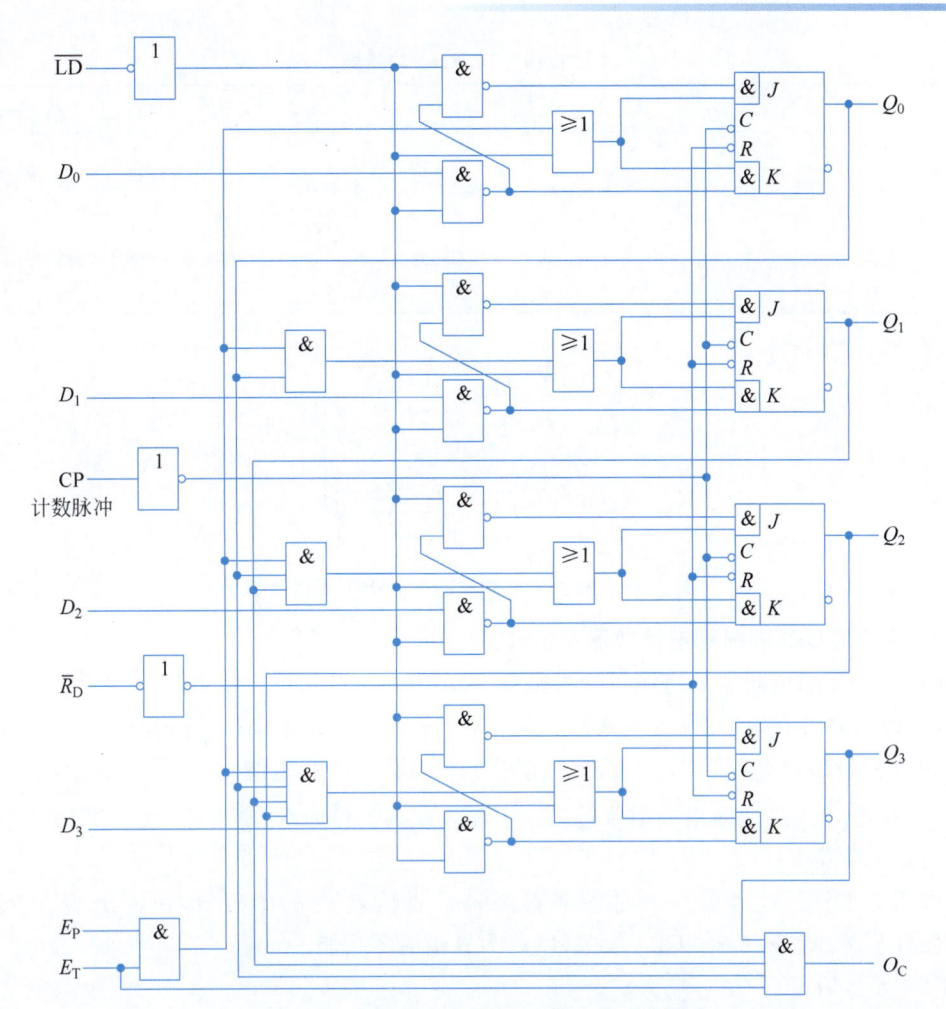

图 7.15　同步加法计数器 74LS161 逻辑图

J-K 触发器的 K 端,在外部输入时钟信号的作用下(外部输入时钟 CP 的上升沿,触发器时钟的下降沿)即可将相应的数据置入各触发器的输出端。这里的数据预置要由 CP 配合才可完成,所以称为"同步预置"。

(3) 保持。

当 $\overline{LD}=\overline{R}_D=1$ 时,只要使能端 E_P、E_T 中有一个为零电平,由图 7.15 可知,加到各触发器 J、K 端的信号就均为"0",这样无论有无计数脉冲 CP,各触发器的输出状态均保持不变。

(4) 计数。

当 $\overline{R}_D=\overline{LD}=E_P=E_T=1$ 时,由图 7.15 可知,$J_0=K_0=1$,$J_1=K_1=Q_0$,$J_2=K_2=Q_0Q_1$,$J_3=K_3=Q_0Q_1Q_2$,也即每个触发器均具有 T 触发器的功能,在计数脉冲 CP 的作用下,最低位的触发器每个脉冲翻转一次,而其他各位触发器均在它们所有低位为"1"时翻转,由此构成了一个四位同步二进制计数器。

由于 $O_C=E_TQ_3Q_2Q_1Q_0$,所以当计数器累加到"1111"时,O_C 输出为"1",表明四位二进制数计数器向高位的进位。

74LS161 的功能表如表 7.10 所示,逻辑符号如图 7.16 所示。

表 7.10　74LS161 功能表

CP	$\overline{R_D}$	$\overline{LD}$	E_P	E_T	D_0	D_1	D_2	D_3	Q_0	Q_1	Q_2	Q_3
×	0	×	×	×	×	×	×	×	0	0	0	0
↑	1	0	×	×	d_0	d_1	d_2	d_3	d_0	d_1	d_2	d_3
×	1	1	0	×	×	×	×	×	保	持		
×	1	1	×	0	×	×	×	×	保	持		
↑	1	1	1	1	×	×	×	×	计	数		

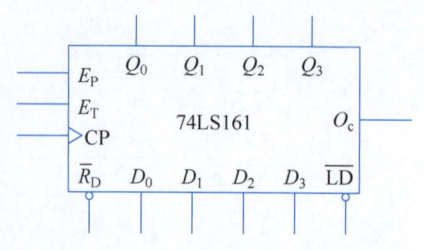

图 7.16　同步加法计数器 74LS161 逻辑符号

2. 四位同步二进制可逆计数器 74LS193

图 7.17 为四位同步二进制可逆计数器 74LS193 的逻辑图。该电路可实现二进制加法和减法计数,并具有清零、预置等功能。其中 C_r 为异步置零端,$\overline{LD}$ 为预置控制端,A、B、C、D 为预置初始值,CP_U 和 CP_D 为累加计数脉冲和累减计数脉冲,Q_D、Q_C、Q_B、Q_A 为计数值,$\overline{Q}_{CC}$ 和 $\overline{Q}_{CB}$ 为进位输出和借位输出。下面介绍其工作原理。

(1) 异步清零。

由图 7.17 可知,当 $C_r=1$ 时各 T 触发器的直接置零端 R 有效,使输出 $Q_D \sim Q_A$ 为"0",而且与脉冲输入 CP_U、CP_D 无关,所以为异步清零功能。

(2) 异步预置。

由图 7.17 可知,当 $C_r=0$,$\overline{LD}=0$ 时,连接各 T 触发器直接置位端 S 的与非门开门,使 $\overline{A}$、$\overline{B}$、$\overline{C}$、$\overline{D}$ 分别送到相应触发器的 S,而 A、B、C、D 送到相应触发器的 R,当输入 A、B、C、D 的某位为"1"时,使触发器的 $S=0$,$R=1$,则相应触发器置"1",而当输入 A、B、C、D 的某位为"0"时,使触发器的 $S=1$,$R=0$,则相应触发器置"0"。完成了异步预置功能。

(3) 计数。

74LS193 为双时钟可逆计数器,CP_U 为累加计数脉冲,CP_D 为累减计数脉冲。当 CP_U 为计数脉冲输入,$CP_D=1$ 时,实现累加计数功能;当 CP_D 为计数脉冲输入,$CP_U=1$ 时实现累减计数功能。在图 7.17 所示的逻辑图中,各触发器为内部连成翻转功能的 T 触发器(即 T 端连到"1"上)。由于 CP_U 和 CP_D 经或门连到最低位触发器时钟端,所以只要 CP_U 或 CP_D 到来 Q_A 则翻转;而次低位 T 触发器,当 $Q_A=1$,CP_U 到来时翻转;当 $\overline{Q}_A=1$,CP_D 到来时翻转。以此类推,CP_U 到来时只有低位的所有输出为"1"时 T 触发器才翻转,而 CP_D 到来时只有低位的所有输出为"0"时 T 触发器才翻转。综合上面的情况可知,当 CP_U 为有效计数脉冲输入,而 $CP_D=1$ 时按二进制规律进行累加计数,而当 CP_D 为有效计数脉冲输入,$CP_U=1$ 时按二进制规律进行累减计数。

由于 $\overline{Q}_{CB}=\overline{\overline{CP_D} \cdot \overline{Q}_D \overline{Q}_C \overline{Q}_B \overline{Q}_A}$,$\overline{Q}_{CC}=\overline{\overline{CP_U} \cdot Q_D Q_C Q_B Q_A}$,所以,$\overline{Q}_{CB}$ 为累减借位脉冲

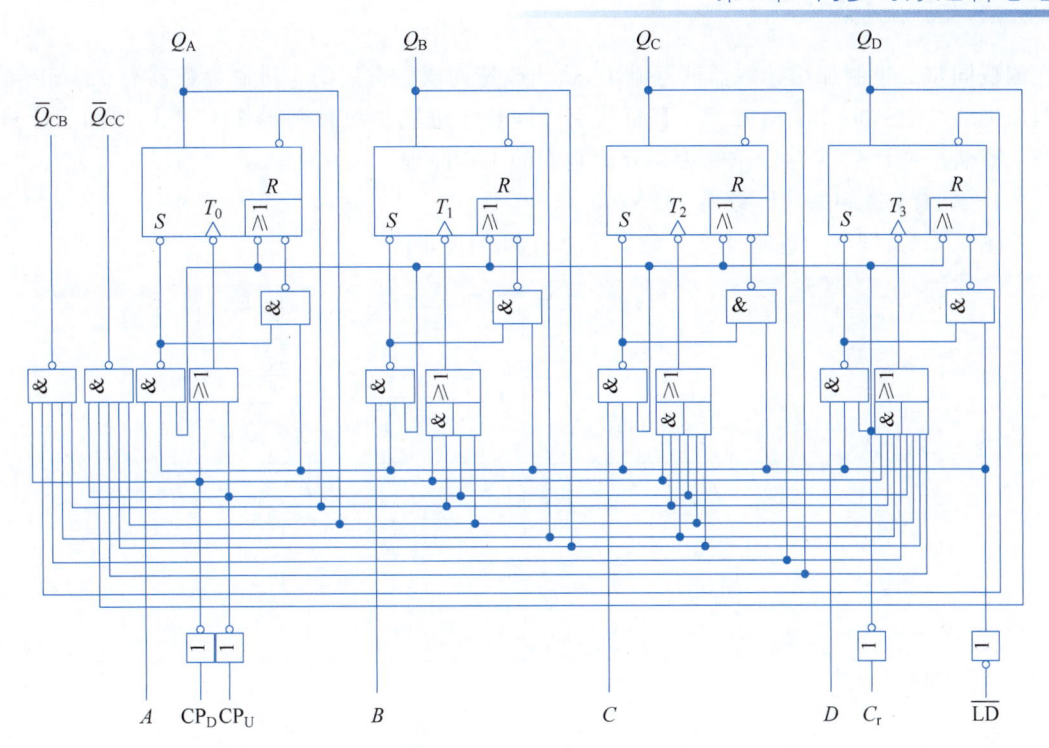

图 7.17　74LS193 逻辑图

输出，$\overline{Q}_{CC}$ 为累加进位脉冲输出。

四位同步二进制可逆计数器 74LS193 的功能表如表 7.11 所示，逻辑符号如图 7.18 所示。

表 7.11　四位同步二进制可逆计数器 74LS193 的功能表

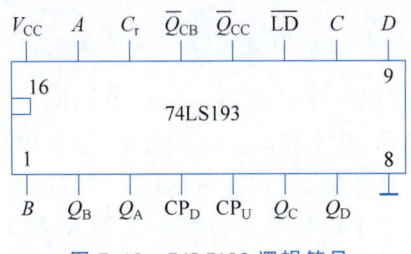

C_r	$\overline{LD}$	D	C	B	A	CP_U	CP_D	Q_D	Q_C	Q_B	Q_A
1	×	×	×	×	×	×	×	0	0	0	0
0	0	d	c	b	a	×	×	d	c	b	a
0	1	×	×	×	×	↑	1	\multicolumn{4}{c	}{累加计数}
0	1	×	×	×	×	1	↑	\multicolumn{4}{c	}{累减计数}

图 7.18　74LS193 逻辑符号

7.4.2　十进制计数器

在十进制计数器中，通常用四位二进制数表示一位十进制数，计数规律按十进制的计数规律。比如 8421BCD 码计数器表示数的范围为 0000～1001，即十进制数的 0～9，这种计数器也称为二-十进制计数器。十进制计数器分为同步加法、减法和可逆计数器，它们通常是在四位同步二进制加法计数器的基础上,适当改造而成。常用的十进制计数器有 74LS160、74LS162、74LS190、74LS192 等,下面分别以同步十进制加法计数器 74LS160 和同步十进制加减法可逆计数器 74LS192 为例介绍它们的工作原理。

1. 同步十进制加法计数器 74LS160

图 7.19 是同步十进制加法计数器 74LS160 的逻辑图。

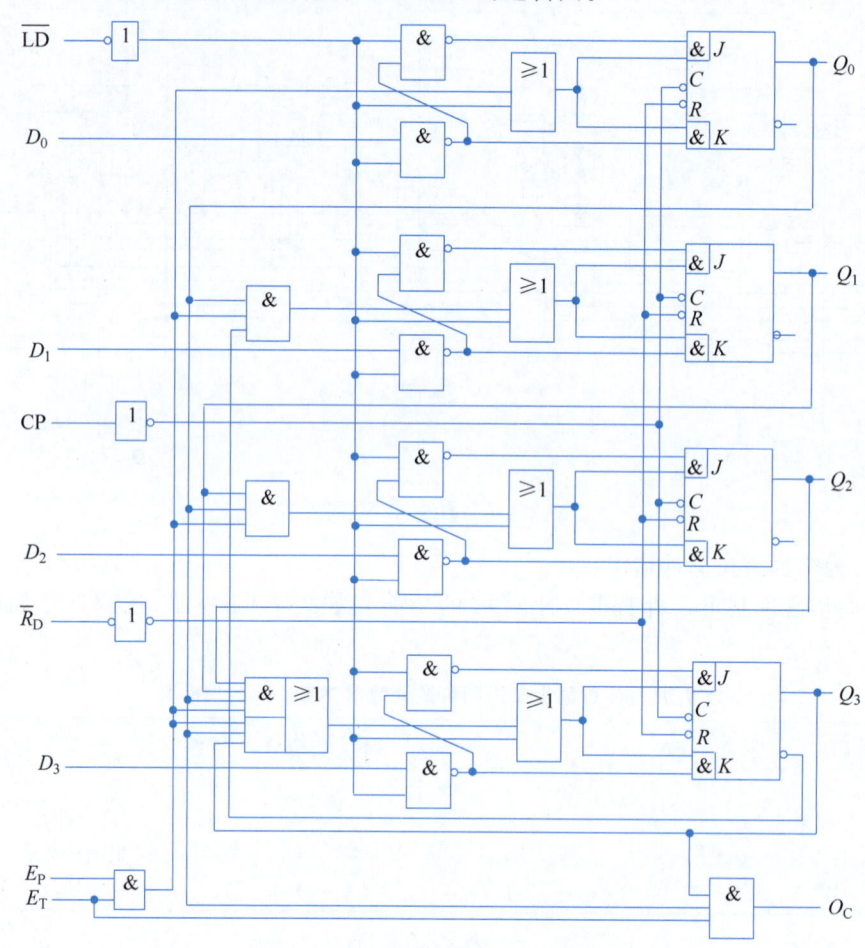

图 7.19　计数器 74LS160 的逻辑图

由图 7.19 可知,同步十进制加法计数器 74LS160 与同步二进制加法计数器 74LS161(也即同步十六进制加法计数器)基本相同。异步置零、异步预置和保持功能与 74LS161 是完全相同的,只是计数规律有所差别。当 $\overline{R}_D=1,\overline{LD}=1,E_P=E_T=1$ 时,当有 CP(计数脉冲)到来时开始计数。由于每个 J-K 触发器的激励,J 与 K 都接入相同的信号,即都接成 T 触发器,由图 7.19 可知,$J_0=K_0=1,J_1=K_1=Q_0\overline{Q}_3,J_2=K_2=Q_0Q_1,J_3K_3=Q_0Q_1Q_2+Q_0Q_3$,经分析可知计数范围在 0000~1001 时,其计数过程与二进制计数过程基本相同。当电路进入 1001 状态后,时钟脉冲再次到来时,由于 $J_0=K_0=1,J_1=K_1=0,J_2=K_2=0,J_3=K_3=1$,所以 Q_0 与 Q_3 翻转而 Q_1 与 Q_2 保持,进入 0000 状态,从而实现了一位 8421BCD 码的循环计数。由于 $O_C=Q_0Q_3$,当进 1001 状态时,其输出为进位输出,而在 0000~1000 状态中 O_C 都无进位输出。

74LS160 的功能表与 74LS161 的功能表相同，逻辑符号也相似，在这里不再介绍。

2. 同步十进制加减法可逆计数器 74LS192

图 7.20 为同步十进制加减法可逆计数器 74LS192 的逻辑图。该电路基本与四位同步二进制数可逆计数器 74LS193 相同，可实现十进制加法和减法计数，并具有清零、预置等功能。其中 C_r 为异步置零端，$\overline{LD}$ 为预置控制端，A、B、C、D 为预置初始值，CP_U 和 CP_D 为累加计数脉冲和累减计数脉冲，Q_D、Q_C、Q_B、Q_A 为计数值，$\overline{Q}_{CC}$ 和 $\overline{Q}_{CB}$ 为进位输出和借位输出。

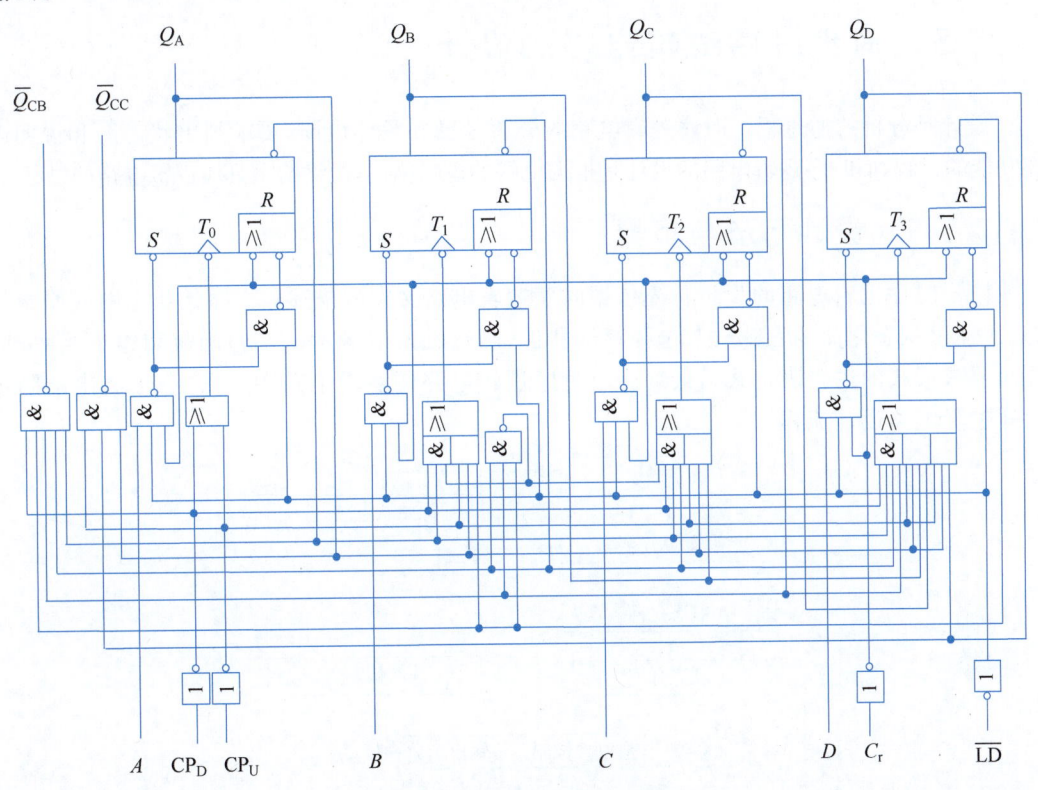

图 7.20 74LS192 逻辑图

同步十进制加减法可逆计数器 74LS192 的异步置零、异步预置功能与 74LS192 是完全相同的，只是计数规律有所差别。由图 7.20 可知：

$$T_0 = \overline{CP_U} + \overline{CP_D}$$

$$T_1 = \overline{CP_U} \cdot \overline{Q}_D Q_A + \overline{CP_D} \cdot \overline{\overline{Q}_D \overline{Q}_C \overline{Q}_B} \cdot \overline{Q}_A$$

$$T_2 = \overline{CP_U} \cdot Q_B Q_A + \overline{CP_D} \cdot \overline{\overline{Q}_D \overline{Q}_C \overline{Q}_B} \cdot \overline{Q}_B Q_A$$

$$T_3 = \overline{CP_U} \cdot Q_C Q_B Q_A + \overline{CP_U} \cdot Q_D Q_A + \overline{CP_D} \cdot \overline{Q}_C \overline{Q}_B \overline{Q}_A$$

由于各触发器为内部连成翻转功能的 T 触发器，CP_U 和 CP_D 经过或门连到最低位触发器 T_0 的时钟端，所以只要 CP_U 或 CP_D 到来时，Q_A 则翻转。次低位的 T_1 触发器，当 $Q_A=1$，$Q_B=0$，且 CP_U 到来时 Q_B 翻转，实现了 8421BCD 码次低位累加时的变化；而当 $\overline{Q}_A=1(Q_A=0)$，Q_D、Q_C、Q_B 只要有一个为 1，CP_D 到来时 Q_B 翻转，分析可知实现了

8421BCD 码次低位累减时的变化。再根据 T_2、T_3 的情况可得出,当 CP_U 为有效计数脉冲输入,而 $CP_D=1$ 时,会按十进制规律进行累加计数,而当 CP_D 为有效计数脉冲输入,$CP_U=1$ 时,会按十进制规律进行累减计数。

由于 $\bar{Q}_{CB}=\overline{CP_D \cdot \bar{Q}_D \bar{Q}_C \bar{Q}_B \bar{Q}_A}$,$\bar{Q}_{CC}=\overline{\overline{CP_U} \cdot Q_D Q_A}$,所以,$\bar{Q}_{CB}$ 为累减借位脉冲输出,$\bar{Q}_{CC}$ 为累加进位脉冲输出。

74LS192 的功能表与 74LS193 的功能表相同,逻辑符号也相似,在这里不再介绍。

7.5 同步时序逻辑电路的设计

设计是分析的逆过程。时序逻辑电路的分析是已知具体电路,要求画出状态图和说明电路功能的过程,而时序逻辑电路的设计是根据电路的逻辑描述,最终给出具体逻辑电路的过程。

7.5.1 设计方法与步骤

同步时序逻辑电路的设计首先依据时序逻辑电路文字的描述建立原始状态图或原始状态表,经过状态化简、状态分配、选择存储器件、确定触发器激励(控制)函数和输出函数(即写出要求形式的逻辑表达式),最终画出时序逻辑电路的逻辑电路图。图 7.21 给出了同步时序逻辑电路设计流程。

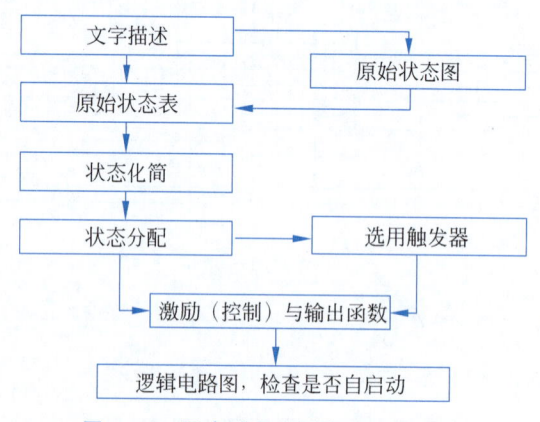

图 7.21 同步时序逻辑电路设计流程

依据流程图的同步时序逻辑电路设计步骤如下。

(1) 根据同步时序逻辑电路的文字描述或设计要求,确定输入量和输出量(根据需要定义字母来表示输入量和输出量,并明确输入量和输出量逻辑值的含义),形成电路的输入、输出及状态间的关系,得到原始状态图和原始状态表。

(2) 在已经建立的原始状态表的基础上,进行状态化简,消去多余状态,得到最小化状态表或最简化的状态转换图。

(3) 针对最小化状态表进行状态分配,把最小化状态表的每个状态(文字或符号表示的状态)进行二进制代码化,即用二进制数表示每个状态,其目的是与触发器所表示的状态对应。

(4) 选择存储器件,可在 R-S 触发器、J-K 触发器、T 触发器、D 触发器间选择合适的存储器件。

(5) 通过卡诺图化简并确定触发器控制函数和输出函数。

(6) 依据控制函数、输出函数表达式画出逻辑电路图。若在状态编码中存在多余状态，就要进行自启动检查。检查这些多余状态的状态转换，判断在有限时钟周期内，多余状态能否进入有效状态间的转换循环中。如果能够进入，说明所设计的电路可以自启动，否则该电路不能自启动，需要修改触发器控制函数，进而修改触发器状态转移方程，完成时序电路相应的修改。

7.5.2 原始状态图和原始状态表

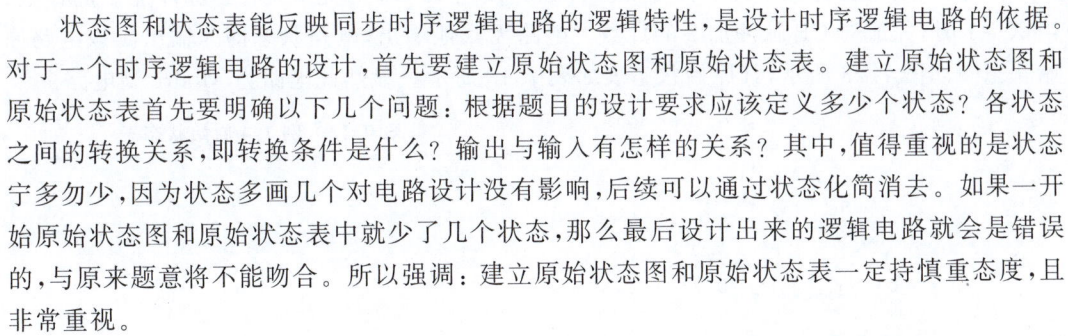

状态图和状态表能反映同步时序逻辑电路的逻辑特性，是设计时序逻辑电路的依据。对于一个时序逻辑电路的设计，首先要建立原始状态图和原始状态表。建立原始状态图和原始状态表首先要明确以下几个问题：根据题目的设计要求应该定义多少个状态？各状态之间的转换关系，即转换条件是什么？输出与输入有怎样的关系？其中，值得重视的是状态宁多勿少，因为状态多画几个对电路设计没有影响，后续可以通过状态化简消去。如果一开始原始状态图和原始状态表中就少了几个状态，那么最后设计出来的逻辑电路就会是错误的，与原来题意将不能吻合。所以强调：建立原始状态图和原始状态表一定持慎重态度，且非常重视。

原始状态图与原始状态表的建立没有统一的方法，必须全面分析时序逻辑电路的工作情况，明确电路的输入条件和输出要求，输入和输出的关系，以及状态之间的转移关系。建立原始状态图和原始状态表的一般过程是先假定一个初始状态，对于该初始状态，每加入一个可能的输入信号，就记录其次态，并标出相应的输出值。该次态可以是已有的任何现态，也可以是新加入的状态。对每个新加入的状态都继续这一过程，直到没有新状态出现为止。并且，要从每一个状态出发，对所有可能的输入取值引起的状态转移及输出变化都要求考虑到。

下面通过例子说明原始状态图和原始状态表的建立方法。

【例 7.3】 建立"01"序列检测器的状态图和状态表。

解： 序列检测器可以检测串行输入信号中的特定输入序列。当串行输入信号中的特定输入序列出现时，则输出为 1，否则输出 0。因此，该电路应具有一个输入 X 和一个输出 Z。而且 X 是串行输入。

典型输入输出序列如下所示。

输入序列： 1 0 1 0 1 1 1 0 1 0 1
输出序列： 0 0 1 0 1 0 0 0 1 0 1

假设初始状态为 A。若输入为 1，因为需检测的序列为"01"，所以 1 不是序列的第一个数字，故而输入 1 不会使电路状态发生改变，即仍保持在状态 A 处；若输入的是 0，则符合需检测序列的第一个输入值，所以将从状态 A 转移到状态 B。若在状态 B，下一个输入是 1，此时，已满足题目所要求检测的序列，电路由 B 又返回 A 并输出 $Z=1$；在状态 B 处若输入 X 为 0，仅符合检测序列的第一个输入值，故仍处在状态 B，其输出 $Z=0$。图 7.22 为原始状态图，将原始状态图转换为原始状态表，见表 7.12。该原始状态图和状态表为 Mealy 型状态图和状态表。

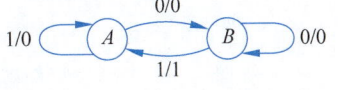

图 7.22 例 7.3 原始状态图

表 7.12　例 7.3 原始状态表

Q	Q^{n+1}/Z	
	$X=0$	$X=1$
A	B/0	A/0
B	B/0	A/1

【例 7.4】 建立五状态加 1/加 2 计数器的原始状态图和状态表。

解：经分析,该电路应有五个状态,分别用 0,1,2,3,4 表示。且电路还应具有一个输入 X,用于控制电路进行加 1 计数还是加 2 计数。设当 $X=0$ 时完成对 CP 脉冲加 1 的计数;当 $X=1$ 时,完成对 CP 脉冲加 2 的计数。电路无其他输出,电路状态即为输出。该电路原始状态图如图 7.23 所示,其原始状态表如表 7.13 所示。显然此电路为 Moore 型电路。

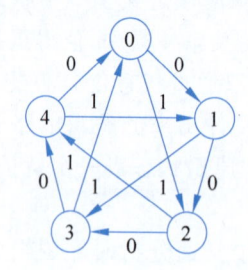

图 7.23　例 7.4 原始状态图

表 7.13　例 7.4 原始状态表

Q	Q^{n+1}/Z	
	$X=0$	$X=1$
0	1	2
1	2	3
2	3	4
3	4	0
4	0	1

【例 7.5】 建立"1111"序列检测器的原始状态图和状态表。

解：根据该题文字描述的要求,如果连续输入 4 个或 4 个以上"1",就满足输入序列"1111"的要求,则输出 $Z=1$,否则 $Z=0$。典型输入输出序列如下所示。

输入序列 X：1 0 1 0 1 1 1 1 1 1 0 0 1 0 1 1
输出序列 Z：0 0 0 0 0 0 0 1 1 1 1 0 0 0 0 0 0

假如电路的初始状态为 A,则输入第一个"1"以后其状态转换为 B,输入第二个"1"以后的状态将转换为 C,输入第三个"1"以后状态将转换为 D,输入第四个"1"以后的状态将转换为 E,此时已连续输入 4 个"1",所以输出 $Z=1$。当 X 接着输入第五个"1"后的状态将仍然处在 E,输出仍然为 $Z=1$;当 X 输入一旦为"0"时,状态 A、B、C、D、E 均返回到 A,其原始状态图如图 7.24 所示,原始状态表如表 7.14 所示。

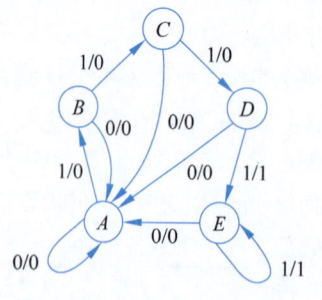

图 7.24　例 7.5 原始状态图

表 7.14　例 7.5 原始状态表

Q	Q^{n+1}/Z	
	$X=0$	$X=1$
A	A/0	B/0
B	A/0	C/0
C	A/0	D/0
D	A/0	E/1
E	A/0	E/1

【例 7.6】 假设逻辑电路依次输入三位二进制代码,其输入顺序为先高位后低位。试建立用于检测该串行输入的三位二进制代码"011"的原始状态图和状态表。

解:根据题意,电路输入的二进制数是三位为一组的,所以每输入一组三位二进制数后便回到初始状态 A,再循环接受三位二进制数,且输入为串行输入,先接收的二进制代码是高位,后接收的是低位。只有在输入的三位二进制序列为"011"时,电路的输出 Z 才为 1,而对其他输入序列,电路的输出 Z 均为 0。其原始状态图如图 7.25 所示,与其对应的原始状态表如表 7.15 所示。

表 7.15 例 7.6 原始状态表

Q	Q^{n+1}/Z	
	$X=0$	$X=1$
A	B/0	C/0
B	D/0	E/0
C	F/0	G/0
D	A/0	A/0
E	A/0	A/1
F	A/0	A/0
G	A/0	A/0

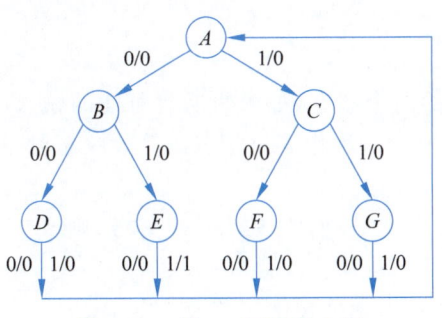

图 7.25 例 7.6 原始状态图

【例 7.7】 设逻辑电路有两个输入脉冲 X_1 和 X_2,在 X_1 脉冲输入之后,如果连续输入两个 X_2 脉冲,则在第二个 X_2 脉冲出现时,输出端将输出一个脉冲。建立该逻辑电路的原始状态图和原始状态表。

解:假设初始状态为 A。在状态 A 处只要出现 X_2 脉冲,电路将维持在状态 A;而若输入为 X_1 脉冲,将使电路进入状态 B。进一步,在状态 B 处如果输入为一个 X_1 脉冲,电路将仍维持在状态 B;而如果在状态 B 处(已经输入一个 X_1 脉冲后)紧接着输入第一个 X_2 脉冲,将使电路进入状态 C。若在状态 C 时,输入 X_1 脉冲,电路同样将返回状态 B;若处于状态 C,且出现一个 X_2 脉冲,则会产生输出 $Z=1$(即输出一个脉冲),并返回状态 A。其原始状态图如图 7.26 所示,原始状态图转换成原始状态表如表 7.16 所示。

表 7.16 例 7.7 原始状态表

Q	Q^{n+1}/Z	
	X_1	X_2
A	B/0	A/0
B	B/0	C/0
C	B/0	A/1

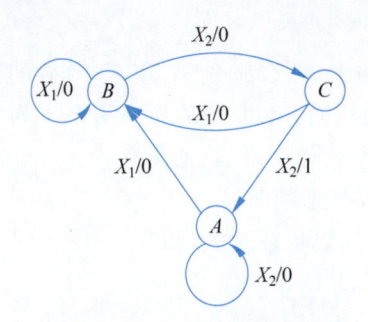

图 7.26 例 7.7 原始状态图

7.5.3 状态化简

状态化简是将原始状态表中的冗余状态消除,从而形成最小化状态表。由于在建立原始状态图和原始状态表时,主要考虑的是如何反映所要求的逻辑关系,所形成的状态表可能不是最简化的。而状态个数的多少直接影响时序逻辑电路设计时所需的触发器的个数，显而易见，去掉多余的状态将降低时序逻辑电路的制造成本。状态化简的过程就是要获得一个最小化的状态表，该状态表不仅能正确地反映时序电路设计的全部要求，而且所包含的状态的数目最少。在状态化简时不应改变状态表原有的逻辑特性，即对电路所有可能的输入序列，在化简前和化简后，均应保持一致的输出序列。

根据状态表中次态和输出是否完全给定，可将状态表分为完全给定状态表和不完全给定状态表。它们的化简的方法有所不同，为此分别加以讨论。

1. 完全给定状态表的化简

首先介绍几个概念。

(1) 等效状态：状态 S_1、S_2 是时序逻辑电路的两个状态，如果将所有可能的输入序列输入该电路，各自所得到的输出序列完全相同，则 S_1、S_2 称作等效状态或等效状态对，记为 (S_1,S_2)。

(2) 等效状态的传递性：如果有状态 S_1 和 S_2 等效，又存在 S_2 和 S_3 等效，则 S_1 和 S_3 也等效。记为 $(S_1,S_2),(S_2,S_3)\rightarrow(S_1,S_3)$。

其中，S_1，S_3 等效是通过 S_2 来进行传递的，这种传递性仅限于等效状态中。

(3) 等效类：若干个相互等效的状态组成的一个状态集合，称为等效类。等效对是等效类的特例。若有 $(S_1,S_2),(S_2,S_3)$ 等效，则必有等效类 (S_1,S_2,S_3)，记为
$$(S_1,S_2),\quad (S_2,S_3)\rightarrow(S_1,S_2,S_3)$$

(4) 最大等效类：如果一个等效类不被其他任何等效类所包含，该等效类就为最大等效类。即使只有一个状态，如果它不包含在其他等效类当中，也为最大等效类。换而言之，如果一个等效类不是任何其他等效类的子集，则该等效类被称为最大等效类。

完全给定状态表的化简就是要找到所有的等效状态，进而求得所有最大等效类，对最大等效类中的状态进行状态合并。状态化简的步骤如图 7.27 所示。其中，隐含表是常采用的状态化简的工具，后续将进行介绍。

作隐含表 → 等效状态对判断 → 求最大等效状态类 → 状态合并，作出最简状态表

图 7.27 完全给定状态表化简步骤

假定状态 S_1 和 S_2 是完全给定原始状态表中的两个现态，那么 S_1 和 S_2 等效的条件可归纳为在输入的各种取值组合下：①它们的输出完全相同；②它们的次态满足下列条件之一，即次态相同、次态交叉（S_1 和 S_2 互为对方的次态）、次态循环、次态等效。

【例 7.8】 对表 7.17 所示的原始状态表进行等效状态判断。

解：可以利用上面介绍的等效状态判断条件进行等效状态对的判断。

(1) 次态相同：如表 7.17 中当 $X=0$ 时的状态 C、F；

(2) 次态交叉：如表 7.17 中当 $X=1$ 时的状态 A、D；

(3) 次态循环：如表 7.17 中对于 C、F 两状态的判断：C、F 是否为等效状态对，决定于状态 A、D 是否等效，而状态 A、D 是否等效又决定于状态 B、E，状态 B、E 是否等效又决定于状态 A、D 和状态 C、F，这就形成了"循环"，在该循环当中的状态对都是等效状态对。

表 7.17　例 7.8 原始状态表

Q	Q^{n+1}/Z	
	$X=0$	$X=1$
A	E/0	D/0
B	A/1	F/0
C	C/0	A/1
D	B/0	A/0
E	D/1	C/0
F	C/0	D/1
G	H/1	G/1
H	C/1	B/1

通过分析,可得到有效状态对为(A,D)、(B,E)、(C,F)。

通常采用隐含表进行状态化简。隐含表的结构是一个等腰直角三角形网络,两个直角边格数相同,垂直方向的"格数"比原始状态表中的状态数少1,叫"缺头";水平方向的"格数"也比原始状态表中的状态数少1,叫"少尾"。具体可参见例 7.9。在隐含表中若两个状态"等效"则在这两个状态交叉的方格中填上"√",否则填"×"。

利用隐含表进行原始状态表的化简是通过顺序比较和关联比较来寻找所有等效状态对。所谓顺序比较,就是按照隐含表的顺序每两个状态都进行一次比较,并将比较结果画在方格中。顺序比较的任务是在各方格中填"√"或"×",如果某一方格既填不上"√",又填不上"×",就需要后续进行关联比较,以判断能否出现次态循环的状况,这时要将需进一步进行关联比较的状态对填到相应方格当中。在顺序比较完成后,通过关联比较来分析是否是次态循环情况,若为次态循环,则在循环当中的所有状态对都是等效状态对。

在确定所有等效状态对后,根据等效关系的传递性,确定最大等效类。为使化简后的状态表与原始状态表等效,最大等效类集合必须覆盖原始状态表中的所有状态,且原始状态表中的每一个状态只能属于一个最大等效类。

最后,将每个最大等效类用一个状态来代替,即可得到最小化状态表。

下面通过例子说明通过隐含表进行状态化简的方法。

【例 7.9】 给定一个原始状态表,如表 7.18 所示,利用隐含表对其进行状态化简。

表 7.18　例 7.9 原始状态表

Q	Q^{n+1}/Z	
	$X=0$	$X=1$
A	C/1	B/0
B	C/1	E/0
C	B/1	E/0
D	D/0	B/1
E	D/0	B/1

解: 首先形成隐含表,隐含表如图 7.28 所示。

(1) 顺序比较:可得出状态 A 和 B、状态 A 和 C 是否等效需进一步进行关联比较。状态 A 和 B 需关联比较的状态对为 BE,状态 A 和 C 需关联比较的状态对为 BC 和 BE,将其

分别填入状态对 AB 和 AC 所对应的方格中；状态对 BC、DE 为等效状态对,对应方格中画"√"；剩下状态对均不是等效状态对,因此对应方格画"×"。

(2) 关联比较：关联比较要解决顺序比较解决不了的等效判断,分析这些悬而未决的状态对是否存在循环现象,进而决定其等效还是不等效。

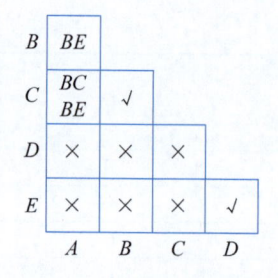

从图 7.28 所示隐含表可知,要判断状态对 AB 是否等效,必须判断状态对 BE 是否等效。而状态对 BE 在隐含表中已知为"×",也就是说状态对 BE 是不等效的。因状态对 BE 不等效,而状态对 AB 由状态对 BE 决定,因此状态对 AB 不等效。同理状态对 AC 由状态对 BC 和 BE 决定,而状态对 BE 不等效。则状态对 AC 不等效。

这里注意：当判断状态对 AC 是否等效时,由于是由 BC 和 CE 两个状态对决定,因此只要有一个状态对不等效,则状态对 AC 就不等效。在状态对 BC 和 BE 中,状态对 BE 不等效,则状态对 BC 即使等效,那么状态对 AC 也不等效。

通过对隐含表的分析,得到两个等效对 (B,C) 和 (D,E),因此求得所有最大等效类为 (A)、(B,C)、(D,E),所以可用三个状态来表示原始状态表中的状态。设用 a 代表 (A)、b 代表 (B,C)、c 代表 (D,E)。化简后的最小化状态表如表 7.19 所示。

表 7.19 例 7.9 最小化状态表

Q	Q^{n+1}/Z	
	$X=0$	$X=1$
a	$b/1$	$b/0$
b	$b/1$	$c/0$
c	$c/0$	$b/1$

【例 7.10】 化简如表 7.20 所示的原始状态表。

表 7.20 例 7.10 原始状态表

Q	Q^{n+1}/Z	
	$X=0$	$X=1$
A	$E/0$	$D/0$
B	$A/1$	$F/0$
C	$C/0$	$A/1$
D	$B/0$	$A/0$
E	$D/1$	$C/0$
F	$C/0$	$D/1$
G	$H/1$	$G/1$
H	$C/1$	$B/1$

解：(1) 画隐含表,进行顺序比较,比较的结果如图 7.29 所示。从顺序比较中发现没有一个可直接判定为等效的状态对。在关联比较过程中,首先判断状态对 AD,状态对 AD 等效必须状态对 BE 是等效的,而状态对 BE 等效与否又是由状态对 AD 和状态对 CF 决定的,状态对 CF 等效与否又由状态对 AD 决定,这就形成了"循环",所以可知状态对 AD 是

等效状态对,而状态对 BE 和状态对 CF 也均为等效状态对。再看状态对 GH 是否等效,状态对 GH 等效与否是由状态对 BG 和 CH 决定的,而状态对 BG 不是等效的,显然不管状态对 CH 是否等效(实际 CH 也是不等效的),状态对 GH 一定是不等效的。

(2) 列出所有最大等效类。经顺序比较和关联比较,得到的最大等效类为

$$(A、D),(B、E),(C、F),(G),(H)$$

将最大等效类分别命名为 $A'、B'、C'、D'、E'$。

原始状态表中的 8 个状态可化简为 5 个状态,化简后的最小化状态表如表 7.21 所示。

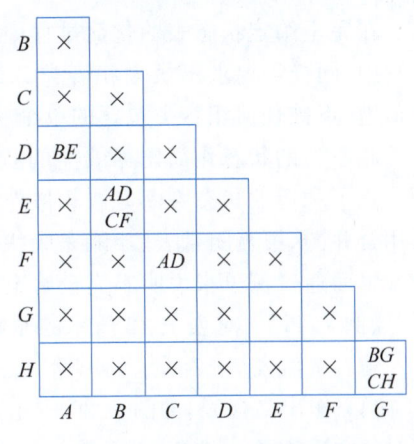

图 7.29 例 7.10 的隐含表

表 7.21 例 7.10 最小化状态表

Q	Q^{n+1}/Z	
	$X=0$	$X=1$
A'	$B'/0$	$A'/0$
B'	$A'/1$	$C'/0$
C'	$C'/0$	$A'/1$
D'	$E'/1$	$D'/1$
E'	$C'/1$	$B'/1$

2. 不完全给定状态表的化简

前面所讨论的状态化简问题的状态表中,次态和输出均是确定的,状态表中不存在次态和输出是不确定的情况,即为完全给定的状态化简。对于不完全给定的状态表,状态表中包含着不确定的次态和不确定的输出,因此相应的状态化简问题就变得复杂了。由于不完全给定状态表中部分状态和输出的不确定,导致某些输入序列不适用于所设计电路,或者说对这个状态有效,但对另一个状态则无效。

不完全给定的电路和完全给定的电路也是不同的,因此针对完全给定状态表化简所得到的等效状态不能照搬到不完全给定状态表中。在不完全给定状态表中应用相容状态的概念进行化简。

在不完全给定状态表中,假设有状态 S_1 和 S_2,如果对于所有的有效输入序列,从 S_1 和 S_2 出发,得到的相应输出序列(除了不确定的输出外)是完全相同的,那么状态 S_1 和 S_2 就是相容的,即 S_1 和 S_2 是相容状态对,记为 (S_1,S_2)。

判断状态相容的条件仍需要考虑等效状态判断的原则,归纳起来状态相容的条件为:①在所有可能的输入条件下,如果两个状态的输出相同或者其中一个(或两个)状态的输出为任意项;②它们的次态满足下列条件之一,即次态相同、次态交叉、次态循环、其中一个(或两个)状态的次态为任意状态、次态相容,则这两个状态是相容的。

与等效状态不同,相容状态中不存在传递性。在相容状态中,只有所有状态均彼此相容,才可以说状态间是相容的。例如要求 (S_1,S_2,S_3) 是相容的,则必须有 (S_1,S_2)、(S_2,S_3)、(S_1,S_3) 都是相容的。因此,在进行不完全给定时序电路的状态化简时,相容类是指彼此相容的状态的集合。

在完全给定状态表的化简过程中需要列出最大等效类,而在不完全给定状态表的化简过程中,同样需要求出最大相容类。最大相容类是那些不被其他相容类所包含的相容类。相似地,不被任何相容类包含的单个状态也是最大相容类。

相容类的状态化简比等效类的状态化简要复杂得多,步骤也多,需要用特殊的方法处理。除了和等效状态判断方法相似外(可以利用隐含表),不完全给定状态表的化简还需要采用合并图、覆盖闭合表,才能完成状态化简,得到最小化状态表。

下面通过例子来说明不完全给定状态表的化简过程。

【例 7.11】 对表 7.22 所示的原始状态表进行化简。

解: 显然表 7.22 所示的原始状态表中存在着任意项,所以是不完全给定的状态表。

(1) 作出隐含表,如图 7.30 所示,找出相容对。作隐含表的方法与完全给定状态表化简时的方法相同。也需要进行顺序比较和关联比较来判断状态对是否相容。如果是相容状态对,在对应的方格内画"√",如果两个状态不相容,则在对应的方格内画"×",如不能直接判断是否相容,尚需进一步核实,则需要把要核实的两个状态写在方格内(表示隐含条件)。如图 7.30 所示,从本题隐含表中可以看出一共有 4 个相容对:(A,B)、(A,C)、(A,D) 和 (C,D)。

(2) 列出最大相容类。采用合并图的方法来找最大相容类。

合并图:在一个圆上均匀分布全部状态,将相容状态对用直线连在一起。由"点"之间的连线构成多边形,若该多边形所有顶点间均有相互的连线,则所有顶点的集合(也是状态表中状态的集合)就是一个最大相容类。

将状态 A、B、C、D 分布在一个圆上,根据前面求出的 4 个相容对 (A,B)、(A,C)、(A,D) 和 (C,D),画出相容状态间的连线,如图 7.31 所示。进一步,找出所有顶点间均有相互间连线的多边形,从图 7.31 可知,该合并图由线段(AB)和三角形(ACD)组成,即线段的顶点 (A,B) 和三角形顶点 (A,C,D) 构成了两个最大相容类。

表 7.22 例 7.11 原始状态表

Q	Q^{n+1}/Z	
	$X=0$	$X=1$
A	A/0	D/d
B	A/0	D/0
C	A/0	D/1
D	A/0	D/1

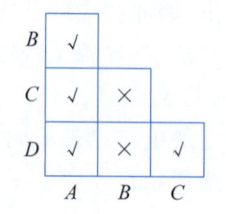

图 7.30 例 7.11 隐含表

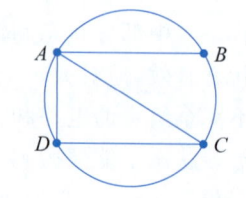

图 7.31 例 7.11 合并图

(3) 作出最小化状态表。为了确定最小化状态表,通常要先建立覆盖闭合表,如表 7.23 所示。原始状态表中每个状态都隶属一个相容类称为覆盖;任何一个相容类,它在任何一种输入情况下的次态仅属于所选用的相容类组中的某一个相容类称为闭合。满足以上两个条件,且所选用的相容类数目如果最少,则由此所构成的状态表就是最小化状态表。

表 7.23 例 7.11 闭合覆盖表

最大相容类	覆盖				闭合	
	A	B	C	D	$X=0$	$X=1$
AB	√	√			A	D
ACD	√		√	√	A	CD

为了使所求得的最小化状态表和原始状态表所表达的逻辑功能是相同的,所选取的最大相容类要满足覆盖、闭合和最小三个条件。

满足覆盖条件是指所选相容类集合要涵盖原始状态表的全部状态,不得遗漏。

满足闭合条件是指所选相容类集合中任一相容类,在原始状态表中任一输入条件下产生的次态组合应该属于所选相容类集合中的某一个相容类。

满足最小条件是指所选相容类集合中相容类的个数是最少的。

综上所述可用以下三条概括。

(1) 原始状态表中每个状态至少属于所选相容类集合中的一个相容类;

(2) 所选相容类集合中的任一相容类在任何一种输入条件下的次态应属于该相容类集合中某一个相容类;

(3) 满足上述条件下,所选相容类集合中的相容类数目应最少。

显然由(A,B)、(A,C,D)两个相容类组成的相容类集合满足了覆盖、闭合和最小三个条件。用a代替(A,B),用b代替(A,C,D),求得最小化状态表如表 7.24 所示。

表 7.24 例 7.11 最小化状态表

Q	Q^{n+1}/Z	
	$X=0$	$X=1$
a	$a/0$	$b/0$
b	$a/0$	$b/1$

因为相容类(A,B)在输入$X=0$时的次态为A,而A既闭合于相容类(A,B),即化简后状态a;又闭合于相容类(A,C,D),即化简后状态b,且化简后该电路仅有这两个状态,故此时的次态可定义为a,如表 7.24 所示;也可以定义为b或任意项d。定义为任意项d有利于电路设计时的化简。同样,相容类(A,C,D)在输入$X=0$时的次态也可用相同方式表示。

【例 7.12】 化简表 7.25 所示的原始状态表。

表 7.25 例 7.12 原始状态表

Q	Q^{n+1}/Z	
	$X=0$	$X=1$
A	A/d	d/d
B	$C/1$	$B/0$
C	$D/0$	$d/1$
D	d/d	B/d
E	$A/0$	$C/1$

解:(1) 利用隐含表找出相容类,隐含表如图 7.32 所示。可以得到相容对有(A,B)、(A,C)、(A,D)、(A,E)、(B,D)、(C,D)、(C,E)。

(2) 从合并图上找出最大相容类,如图 7.33 所示。合并图上的点表示状态,点与点的连线表示这两个状态是相容状态。如果在合并图上,有若干个点相互间都有连线,构成多边形,则此多边形的所有顶点就形成最大相容类。

图 7.33 所示合并图中,包含最多状态的、相互间都有连线的多边形为三角形,且三角形个数为三个,即形成了(A,B,D)、(A,C,D)、(A,C,E)三个最大相容类。

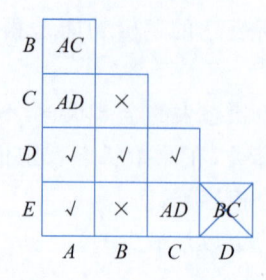

图 7.32 例 7.12 隐含表　　　图 7.33 例 7.12 合并图

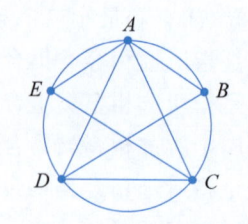

(3) 作最小状态表。

先考虑覆盖：

① 最大相容类 (A,B,D) 含有状态 A、B、D；

② 最大相容类 (A,C,D) 含有状态 A、C、D；

③ 最大相容类 (A,C,E) 含有状态 A、C、E。

从三个最大相容类中选取①、③就能覆盖全部状态。也就是说最大相容类 (A,C,D) 可以省去。

再考虑闭合：

① 最大相容类 (A,B,D)：当 $X=0$ 时，原始状态表中的次态是 A、C，属于最大相容类 (A,C,E)；当 $X=1$ 时，其次态是 B，属于最大相容类 (A,B,D)；

② 最大相容类 (A,C,E)：当 $X=0$ 时，原始状态表中的次态是 A、D，属于最大相容类 (A,B,D)；当 $X=1$ 时，其次态是 C，属于最大相容类 (A,C,E)。

由上面的分析可以看出：选用 (A,B,D) 和 (A,C,E) 这两个最大相容类可覆盖全部状态，而且每个相容类在任何一种输入的情况下的次态仅属于该组中一个相容类，即满足了闭合条件，如表 7.26 所示。

令 A' 代替 (A,B,D)，B' 代替 (A,C,E)，则得到最小化状态表如表 7.27 所示。

表 7.26 例 7.12 闭合覆盖表

最大相容类	覆盖 A	B	C	D	E	闭合 $X=0$	$X=1$
√ABD	√	√		√		AC	B
ACD	√		√	√		AD	B
√ACE	√		√		√	AD	C

表 7.27 例 7.12 最小化状态表

Y	Y^{n+1}/Z $X=0$	$X=1$
A'	$B'/1$	$A'/0$
B'	$A'/0$	$B'/1$

【例 7.13】 化简表 7.28 所示的原始状态表。

表 7.28 例 7.13 原始状态表

Y	Y^{n+1}/Z $X=0$	$X=1$
A	B/0	D/0
B	B/d	D/d
C	A/1	E/1
D	d/1	E/1

续表

Y	Y^{n+1}/Z	
	X=0	X=1
E	F/1	d/1
F	d/d	C/d

解：(1) 作隐含表，如图 7.34 所示，找出相容状态对：(A,B)、(A,F)、(B,C)、(B,D)、(B,E)、(B,F)、(C,D)、(C,E)、(C,F)、(D,E)、(D,F)、(E,F)。

(2) 作合并图，列出最大相容类。合并图如图 7.35 所示。图的圆周上有 6 个点（原始状态表有 6 个状态），可分作两部分：(A,B,F) 和 (B,C,D,E,F) 两个最大相容类。

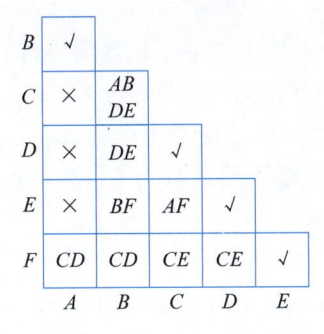

图 7.34　例 7.13 隐含表

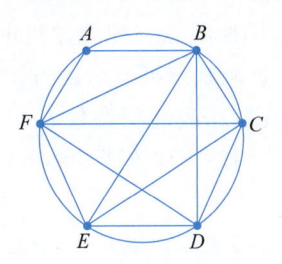

图 7.35　例 7.13 合并图

将 (A,B,F) 和 (B,C,D,E,F) 反映在覆盖闭合表上如表 7.29 所示。

表 7.29　例 7.13 覆盖闭合表

最大相容类	覆盖						闭合	
	A	B	C	D	E	F	X=0	X=1
ABF	√	√				√	B	CD
BCDEF		√	√	√	√	√	ABF	CDE

从覆盖闭合表中可知，最大相容类 (A,B,F) 和 (B,C,D,E,F) 覆盖了全部状态，而且每个最大相容类在任何一种输入的情况下的隐含条件均属于一个相容类，因而满足了覆盖和闭合条件，以及最小化状态表的条件。

令 a 代表 (A,B,F)，b 代表 (B,C,D,E,F)，最小化状态表如表 7.30 所示。

表 7.30　例 7.13 最小化状态表

Y	Y^{n+1}		Z
	X=0	X=1	
a	d	b	0
b	a	b	1

这里要注意的是，在表 7.30 所示的最小化状态表中，当 X=0 时 a 的次态为原始状态表中的 B，由闭合表可知，它既闭合在 a 状态上，又闭合在 b 状态上，且该电路只有 a、b 两个状态，所以其次态可为任意状态，用 d 表示，这有利于电路设计时的化简。

通过上面的分析可知，对于不完全给定的状态表化简不是一件容易的事情，有时需要对各种可能的情况进行比较,而且最小化状态表有时并不唯一。对于完全给定的状态表,其最大等效类集合一定满足覆盖和闭合条件,而且是最小的;而对于不完全给定的状态表,它的最大相容类集合虽然可能满足覆盖和闭合条件,但不一定是最小的,需要合理地选择各种方案才能得到最简的结果。

7.5.4 状态分配

依照设计步骤,在状态化简之后要进行状态分配。由于存储器件是触发器,而触发器是二值器件,所以对触发器的状态编码与状态分配是对应的。如果把状态表中的每个状态都给定一个对应的二进制编码,这一过程即为状态分配。

状态分配的任务如下。

① 根据状态的个数确定状态编码的长度。由于采用二进制状态编码,而触发器又具有两个稳定状态,因此状态分配的过程也就确定了所使用的触发器的个数。

② 确定二进制状态编码分配方案,即将二进制代码分配给各个状态。

假设最小化状态表的状态数为 N,二进制状态编码的位数为 n,而 n 也是触发器的个数,则状态数 N 与所需触发器个数 n 之间的关系为

$$2^{n-1} < N \leqslant 2^n$$

通常在同步时序逻辑电路中,状态分配不会影响电路的稳定性和可靠性,只是使电路的复杂程度不同而已。一般说来,如果状态表的状态数为 N,二进制状态编码的位数为 n,则用 2^n 种组合对 N 个状态进行编码,可能出现的状态分配方案数为

$$K_S = A_{2^n}^N = \frac{2^n!}{(2^n-N)!}$$

在上述方案中,并不是所有方案都是完全独立的,有些分配方案可从另一种方案中推导出来,而不改变电路的复杂性。一方面,由于触发器都有原反两个输出端,状态编码的各二进制位可以由原输出端输出,也可由反输出端输出,虽然所形成的状态编码不同,但电路的复杂程度并没有改变。另一方面,触发器所表示的二进制编码的位置如果改变的话,虽然所形成的状态编码也不同,但电路的复杂程度同样没有改变。进而,彼此独立的状态分配方案数为

$$K_U = \frac{A_{2^n}^N}{2^n n!} = \frac{(2^n-1)!}{(2^n-N)!n!}$$

其中由于状态编码的各二进制位是由触发器的原输出端,还是从反输出端输出所形成的彼此非独立的状态编码方案为 2^n 种;由于触发器所表示的二进制编码的位置改变所形成的彼此非独立的状态编码方案为 $n!$ 种。

例如,有 4 个状态的时序逻辑电路,需要 2 个触发器,共有 24 种状态分配方案,而相互独立的分配方案为 3 个;当 $N=5$ 时,需 3 个触发器,即 $n=3$,则 $K_S=6720$,$K_U=140$;而当 $N=9$ 时,则 $K_U=10\,810\,800$。因此当状态数目较大时要想对全部方案进行评价是不现实的,即使是对彼此独立的状态编码方案,这样做也是不现实的,而且状态分配的好坏还与所采用的触发器类型有关,即一种分配方案对某种触发器是最佳的,但对另一种触发器则不一定是最佳的。因此,状态分配涉及的因素很多,工程上常采用次佳状态分配原则,即按照一定的状态分配原则进行状态分配。

综合多种选择方案,提出四条原则作为状态分配的参考。

(1) 在相同输入条件下,次态相同,现态相邻。相邻指的是所分配的二进制编码仅有一位不同。如表 7.31 中,当 $X=0$ 时,现态 A、B 的次态都是 C,所以 A、B 应相邻分配;当 $X=1$ 时,A、C 的次态均为 D,因此 A 和 C 也应相邻分配。总之,在相同输入条件下,应按次态相同、现态相邻的分配原则进行状态分配。

表 7.31　例 7.14 状态表

$y_1 y_0$	$y_1^{n+1} y_0^{n+1}/Z$	
	$X=0$	$X=1$
A	$C/0$	$D/0$
B	$C/0$	$A/0$
C	$B/0$	$D/0$
D	$A/1$	$B/1$

(2) 在相邻输入条件下,同一现态,次态相邻。如表 7.31 中 CD、AC、BD、AB 应相邻。

(3) 输出完全相同,现态相邻。从表 7.31 中可知,AB、AC、BC 都应相邻分配,实际上是不能完全实现的。

(4) 状态表中的原始状态或出现最多的状态分配逻辑 0。

一般情况下,优先考虑第一条原则,然后根据前三条原则,得到的应分配相邻代码的状态对出现的次数越多,则越予以优先考虑。

【例 7.14】 对表 7.31 所示的状态表进行状态分配。

解:表 7.31 所示的状态表共有 4 个状态,由前面的分析可知,其彼此相互独立的状态分配方案共有 3 个,如图 7.36 所示。综合前面的比较结果,图 7.36(c)所示的方案较多地满足了状态分配原则。

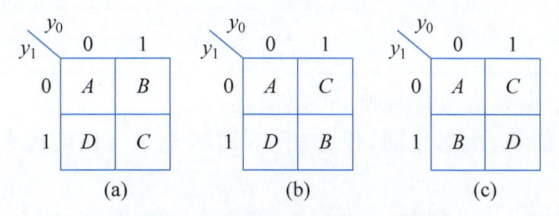

图 7.36　例 7.14 三种状态分配方案

根据该状态分配方案,A 分配 00,B 分配 10,C 分配 01,D 分配 11。其二进制状态表如表 7.32 所示。

表 7.32　例 7.14 二进制状态表

$y_1 y_0$	$y_1^{n+1} y_0^{n+1}/Z$	
	$X=0$	$X=1$
00	01/0	11/0
01	10/0	11/0
10	01/0	00/0
11	00/1	10/1

7.5.5 同步时序逻辑电路设计举例

下面通过例子,了解和掌握同步时序逻辑电路设计的基本方法和步骤。

【例 7.15】 设计一个"111…"序列检测器。该序列检测器可以用来检测串行输入的二进制序列,当连续输入 3 个或 3 个以上 1 时,序列检测器输出为 1,其他情况下输出为 0(要求用 J-K 触发器实现)。

解:(1)建立原始状态图和状态表。该"111…"序列检测器原始状态图和状态表如图 7.37 和表 7.33 所示。

表 7.33 例 7.15 原始状态表

y	y^{n+1}/Z	
	$x=0$	$x=1$
A	A/0	B/0
B	A/0	C/0
C	A/0	D/1
D	A/0	D/1

图 7.37 例 7.15 原始状态图

(2)状态化简。针对该原始状态表,可以直接观察出状态 C 和 D 为等效状态。最小化状态表如表 7.34 所示。

表 7.34 例 7.15 最小化状态表

y	y^{n+1}/Z	
	$x=0$	$x=1$
A	A/0	B/0
B	A/0	C/0
C	A/0	C/1

(3)状态分配。根据状态分配原则,可以确定:

① 在相同输入条件下,次态相同,现态相邻,即状态 A 和 B、状态 A 和 C、B 和 C 应分配相邻代码;

② 在相邻输入条件下,同一现态,次态相邻,即状态 A 和 B、状态 A 和 C 应分配相邻代码;

③ 输出完全相同,现态相邻,即状态 A 和 B 应分配相邻代码;

④ 状态 A 应分配为逻辑 0。

状态分配的优先顺序为状态 A 和 B、状态 A 和 C、状态 B 和 C。一个较好的状态分配方案如图 7.38 所示。状态 A 编码为 00,状态 B 编码为 01,状态 C 编码为 10,二进制代码 11 没有使用。最小化二进制状态表如表 7.35 所示。

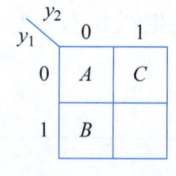

图 7.38 例 7.15 状态编码

表 7.35 例 7.15 最小化二进制状态表

$y_2 y_1$	$y_2^{n+1} y_1^{n+1}/Z$	
	$x=0$	$x=1$
00	00/0	01/0
01	00/0	10/0

续表

$y_2 y_1$	$y_2^{n+1} y_1^{n+1}/Z$	
	$x=0$	$x=1$
11	dd/d	dd/d
10	00/0	10/1

(4) 状态表中有 3 个状态(00,01,10),冗余状态 11 不用,每个状态是 2 位编码,故需要两位触发器。

在使用触发器作为存储电路设计同步时序电路时,需要了解触发器从现态转移到次态时所需要的输入条件,适应这种需要的描述方法就是激励表。激励表(也称为驱动表)是表示触发器由现态转移到确定的次态时对输入信号的要求。触发器的激励表可以从触发器的状态表直接推出。

本题指定采用 J-K 触发器,根据 J-K 触发器的激励表(见表 7.36),可确定触发器激励函数 J_2、K_2、J_1、K_1 和输出的真值表,如表 7.37 所示。其中冗余状态 11,其次态和输出可填无关最小项 d。

表 7.36 J-K 触发器激励表

Q	$Q^{(n+1)}$	J	K
0	0	0	d
0	1	1	d
1	0	d	1
1	1	d	0

表 7.37 激励函数和输出的真值表

输入	现态		次态		激励函数				输出
x	y_2	y_1	$y_2^{(n+1)}$	$y_1^{(n+1)}$	J_2	K_2	J_1	K_1	Z
0	0	0	0	0	0	d	0	d	0
0	0	1	0	0	0	d	d	1	0
0	1	0	0	0	d	1	0	d	0
0	1	1	d	d	d	d	d	d	d
1	0	0	0	1	0	d	1	d	0
1	0	1	1	1	1	d	d	1	0
1	1	0	1	0	d	0	0	d	1
1	1	1	d	d	d	d	d	d	d

(5) 求控制函数和输出函数表达式。控制函数和输出函数的卡诺图如图 7.39 所示。通过卡诺图进行化简后,激励函数和输出函数为:

$$J_2 = xy_1; \quad K_2 = \bar{x}$$
$$J_1 = x\bar{y}_2; \quad K_1 = 1$$
$$Z = xy_2$$

(6) 画时序逻辑图。依据控制函数和输出函数表达式画出逻辑电路图,如图 7.40 所示。

(7) 讨论。通常当状态表中存在未使用的冗余状态时,需要对所设计的电路进行讨论,

	x	
y_2y_1	0	1
00	0	0
01	0	0
11	d	d
10	0	1

Z

	x	
y_2y_1	0	1
00	0	1
01	d	d
11	d	d
10	0	0

J_1

	x	
y_2y_1	0	1
00	d	d
01	1	1
11	d	d
10	d	d

K_1

	x	
y_2y_1	0	1
00	0	0
01	0	1
11	d	d
10	d	d

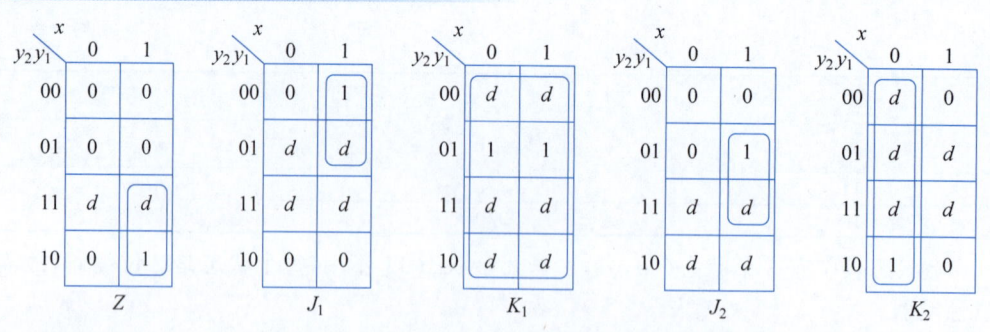

J_2

	x	
y_2y_1	0	1
00	d	0
01	d	d
11	d	d
10	1	0

K_2

图 7.39　例 7.14 控制函数和输出函数卡诺图

以了解电路在工作时万一偶然进入无效状态后电路的实际工作状态。一般情况下,如果电路在输入和时钟的作用下能够从无效状态进入有效状态,则电路称为具有自恢复功能,否则称为"挂起"。电路一旦进入无效状态,除了需要进行"挂起"检查,还需要检查是否会产生错误输出信号。一旦发现所设计的电路存在"挂起"现象或错误输出时,就必须对电路进行修改,否则所设计的电路的工作可靠性不能得到保证,甚至将可能影响电路的正常工作。

此电路从状态图和状态表上看有这样一种可能:如果电路处于 11 状态,且当 $X=1$ 时,则 $Z=1$。显然电路的输出 Z 是错误的。为了保证电路正常工作,使电路只在状态 10 时输出 $Z=1$,而在无效状态 11 时输出 Z 为 0,要对 Z 进行修正。也就是说 Z 不能使用无关最小项 d 化简,由卡诺图可知 $Z=x\bar{y}_1y_2$。

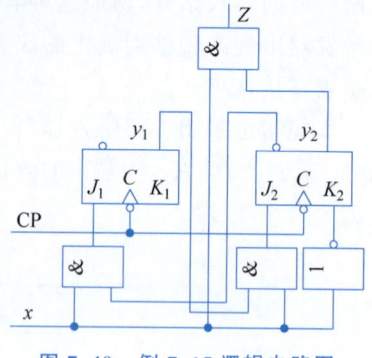

图 7.40　例 7.15 逻辑电路图

对所设计电路实际工作状态的讨论,实际上是对所设计电路的分析过程,特别是对状态表中未使用状态的分析。在卡诺图中,无效状态的激励如果被卡诺圈圈上,则表明该激励在工作时为 1,否则为 0。由此可知,当处在无效状态时,根据当前的激励就可得到次态,进而可以分析万一电路偶然进入无效状态后,其后继的次态是否存在"挂起"现象。另外,也可以将激励函数表达式代入触发器的特征方程,得到电路在实际工作过程中的情况,求得状态表中无效状态的次态,进而分析电路是否存在"挂起"现象。

针对本例,将激励函数表达式代入 J-K 触发器的特征方程得

$$y_2^{(n+1)} = J_2\bar{y}_2 + \bar{k}_2y_2 = xy_1\bar{y}_2 + xy_2 = x(y_1+y_2)$$

$$y_1^{(n+1)} = J_1\bar{y}_1 + \bar{k}_1y_1 = x\bar{y}_2\bar{y}_1$$

由此得到的状态表和状态图如表 7.38 和图 7.41 所示。

表 7.38　例 7.15 修改后的状态表

y_2y_1	$y_2^{n+1}y_1^{n+1}/Z$	
	$x=0$	$x=1$
00	00/0	01/0
01	00/0	10/0
11	00/0	10/0
10	00/0	10/1

由图 7.41 可以看出，一旦电路进入无效状态 11 时，无论 $x=1$ 或 $x=0$，经过一个时钟周期，电路就可自动进入有效状态，不存在"挂起"现象，且改正之后的输出没有错误产生。修改后的电路如图 7.42 所示。

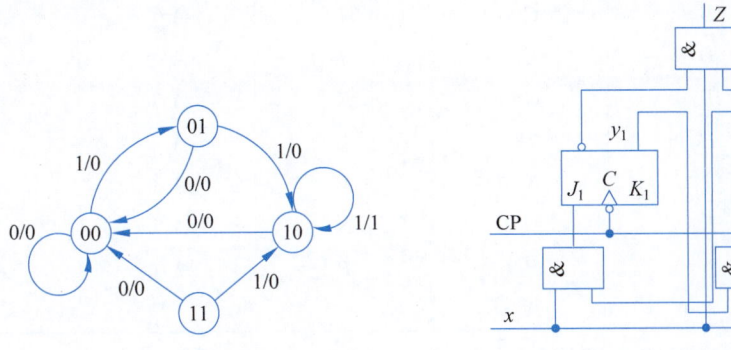

图 7.41 例 7.15 修改后的状态图

图 7.42 例 7.15 修改后的电路图

【例 7.16】 设计一个串行 8421BCD 码检验器。当输入有效 8421BCD 码 0000~1001 时，$Z=0$；当输入非 8421BCD 码 1010~1111 时，$Z=1$。且由低位到高位串行输入，每四个二进制数代码为一组。

解：(1) 建立原始状态图和原始状态表。

由于对每组四位代码都要进行判断，所以必须能够记忆由这四位代码组成的全部状态，而且每完成一组四位代码的判断，电路就要回到初始状态，准备接收下一组代码。该电路只有一个输入端，且由低位到高位串行输入，每次输入只有"0"或"1"两种可能，当第四个代码输入时则给出输出，并回到初始状态。原始状态图如图 7.43 所示，其原始状态表如表 7.39 所示。

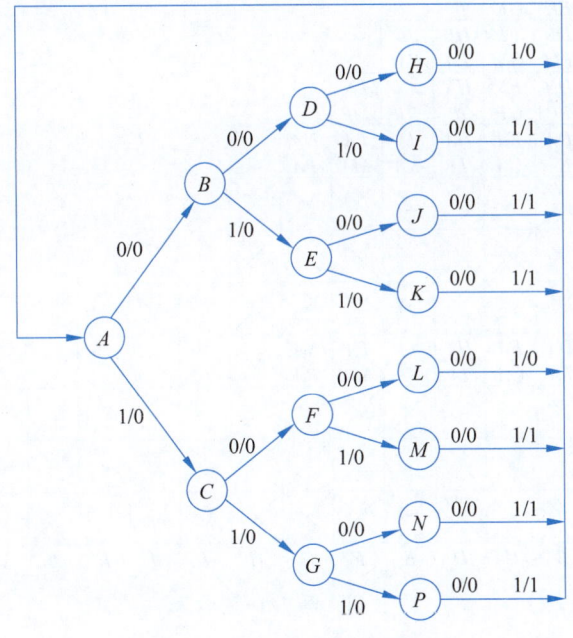

图 7.43 例 7.16 原始状态图

表 7.39　例 7.16 原始状态表

现态	次态/输出 X=0	次态/输出 X=1	现态	次态/输出 X=0	次态/输出 X=1
A	B/0	C/0	I	A/0	A/1
B	D/0	E/0	J	A/0	A/1
C	F/0	G/0	K	A/0	A/1
D	H/0	I/0	L	A/0	A/0
E	J/0	K/0	M	A/0	A/1
F	L/0	M/0	N	A/0	A/1
G	N/0	P/0	P	A/0	A/1
H	A/0	A/0			

（2）状态化简。根据原始状态表得到隐含表，如图 7.44 所示。

由隐含表可得等价状态对：$(B,C),(D,F),(E,G),(H,L),(I,J),(I,K),(I,M)$, $(I,N),(I,P)(J,K),(J,M),(J,N),(J,P),(K,M),(K,N),(K,P),(M,N),(M,P),(N,P)$。

进而求得最大等价类：$(A),(B,C),(D,F),(E,G),(H,L)(I,J,K,M,N,P)$；分别用 S_0,S_1,S_2,S_3,S_4,S_5 代替上述最大等效类，求得最小化状态表如表 7.40 所示。

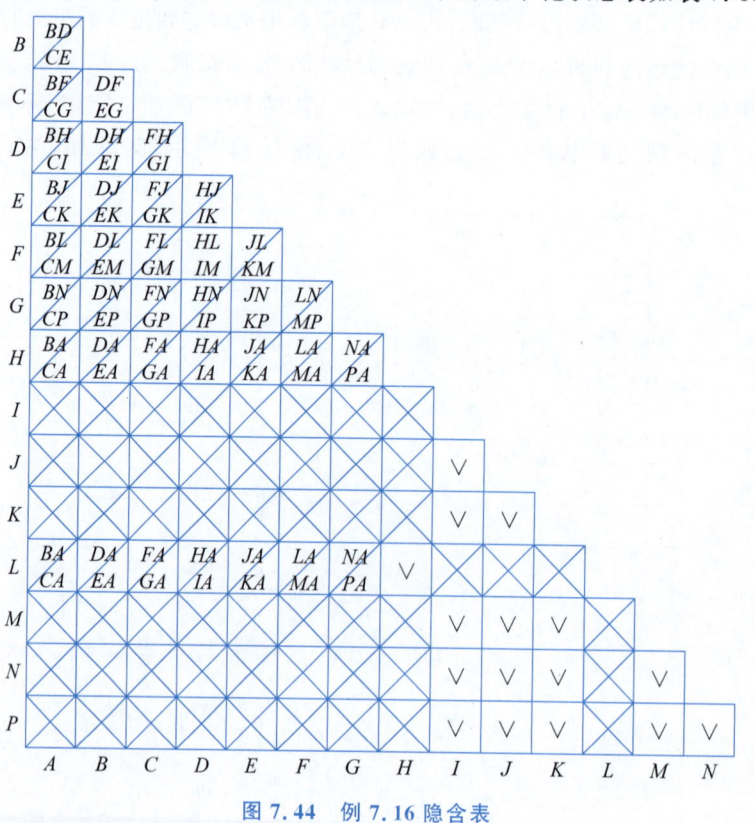

图 7.44　例 7.16 隐含表

表 7.40　例 7.16 最小化状态表

$Q_2Q_1Q_0$	$Q_2^{n+1}Q_1^{n+1}Q_0^{n+1}/Z$	
	$X=0$	$X=1$
S_0	$S_1/0$	$S_1/0$
S_1	$S_2/0$	$S_3/0$
S_2	$S_4/0$	$S_5/0$
S_3	$S_5/0$	$S_5/0$
S_4	$S_0/0$	$S_0/0$
S_5	$S_0/0$	$S_0/1$

(3) 状态分配(编码)。

该状态表有六个状态，需三位二进制代码。根据状态编码原则，对 S_2 与 S_3，S_4 与 S_5 进行相邻状态编码。状态编码方案如图 7.45 所示。最小化二进制状态表如表 7.41 所示。

Q_0 \ Q_2Q_1	00	01	11	10
0	S_0	S_1		
1	S_4	S_2	S_3	S_5

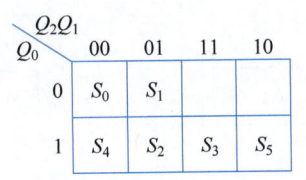

图 7.45　例 7.16 状态编码

表 7.41　例 7.16 最小化二进制状态表

	$Q_2Q_1Q_0$	$Q_2^{n+1}Q_1^{n+1}Q_0^{n+1}/Z$	
		$X=0$	$X=1$
S_0	0 0 0	010/0	010/0
S_4	0 0 1	000/0	000/0
S_2	0 1 1	001/0	101/0
S_1	0 1 0	011/0	111/0
	1 1 0	ddd/d	ddd/d
S_3	1 1 1	101/0	101/0
S_5	1 0 1	000/0	000/1
	1 0 0	ddd/d	ddd/d

(4) 求输出函数和激励函数。

根据二进制状态表 7.41 作出次态函数卡诺图和输出函数卡诺图，如图 7.46 所示，经化简可得次态函数和输出函数表达式如下：

$$Q_2^{n+1} = Q_1Q_2 + XQ_1$$

$$Q_1^{n+1} = \overline{Q}_0$$

$$Q_0^{n+1} = Q_1$$

$$Z = XQ_2\overline{Q}_1$$

根据次态函数化简的卡诺图，可得到冗余状态真值表，如表 7.42 所示。卡诺圈中的无关项 d 可见按所得次态函数表达式所得到的时序电路具有自恢复功能。

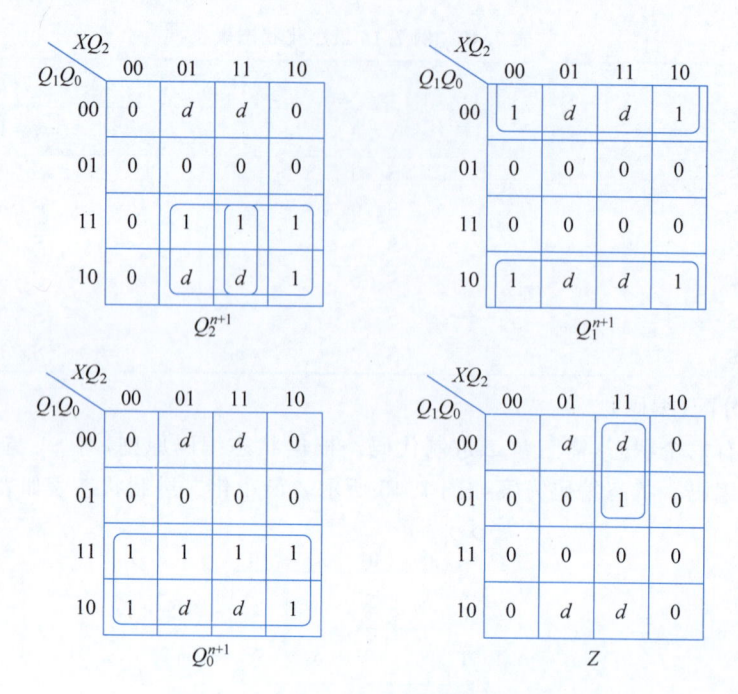

图 7.46　例 7.16 次态函数和输出函数

表 7.42　例 7.16 冗余状态真值表

$Q_2Q_1Q_0$	$Q_2^{n+1}Q_1^{n+1}Q_0^{n+1}$	
	$X=0$	$X=1$
1 0 0	0 1 0	0 1 0
1 1 0	1 1 1	1 1 1

如果用 D 触发器实现,激励函数表达式为

$$D_2 = Q_1 Q_2 + X Q_1$$
$$D_1 = \overline{Q}_0$$
$$D_0 = Q_1$$

如果用 J-K 触发器实现,激励函数表达式为

$$J_2 = X Q_1; \quad K_2 = \overline{Q}_1$$
$$J_1 = \overline{Q}_0; \quad K_1 = Q_0$$
$$J_0 = Q_1; \quad K_0 = \overline{Q}_1$$

(5) 画逻辑电路图。

用 D 触发器实现该逻辑功能的逻辑电路图如图 7.47 所示。用 J-K 触发器实现该逻辑功能的逻辑电路图如图 7.48 所示。

经比较可以看出,对于该例选用 J-K 触发器作为存储器件比选用 D 触发器更为简单。

【例 7.17】 用 J-K 触发器,设计一个 8421BCD 码十进制计数器。

解:(1) 建立原始状态图和原始状态表。

由于 8421BCD 码十进制计数器计数的状态编码为 0000～1001,所以可以确定,所需要

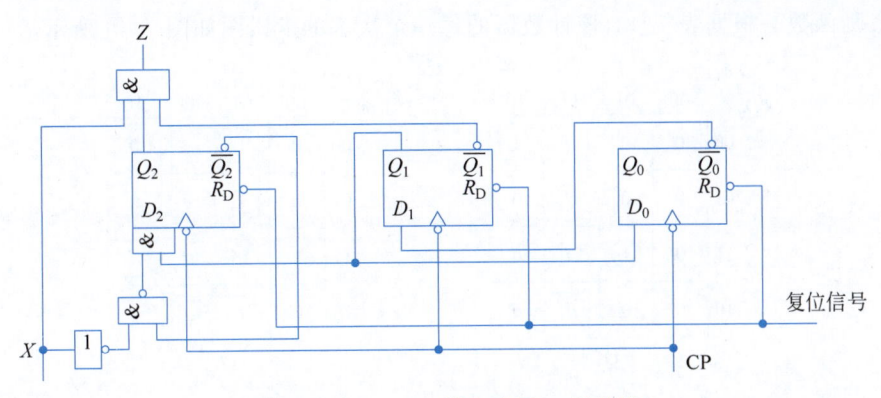

图 7.47 例 7.16 逻辑电路图（D 触发器）

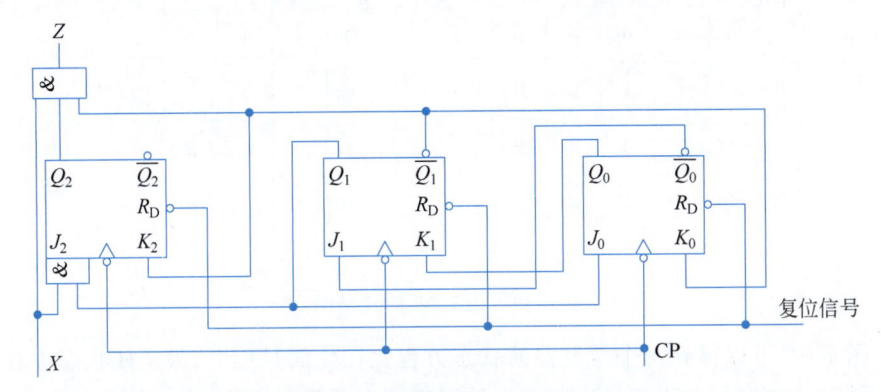

图 7.48 例 7.16 逻辑电路图（J-K 触发器）

使用的触发器的数目为 4 个，而且可以直接得到 8421BCD 码十进制计数器的状态表，无须建立其原始状态图。根据设计要求，可知计数的状态转移关系为状态 0000 的次态为 0001，状态 0001 的次态为 0010，以此类推，直到现态为 1001 时，次态为 0000。状态表如表 7.43 所示。其余六个状态 1010~1111 为冗余状态。

表 7.43 例 7.17 8421BCD 码十进制计数器状态表

Q_3^n	Q_2^n	Q_1^n	Q_0^n	Q_3^{n+1}	Q_2^{n+1}	Q_1^{n+1}	Q_0^{n+1}
0	0	0	0	0	0	0	1
0	0	0	1	0	0	1	0
0	0	1	0	0	0	1	1
0	0	1	1	0	1	0	0
0	1	0	0	0	1	0	1
0	1	0	1	0	1	1	0
0	1	1	0	0	1	1	1
0	1	1	1	1	0	0	0
1	0	0	0	1	0	0	1
1	0	0	1	0	0	0	0

(2) 状态化简。很明显，该状态表已经是最简的，无须化简。

(3) 求输出函数和激励函数。为了求得其激励函数，首先求得触发器的状态方程。一般情况下触发器的状态方程在形式上要求和触发器的特征方程相一致，以便能直接写出触发器的激励函数。根据表 7.43，该计数器的每一个次态的卡诺图如图 7.49 所示。

$Q_1^n Q_0^n$ \ $Q_3^n Q_2^n$	00	01	11	10
00	0	0	d	1
01	0	0	d	0
11	0	1	d	d
10	0	0	d	d

Q_3^{n+1}

$Q_1^n Q_0^n$ \ $Q_3^n Q_2^n$	00	01	11	10
00	0	1	d	0
01	0	1	d	0
11	1	0	d	d
10	0	1	d	d

Q_2^{n+1}

$Q_1^n Q_0^n$ \ $Q_3^n Q_2^n$	00	01	11	10
00	0	0	d	0
01	1	1	d	0
11	0	0	d	d
10	1	1	d	d

Q_1^{n+1}

$Q_1^n Q_0^n$ \ $Q_3^n Q_2^n$	00	01	11	10
00	1	1	d	1
01	0	0	d	0
11	0	0	d	d
10	1	1	d	d

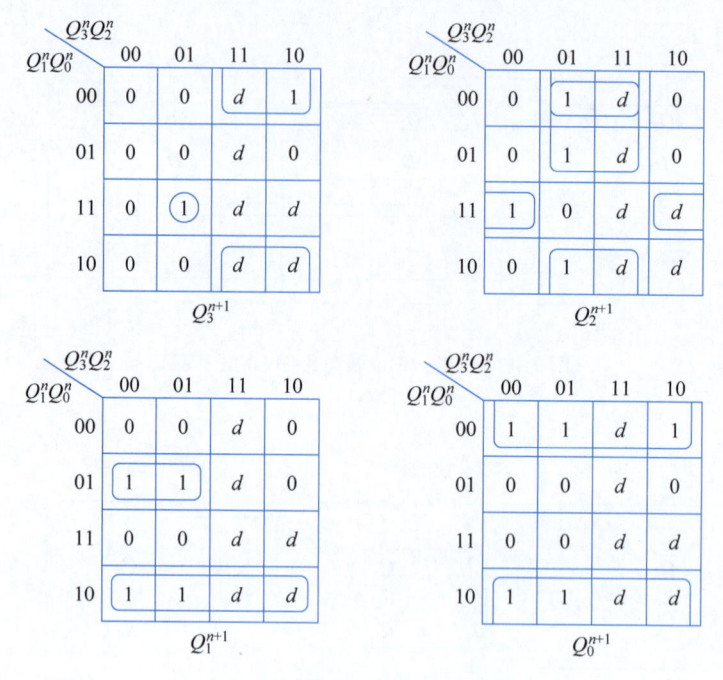

Q_0^{n+1}

图 7.49　例 7.17 的卡诺图

基于图 7.49 可以得到每个触发器的状态方程。在化简过程中，为了使状态方程在形式上与 J-K 触发器的特征方程相一致，Q_i^{n+1} 的卡诺圈在化简时，要在 Q_i^n 范围内或 $\overline{Q_i^n}$ 范围内分别画卡诺圈。例如对于 Q_3^{n+1} 来说，如果按照一般的做法，位于"0111"的 1 应该和相邻的任意项 d 合并，得到的 Q_3^{n+1} 应为 $Q_3^{n+1} = Q_2^n Q_1^n Q_0^n + \overline{Q_0^n} Q_3^n$。但是这样的合并，所得到的状态方程式和 J-K 触发器的特征方程 $Q_3^{n+1} = J_3 \overline{Q_3^n} + \overline{K_3} Q_3^n$ 在形式上就不一致了，不能直接写出激励函数的表达式。因此必须在 Q_3^n 范围内和 $\overline{Q_3^n}$ 范围内分别化简。

按此方式得到各触发器特征方程如下：

$$Q_3^{n+1} = Q_2^n Q_1^n Q_0^n \overline{Q_3^n} + \overline{Q_0^n} Q_3^n$$

$$Q_2^{n+1} = Q_1^n Q_0^n \overline{Q_2^n} + (\overline{Q_1^n} + \overline{Q_0^n}) Q_2^n$$

$$Q_1^{n+1} = \overline{Q_3^n} Q_0^n \overline{Q_1^n} + Q_0^n Q_1^n$$

$$Q_0^{n+1} = \overline{Q_0^n}$$

这些状态方程的形式和 J-K 触发器的特征方程形式一致。$\overline{Q_i^n}$ 的系数为 J_i，Q_i^n 的系数为 $\overline{K_i}$。通过与 J-K 触发器的特征方程对比可得各触发器的激励函数为

$$J_3 = Q_2^n Q_1^n Q_0^n; \quad K_3 = Q_0^n$$

$$J_2 = Q_1^n Q_0^n; \quad K_2 = \overline{\overline{Q_1^n} + \overline{Q_0^n}} = Q_1^n Q_0^n$$

$$J_1 = \overline{Q_3^n} Q_0^n; \quad K_1 = Q_0^n$$

$$J_0 = 1; \quad K_0 = 1$$

（4）因电路有冗余状态 1010~1111，需要判断电路是否出现挂起现象，也就是要检查不在计数循环中的这六个冗余状态的转移关系。在图 7.49 中，凡在化简时被圈入卡诺圈的任意项 d，其取值为 1，没有被圈入卡诺圈的任意项 d 取值为 0。进而得到这六个未使用的冗余状态的次态为

$$1010 \rightarrow 1011 \qquad 1011 \rightarrow 0100 \qquad 1100 \rightarrow 1101$$
$$1101 \rightarrow 0100 \qquad 1110 \rightarrow 1111 \qquad 1111 \rightarrow 0000$$

由此得到的全部 16 个状态的状态转移关系图，如图 7.50 所示。可以看出，这个计数器是可以自启动的，具有自恢复功能。

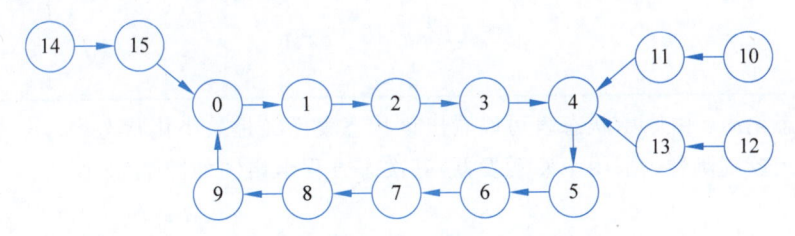

图 7.50　例 7.17 状态转移关系图

（5）画逻辑电路图，如图 7.51 所示。

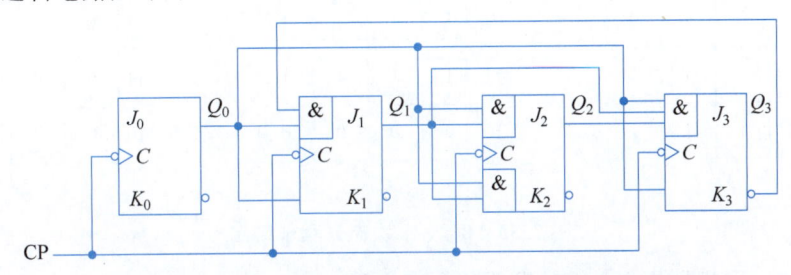

图 7.51　例 7.17 8421BCD 码十进制计数器逻辑电路图

【例 7.18】　设计一个三位串行输入输出移位寄存器。要求数据在移位寄存器中的传输是由低位到高位依次进行的。该移位寄存器有一个输入端 X，输出则为触发器的状态。

解：(1) 建立原始状态图和状态表。根据移位寄存器的特点及设计的要求，数据在移位寄存器中的传输是由低位到高位依次进行的，故可知其原始状态图如图 7.52 所示，原始状态表如表 7.44 所示。可以看出，该设计的状态图与例 7.2 的状态图一致。

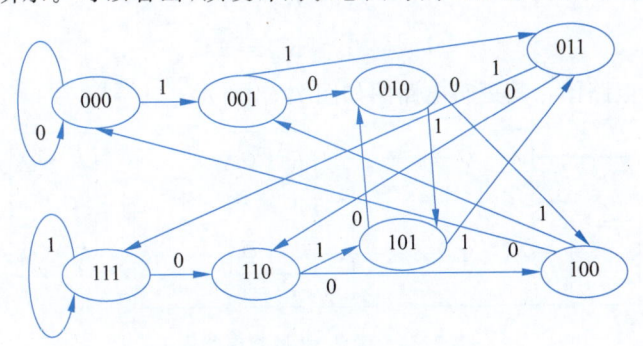

图 7.52　例 7.18 原始状态图

表 7.44　例 7.18 原始状态表

y_2	y_1	y_0	$y_2^{(n+1)} y_1^{(n+1)} y_0^{(n+1)}$ $x=0$			$y_2^{(n+1)} y_1^{(n+1)} y_0^{(n+1)}$ $x=1$		
0	0	0	0	0	0	0	0	1
0	0	1	0	1	0	0	1	1
0	1	0	1	0	0	1	0	1
0	1	1	1	1	0	1	1	1
1	0	0	0	0	0	0	0	1
1	0	1	0	1	0	0	1	1
1	1	0	1	0	0	1	0	1
1	1	1	1	1	0	1	1	1

（2）状态化简：由原始状态表可以看出该状态表已经是最小化状态表。

（3）确定控制函数：采用 J-K 触发器，其次态方程卡诺图如图 7.53 所示。

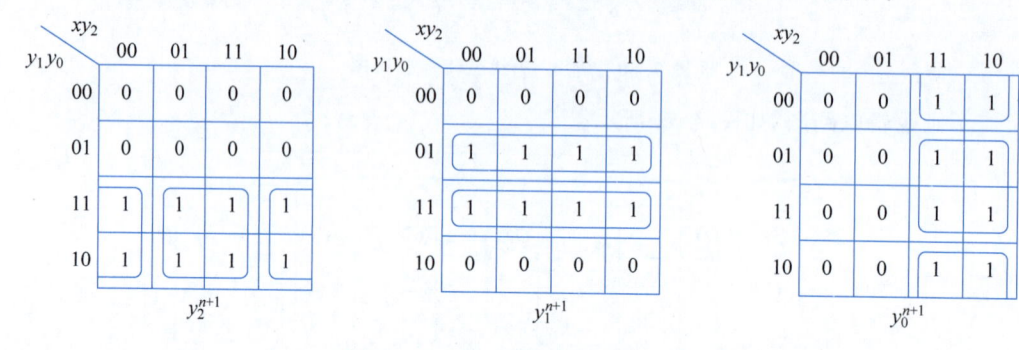

图 7.53　例 7.18 次态方程卡诺图

由图 7.53 可以求得各 J-K 触发器的次态方程：

$$y_2^{n+1} = y_1 \bar{y}_2 + y_1 y_2$$
$$y_1^{n+1} = y_0 \bar{y}_1 + y_0 y_1$$
$$y_0^{n+1} = x \bar{y}_0 + x y_0$$

通过与 J-K 触发器的特征方程对比可得各触发器的激励函数为

$$J_2 = y_1; \quad K_2 = \bar{y}_1$$
$$J_1 = y_0; \quad K_1 = \bar{y}_0$$
$$J_0 = x; \quad K_0 = \bar{x}$$

（4）画出逻辑电路图。其逻辑电路图如图 7.54 所示。

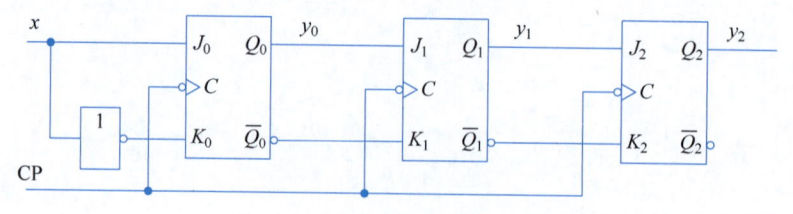

图 7.54　例 7.18 逻辑电路图

【例 7.19】 设计一个序列信号发生器,产生序列 1010010100…。

解: 序列信号发生器在数字系统中有着较为广泛的应用。例如,计算机在执行一条指令时,总是把一条指令分成若干基本动作,由控制器发出一系列序列电位或序列脉冲,每个序列电位或序列脉冲信号控制计算机完成一个或几个基本动作。序列信号发生器就是用来产生序列电位或序列脉冲的逻辑部件。按其结构来分,序列信号发生器可分为移位型和计数型两种。

1. 移位型序列信号发生器的设计

移位型序列信号发生器由移位寄存器和反馈电路构成。反馈电路的输出作为移位寄存器的串行输入,通过对移位寄存器进行移位操作,依次得到输出序列的每一位。移位型序列信号发生器的设计步骤如下。

(1) 首先根据给定序列信号的长度 M,由公式 $2^{k-1} < M \leqslant 2^k$ 决定所需最少的触发器数目 k。

(2) 验证并确定实际需要的触发器数目 k。将给定的序列信号每 k 位分为一组,选定一组后,向前移一位,按 k 位再取一组,总共取 M 组。如果这 M 组数字都不重复,就可以使用已经选择的 k;否则,就令 $k=k+1$,再重复以上的过程,直到 M 组数字不再重复时,就可以确定 k 值。

(3) 最后得到的 M 组数字就是序列信号发生器的状态转移关系,将它们依次排列,就是这个序列信号发生器的状态转移表。不过,状态转移表的右边不是次态,而是这个状态下的反馈信号值。在使用 D 触发器的情况下,这个反馈值就是触发器的次态。

(4) 由状态转移表求反馈函数。

(5) 检查未使用状态的转移关系,以满足自启动的要求。

(6) 画逻辑电路图。可以先画移位寄存器的移位电路,再画反馈电路。

下面利用移位型序列信号发生器的设计方法对本例进行设计,触发器选用 D 触发器。

(1) 本例序列长度是 5(10100),最小触发器数目是 3。

(2) 对序列信号每 3 位一组取信号,每取一组移一位,共取 5 组: 101,010,100,001,010。出现了两次 010,说明 $k=3$ 不能满足设计要求。再取 $k=4$,重新按 4 位一组取信号,也取 5 组: 1010,0100,1001,0010,0101。没有重复,确定 $k=4$。

(3) 列状态转移表,如表 7.45 所示。

表 7.45 例 7.19 移位型序列信号发生器状态转移表

Q_3^n	Q_2^n	Q_1^n	Q_0^n	D_0
1	0	1	0	0
0	1	0	0	1
1	0	0	1	0
0	0	1	0	1
0	1	0	1	0

(4) 作 D_0 的卡诺图,如图 7.55 所示。写出 D_0 的表达式: $D_0 = \overline{Q}_1^n \overline{Q}_0^n$。

(5) 检查自启动。在图 7.55 所示卡诺图中,没有被圈入的格的 D_0 值都是 0,从而可以确定未使用状态的次态。如状态 $Q_3^n Q_2^n Q_1^n Q_0^n = 1011$ 的次态是在最后一位的后面添加一位 0,即次态为 0110,状态 $Q_3^n Q_2^n Q_1^n Q_0^n = 0110$ 的次态是最后一位后面添加一位 1,即次态为 1101。

确定所有状态的转移关系后，画出状态转移关系，如图 7.56 所示。可以看出电路可以自启动。

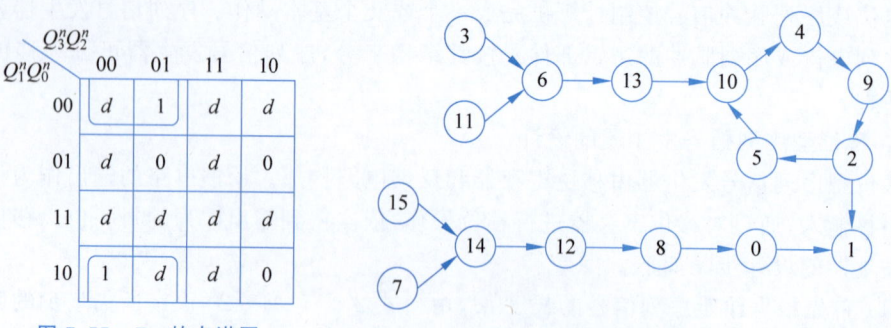

图 7.55 D_0 的卡诺图

图 7.56 例 7.19 移位型序列信号发生器状态转移图

（6）画逻辑电路图，如图 7.57 所示。

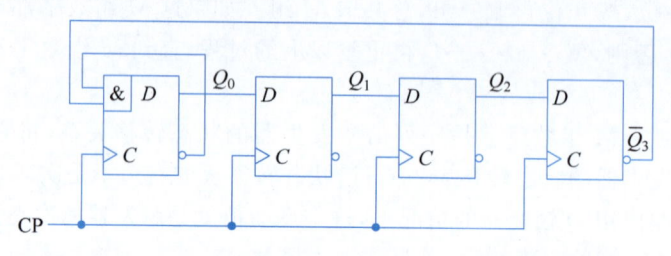

图 7.57 例 7.19 移位型序列信号发生器的逻辑电路图

2. 计数型序列信号发生器的设计

计数型序列信号发生器由计数器和组合电路构成。计数器相当于组合电路的输入源，决定序列信号的长度，组合电路则在这个输入源的作用下产生序列信号。这时，计数器的输出可以供给几个组合电路，产生几种长度相同但是序列内容不同的序列信号。

计数型序列信号发生器的设计方法与计数器的设计方法基本相同。具体设计步骤如下。

（1）首先根据序列周期中的序列长度 M 确定触发器的数目，触发器的数目 k 要符合 $2^{k-1} < M \leqslant 2^k$ 的关系；

（2）列状态表，状态表中状态间的转换要按照计数器来定义，状态表中的输出要根据序列信号的要求来确定，有 n 个序列信号就列 n 个输出；

（3）选定触发器类型，求得激励函数和输出函数；

（4）若有未使用的状态，检查冗余状态的转移关系，以满足自启动的要求；

（5）根据求得的激励函数和输出函数画出逻辑图。

下面利用计数型序列信号发生器的设计方法对本例进行设计。

（1）本例序列长度是 5(10100)，最小触发器数目是 3。

（2）设计一个模 5 的计数器，选取触发器 $Q_2^n Q_1^n Q_0^n$ 有效状态为 000~100，而状态 101~111 为冗余状态。列状态转移表如表 7.46 所示，令计数器的每一个状态与一位序列信号相对应，并通过输出信号 Z 输出。

表 7.46　例 7.19 计数型序列信号发生器状态转移表

Q_2^n	Q_1^n	Q_0^n	Q_2^{n+1}	Q_1^{n+1}	Q_0^{n+1}	Z
0	0	0	0	0	1	1
0	0	1	0	1	0	0
0	1	0	0	1	1	1
0	1	1	1	0	0	0
1	0	0	0	0	0	0
1	0	1	d	d	d	d
1	1	0	d	d	d	d
1	1	1	d	d	d	d

（3）选用 J-K 触发器，作次态 Q_2^n, Q_1^n, Q_0^n 的卡诺图，如图 7.58 所示。由图 7.58 求得各 J-K 触发器的次态方程：

$$Q_2^{n+1} = Q_1^n Q_0^n \overline{Q_2^n}$$

$$Q_1^{n+1} = Q_0^n \overline{Q_1^n} + \overline{Q_0^n} Q_1^n$$

$$Q_0^{n+1} = \overline{Q_2^n} \overline{Q_0^n}$$

输出函数表达式为 $Z = \overline{Q_2^n} \overline{Q_0^n}$。

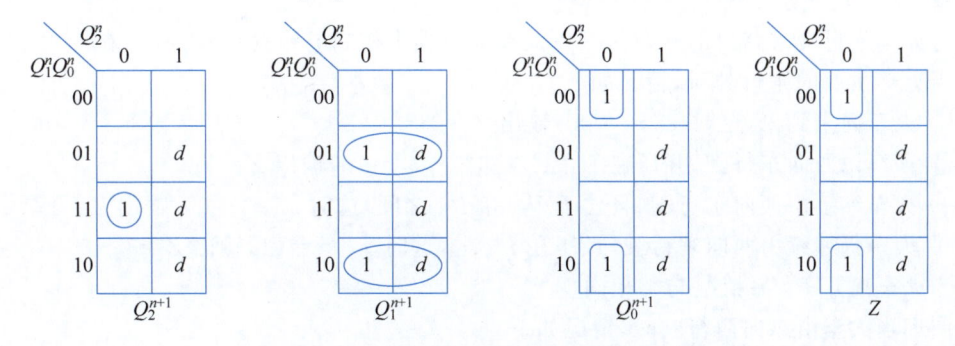

图 7.58　触发器次态及输出函数的卡诺图

通过与 J-K 触发器的特征方程对比可得各触发器的激励函数为

$$J_2 = Q_1^n Q_0^n; \quad K_2 = 1$$
$$J_1 = Q_0^n; \quad K_1 = Q_0^n$$
$$J_0 = \overline{Q_2^n}; \quad K_0 = 1$$

（4）检查自启动。在图 7.58 卡诺图中，被圈入卡诺圈中的 d 为 1，没有被圈入卡诺圈中的 d 为 0，从而可以确定未使用的冗余状态的次态，如下：101→010，110→010，111→000。可知电路可以自启动。

（5）画出逻辑图，如图 7.59 所示。

在设计序列信号发生器时，也可以直接采用集成移位寄存器或计数器，对于计数型序列信号发生器中的组合电路也可以选择使用集成数据选择器等来实现。具体实现方法可参考相关集成器件，在此不再介绍。

【例 7.20】　设计一个公路和铁路交叉路口交通控制电路，如图 7.60 所示。在 P_1 和 P_2 点设置两个压敏器件，当它承受火车的压力时，产生逻辑电平 1，否则为 0。为保证同一

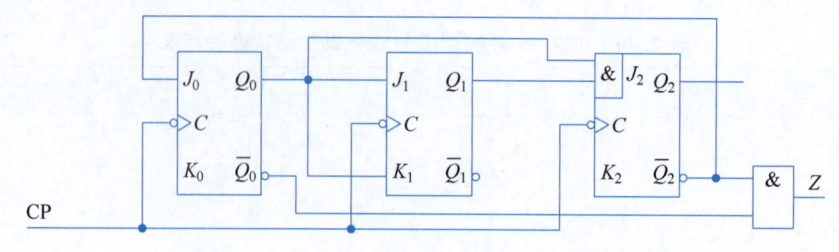

图 7.59 例 7.19 计数型序列信号发生器逻辑图

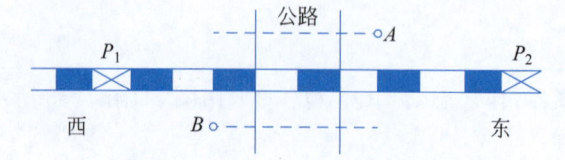

图 7.60 例 7.20 交通控制电路

列火车不会同时压在两个压敏元件上,假设 P_1 和 P_2 点相距较远。A、B 是两个栅门,要求火车任何部分位于 P_1、P_2 之间时,栅门 A、B 应同时关闭,否则栅门同时打开。压敏器件 P_1、P_2 的输出用 x_1、x_2 表示,它控制一电路,使其输出为 Z,当 $Z=1$ 时,栅门 A、B 关闭;当 $Z=0$ 时,栅门 A、B 打开。

解:(1) 建立原始状态图、状态表。
对火车通过交叉路口的运行过程以及在此过程中控制电路的输入、输出情况进行分析。
当火车由西向东行驶时,情况如下:
① 火车尚未到来,这时 $x_1x_2=00$,输出 $Z=0$;
② 火车由西向东行驶,并压在 P_1 上,这时 $x_1x_2=10$,输出 $Z=1$;
③ 火车继续由西向东行驶,且位于 P_1 和 P_2 之间,这时 $x_1x_2=00$,输出 $Z=1$;
④ 火车仍继续由西向东行驶,且压在 P_2 上,这时 $x_1x_2=01$,输出 $Z=1$;
当火车离开 P_2 后情况与①相同。
同理当火车由东向西行驶时,情况如下:
⑤ 输入 $x_1x_2=01$,输出 $Z=1$;
⑥ 输入 $x_1x_2=00$,输出 $Z=1$;
⑦ 输入 $x_1x_2=10$,输出 $Z=1$。
该电路共有 7 个状态,分别用 S_1、S_2、S_3、S_4、S_5、S_6、S_7 表示。
综上所述,其原始状态图如图 7.61 所示,原始状态表如表 7.47 所示。

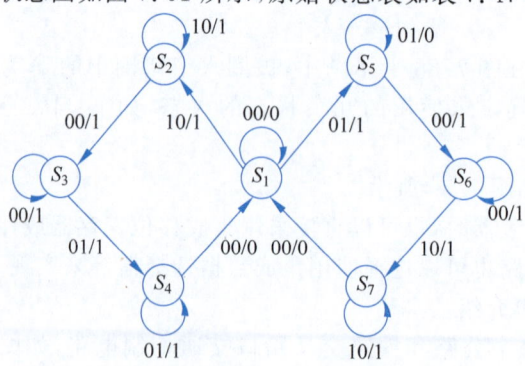

图 7.61 例 7.20 原始状态图

表 7.47　例 7.20 原始状态表

现　态	次态/输出			
	$x_1x_2=00$	$x_1x_2=01$	$x_1x_2=11$	$x_1x_2=10$
S_1	$S_1/0$	$S_5/1$	d/d	$S_2/1$
S_2	$S_3/1$	d/d	d/d	$S_2/1$
S_3	$S_3/1$	$S_4/1$	d/d	d/d
S_4	$S_1/0$	$S_4/1$	d/d	d/d
S_5	$S_6/1$	$S_5/1$	d/d	d/d
S_6	$S_6/1$	d/d	d/d	$S_7/1$
S_7	$S_1/0$	d/d	d/d	$S_7/1$

(2) 状态化简。

表 7.47 中状态和输出都存在无关项，这是一个不完全给定的状态表，可利用相容的概念进行化简。由表 7.47 可见，S_2 和 S_3，S_4 和 S_7，S_5 和 S_6 是等价状态，可以合并。这样就得出最小化状态表如表 7.48 所示。

表 7.48　例 7.20 最小化状态表

现　态	次态/输出			
	$x_1x_2=00$	$x_1x_2=01$	$x_1x_2=11$	$x_1x_2=10$
S_1	$S_1/0$	$S_5/1$	d/d	$S_2/1$
S_2	$S_2/1$	$S_4/1$	d/d	$S_2/1$
S_4	$S_1/0$	$S_4/1$	d/d	$S_4/1$
S_5	$S_5/1$	$S_5/1$	d/d	$S_4/1$

(3) 状态分配。

由以上分析可知本电路有 4 个状态，所以触发器个数 $n=2$，状态分配为 $S_1=00$，$S_2=01$，$S_4=11$，$S_5=10$。最小化二进制状态表如表 7.49 所示。

表 7.49　例 7.20 最小化二进制状态表

Q_2	Q_1	$Q_2^{n+1} Q_1^{n+1}/Z$			
		$x_1x_2=00$	$x_1x_2=01$	$x_1x_2=11$	$x_1x_2=10$
0	0	00/0	10/1	d/d	01/1
0	1	01/1	11/1	d/d	01/1
1	1	00/0	11/1	d/d	11/1
1	0	10/1	10/1	d/d	11/1

(4) 选择触发器类型，确定其激励函数和输出函数 Z。

根据表 7.49 画出两个触发器的次态卡诺图及输出 Z 的卡诺图，如图 7.62 所示。

选用 J-K 触发器，基于卡诺图，可求出次态方程如下：

$$Q_2^{n+1} = x_2\bar{Q}_2 + (x_1+x_2+\bar{Q}_1)Q_2$$

$$Q_1^{n+1} = x_1\bar{Q}_1 + (x_1+x_2+\bar{Q}_2)Q_1$$

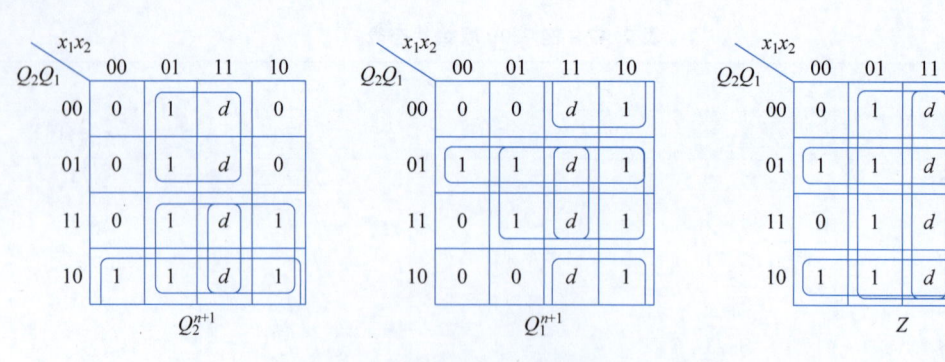

图 7.62 例 7.20 次态和输出 Z 的卡诺图

经与 J-K 触发器的次态方程比较,可以得到

$$\begin{cases} J_2 = x_2 \\ K_2 = \bar{x}_1 \bar{x}_2 Q_1 \end{cases} \quad \begin{cases} J_1 = x_1 \\ K_1 = \bar{x}_1 \bar{x}_2 Q_2 \end{cases}$$

基于输出函数 Z 的卡诺图,求出输出函数 Z 的逻辑函数为

$$Z = x_1 + x_2 + (Q_2 \oplus Q_1)$$

(5) 画出逻辑电路图。

根据上述激励函数和输出方程可画出逻辑电路图,如图 7.63 所示。

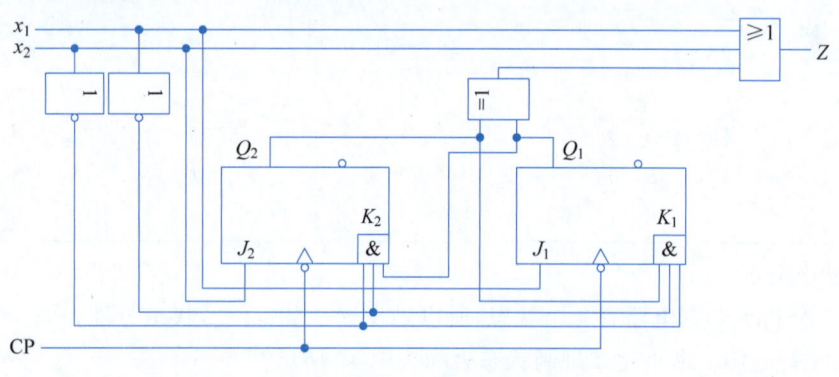

图 7.63 例 7.20 逻辑电路图

习题 7

7.1　试总结同步时序逻辑电路的特点,它与组合逻辑电路有什么不同?

7.2　说明同步时序逻辑电路分析和设计的步骤,其中各步骤要解决的问题和应该注意的问题是什么?

7.3　什么是等效状态?什么是相容状态?如何判断状态的等效或相容?

7.4　什么是电路的自恢复功能?如何检查电路的自恢复功能?

7.5　某一电路有一个输入端 x 和一个输出端 Z。当 x 连续出现 3 个"0"或 2 个"1"时,输出 $Z=1$,且第 4 个"0"或第 3 个"1"时输出 $Z=0$。试作出该电路的同步时序逻辑电路的原始状态图和原始状态表。

7.6　已知状态表如表 7.50 所示,作出相应的状态图。

表 7.50　习题 7.6 的状态表

现　态	次态/输出			
	$x_1x_2=00$	$x_1x_2=01$	$x_1x_2=11$	$x_1x_2=10$
A	A/0	B/0	C/0	D/0
B	B/0	C/1	A/0	D/1
C	C/0	B/0	D/0	D/0
D	D/0	A/1	C/0	C/0

7.7　试分析图 7.64 所示的同步时序逻辑电路,试写出该电路的激励函数和输出函数表达式,作出状态图和状态表,并说明该电路的逻辑功能。

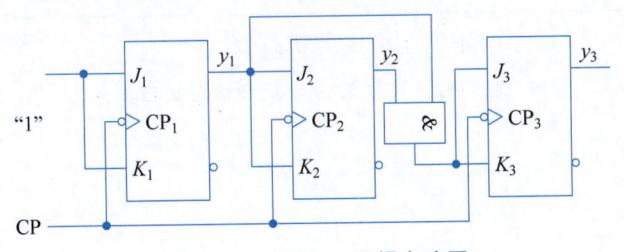

图 7.64　习题 7.7 逻辑电路图

7.8　试分析图 7.65 所示的同步时序逻辑电路,试写出该电路的激励函数和输出函数表达式,作出状态图和状态表,并说明该电路的逻辑功能。

7.9　图 7.66 为一个串行加法器逻辑框图,试作出其状态图和状态表。

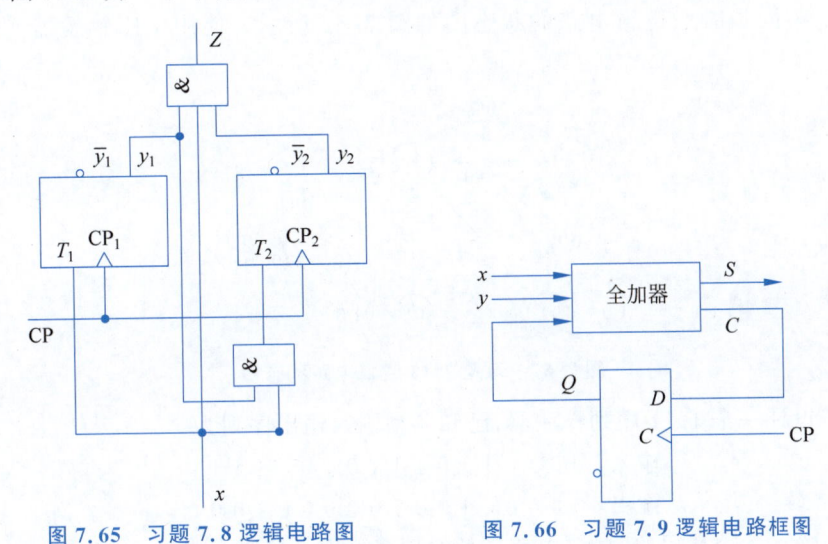

图 7.65　习题 7.8 逻辑电路图　　　图 7.66　习题 7.9 逻辑电路框图

7.10　化简表 7.51 所示的完全给定的状态表。

表 7.51　习题 7.10 的完全给定状态表

现　态	次态/输出	
	$x=0$	$x=1$
A	E/0	D/0
B	A/1	F/0

续表

现态	次态/输出	
	$x=0$	$x=1$
C	C/0	A/1
D	B/0	A/0
E	D/1	C/0
F	C/0	D/1
G	H/1	G/1
H	C/1	B/1

7.11 化简表 7.52 所示的不完全给定的状态表。

表 7.52 习题 7.11 不完全给定状态表

现态	次态/输出	
	$x=0$	$x=1$
A	D/d	C/0
B	D/1	E/d
C	d/d	E/1
D	A/0	C/d
E	B/1	C/d

7.12 某同步时序逻辑电路的状态图如图 7.67 所示。使用 J-K 触发器实现该逻辑电路。

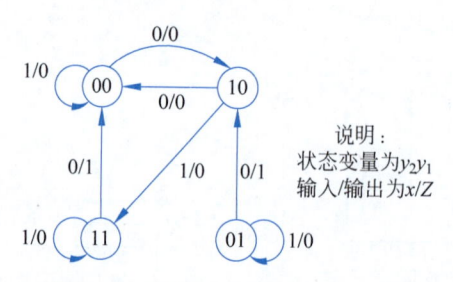

图 7.67 习题 7.12 逻辑电路状态图

7.13 设计一个 1011 序列检测器，已知典型输入输出序列为

输入：0 0 1 0 1 1 0 1 1 1 0 1 0 1 1 1 1 0

输出：0 0 0 0 0 1 0 0 1 0 0 0 0 0 1 0 0 0

7.14 设计一个代码检测器，电路从低位到高位串行输入余 3 码，当输入出现非法数字时，电路输出 $Z=0$，否则输出 $Z=1$。

7.15 设计一个同步时序逻辑电路，该电路能对两个二进制数 $X=x_1,x_2,\cdots,x_n$ 和 $Y=y_1,y_2,\cdots,y_n$ 进行比较。其中，X、Y 为串行输入。比较从 x_1、y_1 开始，依次进行到 x_n、y_n。电路有两个输出端 Z_x、Z_y。若比较结果 $X>Y$，则 Z_x 为 1，Z_y 为 0；若 $X<Y$，则 Z_y 为 1，Z_x 为 0；若 $X=Y$，则 Z_x 和 Z_y 都为 1。要求用尽可能少的状态数作出状态图和状态表，并用尽可能少的逻辑门和触发器来实现。

7.16 设计一个具有下述特点的计数器：

（1）计数器有两个控制输入 C_1 和 C_2，C_1 用以控制计数器的模数，而 C_2 用以控制计数器的加减。

（2）如 $C_1=0$，则计数器为模 3 计数。如 $C_1=1$，则计数器为模 4 计数。

（3）如 $C_2=0$，则计数器为加 1 计数。如 $C_2=1$，则计数器为减 1 计数。

7.17 分析图 7.68 所示的计数器电路，画出电路的状态转换图，并说明在 $M=1$ 和 $M=0$ 时各为几进制的计数器。计数器 74LS161 的功能表如表 7.10 所示。

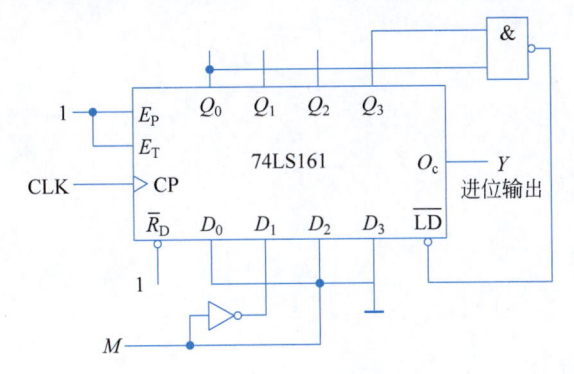

图 7.68 习题 7.17 计数器逻辑电路图

7.18 分析图 7.69 所示移位型计数器，试画出电路的状态转换图，并说明实现的是几进制计数器，能否自启动。

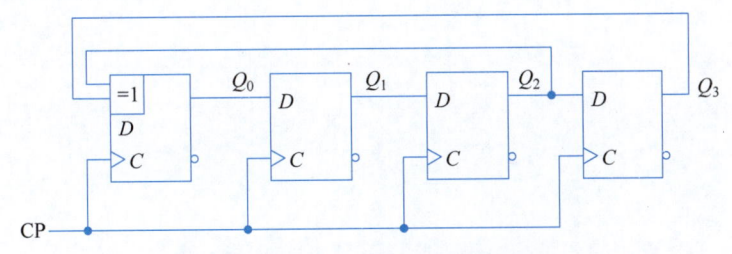

图 7.69 习题 7.18 移位型计数器逻辑图

7.19 分析图 7.70 所示 74LS194 构成的分频电路，试作出状态表，分析其分频工作过程。

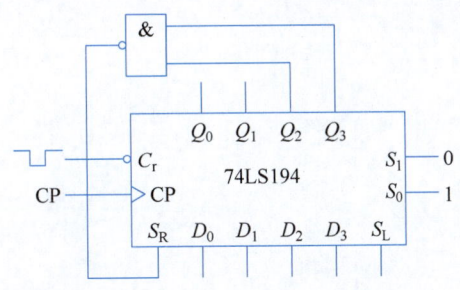

图 7.70 习题 7.19 74LS194 逻辑图

7.20 设计一个移位型序列信号发生器电路，在一系列时钟 CP 信号作用下能周期地输出"1001110"的序列信号。

7.21　使用 74LS161 设计一个能周期产生"110001001110"序列的计数型序列信号发生器。74LS161 采用预置数方法，有效状态为 0100～1111。计数器 74LS161 的功能表如表 7.10 所示。

7.22　用 D 触发器和门电路设计一个十一进制计数器，并检查所设计的电路能否自启动。

7.23　试设计一个自动邮票售货机。当顾客投入硬币后该自动邮票售货机可以出售一张 4 元的邮票，并向顾客退回余款，它的投币口每次只能接受一张 1 元、2 元、5 元的纸币。

第 8 章 异步时序逻辑电路

CHAPTER 8

时序逻辑电路分为同步时序逻辑电路和异步时序逻辑电路，其中异步时序电路又分为脉冲异步时序逻辑电路和电平异步时序逻辑电路。同步时序逻辑电路有统一的时钟脉冲，输入信号可以是电平，也可以是脉冲，只有外部时钟脉冲到来时，电路的状态才根据激励发生改变；而异步时序逻辑电路没有统一的时钟脉冲，电路状态的改变直接依赖于输入信号。在脉冲异步时序逻辑电路中，存储电路与同步时序电路一样都是触发器，可以是 R-S 触发器、J-K 触发器、D 触发器和 T 触发器，电路的输入信号只能是脉冲；而电平异步时序逻辑电路的存储电路是延迟器件，一般是由带反馈的门电路组成，电路的输入信号都是电平信号。本章主要介绍脉冲异步时序逻辑电路的分析与设计方法、电平异步时序逻辑电路的分析与设计方法及异步时序逻辑电路的竞争冒险现象。

8.1 脉冲异步时序逻辑电路的分析

脉冲异步时序逻辑电路在电路结构上与同步时序电路相同，也是由组合电路和触发器两部分构成。"脉冲"指的是触发器的控制时钟是脉冲信号，它相对电平信号的作用时间比较短（指波形作用时间），输出输入的波形也是脉冲的。脉冲异步时序逻辑电路中状态的改变及输出的改变均是由输入脉冲所引起的，没有统一的时钟脉冲。

为了适应脉冲异步时序逻辑电路的特点，一般规定：

(1) 输入信号的个数可以允许多个，但不能同时作用于电路，即在两个或两个以上的输入线上不允许同时出现脉冲信号；

(2) 第二个输入脉冲的到达，必须在前一个输入脉冲所引起的整个电路响应结束之后，也就是说在前一个输入信号作用完了（即电路状态变化，并进入规定状态后），才允许下一个信号的输入。

这样考虑的主要目的是可以使问题简单化，否则几个输入信号同时作用于电路，很难弄清到底是哪个输入信号的作用，问题会变得复杂。

在电路结构上，脉冲异步时序逻辑电路虽然与同步时序逻辑电路相似，但由于脉冲异步时序逻辑电路没有统一的时钟脉冲，以及对输入信号的约束，使得对其电路的分析和设计步骤虽在总体上与同步时序逻辑电路相同，但具体方法有所差别。

首先根据对脉冲异步时序逻辑电路的规定，该电路在任何时候只允许一个外部输入脉冲发生变化,不允许两个或两个以上输入端同时出现脉冲信号,并且在输入端无脉冲出现时,电路状态不会发生变化,因此其输入状态数与输入信号线数是相同的,分析过程中可以使图表更简化。另外,当存储元件采用时钟控制触发器时,应将触发器的时钟控制信号 CP 作为控制(激励)函数处理。只有当时钟端有脉冲作用时,才根据触发器的输入确定状态转移方向,否则,触发器状态不变。这与同步时序逻辑电路在分析和设计过程中仅将时钟脉冲的输入作为触发器状态变化的"时间"的处理方式是不同的。

8.1.1 脉冲异步时序逻辑电路的特点

脉冲异步时序逻辑电路的特点总结如下。

(1) 电路没有统一的时钟,电路状态的改变完全取决于输入脉冲。

(2) 不允许在两条或两条以上的输入信号线上同时有输入脉冲,任何时候只允许一个外部输入脉冲发生变化,即有 n 条输入信号,就只有 n 个输入状态。而同步时序逻辑电路有 n 条输入信号则有 2^n 个输入状态。

(3) 第二个输入脉冲到来时,第一个输入脉冲所引起的整个电路的响应必须已经完全结束。也就是说,电路在状态改变过程中,不允许有输入脉冲的输入。

(4) 在脉冲异步时序逻辑电路中,时钟脉冲 CP 不是时序逻辑电路的同步信号,而是作为时序逻辑电路的控制(激励)函数来考虑。而在同步时序逻辑电路中,CP 仅作为电路的同步时钟,并不作为控制(激励)函数。

8.1.2 脉冲异步时序逻辑电路的分析步骤及举例

脉冲异步时序逻辑电路的分析步骤与同步时序逻辑电路的分析步骤基本相同。

(1) 给出逻辑电路图,分析逻辑电路,求出其输出函数和控制(激励)函数。时钟脉冲 CP 要作为控制(激励)函数处理。

(2) 列出状态转移真值表。该真值表的输入变量为输入脉冲、电路的现态,根据输出函数得到电路的输出;根据控制(激励)函数求得触发器的激励状态,进而根据触发器的状态表求出电路的次态。应特别注意是否有时钟脉冲 CP 的出现,若时钟脉冲 CP 未出现,电路的状态将不发生变化。或者也可以采用特征方程的方法求电路的次态:将控制(激励)函数代入触发器的特征方程,求得时序逻辑电路的次态方程组,进而求得电路的次态。

(3) 建立电路的状态表和状态图。

(4) 进行功能描述。

下面,通过例题来说明脉冲异步时序逻辑电路的分析方法。

【例 8.1】 试分析图 8.1 所示的脉冲异步时序逻辑电路。

解:(1) 分析电路组成,求输出函数和控制函数。

根据图 8.1 所示逻辑电路,输出函数为 $Z = XQ_0Q_1$

控制函数: $\begin{cases} D_0 = \overline{Q}_0 \\ CP_0 = XQ_1 \\ D_1 = \overline{Q}_0 \\ CP_1 = X \end{cases}$

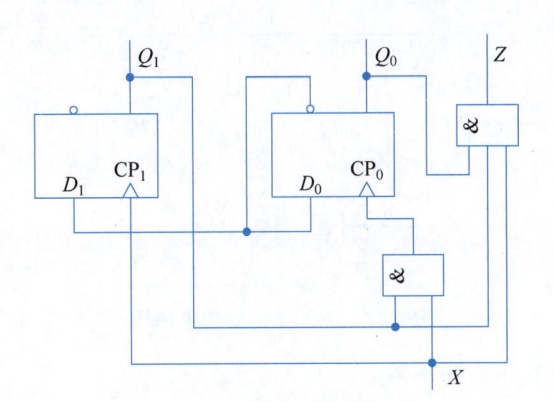

图 8.1 例 8.1 的时序逻辑电路

(2) 列状态转移真值表。

状态转移真值表如表 8.1 所示。其中,输入脉冲 $X=1$ 表示有输入脉冲出现;输出 Z 由输出函数求得;激励状态由控制函数求得;次态 Q_0^{n+1} 和 Q_1^{n+1} 则根据 D 触发器的状态表并考虑时钟脉冲 CP_0 和 CP_1 的情况求得。当时钟脉冲取值为 1 时,触发器的激励决定次态的值,对于本例,则应有 $Q_1^{n+1}=D_1$($CP_1=1$ 时),$Q_0^{n+1}=D_0$($CP_0=1$ 时);当时钟脉冲取值为 0 时,状态不变,本例中应有 $Q_1^{n+1}=Q_1^n$($CP_1=0$ 时),$Q_0^{n+1}=Q_0^n$($CP_0=0$ 时)。

表 8.1 例 8.1 的状态转移真值表

输入			激励				输出		
Q_1	Q_0	X	D_1	CP_1	D_0	CP_0	Z	Q_1^{n+1}	Q_0^{n+1}
0	0	1	1	1	1	0	0	1	0
0	1	1	0	1	0	0	0	0	1
1	0	1	1	1	1	1	0	1	1
1	1	1	0	1	0	1	1	0	0

(3) 作状态表和状态图。

由状态转移真值表求得的状态表和状态图分别如表 8.2 和图 8.2 所示。输入脉冲 $X=0$ 时,电路状态不变,故在状态图中仅包含 $X=1$ 时电路状态的转换情况。

表 8.2 例 8.1 状态表

Q_1	Q_0	$Q_1^{n+1}Q_0^{n+1}/Z$	
		$X=0$	$X=1$
0	0	00/0	10/0
0	1	01/0	01/0
1	1	11/0	00/1
1	0	10/0	11/0

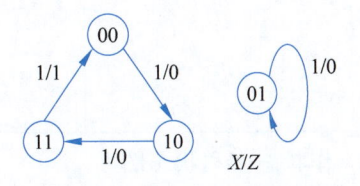

图 8.2 例 8.1 状态图

(4) 功能描述。

根据电路的状态图可以看出,该电路是一个三进制的异步计数器。X 为输入脉冲,Z 为进位输出端。但当电路进入工作状态后,如果电路状态处于 $Q_1Q_0=01$ 状态时,电路将无法进入正常的计数状态,即电路不能自启动。

【例 8.2】 试分析图 8.3 所示的脉冲异步时序逻辑电路。

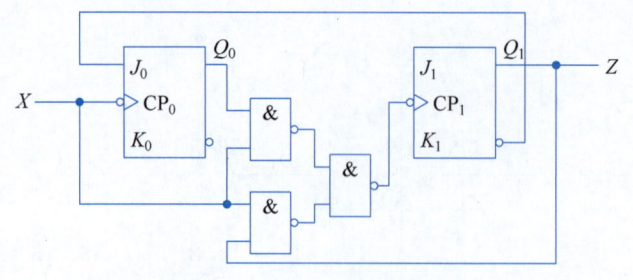

图 8.3　例 8.2 的逻辑电路图

解：(1) 求输出函数和控制函数。

$$Z = Q_1$$
$$J_0 = \overline{Q_1}$$
$$K_0 = 1$$
$$J_1 = 1$$
$$K_1 = 1$$
$$CP_0 = X$$
$$CP_1 = \overline{\overline{XQ_1} \cdot \overline{XQ_0}} = X(Q_1 + Q_0)$$

(2) 求次态方程组。

脉冲异步时序逻辑电路的 J-K 触发器的特征方程为 $Q_i^{n+1} = (J_i \overline{Q_i^n} + \overline{K_i} Q_i^n)CP_i$，将 J_i、K_i 代入 J-K 触发器的特征方程中，可求得次态方程组：

$$Q_1^{n+1} = (1 \cdot \overline{Q_1^n} + 0 \cdot Q_1^n)CP_1 = \overline{Q_1} \cdot X(Q_1 + Q_0) = \overline{Q_1} \cdot Q_0 \cdot X$$
$$Q_0^{n+1} = (\overline{Q_1^n} \cdot \overline{Q_0^n} + 0 \cdot Q_0^n)CP_0 = \overline{Q_1} \cdot \overline{Q_0} \cdot X$$

根据次态方程组，可以求得状态转移真值表，如表 8.3 所示。

表 8.3　例 8.2 状态转移真值表

输入				输出	
Q_1	Q_0	X	Z	Q_1^{n+1}	Q_0^{n+1}
0	0	1	0	0	1
0	1	1	0	1	0
1	0	1	1	0	0
1	1	1	1	0	0

(3) 作状态表和状态图。

由状态转移真值表求得的状态表如表 8.4 所示，状态图如图 8.4 所示。

(4) 功能描述。

由上述分析可知，连续输入三个脉冲，输出为 1，因此该电路为脉冲序列检测器，或称作"111"脉冲序列检测器。电路有冗余状态 $Q_1 Q_0 = 11$，当电路处于该状态时，在一个输入脉冲后会进入正常状态 $Q_1 Q_0 = 00$，即电路能自启动。

表 8.4　例 8.2 状态表

Q_1	Q_0	$Q_1^{n+1}Q_0^{n+1}/Z$	
		$X=0$	$X=1$
0	0	00/0	01/0
0	1	01/0	10/0
1	1	11/1	00/1
1	0	10/1	00/1

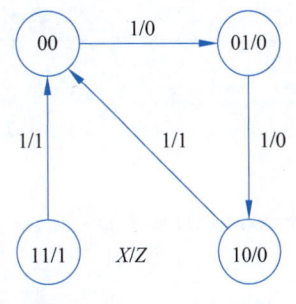

图 8.4　例 8.2 的状态图

【例 8.3】　试分析图 8.5 所示的脉冲异步时序逻辑电路。

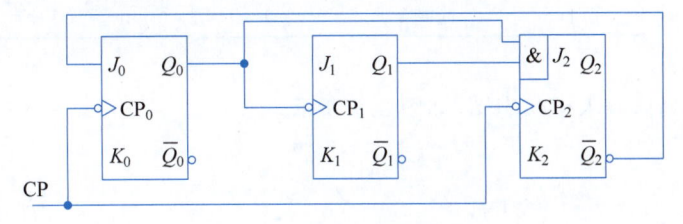

图 8.5　例 8.3 逻辑电路图

解：(1) 求输出函数和控制函数。本电路无外部输出，各控制函数如下：

$$J_0 = \overline{Q}_2^n$$
$$K_0 = 1$$
$$CP_0 = CP = 1$$
$$J_1 = 1$$
$$K_1 = 1$$
$$CP_1 = Q_0 = Q_0 \overline{Q_0^{n+1}} = Q_0 \downarrow$$
$$J_2 = Q_1 Q_0$$
$$K_2 = 1$$
$$CP_2 = CP = 1$$

在图 8.5 所示电路中，CP_1 来自前级触发器的状态输出 Q_0，Q_0 有 0 和 1 两个稳定状态，但本题触发器时钟信号 CP_1 只有在接入信号出现了 1→0 的下降沿才是有效的，因此只有在 $Q_0=1$ 的条件下，Q_0 的次态发生翻转（即次态 $Q_0^{n+1}=0$），CP_1 才有效（即 $CP_1=1$），因此 $CP_1=Q_0\overline{Q_0^{n+1}}$ 或者 $CP_1=Q_0\downarrow$。而在 $Q_0=1$ 时，因 $J_0=\overline{Q}_2^n$，$K_0=1$，在 $CP_0=CP=1$ 下，次态 Q_0^{n+1} 必然为 0，故 $CP_1=Q_0$。

(2) 列状态转移真值表。

状态转移真值表如表 8.5 所示。激励函数由控制函数求得；因触发器时钟信号 $CP_2=1$，$CP_0=1$，则先根据 J-K 触发器的状态表和激励函数 J_2、K_2、J_0、K_0 求得 Q_2^{n+1} 和 Q_0^{n+1}；然后判 $Q_0 \rightarrow Q_0^{n+1}$ 是否出现下降沿（即 $Q_0\overline{Q_0^{n+1}}$ 是否为 1），若出现下降沿，根据 J-K 触发器的状态表和激励函数 J_1、K_1 求得 Q_1^{n+1}；反之，$Q_1^{n+1}=Q_1$。

表 8.5 例 8.3 的状态转移真值表

现态			激励									次态		
Q_2	Q_1	Q_0	CP_2	J_2	K_2	CP_1	J_1	K_1	CP_0	J_0	K_0	Q_2^{n+1}	Q_1^{n+1}	Q_0^{n+1}
0	0	0	1	0	1	0	1	1	1	1	1	0	0	1
0	0	1	1	0	1	1(或↓)	1	1	1	1	1	0	1	0
0	1	0	1	0	1	0	1	1	1	1	1	0	1	1
0	1	1	1	1	1	1(或↓)	1	1	1	1	1	1	0	0
1	0	0	1	0	1	0	1	1	1	1	0	0	0	0
1	0	1	1	0	1	1(或↓)	1	1	1	1	0	0	1	0
1	1	0	1	0	1	0	1	1	1	1	0	0	1	0
1	1	1	1	1	1	1(或↓)	1	1	1	1	0	0	0	0

（3）作状态图。

由状态转移真值表求得状态图，如图 8.6 所示。

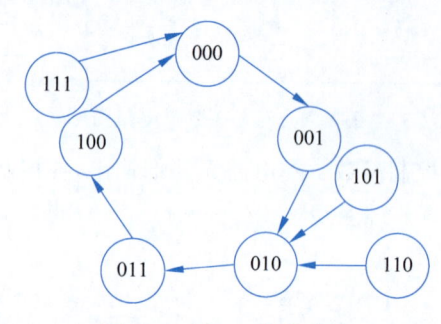

图 8.6 例 8.3 的状态图

（4）功能描述：由状态图可知，该电路是一个脉冲异步模 5 加 1 计数器，且具有自启动功能。

【例 8.4】 试分析图 8.7 所示的脉冲异步时序逻辑电路。

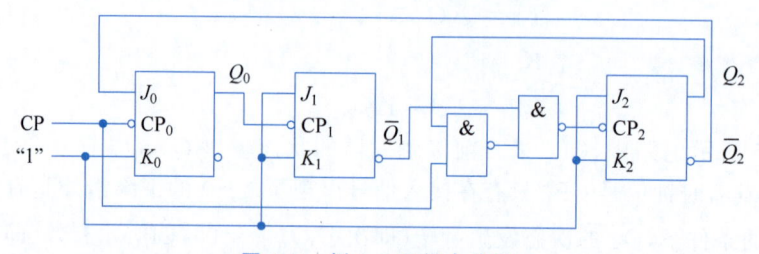

图 8.7 例 8.4 逻辑电路图

解：（1）求输出函数和控制函数。

对 Q_0：$J_0 = \overline{Q_2^n}$，$K_0 = 1$

触发器的时钟就是外部时钟，所以 $CP_0 = CP = 1$。

对 Q_1：$J_1 = 1$，$K_1 = 1$

触发器的时钟来自前级触发器的输出，所以

$$CP_1 = Q_0^n \downarrow \, = \overline{Q_0^n \overline{Q_0^{n+1}}} \quad 或 \quad CP_1 = CP_0 \cdot Q_0^n = Q_0^n$$

对 Q_2：$J_2 = 1$，$K_2 = 1$

触发器的时钟既来自前级的 $\overline{\overline{Q_1^n}} = Q_1^n$（$\overline{Q_1^n}$ 经过非门），也来自 Q_2^n 和 $\overline{Q_1^n}$ 控制下的外部时钟，所以

$$CP_2 = CP_1 \cdot \overline{\overline{Q_1^n}} + Q_2^n \cdot \overline{Q_1^n} \cdot CP = CP_1 \cdot Q_1^n + Q_2^n \cdot \overline{Q_1^n} \cdot CP = Q_1^n Q_0^n + Q_2^n \overline{Q_1^n}$$

注意在写 CP_2 表达式时，表达式的第一项，根据两级与非门的逻辑关系，$\overline{Q_1^n}$ 要再次取非，但是 CP_1 不用取非。表达式中 $CP_1 \cdot \overline{Q_1^n}$ 或 Q^n 项的含义是："在 $Q_1 = 1$ 的条件下，且已知 $J_1 = 1, K_1 = 1$，如果 CP_1 有效，将会使得 Q_1 翻转，这样 CP_2 就可得到一次有效时钟。"表达式的第二项 $Q_2^n \overline{Q_1^n}$ 的含义是："只要 $Q_2 = 1$，且 $\overline{Q_1^n} = 1$，可将外部时钟输入信号 CP 接入触发器，这样 CP_2 就得到一次有效的时钟。"

（2）从触发器 Q_0 到 Q_2 依次写出次态方程：

$$Q_0^{n+1} = CP_0(\overline{Q_2^n}\overline{Q_0^n} + 0 \cdot Q_0^n) = \overline{Q_2^n}\overline{Q_0^n}$$

$$Q_1^{n+1} = CP_1 \cdot \overline{Q_1^n} + \overline{CP_1} \cdot Q_1^n = \overline{Q_1^n}Q_0^n + Q_1^n\overline{Q_0^n}$$

$$Q_2^{n+1} = CP_2 \cdot \overline{Q_2^n} + \overline{CP_2} \cdot Q_2^n = (Q_1^n Q_0^n + Q_2^n \overline{Q_1^n})\overline{Q_2^n} + \overline{Q_1^n Q_0^n + Q_2^n \overline{Q_1^n}} Q_2^n$$

$$= \overline{Q_2^n}Q_1^n Q_0^n + \overline{Q_1^n Q_0^n + Q_2^n \overline{Q_1^n} + \overline{Q_2^n}} = \overline{Q_2^n}Q_1^n Q_0^n + \overline{Q_1^n Q_0^n + \overline{Q_1^n} + \overline{Q_2^n}}$$

$$= \overline{Q_2^n}Q_1^n Q_0^n + Q_2^n Q_1^n \overline{Q_0^n}$$

（3）根据得到的触发器次态方程，作状态转移关系表如表 8.6 所示，由状态转移关系表作出状态转移图如图 8.8 所示。

表 8.6 例 8.4 状态转移关系表

Q_2^n	Q_1^n	Q_0^n	Q_2^{n+1}	Q_1^{n+1}	Q_0^{n+1}
0	0	0	0	0	1
0	0	1	0	1	0
0	1	0	0	1	1
0	1	1	1	0	0
1	0	0	0	0	1
1	0	1	0	1	1
1	1	0	1	1	1
1	1	1	0	0	0

（4）由图 8.8 可以看出，这是一个五进制的异步计数器。到达状态 100 后，又回到状态 000，构成五个状态的计数循环。

三个不使用状态的状态转移关系，也可以直接从逻辑图上直接验证。

在状态 101，第一级触发器因为 $J_0 K_0 = 01$，状态 Q_0 翻转到状态 0。因状态 Q_0 此时输出下降沿，使得高一级的触发器也翻转，即 $Q_1^{n+1} = 1$。最后一级触发器因为 $Q_2^n = 1$ 且 $\overline{Q_1^n} = 1$，外部时钟总是有效，状态 Q_2 也翻转为 0。故电路状态从状态 101 进入状态 010。

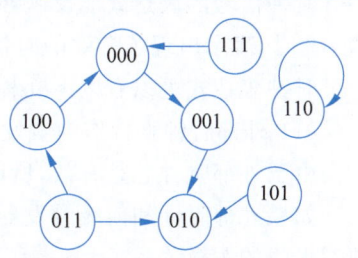

图 8.8 例 8.4 的状态转移图

在状态 110,第一级触发器因 $J_0K_0=01$,状态 Q_0 的次态为 0,即 $Q_0^{n+1}=0$。因 Q_0 没有有效的下降沿,使得高一级的触发器状态保持不变,即 $Q_1^{n+1}=1$。最后一级触发器处虽然 $Q_2^n=1$ 且外部时钟有效,但 $\overline{Q_1^n}=0$,外部时钟在与非门处被屏蔽;状态 Q_1 也没有产生所需要的下降沿,因此状态 Q_2 保持不变,即 $Q_2^{n+1}=1$。故电路状态仍为 110。

在状态 111,第一级触发器因 $J_0K_0=01$,状态 Q_0 的次态为 0,即 $Q_0^{n+1}=0$。因状态 Q_0 输出了有效的下降沿,使得高一级的触发器状态翻转,即 $Q_1^{n+1}=0$。最后一级触发器因 $Q_2^n=1$,$\overline{Q_1^n}=0$,使得外部时钟在与非门处被屏蔽;但状态 Q_1 输出了有效的下降沿,所以状态 Q_2 进行翻转,即 $Q_2^{n+1}=0$。故电路状态从状态 111 进入状态 000。

这与表 8.6 完全一致。三个不使用状态中,一旦电路进入状态 110 会一直保持,不能回到有效的计数循环,故计数器不能自启动,存在挂起现象。

异步计数器的分析与同步计数器有所不同,它要确定在什么情况下触发器的状态发生翻转。对于同步计数器,触发器的时钟就是外部时钟,所有触发器的时钟总是同时有效的,所以在分析同步计数器时,没有考虑时钟的影响。但是,异步计数器的情况就完全不同:并不是所有触发器的时钟都是同时有效的。分析时,首先要确定什么时候触发器的时钟是有效的;然后再确定在时钟有效的情况下,触发器的输入(J、K 或 D)是否允许触发器的状态发生翻转。

异步计数器的系统分析方法有两个要点。

(1) 把时钟信号引入触发器的特征方程。例如,对于 J-K 触发器,它的特征方程应该写为

$$Q^{n+1}=(J\overline{Q^n}+\overline{K}Q^n)\cdot CP+Q^n\cdot\overline{CP}$$

此式表示,当 CP 有效时(CP=1),由 J、K 信号决定触发器是否翻转;而当 CP 无效时(CP=0),触发器维持原状态。需要强调:这里所说的"CP 有效"或"CP=1"是指出现了时钟的有效边沿,而不是指 CP=1。

类似地,对 D 触发器的特征方程也应该修改为

$$Q^{n+1}=D\cdot CP+Q^n\cdot\overline{CP}$$

(2) 正确确定各级触发器时钟信号的表达式。

时钟信号的表达式能反映在什么情况下会出现有效的时钟信号。时钟信号的表达式的值为 1 时,表示出现了有效的时钟(如上升沿或者下降沿),否则表示没有出现有效的时钟。

时钟表达式可以有以下几种情况。

(1) 外部时钟直接作为触发器的时钟。

由于外部时钟总是有效,所以此时的时钟信号表达式的值恒定为 1,即 CP=1。

如果外部时钟和前级触发器的输出经过逻辑门再加到时钟输入,则时钟表达式应该反映逻辑门的逻辑关系。

(2) 前一级触发器的输出作为后级触发器的时钟。

在这种情况下,要产生后级触发器有效的时钟,必须满足以下两个条件。

① 首先前一级必须处于可能产生有效时钟的状态:对于下降沿触发的触发器,Q 端应该为 1;对于上升沿触发的触发器,Q 端应该为 0。

② 其次前一级触发器的次态必须翻转。如果后级触发器是负边沿触发的,则时钟信号表达式为

$$CP_j = Q_i \cdot \overline{Q}_i^{n+1} \quad (j > i)$$

若前级触发器的控制(激励)信号 $J=1$、$K=1$,则只要出现有效时钟,触发器状态就会翻转。这种情况下负边沿触发的触发器时钟表达式可以写成如下形式:

$$CP_j = Q_i \cdot CP_i \quad (j > i)$$

如果时钟取自负边沿触发的触发器的非输出端,则时钟表达式的形式应该是

$$CP_j = \overline{Q}_i \cdot CP_i$$

以上的 CP_i 是前级触发器的已经求出的时钟表达式。

(3) 前两种情况的综合。触发器的时钟既可以在一定条件下直接从外部时钟获得,也可以从前级触发器的输出获得。时钟表达式应该同时反映这两种条件,表达式应该是两种条件的逻辑"或"关系。

另外,还要注意的是对于异步计数器的分析(包括写出状态方程等),必须从第一级开始,逐级向后一级展开。

只要确定了各级触发器的时钟表达式,将它们代入各触发器的特征方程,就可以用这样的方程式作出状态转移关系表,形成状态图,进而对异步计数器进行分析。

8.2 脉冲异步时序逻辑电路的设计

8.2.1 脉冲异步时序逻辑电路设计的特点

脉冲异步时序逻辑电路的设计方法与同步时序逻辑电路的设计方法基本相同。只是在脉冲异步时序逻辑电路中,各触发器的脉冲 CP 如同其他输入端一样,作为控制(激励)函数来考虑。因此,触发器的激励表将有所变化。表 8.7 为 D 触发器的激励表。当 CP=0(表示无脉冲输入)时,D 可以任意取值,触发器状态维持不变;只有当 CP=1 时,次态 Q^{n+1} 才唯一地由 D 确定。表 8.8 所示的 D 触发器激励表在化简时钟表达式时将被使用。表 8.8 表明,当触发器的状态维持不变时,如果希望 CP 为任意值,则 D 应与 Q^{n+1} 相同。

表 8.7 D 触发器的激励表 1

Q^n	Q^{n+1}	CP	D
0	0	0	x
0	1	1	1
1	1	0	x
1	0	1	0

表 8.8 D 触发器的激励表 2

Q^n	Q^{n+1}	CP	D
0	0	x	0
0	1	1	1
1	1	x	1
1	0	1	0

J-K 触发器的激励表如表 8.9 所示。由表 8.9 可知,只要是 CP=0,触发器的状态就维持不变;只有在 CP=1 时,触发器的次态才由其状态方程确定。表 8.10 所示的 J-K 触发器激励表在化简时钟表达式时将被使用。表 8.10 表明,当触发器的状态维持不变时,如果希望 CP 为任意值,则 $J=0$、$K=0$(保持)或 $Q^n \to Q^{n+1} = 00$ 时 $J=0$、$K=1$(置 0);$Q^n \to Q^{n+1} = 11$ 时 $J=1$、$K=0$(置 1)。将上述情况进行综合,则得表 8.10 所示的 J-K 触发器的激励表。

表 8.9　J-K 触发器的激励表 1

Q^n	Q^{n+1}	CP	J	K
0	0	0	x	x
0	1	1	1	x
1	1	0	x	x
1	0	1	x	1

表 8.10　J-K 触发器的激励表 2

Q^n	Q^{n+1}	CP	J	K
0	0	x	0	x
0	1	1	1	x
1	1	x	x	0
1	0	1	x	1

R-S 触发器和 T 触发器用于异步时序逻辑电路设计的激励表可自行整理得出。

8.2.2　脉冲异步时序逻辑电路的设计步骤及举例

脉冲异步时序逻辑电路的设计步骤与同步时序逻辑电路基本相同,步骤如下:
（1）作原始状态图和原始状态表;
（2）状态化简;
（3）状态分配;
（4）选择触发器,求控制（激励）函数和输出函数;
（5）画出逻辑图。
下面通过例子来说明具体设计方法。

【**例 8.5**】　设计一个"X_1-X_2-X_2"脉冲序列检测器。它有两个脉冲输入端 X_1 和 X_2,输出为 Z。要求 X_1 和 X_2 不能同时出现在输入端,当输入脉冲序列为"X_1-X_2-X_2"时,产生一个输出脉冲 Z,其脉冲宽度与 X_2 相同。

解:（1）作原始状态图和原始状态表。
根据题意,可以设定四个状态。
A 态:初始状态,即没有脉冲输入的状态;
B 态:脉冲 X_1 输入后的状态;
C 态:脉冲 X_1、X_2 输入后的状态;
D 态:脉冲 X_1、X_2 和 X_2 输入后的状态。

电路处于初始状态 A 态时,如果有 X_1 输入,电路将进入 B 态;如果有 X_2 输入,因不是要检出的序列的第一输入,故电路仍处于 A 态;

电路处于 B 态时,如果有 X_1 输入,因它是要检出序列的第一输入,故电路仍处于 B 态;如果有 X_2 输入,电路将进入 C 态。

电路处于 C 态时,如果有 X_1 输入,电路将返回到 B 态;当有 X_2 输入,电路进入 D 态。

电路处于 D 态时,如果有 X_1 输入,电路则进入 B 态;如果有 X_2 输入,电路进入 A 态或仍处于 D 态。

综上所述,可以得到原始状态图如图 8.9 所示,原始状态表如表 8.11 所示。

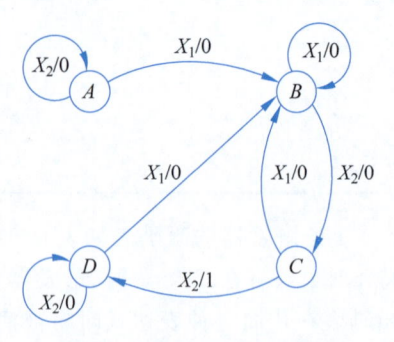

图 8.9　例 8.4 原始状态图

表 8.11 例 8.5 原始状态表

Q^n	Q^{n+1}/Z	
	X_1	X_2
A	B/0	A/0
B	B/0	C/0
C	B/0	D/1
D	B/0	D/0

(2) 状态化简。

由原始状态表可知,在相同输入条件下,A 态和 D 态的次态相同,输出亦相同,故 A 和 D 等效,可合并为一个状态,并记作 A 态。化简后的状态表如表 8.12 所示。

(3) 状态分配。

根据状态分配的基本原则,得到 $A=10, B=00, C=01$。二进制状态表如表 8.13 所示。

表 8.12 例 8.5 化简后的状态表

Q^n	Q^{n+1}/Z	
	X_1	X_2
A	B/0	A/0
B	B/0	C/0
C	B/0	A/1

表 8.13 例 8.5 二进制状态表

Q^n	Q^{n+1}/Z	
	X_1	X_2
10	00/0	10/0
00	00/0	01/0
01	00/0	10/1

(4) 选择触发器,确定控制(激励)函数和输出函数。

选用 D 触发器。根据二进制状态表和 D 触发器激励表可以得到电路的输出、激励状态表,如表 8.14 所示。

表 8.14 例 8.5 的输出、激励状态表

X_2	X_1	Q_1^n	Q_0^n	Q_1^{n+1}	Q_0^{n+1}	Z	D_1	CP_1	D_0	CP_0
0	0	0	0	0	0	0	d	0	d	0
		0	1	0	1	0	d	0	d	0
		1	0	1	0	0	d	0	d	0
		1	1	1	1	d	d	d	d	d
0	1	0	0	0	0	0	d	0	d	0
		0	1	0	0	0	d	0	0	1
		1	0	0	0	0	0	1	d	0
		1	1	d	d	d	d	d	d	d
1	0	0	0	0	1	0	d	0	1	1
		0	1	1	0	1	1	1	d	0
		1	0	1	0	0	d	0	d	0
		1	1	d	d	d	d	d	d	d

在这里状态 $Q_1^n Q_0^n = 11$ 作为无关项处理。同样,因 $X_2 X_1 = 11$ 不可能出现,所以在下面的卡诺图中的 $X_2 X_1 = 11$ 也作为无关项处理。

由表 8.14 可以得到 Z、CP_1、D_1、CP_0 和 D_0 的卡诺图,如图 8.10 所示。

化简后,可以得到控制(激励)方程和输出方程:

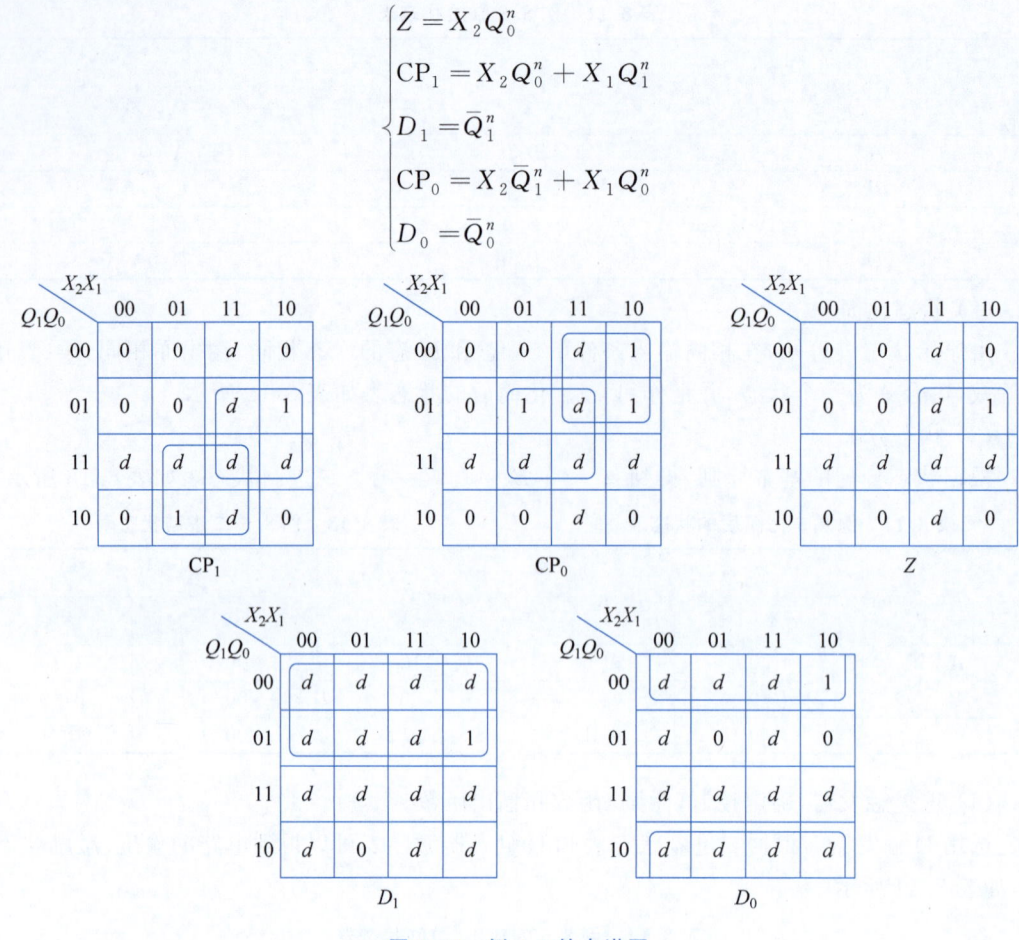

$$\begin{cases} Z = X_2 Q_0^n \\ CP_1 = X_2 Q_0^n + X_1 Q_1^n \\ D_1 = \bar{Q}_1^n \\ CP_0 = X_2 \bar{Q}_1^n + X_1 Q_0^n \\ D_0 = \bar{Q}_0^n \end{cases}$$

图 8.10 例 8.5 的卡诺图

(5) 画逻辑电路图。

用与非门和 D 触发器构成的逻辑电路图如图 8.11 所示。

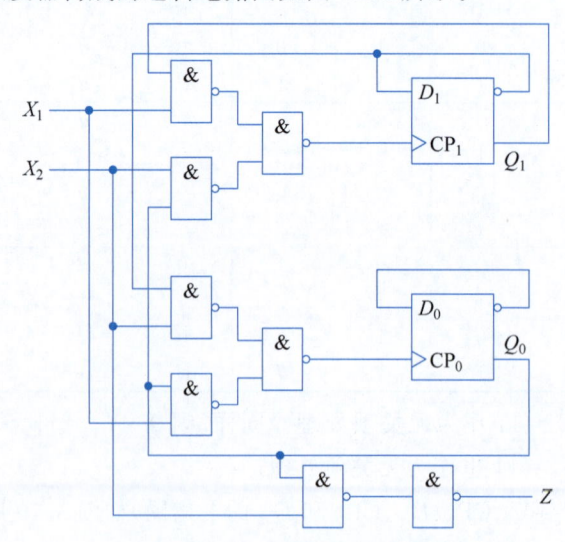

图 8.11 例 8.5 的逻辑电路图

第8章 异步时序逻辑电路

【例 8.6】 设计一个二位二进制加/减计数器。电路有一条输入线 Y 用于计数脉冲的输入,另一条输入线 M 加电平控制信号。当 $M=0$ 时,进行加法计数;当 $M=1$ 时,进行减法计数。

解:(1) 作原始状态图和原始状态表。

根据题意,电路共有四个状态,记作 A、B、C 和 D。对于输入脉冲 Y,只需考虑 $Y=1$ 的情况;而对于电平控制信号 M,必须考虑 $M=0$ 和 $M=1$ 两种情况。根据设计需求,求得的原始状态图如图 8.12 所示,原始状态表如表 8.15 所示。显然,它已是最简状态表。

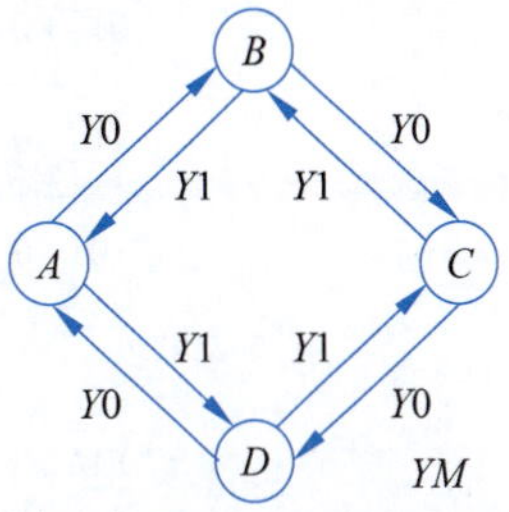

(2) 状态分配。

状态分配如下:$A=00$,$B=01$,$C=10$ 和 $D=11$。二进制状态表如表 8.16 所示。

图 8.12 例 8.6 原始状态图

表 8.15 例 8.6 原始状态表

Q^n	Q^{n+1}/Z	
	$YM=10$	$YM=11$
A	B	D
B	C	A
C	D	B
D	A	C

表 8.16 例 8.6 二进制状态表

Q^n	Q^{n+1}/Z	
	$YM=10$	$YM=11$
00	01	11
01	10	00
11	00	10
10	11	01

(3) 选择触发器和确定控制(激励)函数。

本例选用 D 触发器。由二进制状态表和 D 触发器的激励表,可以得到电路的输出、激励状态表,如表 8.17 所示。

表 8.17 例 8.6 输出、激励状态表

Y	M	Q_1^n	Q_0^n	Q_1^{n+1}	Q_0^{n+1}	D_1	CP_1	D_0	CP_0
1	0	0	0	0	1	d	0	1	1
1	0	0	1	1	0	1	1	0	1
1	0	1	0	1	1	d	0	1	1
1	0	1	1	0	0	0	1	0	1
1	1	0	0	1	1	1	1	1	1
1	1	0	1	0	0	d	0	0	1
1	1	1	0	0	1	0	1	1	1
1	1	1	1	1	0	d	0	0	1

由表 8.17 可以求得 D_1、CP_1、D_0 和 CP_0 的卡诺图,如图 8.13 所示。

注意,由于 $Y=0$ 表示无脉冲输入,故在 CP_0 和 CP_1 的卡诺图上相应 $Y=0$ 的列应填入 0。由 D 触发器激励表可知,$CP=0$ 时,$D=d$,所以在 D_0 和 D_1 的卡诺图上,对应 $Y=0$ 的列应填入 d。

通过化简,可以得到控制函数:

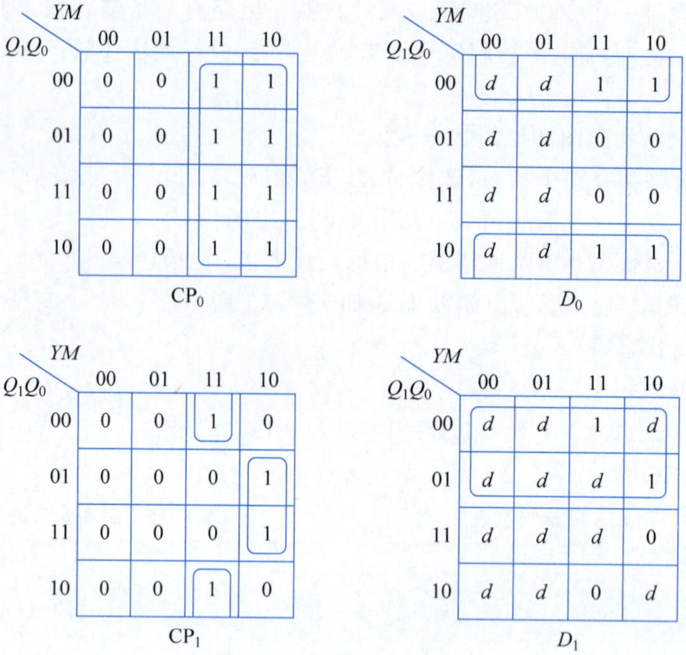

图 8.13 例 8.6 的卡诺图

$$\begin{cases} CP_0 = Y \\ D_0 = \overline{Q}_0^n \\ CP_1 = Q_0^n Y\overline{M} + \overline{Q}_0^n YM \\ D_1 = \overline{Q}_1^n \end{cases}$$

(4) 画逻辑图。

所设计的脉冲异步加/减二位二进制计数器的逻辑图如图 8.14 所示。

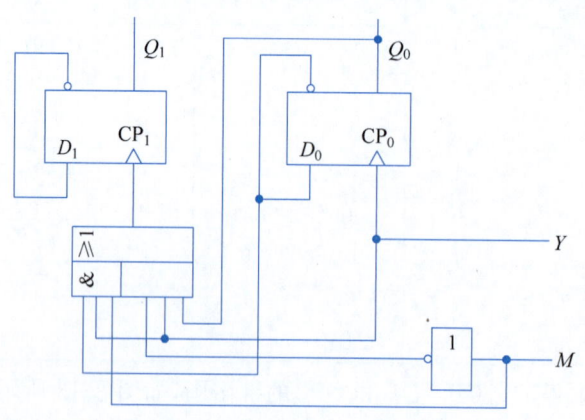

图 8.14 例 8.6 的逻辑图

【例 8.7】 用 J-K 触发器设计一个异步六进制加法计数器。

解：(1) 作六进制加法计数器的原始状态表。

根据题意，由于是六进制加法计数器，用三位二进制 000～101 表示六进制的数码 0～5。

所以,其原始状态表如表 8.18 所示。该原始状态表已经为最简的状态表,二进制状态分配也如表 8.18 所示。其中 110 和 111 两个状态没有用到,为冗余状态。

表 8.18 例 8.7 原始状态表

$Q_3^n Q_2^n Q_1^n$	$Q_3^{n+1} Q_2^{n+1} Q_1^{n+1}$
0 0 0	0 0 1
0 0 1	0 1 0
0 1 0	0 1 1
0 1 1	1 0 0
1 0 0	1 0 1
1 0 1	0 0 0
1 1 0	d d d
1 1 1	d d d

(2) 选择触发器和确定控制(激励)函数。

在这里选择下降沿有效的 J-K 触发器。由于有六个有效状态,要使用三个 J-K 触发器。其输出、激励状态表如表 8.19 所示。

表 8.19 例 8.7 输出、激励状态表

$Q_3^n Q_2^n Q_1^n$	$Q_3^{n+1} Q_2^{n+1} Q_1^{n+1}$	$J_3 K_3 \ J_2 K_2 \ J_1 K_1$	$CP_3 CP_2 CP_1$	Z
0 0 0	0 0 1	d d d d 1 d	0 0 1	0
0 0 1	0 1 0	**0** d 1 d d 1	**d** 1 1	0
0 1 0	0 1 1	d d d d 1 d	0 0 1	0
0 1 1	1 0 0	1 d d 1 d 1	1 1 1	0
1 0 0	1 0 1	d d d d 1 d	0 0 1	0
1 0 1	0 0 0	d 1 **0** d d 1	1 **d** 1	1
1 1 0	d d d	d d d d d d	d d d	d
1 1 1	d d d	d d d d d d	d d d	d

表 8.19 中 J_3、K_3、J_2、K_2、J_1、K_1 由 J-K 触发器异步时序设计的激励表求得,其中黑体部分是利用 J-K 触发器异步时序设计的激励表 2 求得的,目的为使 CP_2、CP_3 获得最简的逻辑电路。例如在图 8.15 中,为使 CP_3 最简,希望 CP_3 卡诺图中 001 格中的 0 为无关项 d,根据 J-K 触发器异步时序设计的激励表 2,这时的 $J_3 K_3$ 应为 0d。这种变化在使 CP_3 得到了化简的同时,又没有影响 $J_3 K_3$ 的化简,这种变化是有意义的。

CP_3、CP_2、CP_1 的填写要根据现态到次态的变化来进行。CP_1 将直接接入外部计数脉冲,因此,每当 $Q_1^n \to Q_1^{n+1}$ 发生翻转时都要求 CP_1 将有有效触发边沿到来。其中,逻辑 1 表示有效的下降沿。CP_3、CP_2 填写的方法为当现态到次态的变化为保持时,填逻辑 0,为翻转时填逻辑 1。其激励和输出的卡诺图如图 8.15、图 8.16 所示。

根据图 8.15、图 8.16 可得到输出和激励的逻辑函数表达式:

$$CP_1 = 1, \quad J_1 = 1, \quad K_1 = 1$$

$$CP_2 = Q_1^n \overline{Q_1^{n+1}}, \quad J_2 = \overline{Q_3^n}, \quad K_2 = 1$$

$$CP_3 = Q_1^n \overline{Q_1^{n+1}}, \quad J_3 = Q_2^n, \quad K_3 = 1$$

$$Z = Q_1^n \overline{Q_2^n} Q_3^n$$

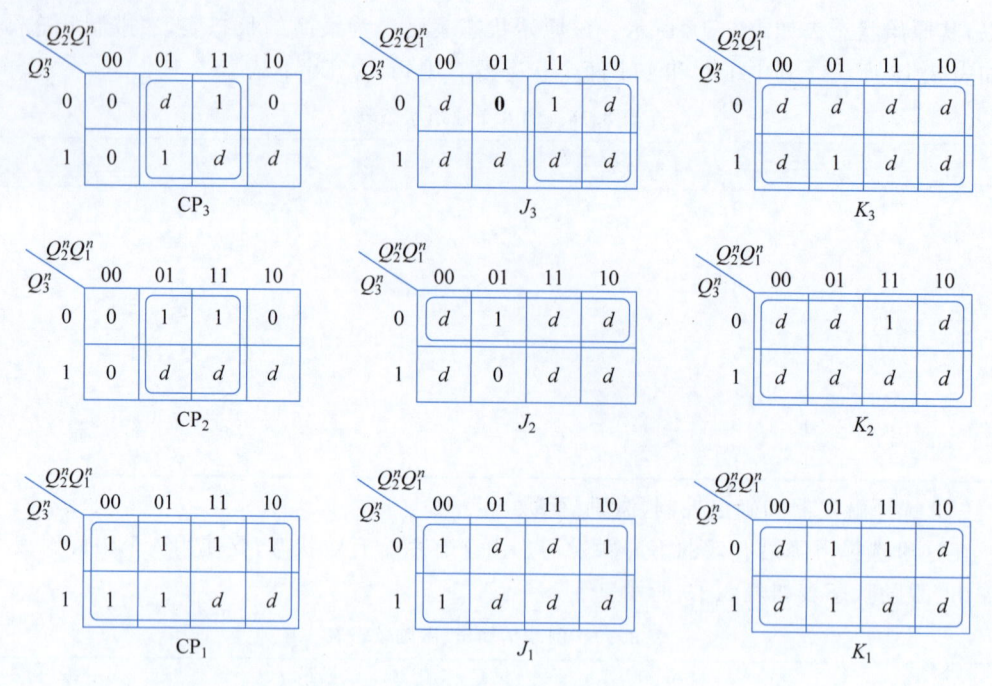

图 8.15　例 8.7 激励卡诺图

式中,CP_2、CP_3 的逻辑函数表达式表明它们接到第一级触发器的输出端 Q_1,为下降沿有效。

（3）自启动检查。

根据输出和激励的逻辑函数表达式可得自启动检查状态表,如表 8.20 所示。无效状态 110、111 的次态为 111 和 000,表明设计的电路可以自启动。

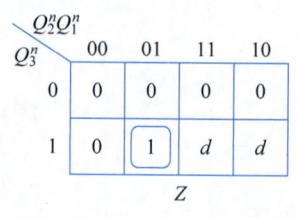

图 8.16　例 8.7 输出卡诺图

表 8.20　例 8.7 电路自启动检查状态表

$Q_3^n Q_2^n Q_1^n$	$J_3 K_3\ \ J_2 K_2\ \ J_1 K_1$	$CP_3\ CP_2\ CP_1$	$Q_3^{n+1} Q_2^{n+1} Q_1^{n+1}$	Z
1 1 0	1 1　0 1　1 1	↓	1 1 1	0
1 1 1	1 1　0 1　1 1	↓ ↓ ↓	0 0 0	0

（4）画出逻辑电路图。

逻辑电路图如图 8.17 所示。

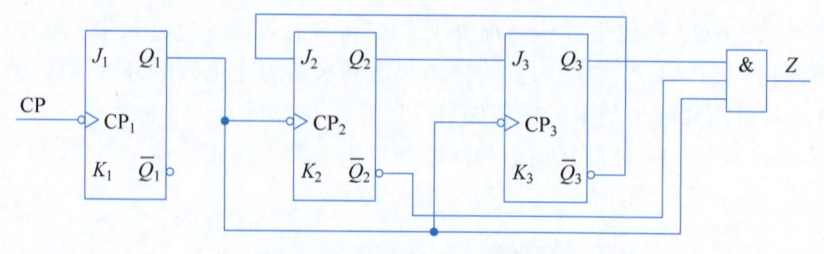

图 8.17　例 8.7 逻辑电路图

【例 8.8】　设计一个 8421BCD 二-十进制异步加法计数器。

解：（1）作原始状态表。

由于要求设计的是 8421BCD 二-十进制加法计数器，所以其状态表如表 8.21 所示。

表 8.21　例 8.8 的 8421BCD 码十进制计数器状态表

Q_3^n	Q_2^n	Q_1^n	Q_0^n	Q_3^{n+1}	Q_2^{n+1}	Q_1^{n+1}	Q_0^{n+1}
0	0	0	0	0	0	0	1
0	0	0	1	0	0	1	0
0	0	1	0	0	0	1	1
0	0	1	1	0	1	0	0
0	1	0	0	0	1	0	1
0	1	0	1	0	1	1	0
0	1	1	0	0	1	1	1
0	1	1	1	1	0	0	0
1	0	0	0	1	0	0	1
1	0	0	1	0	0	0	0

（2）由状态转换表选择各级触发器的时钟信号。

选择各级触发器时钟信号的原则是：①在该触发器的状态需要发生变更时（即由 0→1 或由 1→0），必须有时钟信号触发沿到达；②在满足原则①的条件下，其他时刻到达该级触发器的时钟信号触发沿越少越好，这样有利于该级触发器的激励函数的简化。具体方法如下。

在选择下降沿 J-K 触发器的条件下，先画出计数器工作波形，如图 8.18 所示。由图 8.18 可以看出，第一段触发器 Q_1 每次均要翻转，根据选择触发器时钟信号的原则①选 $CP_1 = CP\downarrow$。第二级触发器的时钟 CP_2 根据原则①可选 CP，也可选 Q_1，但根据选择触发器时钟信号的原则②应选 Q_1，即 $CP_2 = Q_1\downarrow$。第三级触发器的时钟 CP_3 根据原则①可选 CP、Q_1、Q_2，但根据原则②应选 Q_2，即 $CP_3 = Q_2\downarrow$。第四级触发器的时钟 CP_4 根据原则①可选 CP 和 Q_1，但根据原则②应选 Q_1，即 $CP_4 = Q_1\downarrow$。

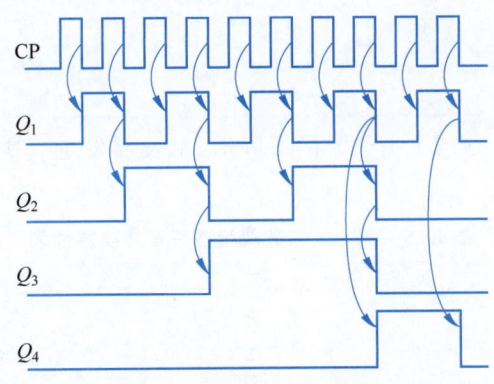

图 8.18　例 8.8 的 8421BCD 计数器波形图

（3）作出各级触发器的转换特性表。

在选择各级触发器的时钟信号后，可以根据各级触发器的时钟信号求出各级触发器的转换特性，二进制状态表及转换特性表如表 8.22 所示，转换特性符号如表 8.23 所示。触发器的转换特性如表 8.24 所示。

表 8.22　例 8.8 二进制状态表及转换特性表

Q_4	Q_3	Q_2	Q_1	Q_4^{n+1}	Q_3^{n+1}	Q_2^{n+1}	Q_1^{n+1}	W_4	W_3	W_2	W_1	Z
0	0	0	0	0	0	0	1	×	×	×	α	0
0	0	0	1	0	0	1	0	0	×	α	β	0
0	0	1	0	0	0	1	1	×	×	×	α	0
0	0	1	1	0	1	0	0	0	α	β	β	0
0	1	0	0	0	1	0	1	×	×	×	α	0
0	1	0	1	0	1	1	0	0	×	α	β	0
0	1	1	0	0	1	1	1	×	×	×	α	0
0	1	1	1	1	0	0	0	α	β	β	β	0
1	0	0	0	1	0	0	1	×	×	×	α	0
1	0	0	1	0	0	0	0	β	×	0	β	1

表 8.23　转换特性符号

$Q^n \to Q^{n+1}$	W
0　0	0
0　1	α
1　0	β
1　1	1

表 8.24　触发器转换特性

W	D	J	K	T	R	S
0	0	0	×	0	×	0
1	1	×	0	0	0	×
α	1	1	×	1	0	1
β	0	×	1	1	1	0

触发器的激励函数与转换特性的关系如表 8.25 所示。

表 8.25　触发器激励函数与转换特性关系

触发器的激励	应包含的转换特性	必须排除的转换特性	作为无关项的转换特性
R	β	α,1	0
S	α	β,0	1
J	α	0	β,1
K	β	1	α,0
D	1,α	β,0	
T	α,β	0,1	

由于 $CP_1 = CP\downarrow$。每到来一个 CP 的下降沿,触发器发生一次状态变化,可得表 8.26 中转换特性 W_1。

表 8.26　例 8.8 二进制状态表及转换特性表

Q_4	Q_3	Q_2	Q_1	Q_4^{n+1}	Q_3^{n+1}	Q_2^{n+1}	Q_1^{n+1}	W_4	W_3	W_2	W_1	Z
0	0	0	0	0	0	0	1	×	×	×	α	0
0	0	0	1	0	0	1	0	0	×	α	β	0
0	0	1	0	0	0	1	1	×	×	×	β	0
0	0	1	1	0	1	0	0	0	α	β	β	0
0	1	0	0	0	1	0	1	×	×	×	α	0
0	1	0	1	0	1	1	0	0	×	α	β	0
0	1	1	0	0	1	1	1	×	×	×	α	0
0	1	1	1	1	0	0	0	α	β	β	β	0
1	0	0	0	1	0	0	1	×	×	×	α	0
1	0	0	1	0	0	0	0	β	×	0	β	1

由于 CP$_2$=Q$_1$↓,CP$_4$=Q$_1$↓,只有在 Q$_1$ 由 1→0 时才会产生下降沿进而使触发器 2 和触发器 4 的时钟有效,这时才能作出转换特性 W$_2$ 和 W$_4$。在其余 Q$_1$ 不会产生下降沿的时刻,触发器 2 和触发器 4 不会发生状态的变化,其转换特性可以作无关项处理。

由于 CP$_3$=Q$_2$↓,只有在 Q$_2$ 由 1→0 时才会触发触发器 3 作出转换特性 W$_3$。在其余时刻,Q$_2$ 不会产生下降沿触发触发器 3,因此触发器 3 不会发生状态的变化,其转换特性 W$_3$ 作无关项处理。这样就得到表 8.26 中的转换特性 W$_4$、W$_3$、W$_2$、W$_1$。

(4) 由动作卡诺图求出各级触发器的激励函数,确定特征方程。

根据表 8.26 转换特性表作出各级触发器的动作卡诺图,如图 8.19 所示。

Q_2Q_1\\Q_4Q_3	00	01	11	10
00	α	α	×	α
01	β	β	×	β
11	β	β	×	×
10	α	α	×	×

W_1

Q_2Q_1\\Q_4Q_3	00	01	11	10
00	×	×	×	×
01	α	α	×	0
11	β	β	×	×
10	×	×	×	×

W_2

Q_2Q_1\\Q_4Q_3	00	01	11	10
00	×	×	×	×
01	×	×	×	×
11	α	β	×	×
10	×	×	×	×

W_3

Q_2Q_1\\Q_4Q_3	00	01	11	10
00	×	×	×	×
01	0	0	×	β
11	×	α	×	×
10	×	×	×	×

W_4

Q_2Q_1\\Q_4Q_3	00	01	11	10
00	0	0	×	0
01	0	0	×	1
11	0	0	×	0
10	×	×	×	×

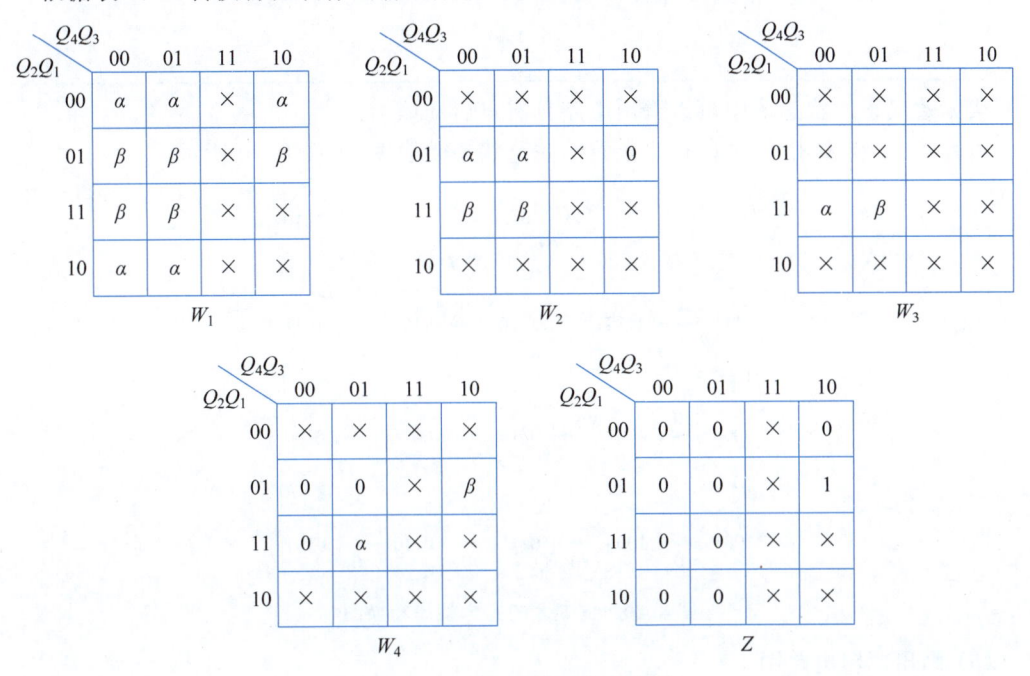

Z

图 8.19 例 8.8 的动作卡诺图

从触发器转换特性表中可以看出,W=α 时,J=1;W=0 时,J=0;W=1、W=β 时,对应的 J 为无关。因此,在动作卡诺图上对应 J 则 α 必须包含,0 必须排除,1 和 β 为无关项。同理,W=1 时,K=0;W=β 时,K=1;W=0、W=α 时,对应的 K 为无关项。因此,在动作卡诺图上对应 K 则 β 必须包含,1 必须排除,0 和 α 为无关项。

从 W、Z 卡诺图上求得

$$J_1 = 1, \quad K_1 = 1$$
$$J_2 = \bar{Q}_4, \quad K_2 = 1$$
$$J_3 = 1, \quad K_3 = 1$$
$$J_4 = Q_3 Q_2, \quad K_4 = 1$$
$$Z = Q_4 Q_1$$

因此,各级触发器的次态方程为

$$Q_1^{n+1} = [\bar{Q}_1] \text{CP} \downarrow$$
$$Q_2^{n+1} = [\bar{Q}_4 \bar{Q}_2] \cdot Q_1 \downarrow$$
$$Q_3^{n+1} = [\bar{Q}_3] \cdot Q_2 \downarrow$$

$$Q_4^{n+1} = [Q_3 Q_2 \bar{Q}_4] \cdot Q_1 \downarrow$$

（5）检验是否具有自启动能力。

将无效状态 1010~1111 代入各级触发器次态方程，列出无效状态的状态表，如表 8.27 所示。

表 8.27 例 8.8 无效状态的状态表

Q_4	Q_3	Q_2	Q_1	Q_4^{n+1}	Q_3^{n+1}	Q_2^{n+1}	Q_1^{n+1}	Z
1	0	1	0	1	0	1	1	0
1	0	1	1	0	1	0	0	1
1	1	0	0	1	1	0	1	0
1	1	0	1	0	1	0	0	1
1	1	1	0	1	1	1	1	0
1	1	1	1	0	0	0	0	1

从无效状态的状态表中可以看出电路具有自启动能力。

由表 8.21 和表 8.26 可以得出电路的完全状态转换图，如图 8.20 所示。

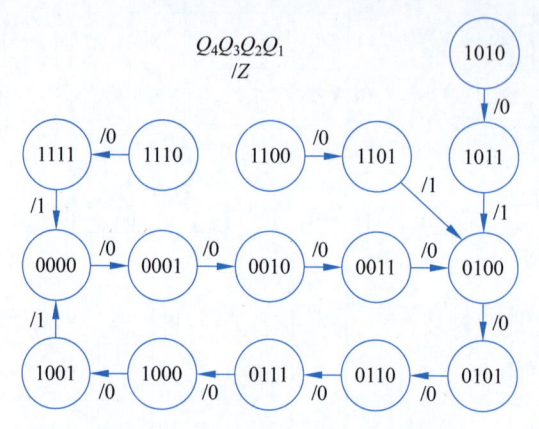

图 8.20 例 8.8 的完全状态转换图

（6）画出逻辑电路图。

根据求出的各级触发器激励函数、时钟脉冲及输出 Z，画出逻辑电路图如图 8.21 所示。

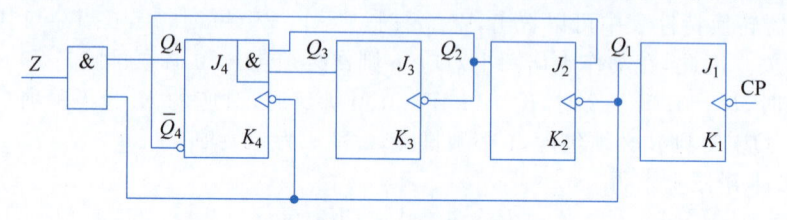

图 8.21 例 8.8 逻辑电路图

8.3 电平异步时序电路的分析

8.3.1 电平异步时序电路的特点

脉冲异步时序逻辑电路与同步时序逻辑电路在电路结构上基本相同；在分析方法和设计方法上，两者也基本相同。电平异步时序电路无论在电路结构上还是其分析方法、设计方法上均有自己的特点。

电平异步时序电路的存储电路为延迟线,它集中反映了反馈支路中的门电路和线路的延迟。分析和设计电平异步时序电路要使用流程表。

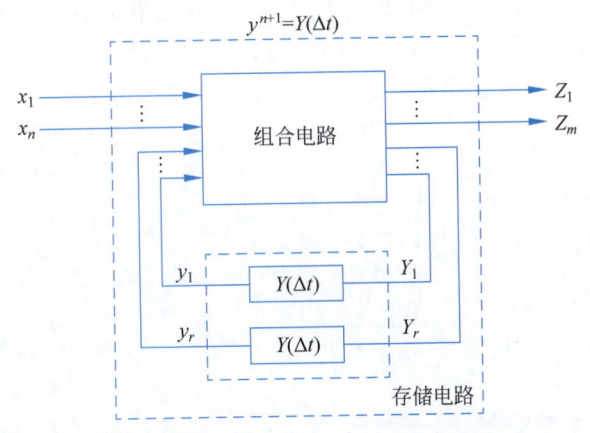

电平异步时序电路的一般结构如图 8.22 所示。它也是由组合电路和存储电路两部分构成。不过,存储电路表现为延迟线,并假定延时都相等,均为 Δt。该延迟线并不是真实的延迟线,而是反馈回路中有关门电路及线路延迟的集中代表。

电平异步时序电路的电路参数名称定义如下:

$x_i(i=1,\cdots,n)$ 为输入信号(状态);
$y_i(i=1,\cdots,r)$ 为二次信号(状态);
$Z_i(i=1,\cdots,m)$ 为输出信号(状态);
$Y_i(i=1,\cdots,r)$ 为激励信号(状态)。

其中,x 和 y 为组合电路的输入,Z 和 Y 是组合电路的输出,可以用逻辑方程来描述它们之间的关系。延迟线可以用如下特性方程来表述:

$$y^{n+1} = Y(\Delta t)$$

基本 R-S 触发器就是电平异步时序电路。按照电平异步时序电路的一般电路结构图的形式,由与非门构成的基本 R-S 触发器可以画成图 8.23 所示形式。

图 8.22 电平异步时序电路的一般结构

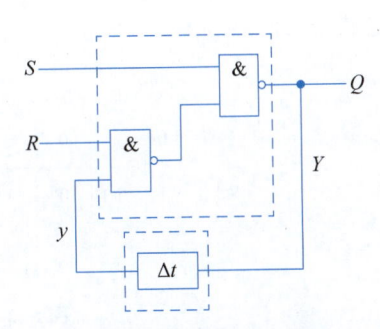

图 8.23 基本 R-S 触发器

在分析和设计电平异步时序电路时,常采用流程表法。所谓流程表,就是用卡诺图的形式来描述激励信号、输出信号与输入信号、二次信号之间关系的图表。下面以基本 R-S 触发器为例来说明流程表。

由图 8.23 可以得出该电路的输出函数和激励函数分别为

$$Q = \overline{\overline{RyS}} = \overline{S} + Ry$$
$$Y = \overline{S} + Ry$$

其状态真值表如表 8.28 所示。

表 8.28 基本 R-S 触发器状态真值表

输入信号		二次信号	激励、输出信号	
R	S	y	Y	Q
0	0	0	1	1
0	0	1	1	1

续表

输入信号		二次信号	激励、输出信号	
R	S	y	Y	Q
0	1	0	0	0
0	1	1	0	0
1	0	0	1	1
1	0	1	1	1
1	1	0	0	0
1	1	1	1	1

以输入信号 R 和 S、二次信号 y 为输入变量,以激励、输出信号为输出变量,可以得到 Y 和 Q 的卡诺图表示形式,如图 8.24 所示。它们就是基本 R-S 触发器的流程表。流程表是一种工具,在电平异步时序电路的分析和设计的过程中要使用流程表。从图 8.24 中可以看出,输入信号 RS 从 01→11 时,电路的二次状态为 0,此时电路的二次状态是稳定的,而当 RS 从 11→10 时,则打破了稳定的状态,这时 $Y=1$,属于不稳定状态,即此时 $y \neq Y$。从图中也可以看到,当 $RS=10$ 时,如果 y 从 0 跳变到 1,又出现稳定状态,则又从不平衡发展到平衡,即 $y=Y=1$。由此可见,当 y 不变($y=0$),RS 由 01 变到 11 时,二次状态沿水平方向移动,当 RS 从 11 变到 10 时,电路出现了不稳定状态,此时 y 从 0 变到 1,如果 RS 仍然不变,即仍为 10,而二次信号 y 则由 0 变到 1,二次状态是沿垂直方向移动的,从不稳定状态变成稳定状态,即 $y=Y=1$。

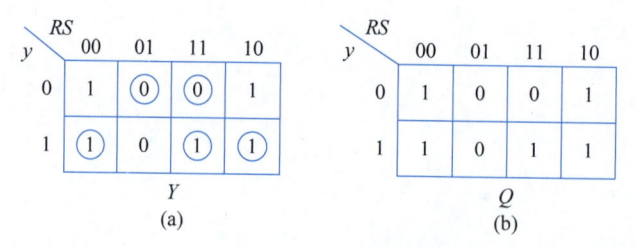

图 8.24 基本 R-S 触发器的流程表

对于电平异步时序电路,当 $y=Y$ 时,只要输入信号不发生变化,电路的状态将一直保持下去。因此,定义 $y=Y$ 的状态为稳定状态。相应地,定义 $y \neq Y$ 的状态为不稳定状态。

在同步时序电路中,每个状态均为稳定状态,而电平异步时序电路存在不稳定的过渡状态。这一点与同步时序逻辑电路是不同的。

以基本 R-S 触发器为例,当给定输入信号 R 和 S 的波形时,其输出信号也就是激励信号 Y 可以很容易得出,如图 8.25 所示。由于二次信号 y 较激励信号 Y 延迟 Δt,所以只需将 Y 的波形延迟 Δt 就可得到 y 的波形。图 8.25 所示波形图就是基本 R-S 触发器的时序图。

稳定状态和不稳定状态,可以从 Y 的流程表反映出来。即在图 8.24(a)中,Y 与左侧的二次状态相同时,对应的电路状态为稳定状态;Y 与 y 不同时,对应的电路状态为不稳定状态。通常在流程表中,稳定状态加圈以示区别。

为了叙述方便,通常把电路的输入状态和二次状态统称为电路的总状态(简称总态)或全状态,记作 $(x-y)$ 或 (x,y),流程中每一个方格对应着一个总态。

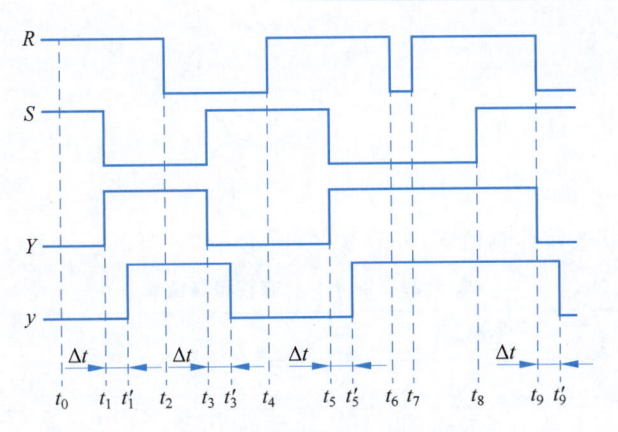

图 8.25　基本 R-S 触发器的时序图

在脉冲异步电路中曾经规定凡是输入信号必须单独作用,不允许"同时"作用在电路上,在电平异步时序电路中该规定仍然有效,即几根输入线上的信号跳变时间间隔不能太短,以使电路能够达到稳态。

8.3.2　电平异步时序电路的分析步骤及举例

电平异步时序电路的分析,就是根据给定的电路逻辑图,作出该电路的流程表或时序图,并说明电路的逻辑功能。其分析步骤如下。

(1) 根据给定的逻辑电路,写出激励方程和输出方程。
(2) 列流程表,并标出稳定状态。
(3) 建立动态响应序列。
(4) 画时序图。
(5) 功能描述。

下面,通过具体例子来说明电平异步时序电路的分析过程。

【例 8.9】　试分析图 8.26 所示的电平异步时序电路。

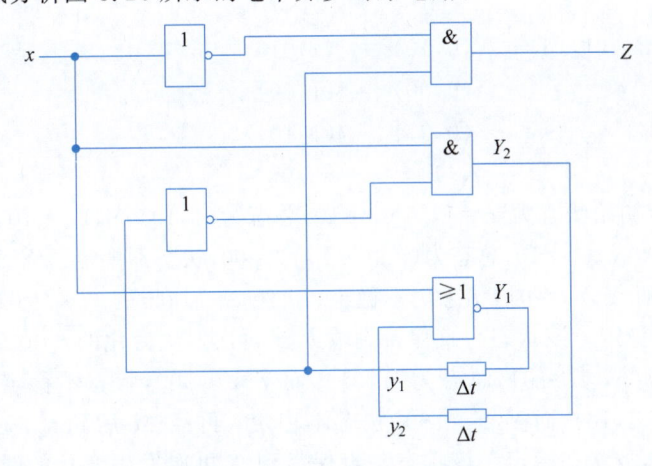

图 8.26　例 8.9 的电路逻辑图

解:(1) 写出激励方程和输出方程。

该电路的输入为 x,输出为 Z,激励状态为 Y_2、Y_1,二次状态为 y_2、y_1。由图 8.26 可得

$$Y_2 = x\bar{y}_1$$
$$Y_1 = \overline{x + y_2} = \bar{x}\bar{y}_2$$
$$Z = \bar{x}y_1$$

(2) 作流程表。

先作该电路的状态转移真值表,如表 8.29 所示。

表 8.29　例 8.9 状态转移真值表

输入信号	二次信号		激励、输出信号		
x	y_2	y_1	Y_2	Y_1	Z
0	0	0	0	1	0
0	0	1	0	1	1
0	1	0	0	0	0
0	1	1	0	0	1
1	0	0	1	0	0
1	0	1	0	0	0
1	1	0	1	0	0
1	1	1	0	0	0

由表 8.28 可以求得 Y_2、Y_1、Z 的流程表,如图 8.27 所示。稳定状态加圆圈。

(3) 建立总态响应序列。

为了较容易地画时序图,可以先作出总态响应序列。所谓总态响应序列,就是对于给定的输入序列 x,所对应的总态构成的序列。例如,假定输入状态 x 为序列 1→0→1,初始总态为 (1,10),则可以得到总态响应序列为

时刻:	t_0	t_1	t_2
输入 x:	1	0	1
总态(x,y_2y_1):	(1,10)	(0,10)	(1,01)
		(0,00)	(1,00)
		(0,01)	(1,10)
输出 Z:	0	1	0

y_2y_1 \ x	0	1
00	01/0	10/0
01	ⓞ1/1	00/0
11	00/1	00/0
10	00/0	⑩/0

Y_2Y_1/Z

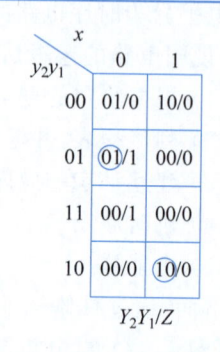

图 8.27　例 8.9 的流程表

t_0 时刻:假定初始状态为 $x=1$,$y_2y_1=10$,总态为 (1,10),$Y_2Y_1=10$,状态稳定。

t_1 时刻:$x=0$,$y_2y_1=10$,总态为 (0,10),$Y_2Y_1=00$,状态不稳定;经 Δt 后到 t_1',$y_2y_1=00$,总态为 (0,00),而 $Y_2Y_1=01$,状态仍不稳定;再经 Δt 后到 t_1'',$y_2y_1=01$,总态为 (0,01),$Y_2Y_1=01$,故状态稳定。该状态一直保持到输入 x 再次发生变化的 t_2 时刻为止。

t_2 时刻:$x=1$,$y_2y_1=01$,总态为 (1,01),而 $Y_2Y_1=00$,状态不稳定;经 Δt 后到 t_2',$y_2y_1=10$,总态为 (1,10),而 $Y_2Y_1=00$,状态不稳定;再经 Δt 后到 t_2'',$y_2y_1=10$,总态为 (1,10),$Y_2Y_1=10$,故状态稳定。该状态一直保持到 x 再次发生变化的时刻。以后将重复该过程。

(4) 画时序图。

根据总态响应序列,可以画出二次状态 y_2、y_1 和输出 Z 的时序图,如图 8.28 所示。

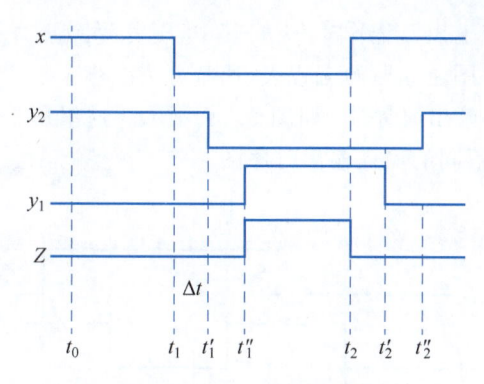

图 8.28 例 8.9 的时序图

(5) 功能描述。

一般来讲,可以用文字描述一个逻辑电路的功能。但是,对于一个逻辑电路的局部来说,有时难以用文字来描述其功能。这时可以通过时序图找出输入和输出的关系。从本例的时序图可以看出,一旦输入为 1,输出必为 0;而当输入为 0 时,经过延迟后,输出为 1。

8.4 电平异步时序电路的设计

电平异步时序电路的设计是分析的逆过程。根据电平异步时序电路的特点,其设计就是由逻辑问题的描述,建立流程表,确定逻辑方程,构成逻辑电路的过程。其主要设计步骤如下。

(1) 根据设计要求,建立原始流程表。
(2) 进行状态化简,求得最简流程表。
(3) 进行状态分配,求得二进制流程表。
(4) 确定激励函数和输出函数逻辑方程。
(5) 画出逻辑电路图。

下面,结合例子来说明电平异步时序电路的设计。

【例 8.10】 设计一个电平异步时序电路,该电路有两个电平输入端 x_1 和 x_2,一个输出端 Z。当 $x_1=0$ 时,Z 必定为 0;当 $x_1=1$ 时,x_1 的第一次跳变(正跳或负跳均可),将使 Z 从 0 跳变为 1,直到 x_1 变为 0 时,Z 才跳变为 0。

解:(1) 根据设计要求,建立原始流程表。

在建立原始流程表时,首先要弄清所有可能的状态转移关系,然后从设定的初始状态开始,逐行逐列地将所要求的转移关系写入流程表,直到表中不再出现新状态、填满所有方格为止。通常采用的方法是,先根据题意拟定一个符合要求的输入输出时序图,再依据波形变化逐步形成和完善原始流程表。

开始时,并不清楚流程表中的某一行有几个稳定状态,可以暂时认定一行仅有一个稳定状态;由于稳定状态的输出是确定的,所以这时的电路状态为"稳定状态/确定输出",记作 Ⓢ/Z。另一方面,电路总是要经过一段不稳定状态才到达稳定状态,然后又进入不稳定状态;因此,稳定状态的两侧均为不稳定状态。不稳定状态的输出暂定为不确定输出,这时的电路状态为"不稳定状态/不确定输出",记作 S/—。与稳定状态不相邻的列的电路状态定义为"不确定状态/不确定输出",记作—/—。其中,S 表示状态,"—"表示不确定的意思。

根据输入输出的时序图建立原始流程表,通常分为三步。

① 依题意,拟定输入输出时序图,如图 8.29 所示。这里所拟定的时序图并不是唯一的,允许不同设计者拟定不同的输入输出时序图。

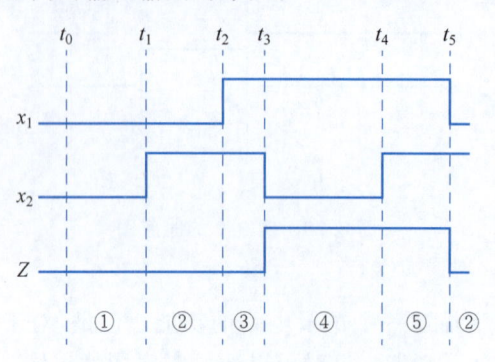

图 8.29 例 8.10 的输入输出时序图

输入信号的电平每次跳变就是一次新的输入。可根据输入信号跳变的情况,将时序图划分为若干个时间段,每段对应一个稳定状态。这就是说,当输入信号发生变化时,就从一个稳定状态转移到另一个稳定状态。例如,在 t_0 时刻,$x_1 x_2 = 00$,$Z=0$,这时电路的状态用①表示,记作①/0;在 t_1 时刻,$x_1 x_2 = 01$,$Z=0$,电路进入状态②,记作②/0;在时刻 t_2,$x_1 x_2 = 11$,$Z=0$,电路进入状态③,记作③/0;在时刻 t_3,$x_1 x_2 = 10$,$Z=1$,电路进入状态④,记作④/1;在时刻 t_4,$x_1 x_2 = 11$,$Z=1$,电路进入状态⑤,记作⑤/1;在时刻 t_5,$x_1 x_2 = 01$,$Z=0$,返回状态②。

② 将时序图中的稳定状态填入流程表。

这一步就是将输入输出时序图中的稳定状态,以及此刻的输出填入流程表中相应的位置上。例如,t_0 时刻的①/0 填入第一行的 00 列的方格内;t_1 时刻的②/0 填入第二行的 01 列的方格内;t_2 时刻的③/0 填入第三行的 11 列的方格内;t_3 时刻的④/1 填入第四行的 10 列的方格内;t_4 时刻的⑤/1 填入第五行的 11 列的方格内,如图 8.30 所示。

y \ $x_1 x_2$	00	01	11	10
1	①/0	2/—	—/—	6/—
2	1/—	②/0	3/—	—/—
3	—/—	2/—	③/0	4/—
4	1/—	—/—	5/—	④/1
5	—/—	2/—	⑤/1	4/—
6	1/—	—/—	5/—	⑥/0

图 8.30 例 8.10 的原始流程表

③ 完善流程表。

因为输入输出时序图是拟定的,它并不一定完全反映电路中所有输入的变化情况,所以必须将各种输入下的输出情况都考虑到。例如,在时刻 t_3,若 $x_1 x_2 = 10$,则 $Z=0$,与状态④不同,作为新态⑥,记作⑥/0,填入流程表的第六行的 10 列。

由于稳定状态相邻两侧都是"不稳定状态/不确定输出",所以从每一行的稳态出发,考虑输入作相邻变化时的输出,在相应位置填入 S/—。例如,在图 8.30 第一行稳态格①/0 相邻两格分别填入 2/—和 6/—;在第二行稳态格②/0 相邻两格分别填入 1/—和 3/—;在第三行稳态格③/0 相邻两格分别填入 2/—和 4/—;在第四行稳态格④/1 相邻两格分别填入 1/—和 5/—;第五行稳态格⑤/1 相邻两格分别填入 2/—和 4/—;第六行稳态格⑥/0 相邻两格分别填入 1/—和 5/—。

由于电平异步时序电路不允许两个输入信号同时跳变,所以在与稳定状态不相邻的格内应填入"不确定状态/不确定输出"("任意状态/任意输出"):—/—。例如,第一行的 11 列,第二行的 10 列,等等。

(2) 状态化简,求最简流程表。

由于在原始流程表中,存在无关状态和无关输出,所以可以用不完全给定时序电路的化简方法,即通过建立隐含表,找相容状态行,求最大相容类,进行状态化简。

如果时序电路包含着不确定的次态和输出,这种时序电路称作不完全给定的时序电路。判断两个状态是否相容的条件如下。

在输入信号的各种取值组合时,它们的输出完全相同,或其中一个(或两个)的输出为任意值,而次态相同或者呈交错或循环或者其中一个(或两个)为任意态,则这两个状态就是相容的。状态行相容实际上就是状态行中所有列的状态均相容的两行就是相容的。

如果在原始流程表中,两行中每一列状态相容、输出相同,则这两行是相容的,可以合并为一行,将不影响电路的功能。通常,可以按以下原则确定稳态和不稳态的相容性。

① 稳态⓵与不稳态 i 是相容的;

② 如果不稳态 i 和 j 是相容的,则稳态⓵和不稳态 j 是相容的,稳态⓶和不稳态 i 也是相容的。

③ 如果稳态⓵和⓶是相容的,则不稳态 i 和 j 也是相容的。

隐含表如图 8.31(a)所示。根据上述相容状态行的判断原则,可以得出相容状态行为 (1,2)、(1,6)、(2,3)、(4,5)。

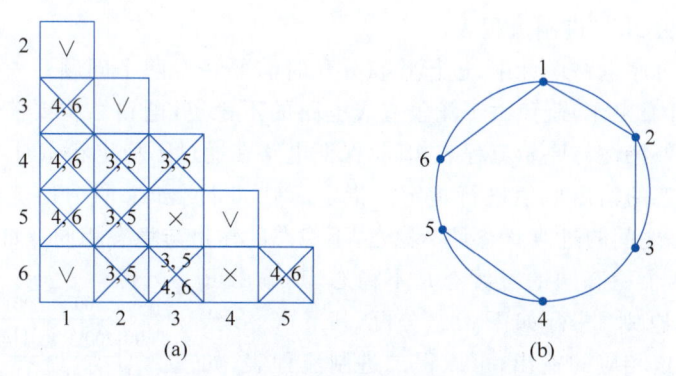

图 8.31 例 8.10 的隐含表和合并图

建立状态合并图。先将原始流程表中所有状态行以点的形式均匀地标在一个圆圈上,然后将各相容状态行用直线连接起来,如图 8.31(b)所示。

由于合并图上不存在各点之间两两均有连线的多边形,所以最大相容类为(1,2)、(1,6)、(2,3)、(4,5)。

建立闭合覆盖表,求最小化流程表。

闭合覆盖表就是表述相容类的覆盖性和闭合性的表格。

最小化流程表就是同时满足覆盖性、闭合性和最小化三个条件的相容类集合,即最小闭合覆盖。其中,覆盖性是指相容类集合必须覆盖全部原始状态(行);闭合性是指在任何输入条件下的次态必须是该相容类集合中的某一相容类;最小化是满足覆盖性和闭合性的最少相容类数目。

其闭合覆盖表如表 8.30 所示。由表 8.30 可以看出,相容行(1,6)、(2,3)、(4,5)是一组最小闭合覆盖,满足覆盖性、闭合性和最小化条件。

表 8.30　例 8.10 闭合覆盖表

相容行	覆盖 1 2 3 4 5 6	闭合 $x_1x_2=00$	$x_1x_2=01$	$x_1x_2=11$	$x_1x_2=10$
(1,2)	1 2	1	2	3	6
(1,6)	1 　　　　 6	1	2	5	6
(2,3)	2 3	1	2	3	4
(4,5)	4 5	1	2	5	4

作最小化流程表。

将图 8.32(a)中的相容行(1,6)合并为 A,相容行(2,3)合并为 B,相容行(4,5)合并为 C,可以得到如图 8.32(b)所示的最小化流程表。

$y \backslash x_1x_2$	00	01	11	10
1,6	①/0	2/−	5/−	⑥/0
2,3	1/−	②/0	③/0	4/−
4,5	1/−	2/−	⑤/1	④/1

(a)

$y \backslash x_1x_2$	00	01	11	10
A	Ⓐ/0	B/−	C/−	Ⓐ/0
B	A/−	Ⓑ/0	Ⓑ/0	C/−
C	A/−	B/−	Ⓒ/1	Ⓒ/1

(b)

图 8.32　例 8.10 的最小化流程表

(3) 状态分配,求二进制流程表。

在电平异步时序电路设计中,进行状态分配时需要注意两个问题。一是确定最佳编码方案,保证电路可靠工作,避免由于竞争造成电路的不稳定,电路结构要简单。二是为了使二进制流程表的外特性与原始流程表相同,保证电路在通过不稳定状态时不产生额外跳变,必须对不稳定状态的输出取值进行指定。指定原则如下:如果两个稳定状态有相同的输出,则这两个稳态之间的过渡状态是不稳态,不稳态的输出与稳态相同;如果两个稳态有不同的输出,则这两个稳态间的过渡状态是不稳态,其输出可随意。根据上述原则,进行如下状态分配,$A=00$,$B=11$,$C=01$;并指定相应的输出,可以得二进制流程表,如图 8.33 所示。

$y_1y_2 \backslash x_1x_2$	00	01	11	10
00	⓪⓪/0	11/0	01/−	⓪⓪/0
11	00/0	⑪/0	⑪/0	01/−
01	00/−	11/−	⓪①/1	⓪①/1

图 8.33　例 8.10 的二进制流程表

(4) 确定激励函数和输出函数。

由图 8.33 可以得出激励函数 Y_0、Y_1 和输出函数 Z 的卡诺图,如图 8.34 所示。经化简可以求得

$$Y_1 = \bar{x}_1 x_2 + y_1 x_2$$
$$Y_0 = x_2 + x_1 y_0$$
$$Z = \bar{y}_1 y_0$$

(5) 画逻辑图。

用与非门构成的逻辑电路图如图 8.35 所示。

y_1y_0 \ x_1x_2	00	01	11	10
00	0	1	0	0
01	0	1	0	0
11	0	1	1	0
10	d	d	d	d

Y_1

y_1y_0 \ x_1x_2	00	01	11	10
00	0	1	1	0
01	0	1	1	1
11	0	1	1	1
10	d	d	d	d

Y_2

y_1y_0 \ x_1x_2	00	01	11	10
00	0	0	d	0
01	d	d	1	1
11	0	0	0	d
10	d	d	d	d

Z

图 8.34 例 8.10 的卡诺图

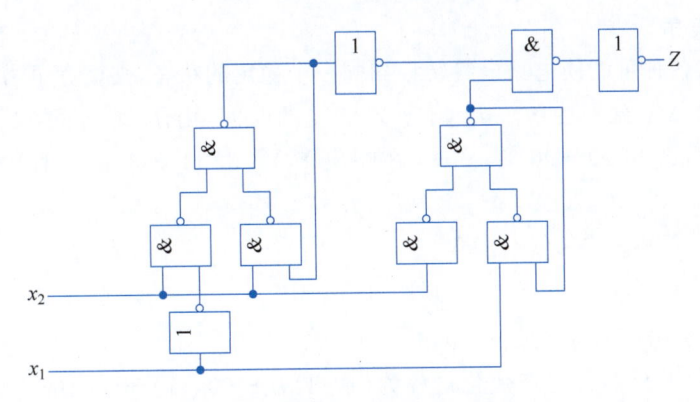

图 8.35 例 8.10 的逻辑电路图

8.5 异步时序电路中的竞争与冒险

竞争和冒险是异步时序电路中的不稳定现象。竞争分临界竞争和非临界竞争。临界竞争可能使电路产生不正确的状态转移,即发生时序冒险。这在正常工作时是不允许的,必须加以避免或消除。由于时序电路是由组合逻辑电路和存储电路两部分构成,所以其中的组合逻辑电路有可能发生竞争-冒险现象。这种竞争-冒险现象可能引起触发器的误翻转,造成时序电路的误动作。因此,必须避免这种现象的发生。

在同步时序电路中,由于所有的触发器均是在同一时钟脉冲作用下动作的,而在时钟脉冲作用之前,各个触发器的输入信号均已处于稳态,所以,同步时序电路中不存在竞争现象。但在异步时序电路中,由于电路有延迟时间存在,所以时序电路会发生竞争-冒险现象。一般情况下,竞争-冒险现象仅发生在异步时序电路中,尤其是电平异步时序电路中。下面介绍异步时序电路中的竞争、冒险以及消除方法。

8.5.1 异步时序电路中的非临界竞争、临界竞争和时序冒险

所谓竞争,是指在异步时序电路中,当输入信号改变后,电路从一个稳态转移到另一个稳态的过程中,有两个或两个以上的状态变量同时改变其值的现象。

以图 8.36 为例,具体说明异步时序电路中的竞争现象。

当电路的总态为 (10,01) 时,电路处于稳态,如果输入 x_1x_2 由 10→11,激励状态 Y_1Y_2

y_1y_2 \ x_1x_2	00	01	11	10
00	$\textcircled{00}$/0	01/–	$\textcircled{00}$/1	01/1
01	00/0	$\textcircled{01}$/0	10/0	$\textcircled{01}$/0
10	00/–	$\textcircled{10}$/0	$\textcircled{10}$/0	11/0
11	00/0	10/0	00/1	$\textcircled{11}$/1

图 8.36 某电路的流程表

将从 01→10，即 Y_1 和 Y_2 的值同时发生变化，这便要求二次状态 y_1 和 y_2 必须同时响应激励状态 Y_1 和 Y_2 的变化。但是，由于实际电路中的不同反馈线路的延时不可能完全相同，因此二次状态 y_1 和 y_2 响应 Y_1 和 Y_2 的变化可能有先后之分，并且先后次序是不可预知的，这就发生了竞争现象。

同样，当电路的总态为(10,11)时，电路处于稳态。如果输入 x_1x_2 由 10→00，激励状态 Y_1Y_2 将由 11→00，此时电路也存在竞争现象。

根据所导致的结果不同，竞争可分为非临界竞争和临界竞争。

1. 非临界竞争

如果竞争的各种可能使电路最终转移到同一个稳定的状态，则该竞争为非临界竞争。

假设 Δt_1 和 Δt_2 分别为 y_1、y_2 响应 Y_1、Y_2 的时间，由图 8.36 可知，当电路总态为(10,11)，输入 x_1x_2 由 10→00 时，y_1y_2 在响应 Y_1Y_2 由 11→00 的过程中可能发生如下 3 种可能的情况。

1) y_1、y_2 同时响应变化($\Delta t_1=\Delta t_2$)

$y_1y_2=11\to00$，则总态变化过程为(10,11)→(00,11)→(00,00)，到达稳态$\textcircled{00}$。

2) y_1 先于 y_2 响应变化($\Delta t_1<\Delta t_2$)

$y_1y_2=11\to01\to00$，则总态变化过程为(10,11)→(00,11)→(00,01)→(00,00)，到达稳态$\textcircled{00}$。

3) y_2 先于 y_1 响应变化($\Delta t_1>\Delta t_2$)

$y_1y_2=11\to10\to00$，则总态变化过程为(10,11)→(00,11)→(00,10)→(00,00)，到达稳态$\textcircled{00}$。

由上述分析可知，非临界竞争最终都稳定在同一个稳态。因此，非临界竞争的存在不会影响电路的正常工作。

2. 临界竞争

如果竞争的各种可能使电路最终转移到不同的稳态，则该竞争为临界竞争。

由图 8.36 可知，当电路总态为(10,01)，输入 $x_1x_2=10\to11$ 时，y_1y_2 在响应 Y_1Y_2 由 01 变为 10 的过程中可能发生如下三种可能的情况。

1) y_1、y_2 同时响应变化($\Delta t_1=\Delta t_2$)

$y_1y_2=01\to10$，则总态变化过程为(10,01)→(11,01)→(11,10)，到达稳态$\textcircled{10}$。

2) y_1 先于 y_2 响应变化($\Delta t_1<\Delta t_2$)

$y_1y_2=01\to11\to10$，则总态变化过程为(10,01)→(11,01)→(11,11)→(11,10)，到达稳态$\textcircled{10}$。

3) y_2 先于 y_1 响应变化($\Delta t_1>\Delta t_2$)

$y_1y_2=01\to00\to10$，则总态变化过程为(10,01)→(11,01)→(11,00)，转移到稳态$\textcircled{00}$。

由上述分析可知，由于电路的延时不同，最终到达不同的稳态$\textcircled{10}$和$\textcircled{00}$，此时的竞争为临界竞争。

3. 时序冒险

由于在临界竞争中,电路最终可能稳定在不同的稳态。电路究竟稳定在哪个稳态,完全由电路的延时而定。这是不可预测的。这种临界竞争可能使电路出现不正确的状态转移,这种可能的错误状态转移叫作时序冒险(或险象)。时序冒险必须设法消除。

8.5.2 异步时序电路中时序冒险的消除

消除时序冒险,实际上就是消除临界竞争现象。由上述分析可知,产生临界竞争必须同时满足如下两个条件:

(1) 两个或两个以上的状态变量同时发生变化;
(2) 输入信号变化后所在列内有两个或两个以上的稳态。

因此,要消除临界竞争,应使上述两个条件中至少有一个不成立。如果使条件(1)不成立,则从根本上消除了竞争;如果使条件(2)不成立,则可消除临界竞争。一般可以通过状态分配来消除临界竞争导致的时序冒险现象。下面介绍几种常用的方法。

1. 通过状态分配避免竞争

首先根据流程表画出状态相邻转移图,将具有相邻转移关系的状态,对其分配相邻的二进制代码,这样就使得在任意一种状态转移时,只有一个状态变量发生变化,从而消除了竞争现象。

【例 8.11】 对图 8.37(a)所示的流程表进行无竞争状态分配。

解:由图 8.37(a)可以看出,状态 A 与 B 或 C 之间发生转移,状态 C 与 A 或 D 之间发生转移,将发生转移的状态用线段连接起来,就构成状态相邻图,如图 8.37(b)所示。

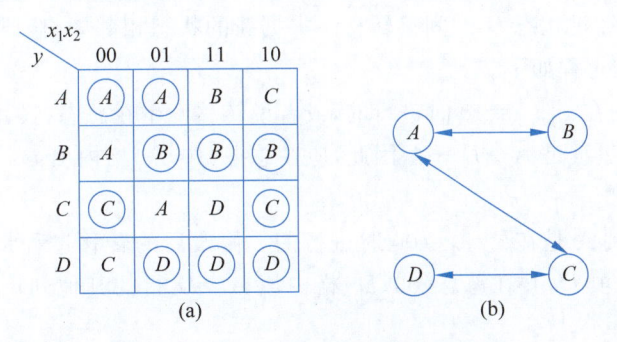

图 8.37 例 8.11 流程表和状态相邻图

只要给状态对 (A,B)、(A,C)、(C,D) 分配相邻的二进制代码,就可以消除竞争现象。为此,选择图 8.38(a)所示的编码方案;相应的二进制流程表如图 8.38(b)所示。

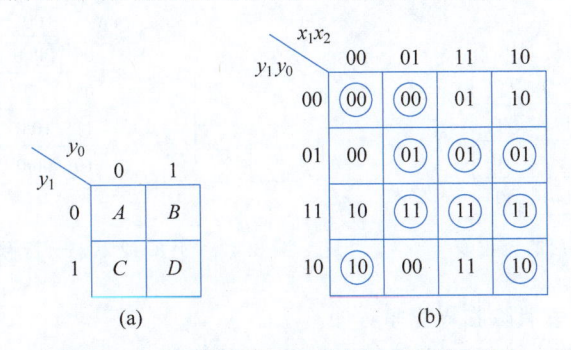

图 8.38 例 8.11 的编码方案和二进制流程表

我们知道,在 n 变量的卡诺图中,每个方格最多有 n 个相邻方格。如果状态的最大相邻数 k 超过 n 时,不适合采用状态分配的方法避免竞争。

2. 增加过渡状态避免竞争

如果状态相邻图是由奇数个状态构成的闭合环,则需要增加过渡状态才可实现无竞争的状态分配。具体做法是,在原有的状态相邻图上的某两个状态之间,插入一个过渡状态,改变原有结构,从而实现状态的相邻分配。

【**例 8.12**】 试用增加过渡状态的方法,对图 8.39 所示的流程表进行状态分配。

解:先画出流程表的状态相邻图,如图 8.40(a)所示。为消除冒险,应使状态对(A,B)、(A,C)、(B,C)分别为相邻编码,但是这不能做到。为此增加一个状态 D,构成新的状态相邻图,如图 8.40(b)所示。这样,状态对(A,B)、(B,C)、(C,D)、(A,D)很容易实现相邻编码。

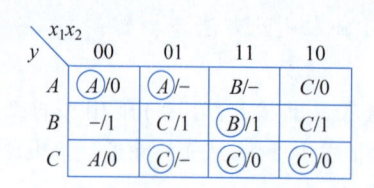

图 8.39 例 8.12 的流程表

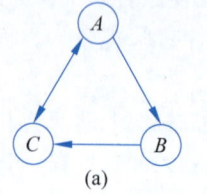

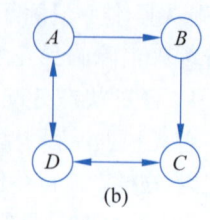

图 8.40 例 8.12 的状态相邻图

状态相邻图的改变,实际上改变了状态 A 与 C 的转移过程,也就是从原来的 A 与 C 之间的直接转移变为经过状态 D 的间接转移。根据新的状态相邻图,修改原来的流程表。增加一行 D 后的修改过程如下。

由 A 转到 C 是在 $x_1x_2=10$ 时进行的,或者说转移发生在总态(10,A)。

修改后的转移过程是 $A \to D \to C$,因此,应在总态(10,A)格内填 D,并在总态(10,D)格内填 C。

同理,由 C 转到 A 是在 $x_1x_2=00$ 时进行的。修改后的转移过程是 $C \to D \to A$,因此,在总态(00,C)格内填 D,并在总态(00,D)格内填 A。D 行的其他列填任意项。修改后的流程表如图 8.41 所示。

按照相邻状态的分配原则,本例的状态分配方案如图 8.42(a)所示,二进制流程表如图 8.42(b)所示。

图 8.41 例 8.12 的修改后的流程表

图 8.42 例 8.12 状态分配和二进制流程表

3. 利用非临界竞争消除临界竞争

由于非临界竞争不会产生冒险现象,所以如果能够将临界竞争转化为非临界竞争,就间

【例 8.13】 对图 8.43 所示的流程表进行非临界竞争状态分配。

解：根据图 8.43 作出的状态相邻图如图 8.44(a)所示。由图 8.43 的流程表可以看出，在 $x_1x_2=00$ 和 $x_1x_2=10$ 这两列中，都只有一个稳定状态。因此，可以通过状态分配，把竞争限制在仅有一个稳态的列中，这样，即使发生竞争也不是临界竞争。由于在 $x_1x_2=00$ 列中，只有一个稳态Ⓐ；在 $x_1x_2=10$ 列中，只有一个稳态Ⓑ。所以在进行状态分配时，状态 A 和 B 不分配相邻代码。其分配方案如图 8.44(b)所示，由此得到的二进制流程表如图 8.44(c)所示。

图 8.43　例 8.13 的流程表

y \ x_1x_2	00	01	11	10
A	Ⓐ/0	Ⓐ/0	C/—	B/—
B	A/—	C/—	Ⓑ/0	Ⓑ/0
C	A/—	Ⓒ/1	Ⓒ/1	B/—

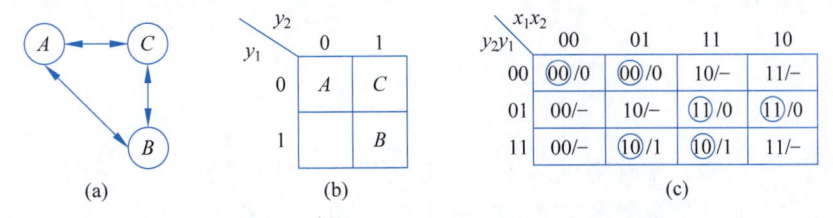

图 8.44　例 8.13 状态相邻图、状态分配和二进制流程表

(b)

y_1 \ y_2	0	1
0	A	C
1		B

(c)

y_2y_1 \ x_1x_2	00	01	11	10
00	⓪⓪/0	⓪⓪/0	10/—	11/—
01	00/—	10/—	⑪/0	⑪/0
11	00/—	⑩/1	⑩/1	11/—

8.5.3　电平异步时序电路的本质冒险

在电平异步时序电路中，同一输入变量有时可能原变量和反变量同时出现。反变量通常是由原变量经过反相器而得到的，由于反相器存在延迟，同一输入变量的原变量和反变量就不可能在同一时刻出现。当原变量发生跳变时，反变量总要经过一定的时间延迟才发生跳变。如果输入原变量的跳变已经引起激励状态和二次状态的变化，而输入变量的反变量又滞后于激励状态和二次状态的变化，这时，电平异步时序电路就可能出现一种特有的冒险，称作电平异步时序电路的本质冒险。

一般情况下，如果输入信号通过反馈回路的延迟大于通过反相器的延迟，电平异步时序电路的输入变量的变化将先于电路状态的变化，这时电路的状态不会发生非正常转移的情况，电平异步时序电路将正常工作。如果输入信号通过反馈回路的延迟小于通过反相器的延迟，电平异步时序电路的输入变量的变化将滞后于电路状态的变化，这时电路的状态就可能发生非正常转移的情况，电平异步时序电路的工作状态将发生混乱，即出现了本质冒险。

如何发现电平异步时序电路的本质冒险？事实上，当电平异步时序存在本质冒险时，电路的流程表具有特殊的结构形式。如果从流程表中的某一个稳态出发，输入状态的一个变量允许三次跳变，并且三次跳变所达到的稳定总态与第一次跳变所达到的稳定总态不同，则表明电路可能存在本质冒险。如果从流程表中的某一个稳态出发，输入状态的一次跳变与三次跳变所达到的稳定总态相同，则表明电路不存在本质冒险。

例如，某电平异步时序逻辑电路的流程表如图 8.45 所示。

当电路处在总态 $(x, y_2y_1)=(0,10)$ 时，如果输入 x 由 0 跳

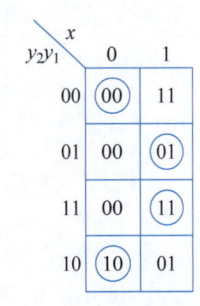

图 8.45　某电平异步时序逻辑电路流程表

y_2y_1 \ x	0	1
00	⓪⓪	11
01	00	⓪①
11	00	⑪
10	⑩	01

变到 1 时,总态 $(x, y_2 y_1)$ 的响应序列为 $(0,10) \rightarrow (1,10) \rightarrow (1,01)$,最后稳定在总态 $(1,01)$;如果电路处在总态 $(x, y_2 y_1) = (0,10)$ 时,输入 x 由 0 跳变到 1,再由 1 跳变到 0,再由 0 跳变到 1,即输入 x 发生连续三次跳变时,总态 $(x, y_2 y_1)$ 的响应序列为 $(0,10) \rightarrow (1,10) \rightarrow (1,01) \rightarrow (0,01) \rightarrow (0,00) \rightarrow (1,00) \rightarrow (1,11)$,最后稳定在总态 $(1,11)$。

由于该流程图中的总态 $(x, y_2 y_1) = (0,10)$ 在输入 x 的一次跳变与连续三次跳变后达到的稳定总态不同,则可以判断该电路在从总态 $(0,10)$ 出发,输入 x 由 0 跳变到 1 时,电路可能存在本质冒险。

由于本质冒险会引起电路状态的错误转移,因此这种冒险是不允许存在的。消除本质冒险的一种有效办法是适当选择组成电平异步时序电路器件的延迟特性,或在反馈回路中增加足够的延迟,使得所有输入状态的改变都在激励状态和二次状态的改变之前完成,以免电路状态出现错误转移。

习题 8

8.1 请说明同步时序电路、脉冲异步时序逻辑电路和电平异步时序电路各自的特点。
8.2 请说明脉冲异步时序逻辑电路和电平异步时序电路对输入有何要求和限制。
8.3 请说明电平异步时序电路中的稳定状态和不稳定状态的概念。
8.4 请说明什么是流程表,如何建立流程表。
8.5 请说明电平异步时序电路中竞争与冒险产生的原因,什么是临界竞争、非临界竞争,什么是时序冒险,如何消除时序冒险。
8.6 请说明什么是电平异步时序电路的本质冒险,如何判断本质冒险。
8.7 试分析图 8.46 所示的脉冲异步时序逻辑电路。

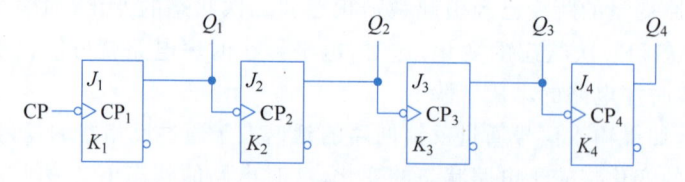

图 8.46 习题 8.7 的逻辑电路

8.8 试分析图 8.47 所示的脉冲异步时序逻辑电路。

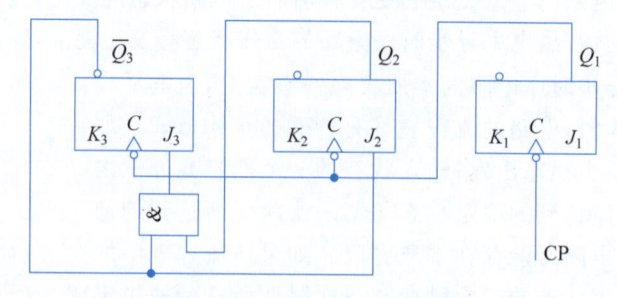

图 8.47 习题 8.8 逻辑电路

8.9 试用 J-K 触发器设计一个六进制异步加法计数器。
8.10 试用 D 触发器设计一个七进制异步加法计数器。

8.11 设计一个脉冲异步时序电路,该电路有三个输入端 x_1、x_2、x_3,一个输出端 Z。当且仅当输入序列 x_1-x_2-x_3 出现时,输出 Z 由 0 变为 1,仅当又出现一个 x_2 脉冲时,输出 Z 才由 1 变为 0。

8.12 试分析图 8.48 所示的电平异步时序电路。

8.13 试分析图 8.49 所示的电平异步时序逻辑电路。

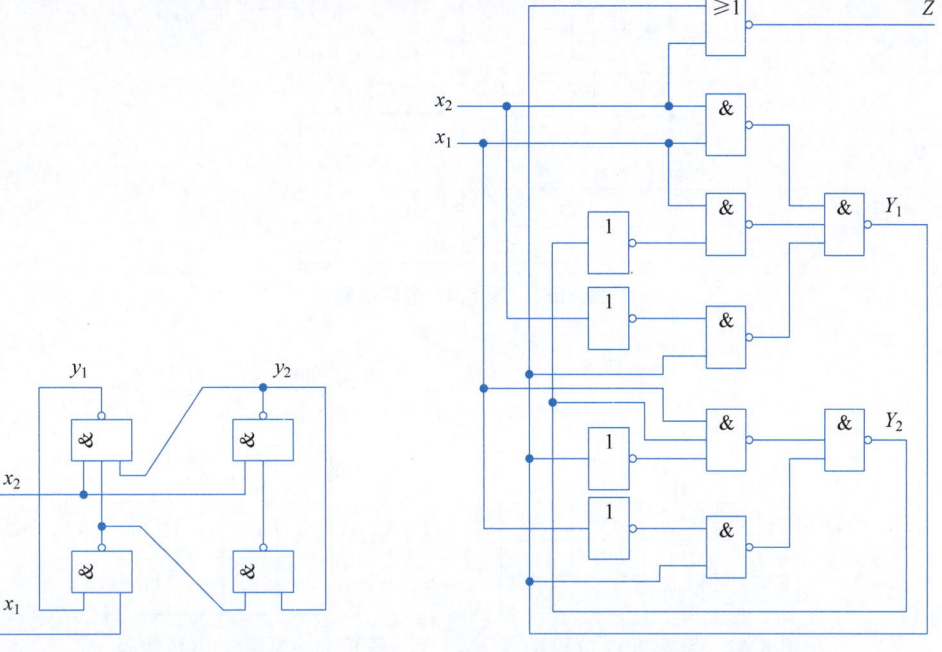

图 8.48 习题 8.12 逻辑电路

图 8.49 习题 8.13 逻辑电路

8.14 设计一电平异步时序电路。该电路有输入 x_1 和 x_2 及输出 Z。当输入 x_1 为 0,输入 x_2 从 0 跳变到 1 时,输出 Z 为 1;当输入 x_1 为 1,输入 x_2 从 1 跳变到 0 时,输出 Z 也为 1;当输入 x_1 和 x_2 相同时,输出 Z 为 0;当其他情况时,输出 Z 均保持不变。

8.15 将图 8.50 所示的原始流程表化简为最简流程表。

y \ x_1x_2	00	01	11	10
1	①/0	3/–	–/–	2/–
2	4/–	–/–	5/–	②/1
3	1/–	③/0	5/–	–/–
4	④/1	6/–	–/–	2/–
5	–/–	6/–	⑤/1	2/–
6	1/–	⑥/–	5/–	–/–

图 8.50 习题 8.15 原始流程表

8.16 判断图 8.51 的电平异步时序电路是否存在竞争。

8.17 对图 8.52 所示的流程表进行无临界竞争状态分配。

8.18 判断图 8.53 所示二进制流程表是否存在本质冒险。

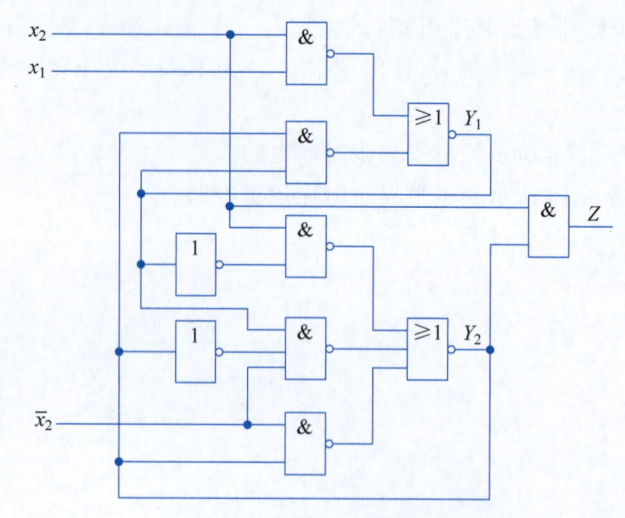

图 8.51 题 8.16 逻辑电路

图 8.52 习题 8.17 流程表

y \ x_1x_2	00	01	11	10
A	Ⓐ/0	C/0	B/0	Ⓐ/0
B	1/–	C/1	Ⓑ/1	C/1
C	A/0	Ⓒ/0	Ⓒ/0	Ⓒ/–

图 8.53 习题 8.18 流程表

y \ x_1x_2	00	01	11	10
00	⓪⓪	01	—	10
01	11	⓪①	11	—
11	①①	01	①①	10
10	00	①⓪	11	①⓪

第 9 章　电路设计的仿真实现

CHAPTER 9

电路设计离不开电路图,如果学生没有对数字系统的直观印象,则很难理解复杂的数字系统。本章以 Logisim 为工具,通过对数字电路进行仿真,直观感受电路图中各组件的工作过程,从而帮助学生认识电路图,理解电路设计中的必要环节。

9.1　Logisim 基础

Logisim 是一款电路设计的开源软件,最初进行的软件的开发是设计一款 UNIX 兼容系统中模拟逻辑电路的模拟器。由于它对电路中各组件的模块化设计,能够直观地对电路上信号进行模拟和观察,方便使用门电路进行电路的模块化设计,因此也被广泛应用在计算机硬件类课程的学习中。

Logisim 采用图形和组件的方式进行电路的绘制和设计,自定义绘制的电路图也可以作为复杂电路中的子电路使用,所以应用和扩展非常灵活。官网地址为 http://www.cburch.com/logisim/。该软件的运行需要 Java 环境的支持,所以在运行软件前,要确定有 Java 的运行环境。

由于 Logisim 是轻量级模拟软件,下载即可运行,不需要安装,或者只需要进行简单的环境配置就能运行。Logisim 启动后的运行界面见图 9.1。

图 9.1 显示了 Logisim 常见的主界面。不同版本的 Logisim 中所存放的组件有所不同,随着软件应用度的提高,Logisim 被用于更为复杂的电路设计中,一些组件也被添加到组件框里。通过菜单中的"项目"→"添加库"可以将一些组件添加到左侧的组件栏中,也可以通过"项目"→"卸载库"将一些不需要的库移出组件栏。

主界面中包含菜单栏(Menu bar)、快捷工具栏(Toolbar)、组件栏(Explorer Pane)、属性栏(Attribute Table)和画布(Canvas)五部分。Zoom control 用于图形的缩放,此处不作详细说明。

1. 菜单栏(Menu bar)

Logisim 的菜单包括文件(File)、编辑(Edit)、项目(Project)、模拟(Simulate)、FPGA、窗口(Windows)、帮助(Help)几大部分。

一个电路设计图就是一个文件,扩展名为.cric。文件菜单包括对设计文件的操作,如文件的新建、打开、保存、关闭、导出等常规操作。

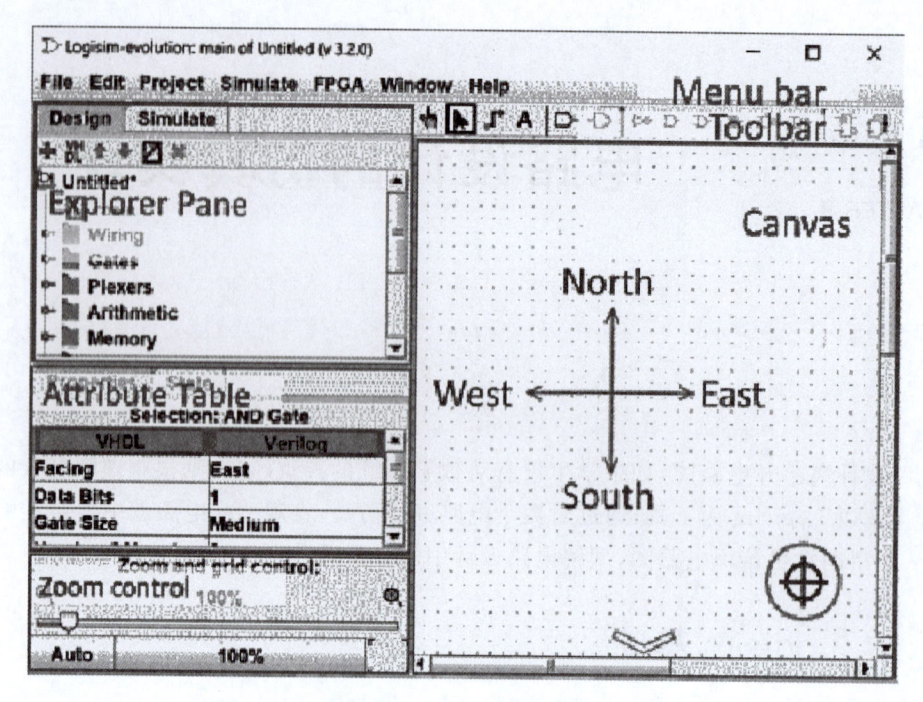

图 9.1　Logisim 运行界面

画布上的各种门电路或连线都称为电路元件，编辑菜单用于对画布上的电路元素进行复制、粘贴等常规编辑操作。

多个电路共同完成的一个整体，称为一个项目。项目菜单允许添加库文件或自己的电路设计到项目中。

完成的电路设计要通过给一定的输入信号验证电路的正确性。模拟菜单中通过对电路输入信号的自动设置，实时观察电路中的模拟情景，常见的调试方式有单步传播、修改时钟频率、绘制时序图、VHDL 等。

更进一步，Logisim 中允许进行 FPGA 电路板的模拟，在 FPGA 菜单中，给定不同型号的电路板，通过对电路板上器件的模拟进行实时模拟观察。

窗口菜单主要是针对操作界面的窗口大小进行设定。另外，电路图中的组合电路部分的分析操作等，以及对窗口显示的布局、操作、元件模板等也能在这里的"首选项"中找到。

帮助菜单中的帮助文件目前只有英文版，没有汉化版本。

2. 快捷工具栏（Toolbar）

常见的工具放置在画布上方，方便用户选取。Logisim 允许用户根据自己的需求自定义快捷工具。只需要点击相应的工具，拖拽到快捷工具栏中即可。快捷工具栏默认放置的是电路设计绘制常用的工具，依次为选择、连线工具、文本工具、基础门电路、常用的触发器、寄存器等。

3. 组件栏（Explorer Pane）

本书采用 Logisim 3.7.2 版来进行讲解，相比之前的版本，3.7.2 版本添加了更多可用电子元件。对数字逻辑系统来说，基础门电路就能够组成集成电路，对其他电路设计用户来说，更多的组件库意味着减少组件设计部分的工作量，使用更加方便。

4. 属性栏（Attribute Table）

属性栏在组件栏正下方，属性栏内容随着点选器件的不同而不同。所以，放置在画布上的元件都需要在属性栏中修改对应的组件参数。如修改名称、修改放置方向或者修改输入位宽、输入个数等。

5. 画布（Canvas）

画布是 Logisim 进行电路设计的主要工作场所。通过对不同组件的摆放、线路的连接和信号的设置，可以直接观察所设计电路的模拟效果。画布的方向类似地图方向，在属性栏中通过调整方向，将元件摆放到合适的位置。

9.2 Logisim 组件

Logisim 是开源软件，网上可以找到很多免费的版本，这些版本的 Logisim 组件、菜单都有区别，能否汉化也存在差异，甚至汉化时的表达也有区别。本章仅从数字逻辑知识点学习的角度，介绍常见版本中的常用组件。

9.2.1 布线

一个完整的电路通过连线将各部分连接为一体。线路上传递的信号可以串行也可以多位并行。连线或各种器件都能在属性栏对应的位置找到位宽的设定，连线两端的位宽要保持一致，否则会因为位宽不一致出现冲突。布线中的常用组件见图 9.2。

布线组件中包含连线所需的各种元件，组合电路和时序逻辑电路中常用的组件主要有分离器、引脚、探头、隧道、时钟等。下面对它们的基本功能进行详细阐述。

分离器用于连接不同位宽的数据线路；引脚用于输入输出信号的产生。引脚、探头、隧道、时钟这些内容在数字逻辑电路设计中较为常见。

1. 分离器（Splitter）

分离器主要用于不同位宽数据的合并和分割。一些场景中，需要将某线路传递的多位数据中的一部分用于下一级电路中作为输入；或者在某些场景中，将不同线路上的数据按照一定规则合并成为更多位数的数据。

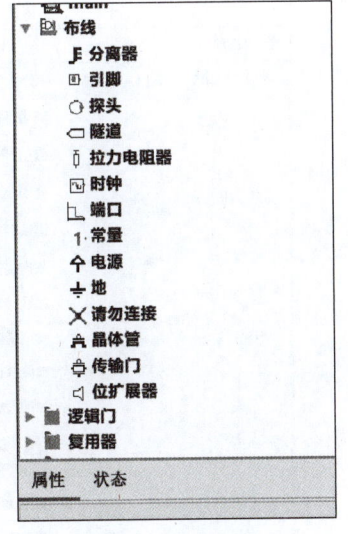

图 9.2 布线组件

这里就需要首先理解位宽是什么？位宽是指线路上传递的信号同时到达某元件的信号位数。Logisim 中仿真线路上的数据可以是一位的串行数据，也可以是多位并行数据。线路两端位宽要求一致。

分离器示意图见图 9.3，输入端 A 为 8 位信号，分离器将信号分为 3 路，分别是 X：2 位信号；Y：4 位信号和 Z：2 位信号。线路上的小数字表示将并行的第 0～1 位分配到 X 端；第 2～5 位分配到 Y 端；第 6～7 位分配到 Z 端。

分离器属性修改见图 9.4，通过修改支路个数，可以将信号从总线位置分配到 3 个支路上，修改位宽 in 选项，输入 8 位，分别分配到支路上，此时属性下方会增加第 0～7 位分别走哪条支路。按照之前的设定,第0~1位分配给X,第2~5位分配给Y,第6~7位分配给Z,分别修改每位后面的支路序号即可。

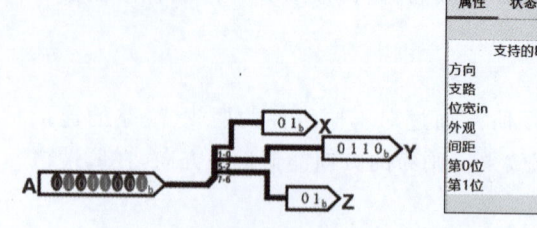

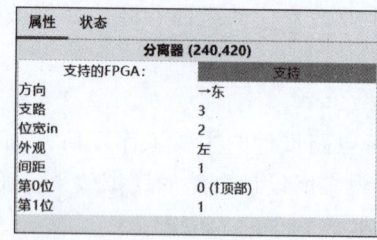

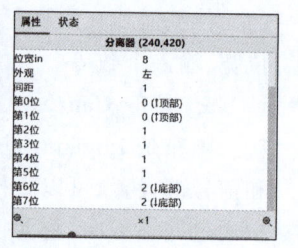

图9.3　分离器示意图

图9.4　分离器属性修改项

线路的颜色能够区分出位宽为1时连线是否正确。正确连线的时候,浅绿色连线表示线路上信号为1,深绿色连线表示信号为0。位宽大于1时,连线为黑色。当图形上出现红色、蓝色、橙色等颜色时要注意,可能出现了位宽不匹配的现象。

系统默认设定中橙色表示位宽不匹配、蓝色表示未知、红色表示信号冲突。

小提示：某些情况下,若用户对某些颜色不够敏感,也可以自行修改显示的颜色。选择"窗口"→"首选项",在弹出的新窗口中选择模拟菜单,即可看到相关颜色的设置情况。其中的前四项分别是真值颜色、假值颜色、未知颜色和错误颜色。对应的就是常见的四种连线颜色,见图9.5。

图9.5　首选项设置界面

2. 引脚(Pin)

信号的输入输出都称为引脚,见图9.6左侧。通过对属性的修改可以改变该引脚是输入还是输出以及方向、是否为三态门、数据位宽等。外观也能通过属性参数的设置改变为箭头形状或经典 Logisim 的方形。一个完整的电路设计中,如果输入和输出信号使用错误,就无法产生正确的输入/输出信号。

3. 探头(Probe)

探头,在一些汉化版本中也被称为"探针",见图 9.7。

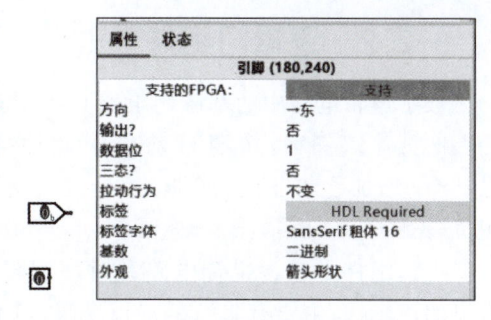

图 9.6 不同样式的引脚和引脚属性项

探头可以想象是一个插入电路的信号探测器,通过小窗口随时监测线路上信号的变化。一般用于多位信号的线路监测。通过探头的实时显示能够观察线路上的数值,在调试 Logisim 电路过程中,适当加入探头,能够沿线路查看信号出现的问题。

4. 隧道(Tunnel)

隧道是为解决复杂电路设计中连线过多而设计的,并没有相应的真实器件。通过隧道组件将两个不同位置的部件连接起来,减少了因电线穿越过多元件造成设计图可读性较差的现象。

隧道通过隧道名相关联,即同名隧道可看作是同一条线路。在画布上,隧道的使用减少了连线数量,便于修改设计和检查线路上的问题,见图 9.8。

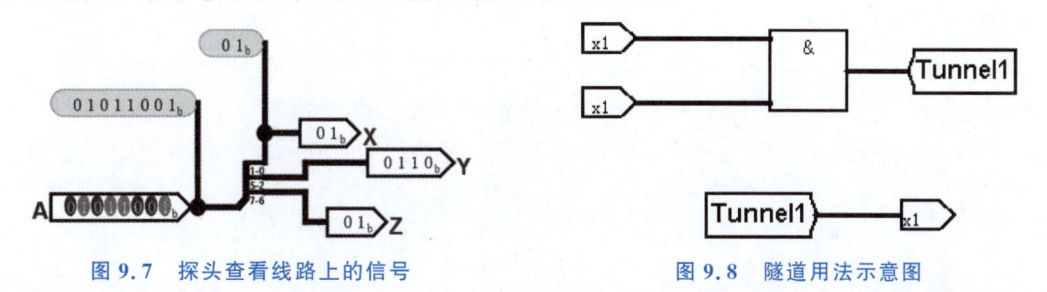

图 9.7 探头查看线路上的信号

图 9.8 隧道用法示意图

小提示:电路设计中究竟使用多少隧道主要凭设计者的经验,使用过多会影响电路的可读性;而过少会造成电路设计图上的线路凌乱,同样影响设计的可读性。所以一般在电路设计中,一些关键性器件倾向于用隧道设计。

5. 时钟(Clock)

时钟信号主要用于时序电路的设计中,在线路上产生一系列有规律的 0-1 输出,为时序电路提供同步或异步的仿真模拟信号。

对于连接到电路中的时钟,在调试阶段要通过对频率的修改,来实现不同的时钟效果。在模拟时,根据时钟频率实时查看线路上信号的传播。或者在模拟时,使用类似软件编程的单步执行的方式,实时查看时钟信号的单步模拟。配合线路上的颜色或输出,查看信号传递情况。图 9.9 是时钟属性选项,通过修改时钟的时间刻度,可以实时模拟时序电路中的时钟情况。

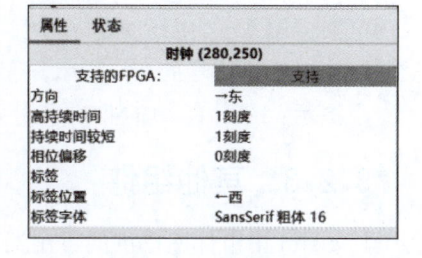

图 9.9 时钟属性项

9.2.2 逻辑门组件

数字逻辑电路中的基础门电路只有"与门""或门"和"非门"三种,按照目前电子元件的种类,Logisim增加了与非门、或非门、异或门等逻辑门组件,见图9.10所示。

可选组件中包含组合电路和时序逻辑电路中常见的逻辑门,主要有非门、与门、或门、与非门、或非门、异或门、同或门等。一些简单校验器也列在逻辑门中提供给用户使用,如奇偶校验器等。这些门电路主要用于构成复杂逻辑电路。

通过选择"文件"→"首选项"或"窗口"→"首选项"会弹出一个环境设置窗口界面,如图9.11所示。可以看到,"国际(International)"标签下,可以将软件的语言修改为中文环境。在这个窗口界面上的"逻辑门形状"栏中可以将逻辑门样式设定为IEC(International Electrotechnical Commission,国际电工协会)标准或ANSI(American National Standards Institute,美国国家标准学会)的标准。

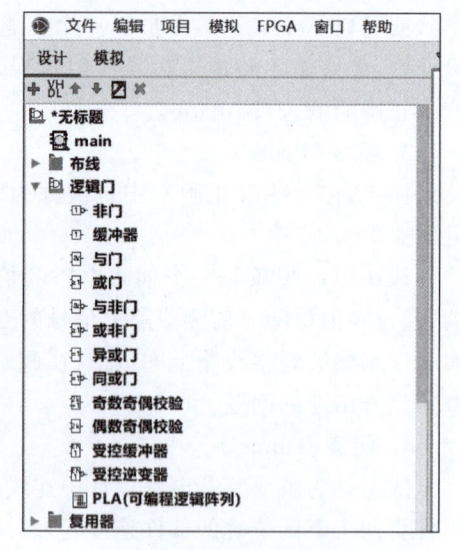

图 9.10 逻辑门组件

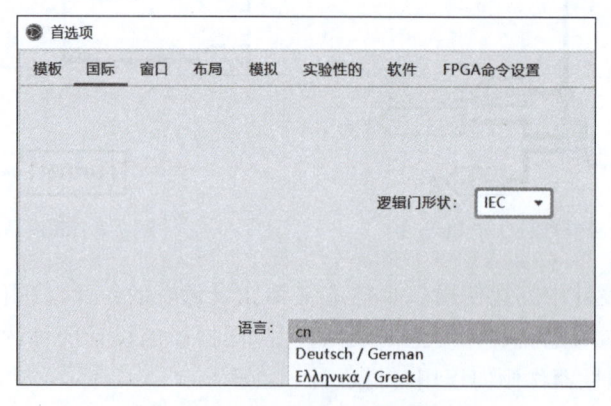

图 9.11 首选项修改逻辑门外观

图9.12是基础门电路为ANSI和IEC两种不同标准的图形。

逻辑门电路组件中,信号的输入默认位宽为1位,修改位宽为多位表示多位信号并行进入门电路。图9.12中还演示了非门8位位宽的信号输入,可以观察到,输出信号是按位取反并行输出8位信号的。

小提示:图9.12中的非门采用了三态门的结构,需要外接地线才能正确显示信号。

9.2.3 其他组件

Logisim中组件库提供的可用器件很多,按照目前电子元件的种类,Logisim将其他元件分类集成到左侧的组件库中供用户使用。图9.13所示是复用器和算术组件,其中的多路

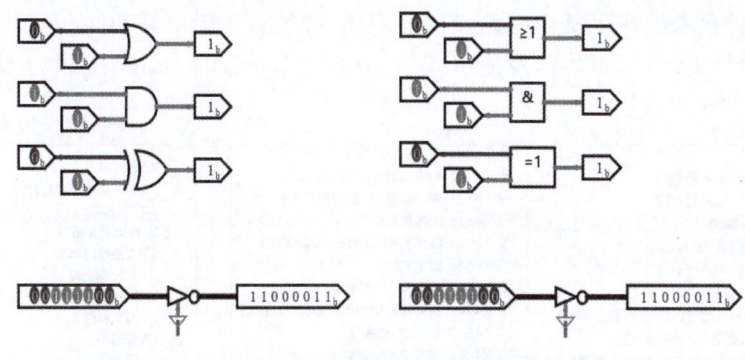

图 9.12　ANSI 和 IEC 标准基础电路外观

复用器、译码器、优先级编码器都是组合逻辑电路中的常见组件。

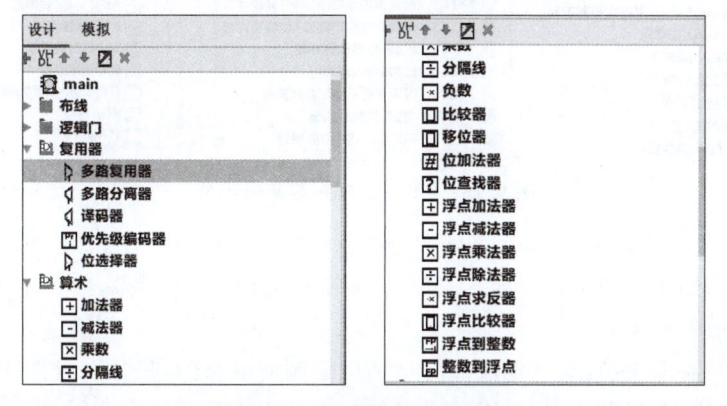

图 9.13　复用器与算术组件

算术组件中的组件主要完成各种运算器的模拟实现。如加/减法器、比较器、移位器等也是组合逻辑电路中常见的组件,这些组件的使用方法和基本门电路类似,在 Logisim 中已经定义了输入、输出和控制端口,只需要摆放到合适的位置,进行适当连线即可。

在内存和输入/输出目录下,存放了绘制时序逻辑电路和更复杂电路所需的相关组件,见图 9.14。内存中包含四种基本触发器和寄存器、计数器、移位寄存器、RAM 和 ROM 等,在时序逻辑电路中这些都是常见的组件。而输入/输出目录中,包含外接控制组件,如按钮、键盘、LED 灯、7 段数码管等输入/输出的组件,设计人员根据需要选用。

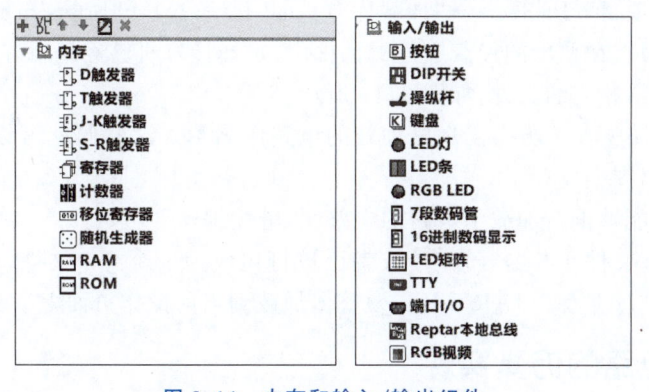

图 9.14　内存和输入/输出组件

以上的组件已能够满足基本电路设计的需要，如组合逻辑电路和同/异步时序逻辑电路设计，在实际设计的时候，可能涉及使用 TTL 或其他电子器件，Logisim 中也集成了这些器件的库，如图 9.15 所示。

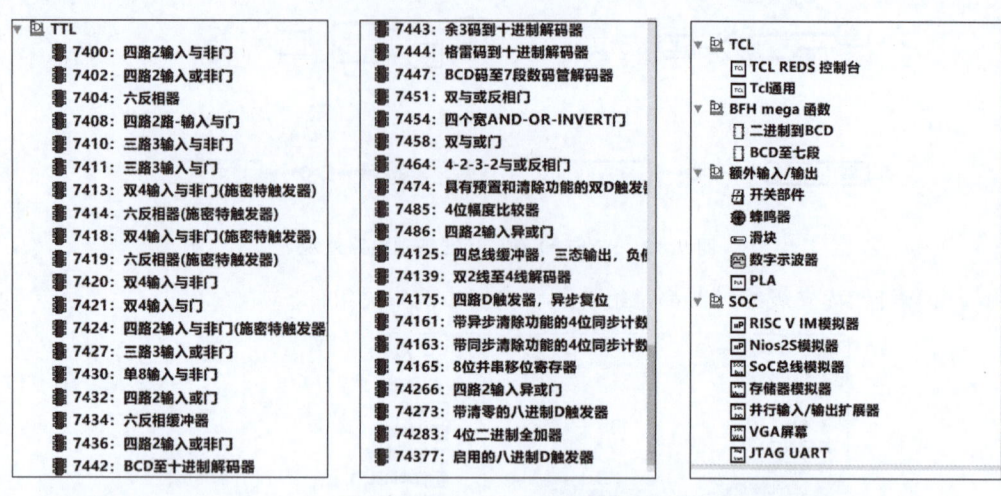

```
▼ TTL                                      ⬥ 7443: 余3码到十进制解码器          ▼ TCL
  ⬥ 7400: 四路2输入与非门                   ⬥ 7444: 格雷码到十进制解码器            ⬦ TCL REDS 控制台
  ⬥ 7402: 四路2输入或非门                   ⬥ 7447: BCD至7段数码管解码器           ⬦ Tcl通用
  ⬥ 7404: 六反相器                          ⬥ 7451: 双与或反相门                  ▼ BFH mega 函数
  ⬥ 7408: 四路2路-输入与门                  ⬥ 7454: 四个宽AND-OR-INVERT门          ⬦ 二进制到BCD
  ⬥ 7410: 三路3输入与非门                   ⬥ 7458: 双与或门                      ⬦ BCD至七段
  ⬥ 7411: 三路3输入与门                     ⬥ 7464: 4-2-3-2与或反门门            ▼ 额外输入/输出
  ⬥ 7413: 双4输入与非门(施密特触发器)         ⬥ 7474: 具有预置和清除功能的双D触发器    ⬦ 开关部件
  ⬥ 7414: 六反相器(施密特触发器)             ⬥ 7485: 4位幅度比较器                  ⬦ 蜂鸣器
  ⬥ 7418: 双4输入与非门(施密特触发器)         ⬥ 7486: 四路2输入异或门               ⬦ 滑块
  ⬥ 7419: 六反相器(施密特触发器)             ⬥ 74125: 四总线缓冲器，三态输出，负    ⬦ 数字示波器
  ⬥ 7420: 双4输入与非门                     ⬥ 74139: 双2线至4线解码器              ⬦ PLA
  ⬥ 7421: 双4输入与门                       ⬥ 74175: 四路D触发器，异步复位        ▼ SOC
  ⬥ 7424: 四路2输入与非门(施密特触发器)       ⬥ 74161: 带异步清除功能的4位同步计数    ⬦ RISC V IM模拟器
  ⬥ 7427: 三路3输入或非门                   ⬥ 74163: 带同步清除功能的4位同步计数    ⬦ Nios2S模拟器
  ⬥ 7430: 单8输入与门                       ⬥ 74165: 8位并串移位寄存器             ⬦ SoC总线模拟器
  ⬥ 7432: 四路2输入或门                     ⬥ 74266: 四路2输入异或门                ⬦ 存储器模拟器
  ⬥ 7434: 六反相缓冲器                      ⬥ 74273: 带清零的八进制D触发器          ⬦ 并行输入/输出扩展器
  ⬥ 7436: 四路2输入与非门                   ⬥ 74283: 4位二进制全加器                ⬦ VGA屏幕
  ⬥ 7442: BCD至十进制解码器                 ⬥ 74377: 启用的八进制D触发器            ⬦ JTAG UART
```

图 9.15　TTL 及 TCL 等其他组件

TTL 组件目录下常见的 74 系列组件，包括与非门、或非门、反相门、编码器、触发器等都可以在这里找到相应的组件。至于 TCL、BFH mega 函数等目录，由于本书没有涉及，其用法和内容就不再赘述。

组件库里的器件，本质上也是按照基本结构绘制的电路图，只是以组件的形式被集成到组件库中。在实际电路设计中，可以参考组件的内部逻辑关系灵活选用。

9.3　Logisim 简单应用

9.3.1　Logisim 库文件

Logisim 采用所见即所得的方法帮助人们完成电路设计，一个完整的电路是由每一个单独部件连接组成，Logisim 仿真也采用这种方式，将已有的设计电路作为一个部件添加到更复杂的电路中，成为组件之一。

菜单中选择"项目"(Project)→"加载库"(Load Library)→"Logisim 进化库"(Logisim-evolution Library)。在弹出的加载文件对话框中，选择计算机已经编辑好的库文件，或下载的库文件目录，选择相应的文件，如图 9.16 所示。

完成后，在电路文件下方会出现已加载的电路图名称。这时候就可以将这个部件当作一个图形在主电路图上放置了。

选择库文件，能够重新加载子电路的电路图，继续编辑。

如果选择的库文件涉及内容较多，或者已被打包成为一个 .jar 文件，可以通过选择"项目"→"加载库"→"JAR 库"(JAR Library)整体加载到当前操作页面上。

9.3.2　电路的仿真实现

对于组合逻辑电路，可以通过对门电路的摆放和连接完成整个电路的绘制，也可以通过

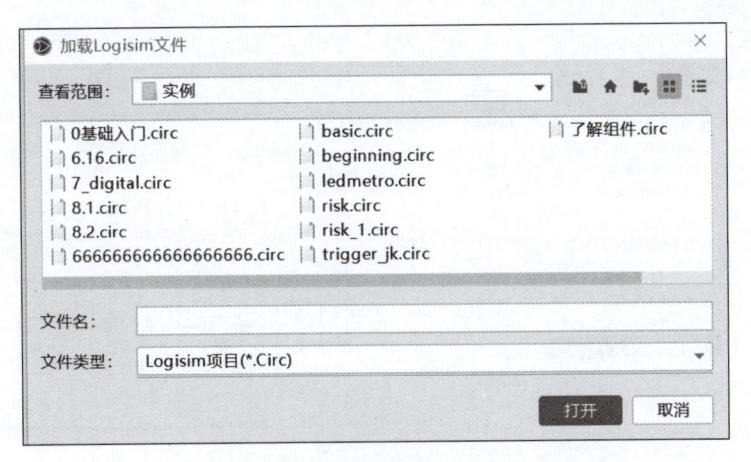

图 9.16 加载 Logisim 文件对话框

在真值表中输入相应的最小项,由系统自动生成电路。

对于时序逻辑电路,Logisim 能在软件中模拟出电路的信号、波形、电路随时钟的变化情况等一系列动态内容,用 Logisim 的模拟工具来查看电路的动态模拟。

以本书的例题为例绘制电路图,说明如何实现电路的仿真。

首先选择本书中的一个基础例题进行说明。按照例 7.19 绘制的电路图见图 9.17。显然,电路中用 3 个 D 触发器和一个与门完成一个同步时序逻辑电路的绘制。电路的分析已经在第 7 章进行详细阐述,这里不再赘述。

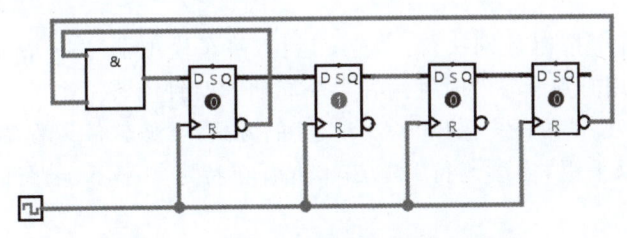

图 9.17 例 7.19 电路图的 Logisim 实现

通过将电路绘制在"画布"上,并操控电路实时显示,我们能够在 Logisim 中看到电路的运行,验证电路分析的正确性。

如果面对的是组合电路,就根据绘制出的电路图,找到相应的真值表,对照真值表查看相关逻辑的描述是否符合设计要求。

对于时序电路,电路是否按照时钟正确输出是设计人员所关心的。因此,我们有必要了解几个重要的模拟和仿真所需的功能。

1. 时钟频率

要进行时序逻辑的仿真,首先必须规定时钟的频率。因为是通过软件进行模拟的场景,所以时钟频率可以先调整到一个慢速状态来调整其中的错误。然后再调整到正常频率来观察正常情况下的电路运行,如图 9.18 所示。

在菜单栏中单击"模拟"→"自动滴答频率"就会打开一个可选的频率菜单,在 0.25Hz～2048.0kHz 分挡列出,一般来说,在调试阶段,可以调整为 2～16Hz 来观察时钟对电路的影响。勾选上方的"已启用自动勾选"和最上方的"自动传播",就能看到电路图上的电线出现

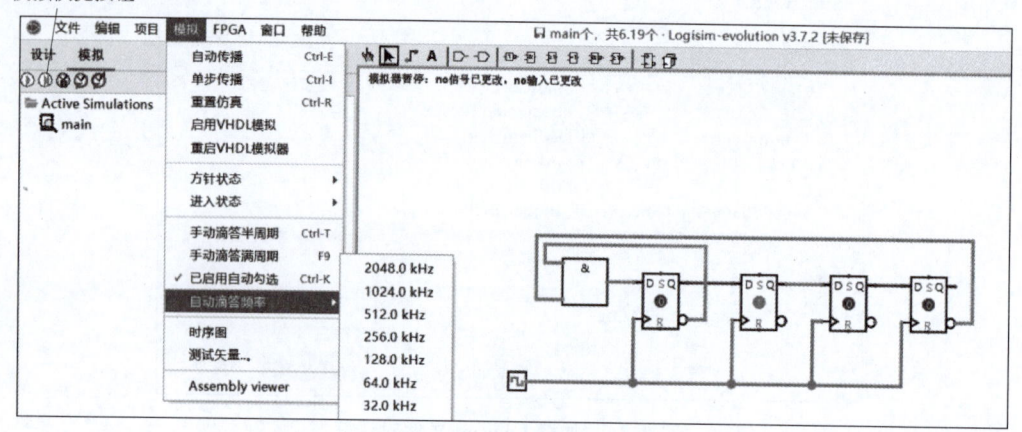

图 9.18　时钟频率调整

深浅闪烁的状态。一次深浅色交替表示一个时钟周期,图 9.18 中没有连接输出信号,仅由时钟信号作为整个电路的输入,所以在查看输出项的时候,可以从相应位置引出输出,或者直接查看触发器中的数码显示。

依次标记输出 $Q_1 Q_2 Q_3 Q_4$,根据观察需要,可以外接 7 段式显示器,或者直接外接输出,甚至可以通过连接指示灯来查看每一个 D 触发器输出的情况。

仿真操作的快捷按钮在面板右侧,有一系列快捷操作按钮,形状如图 9.19 所示。

从左到右,这五个按钮分别执行:"连续运行/停车模拟器""一次步进模拟器""禁用时钟滴答""时钟滴答半个周期""时钟滴答一个完整周期"的功能。调试阶段多采用"一次步进"的方式,类似软件编程调试阶段的"单步执行";完成后就可以采用"连续运行"的方式,查看在特定频率下,电路的仿真和模拟是否正常。

图 9.19　模拟快捷按钮

时钟的属性默认高电位和低电位分别占一个时钟周期的 50%,一些特殊设计中需要修改时钟的高、低电位占比,就可以在图 9.20 所示的时钟属性栏中修改。

图 9.20　时钟属性栏

2. 时序图

单击"模拟"→"时序图",将会调出对这个电路时序状态实时观察的窗口,"选项"部分见图 9.21(a)。

在选项中可以选择时间尺度、门延迟、时钟周期等一系列和仿真相关的参数,在图 9.21(b)中以时序波形的方式实时呈现出来。

通过对波形的分析,能够找出仿真过程中不易察觉的细微变化,如可能出现的门延迟造成的周期不准确等。

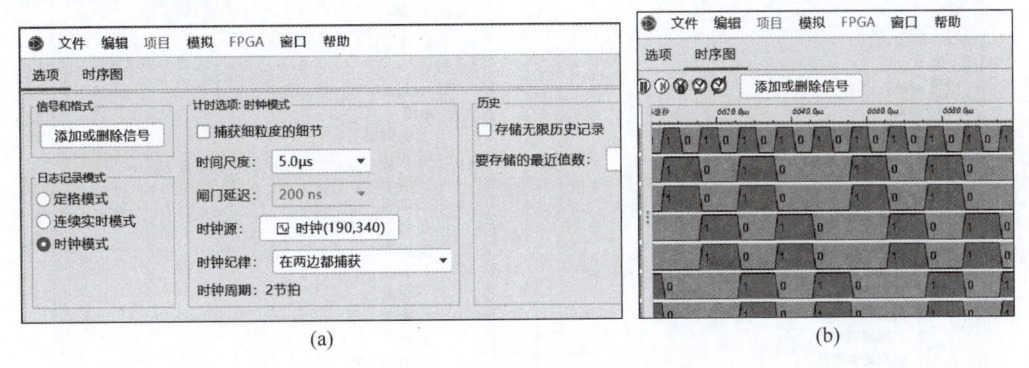

（a） （b）

图 9.21　Logisim 的时序图窗口

9.4　Logisim 电路设计

Logisim 应用于很多领域的原始设计中，如计算机科学、电子工程和通信工程等。在计算机科学领域，Logisim 用于设计和分析电子计算机的逻辑电路，如 CPU、寄存器、运算器等。在电子工程领域，Logisim 用于设计和分析电子设备的逻辑电路，如数字钟、计算器和智能家居设备等。在通信工程领域，Logisim 用于设计和分析通信设备的逻辑电路，如 modem、中继器和路由器等。

数字逻辑基础设计中，涉及的组件和内容主要集中在基础门电路的组合电路和时序逻辑电路的设计方面，这里主要介绍采用 Logisim 进行电路分析和设计的基础方法。

9.4.1　组合逻辑电路

Logisim 的操作相对简单，这里我们将从简单到复杂逐步学习硬件设计的内容。根据之前学习组合电路和时序电路设计的内容，我们从组合逻辑电路的门电路开始，通过例题使用 Logisim 进行电路仿真绘制和使用。

【例 9.1】　基础电路绘制与分析：用 Logisim 分析以下电路的功能。

解：这个电路在组合逻辑电路分析中已分析过其逻辑表达式，从 Logisim 实现的角度，我们重新体会在 Logisim 中的分析和运行情况。

将电路"绘制"在 Logisim 画布上，观察其运行情况。

首先分析图 9.22，电路由 2 输入、1 输出和 4 个或非门构成。打开 Logisim，找到图 9.23 中对应的门电路组件"或非门"，在画布上放置 4 个，摆放到位。再选择"引脚"，在画布上放置 2 个，作为输入项。修改标签为输入信号命名。放置输出引脚，同样添加标签中的名字。

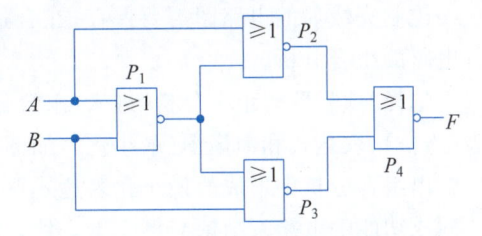

图 9.22　例 9.1 组合逻辑电路

画布上方的快捷按钮有相应的输入输出选项，若是按照图 9.23 选择的引脚，需要按照图 9.24 中的属性选项，修改输入/输出引脚的方向和外观。

调整各部件的位置，方便连线。需要注意的是电路图连线中不能有斜线，将组件摆放整

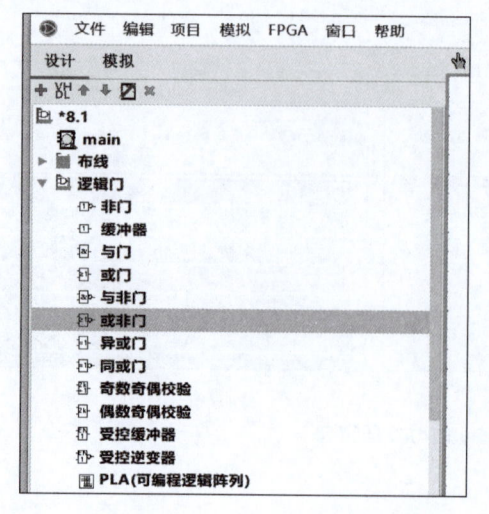

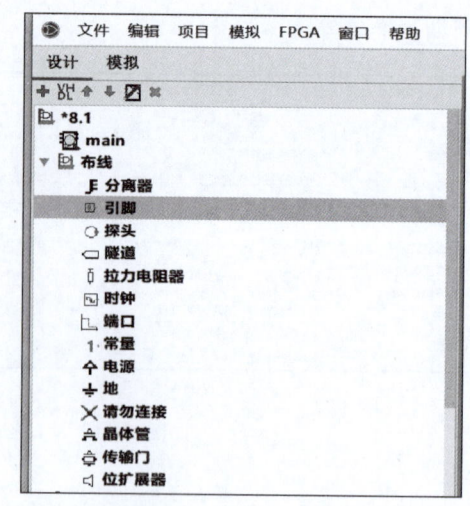

图 9.23　选取不同组件绘制电路图

齐,连线时也尽量减少线路的交叉。

调整各组件的属性,如名称、标签等,按照电路图所示,连线完成电路图,如图 9.25 所示。

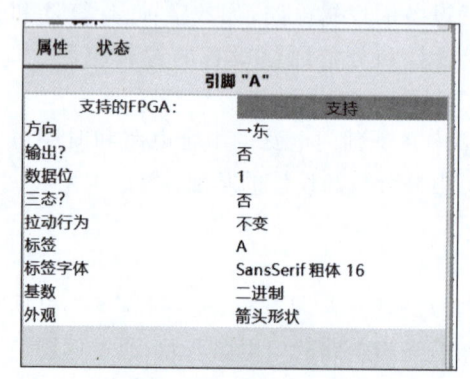

图 9.24　修改属性标签

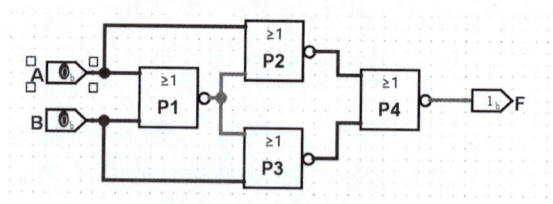

图 9.25　电路设计图

绘制完成后的电路图需要保存,在合适的位置将电路图存为.circ 文件,就可以开始进行电路的组合分析。

选择"项目"→"组合分析"进入"组合分析"对话框,可以分别查看电路的输入输出、真值表(表格)、表达式和卡诺图(最小化),如图 9.26 所示。

由组合分析中形成的最小化表达式可以很容易看出,该电路是一个由 4 个或非门构成的同或功能的电路。结论与例 5.1 一致。

【例 9.2】　冒险与险象的观察。

因为 Logisim 的仿真特点,可以直观查看信号在线路上的传递过程,一些在纸面上不容易理解的内容,可以通过仿真观察现象。

冒险与险象是数字电路中常会出现的现象,例如:由于电路延迟造成输出出现短暂错误的现象。在 Logisim 中绘制 A 信号经过不同路径到达某个门电路,能直观地观察到冒险与险象出现的现象,见图 9.27。

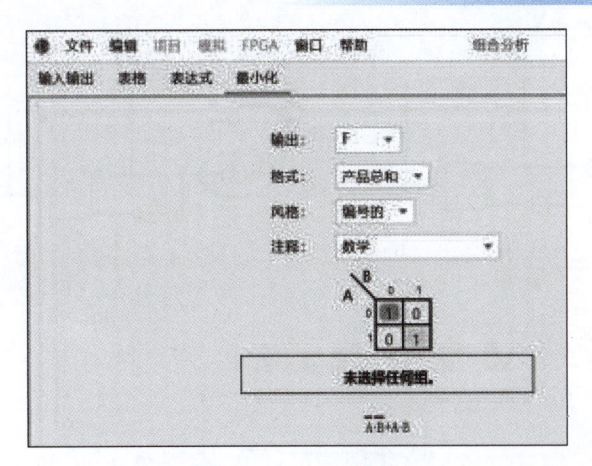

图 9.26　组合分析

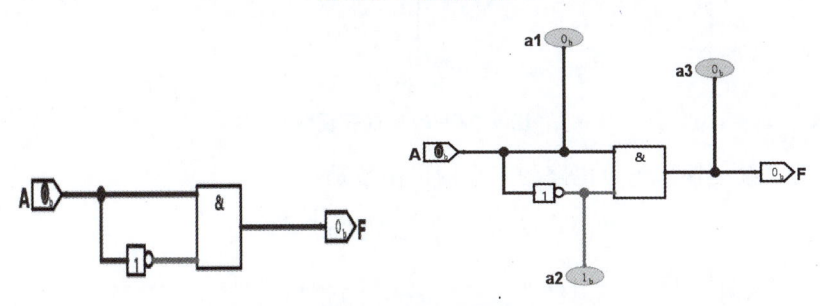

图 9.27　险象观察电路

解：A 与 A 非是一种因为门电路延迟造成的典型的 0 型冒险，为演示方便，设计在输入和输出三个位置加入探头，演示 F 的变化过程。

选择快捷栏中的戳工具 ，此时鼠标的单击是模仿对电路开关信号的点击"戳"，因而变成对当前组件信号值的修改。选择"模拟"菜单中的"自动传播"为"单步传播"，然后用快捷键 Ctrl+I 执行单步操作。单击输入端 A，将 A 从 0 修改为 1。

此时，A 的信号改变，而信号暂停并没有传递到线路上，所以探头 a1 和 a3 仍然显示为 0，探头 a2 显示为 1(图 9.28(a))。单步进行下一操作，信号到达第一个门电路，此时，探头 a1 和 a2 都显示为 1，表示信号还没有经过非门电路(图 9.28(b))，此时 a3 处接收的 a1 和 a2 信号都是 1，下一步会执行与操作，将改变 a3 处的信号为 1。继续单步执行，可以看到，a1 处信号经过与门电路，a2 处的信号经过非门，还未到达与门，a3 处接收的信号是上一步所接收的信号，所以输出 1，观察到的信号如图 9.28(c)所示。

a3 处接收的信号是图 9.28(b)中的两个信号 1 的与门结果，所以显示为高电位，而此时非门信号才到达与门，并没有参与与门的运算中。所以出现了 a1 和 a3 处信号显示为 1，a2 处信号显示为 0 的现象，此时出现的即为电路中的短暂"1"信号，即出现了"险象"。这一时刻的电路出现逻辑错误：A 与 A 非为 1。

继续执行，当非门的 0 传递过与门时，a3 处进行及时的修正，恢复到 0 的输出，并稳定下来。用波形图看，在 F 的输出波形中看到一个短暂的"1"型错误，即"1"型冒险。

9.4.2　组合逻辑电路设计

在 Logisim 中不但可以进行组合逻辑电路分析，还能进行函数的设计。

(a)

(b)

(c)

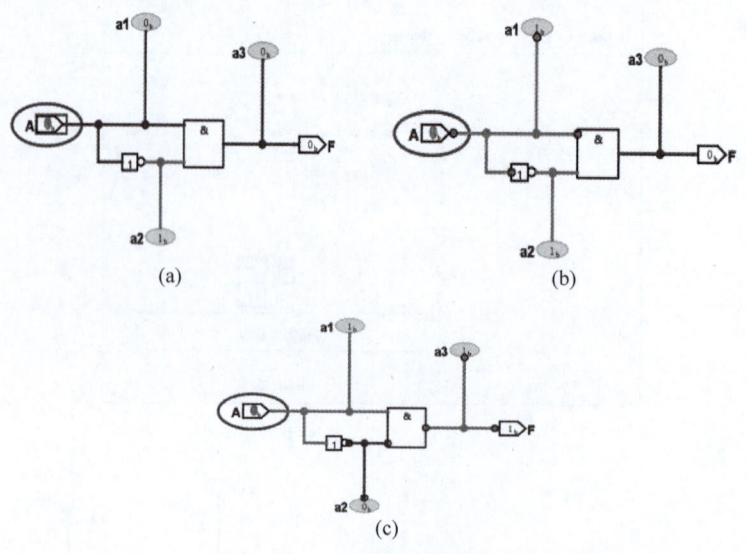

图 9.28 险象信号观察

【例 9.3】 某三输出组合电路的三个输出函数是

$$F_1(A,B,C) = \sum m(3,4,5,7)$$

$$F_2(A,B,C) = \sum m(2,3,4,5,7)$$

$$F_3(A,B,C) = \sum m(0,1,3,6,7)$$

用译码器画出该逻辑电路的电路图。

解： 从表达式可以看出，组合电路由三输入、三输出构成，而三输出分别对应几个最小项的组合，对应译码器的输出部分。

我们采用子电路的方法，首先绘制一个 3 线-8 线译码器。在这个译码器基础上，完成整个电路的设计，从而学习分模块设计。

选择"项目"→"添加线路"，在弹出的对话框中，输入子电路的名称，假设名称为 Subcric(图 9.29)，此时左侧电路项目中出现两项：main 和 Subcric，分别表示设计图的主电路和子电路。单击 Subcric 就能在 main 的画布上出现一个新的器件，方法和其他部件使用相同。双击 Subcric 则进入子电路的编辑画面。

图 9.29 命名子电路

译码器的设计方法有很多，根据前文的内容，用门电路绘制译码器。利用 Logisim 的自动生成功能来实现。门电路的绘制方法在前面例题中已经详述，本例题通过填写最小项的方法来自动生成一个 3 线-8 线译码器(不包含使能端)。

再次选择"项目"→"组合分析"，进入对话界面，首先定义输入输出的符号，见图 9.30 中的输入变量和输出变量。

设输入端输入信号分别为 A、B、C，输出端分别为 $I_0 \sim I_7$。然后进入"表格"页面，填写输出部分的信号。表格将输入和输出分开列出，输入项中列出了 A~C 的所有组合，我们只需要在输出部分对应的位置填写最小项即可。

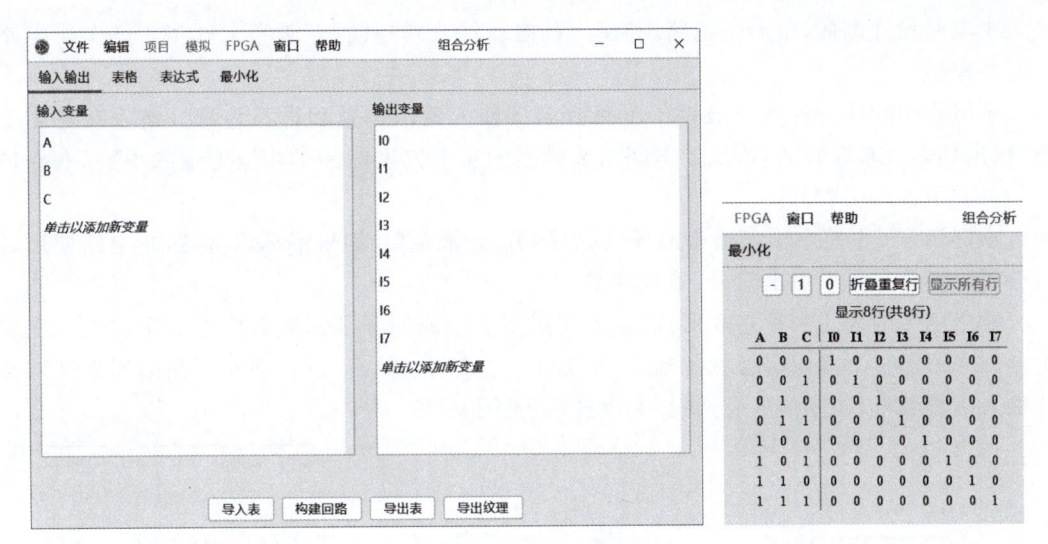

图 9.30　定制真值表

填写的值有三种——"-"、"1"和"0",显然,"-"表示无关最小项。这里没有无关最小项,所以将相对应的 0 和 1 填写到表格中。题目中没有涉及是负逻辑还是正逻辑,选择按照正逻辑来实现。

查看"表达式"页面中各输出项表达,每一项输出是一个最小项,按照译码器逻辑要求输入相应的值。进入"最小化"页面,单击"构建回路"。Logisim 自动绘制出一个 3 输入、8 输出的译码器,如图 9.31 所示。不指定用哪种门电路来实现的话,系统会采用基础门电路来实现。

子电路绘制结束后可以作为一个新组件来使用。若不指定外观,系统会给出默认的方形外观,或者通过"编辑外观"页面自定义子电路模块外观,如图 9.32 所示。

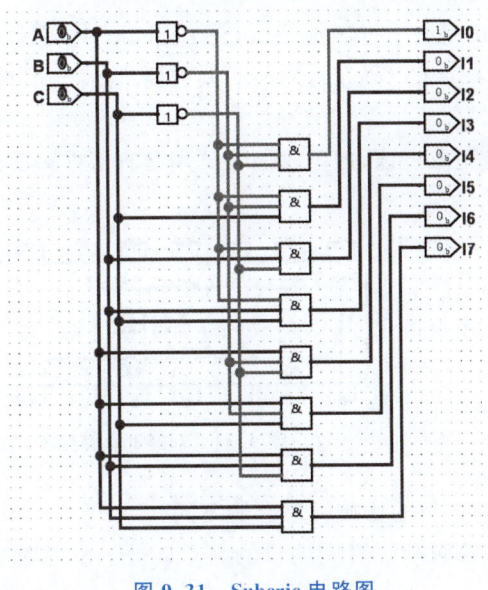

图 9.31　Subcric 电路图

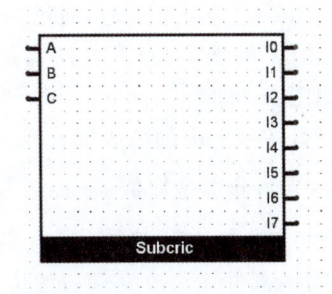

图 9.32　Subcric 电路外观

定义完成的子电路可以当作一个电路元件来使用。双击主电路文件名(通常是 main),

进入主电路设计画面,单击子电路,和使用其他组件方式相同,在画布上就多了一个子电路的封装模型。

子电路中默认的外观一般以子电路真实的输入输出位置和标签为准。输入在左侧上方,输出均匀分布在右侧,所以子电路封装模型的左上方也标注了相应的输入引脚,右侧也均匀排列了输出引脚。

小提示:子电路中输入输出的标签(引脚名)非常重要,如果不标识清楚,主电路使用时就会不知道该从哪里引出信号,造成混淆。

输出函数的表达为积之和形式,说明还需要 3 个或门分别完成对应的 3 个输出。在主电路图中添加 3 个输入信号、3 个输出信号和 3 个或门。单击或门,在左下角的属性区域修改输入信号数量,按照函数表达式,完成连线,见图 9.33。

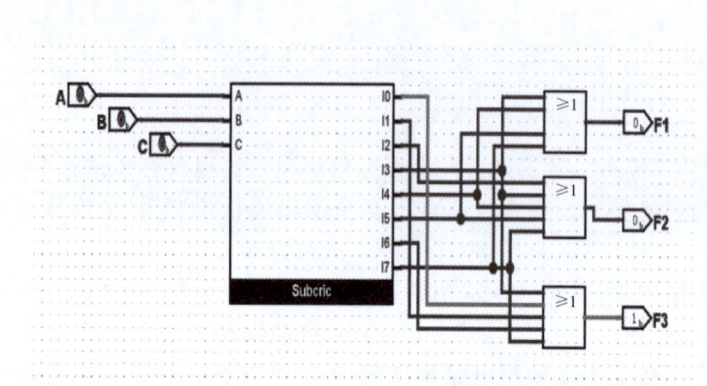

图 9.33 电路设计图与验证

在"组合分析"对话框中验证电路图是否正确。另一种方法是使用"戳工具"修改 A、B、C 的输入信号值,观察 F1~F3 输出结果是否正确。

【例 9.4】 用 4 位加法器实现 8421BCD 码的十进制加法器,在 Logisim 中绘图并验证。

解:本题的解题过程见例 5.15,因为 8421BCD 码在运算的时候需要进行"+6"调整,因此需要两个加法器来实现。

在例 9.3 中,已经学习了如何用子电路完成设计,这里我们尝试用已有部件来实现。查看组件库中的加法器来实现函数功能。

选择 TTL 组件中的 74283:4 位二进制全加器(4-bit binary full adder),通过"修改属性"→"显示内部结构"的选项,查看加法器输入输出接口的位置,如图 9.34 所示。

显然,按照图中的输入输出信号分布,A1、B1、$\sum 1$ 为一组,分别是加数、被加数与和。与我们之

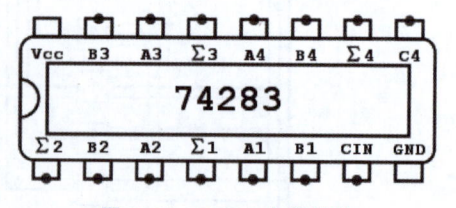

图 9.34 74283 内部结构

前习惯的加数为一组、被加数为一组、和数为一组的摆放习惯有所不同。

已有的部件无法改变端口的位置,我们只能按照对应端口的名称区分。显然加数与被加数对应的输入接口为 A1~A4 和 B1~B4,输出接口为 $\sum 1 \sim \sum 4$,CIN 表示低位对本位的进位,C4 表示本位对高位的进位,V_{CC} 和 GND 分别表示加载的高电平和接地端,在属

性选项中,可以选择不使用这两个接头。

单个加法器连接参见图 9.35,其中 CIN 和 C4 作为低位向本位的进位及本位向高位的进位,没有使用。为方便观察,用 4 位二进制输入信号源,采用分线器连接的方式查看加法器的连接和结果。

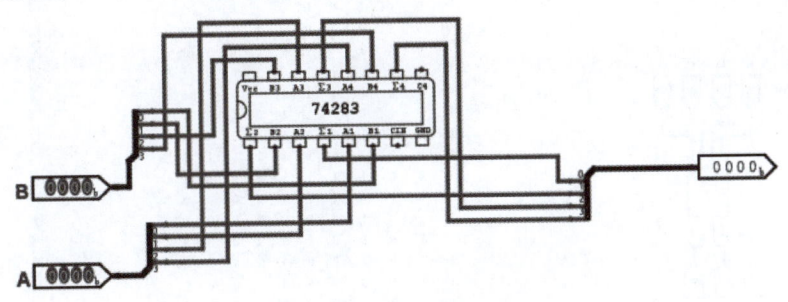

图 9.35 74283 基本接线

参照图 5.50 完成电路的基本连接,线序混乱的部分通过调整属性将顺序理顺,正确连接线序。

图 9.36 中,演示了 74283 加法器可以隐藏和显示内部结构的两种图示,对加法器使用不熟练的时候,可以通过显示内部结构进行接线。完成相关连线之后,可以设置隐藏内部结构,连线时,通过将鼠标移动在接口处,就能看到该接口的名称。图 9.36 演示了 0101 和 0110 相加,进行"+6"调整的结果,并添加了进位输出来显示数据相加的正确结果。

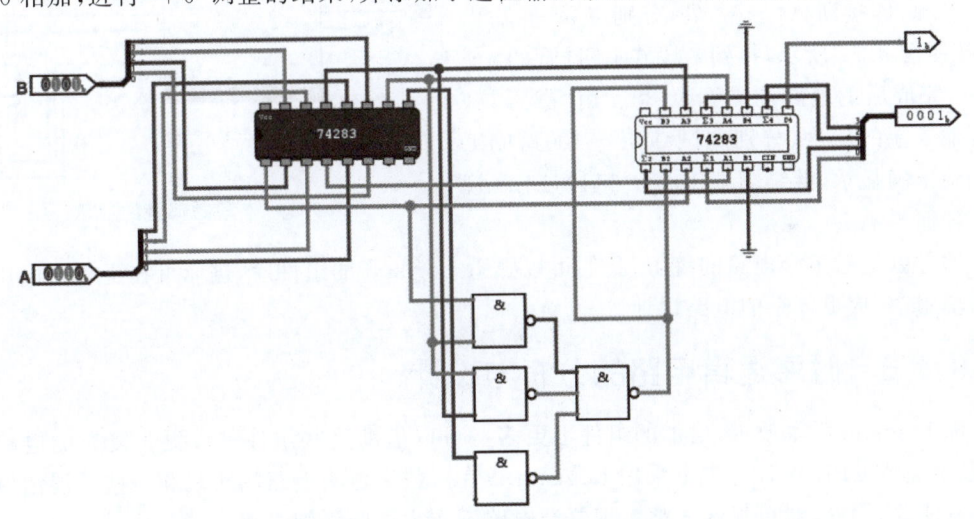

图 9.36 例 9.4 的 Logisim 电路图

【例 9.5】 在 Logisim 中设计一个电路,输入一个 4 位 BCD 码,用 7 段式 LED 管显示该 BCD 码所表示的十进制数,冗余码不作任何显示。

解:显然,电路输入端为 4 位,输出端为 7 位。设计子电路为 4 输入、7 输出的逻辑电路。利用 Logisim 中的"首选项",进入真值表填写。这里需要根据 7 段数码管组件的引脚确定显示位 a～g。

根据 a～g 显示出正确数值时各引脚的值填写真值表,要求冗余码不作任何显示,所以将冗余码输出按 0 处理,如图 9.37 所示。

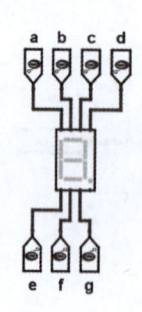

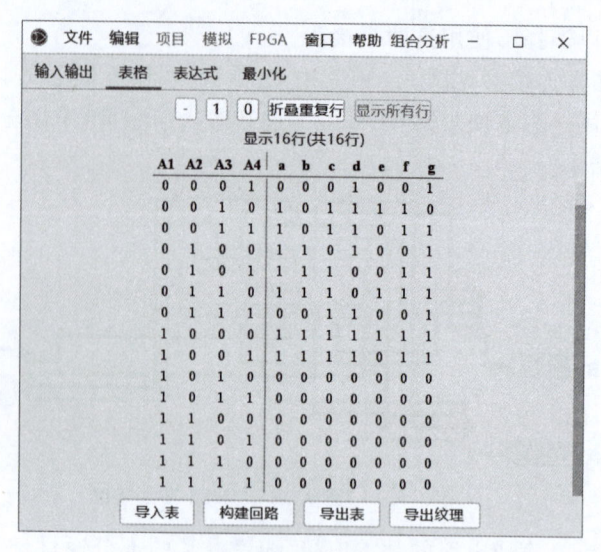

图 9.37　7 段数码管引脚和对应真值表

按照图 9.37 的真值表，自动构建电路，得到 4 输入 7 输出的电路，输入部分的 A1～A4 接收 BCD 码的 4 位输入，输出的 7 位依次对应 LED 管的 7 个引脚。图例中的 LED 管中的 "."由第 8 个引脚控制，因为本例不涉及，所以不作处理。

封装后得到子电路。在主电路中添加 4 输入信号源，连接到 A1～A4 处，分别将 a～g 输出端，按照图 9.37 所示，接到 7 段式 LED 管的 a～g 端。完成后的电路图见图 9.38。用"戳工具"改变输入端的信号，分别测试 0000～1001，LED 数码管正确显示，继续测试 1010～1111，LED 管没有任何显示。

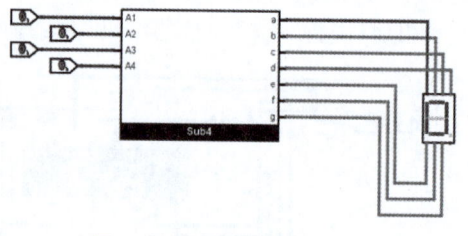

图 9.38　7 段数码管的显示

通过以上对组合电路的练习，我们可以熟悉 Logisim 的组件库，进而可在更复杂应用中灵活使用，完成更复杂的电路设计。

9.4.3　时序逻辑电路的分析与设计

随 Logisim 版本改进，增加的组件也更多。可以借助这些组件完成更为复杂的电路设计，甚至完成 CPU 设计。本书采用 Logisim 重在对数字逻辑电路的实现和一些易混淆概念的观察体验，因此，对更加深入地实现复杂电路不作为例题详细讲解。

【例 9.6】 在 Logisim 中模拟 R-S 触发器，观察 R-S 触发器信号变化情况，并正确理解"空翻"的概念。

基础 R-S 触发器由 2 个与非门交叉连接实现，为了理解空翻，可以在 R-S 触发器前增加两个与门电路，构成新的 R-S 触发器，设 CP 为时钟信号进行"空翻"验证。这样的好处是不用调节时钟频率，将 CP 从 0→1→0 看作一个完整的时钟周期，观察在 CP 为 1 期间，R 端和 S 端信号的改变对 Q 端输出的影响。

从图 9.39 可以看出，当 R、S 端都是 1 的时候，两个输出端 Q 和 $\overline{Q}$ 输出值不定。按照时钟信号原则，当 CP=0 时，R、S 端信号变化不影响 Q 端输出；当 CP=1 时，R、S 端当前信号会直接改变 Q 端的输出。

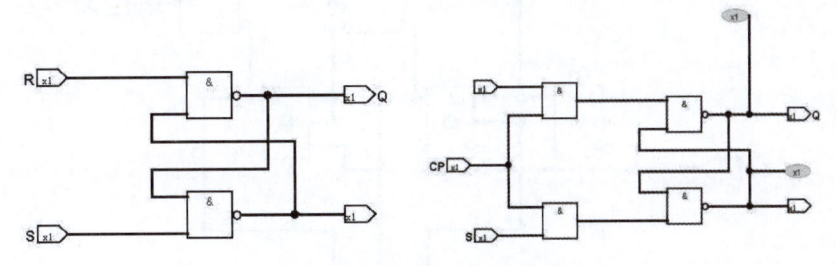

图 9.39　触发器的"空翻"信号监测

通过用"戳工具"分别单击 R 端、S 端或 CP 端信号,可以观察到 Q 端的信号变化,此时若一直保持 CP=1,改变 R 端和 S 端信号值,在 CP 作用期间,Q 端信号受 R 端和 S 端信号影响,输出会变化。这样当改变 CP 处信号为脉冲信号,也同样可以观察到,在一个时钟周期内,Q 端输出会发生多次变化,这种一个周期之内,不能稳定输出的现象被称为"空翻"。

同时,在时钟有效的前提下,$R=S=1$ 时,电路提示出现振荡。改变信号模拟方式为"单步传播"之后,可以看到信号反馈造成状态的冲突现象,观察到前文所提到的"状态不定"现象。

【例 9.7】 观察图 9.40,分析该电路的工作原理。

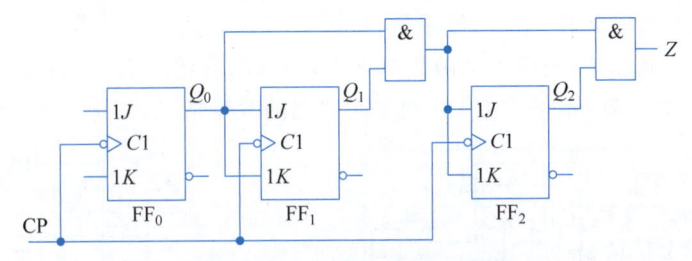

图 9.40　时序逻辑电路分析

解:该电路由 3 个 J-K 触发器和两个与门构成,将电路绘制到 Logisim 中,并接入必要的信号,见图 9.41。如前文所述,电路图中的元器件引脚悬空表示高电平,Logisim 中没有这样的默认值,需要增加一个外接电源表示接入"1"。

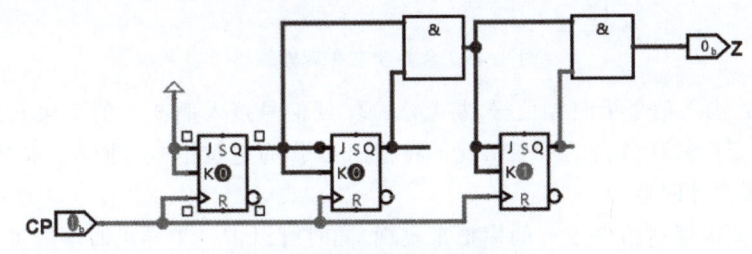

图 9.41　时序逻辑电路仿真图

电路图绘制完毕,没有信号冲突,就可以进行电路的模拟运行。

信号输入只有 CP,说明该电路的输出只和时钟信号有关。转换鼠标"箭头"为"戳工具",单击观察电路的运行情况。

经过多次单击,能够直观发现线路呈现周期性变化状态,但电路只有一个输出 Z,为了更直观观察 3 个触发器的输出构成,将触发器的 Q 端引出并用分离器合并为一个 3 位信号。观察 J-K 触发器的变化规律,如图 9.42 所示。

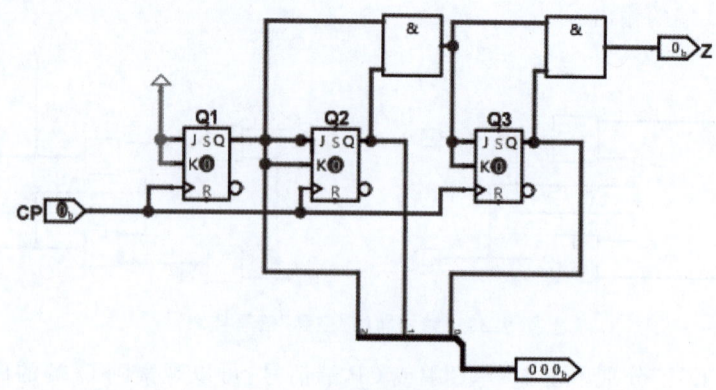

图 9.42 时序逻辑电路信号

可见,在分离器处合并的信号 $Q_1Q_2Q_3$ 的数据按照 000—001—010—011—100—101—110—111—000 的规律循环一个周期,其中当 $Q_1Q_2Q_3=111$ 时,完成一次循环,Z 输出为 1。因此该电路为一个二进制、周期为 8 的循环计数器。

【例 9.8】 用 J-K 触发器设计一个十进制循环计数器,进位输出为 Z。

解:结合前文知识,列出计数器的状态转移表,并进行化简。

列次态方程组求出 J、K 端的激励函数,得出 J、K 的表达式以及输出 Z 的表达式。

选取 4 个 J-K 触发器,按照逻辑函数要求进行连线,并给出合并后的状态 $Q_0Q_1Q_2Q_3$。改"指针"工具为"戳工具"单击模拟 CP 到来时状态的改变情况,如图 9.43 所示。

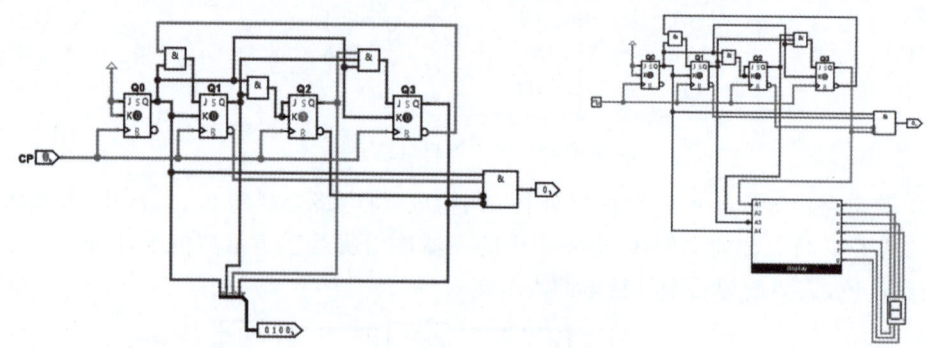

图 9.43 合并状态并观察输出

修改 CP 处输入信号为时钟信号,将 $Q_0 \sim Q_3$ 处信号接入例 9.5 的 7 段式显示器,可以直观查看时钟变化时计数器的跳变情况。将输出 Z 作为进位信号,即可在本题基础上进行扩展,设计出多位计时器。

时钟动态模拟通过组件上方的模拟来实现,同时可以进一步导出时序图进行分析。

【例 9.9】 观察图 9.44,分析该异步时序逻辑电路的功能。

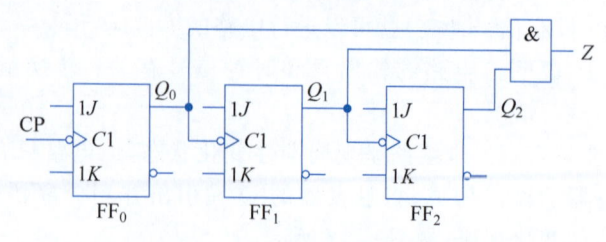

图 9.44 异步时序逻辑电路分析

解：该电路由 3 个 J-K 触发器和一个与门构成，将电路绘制到 Logisim 中，如图 9.45 所示。同样添加必要的信号，如 3 个触发器的 J、K 端都按照高电平处理，在 Logisim 中添加电源。

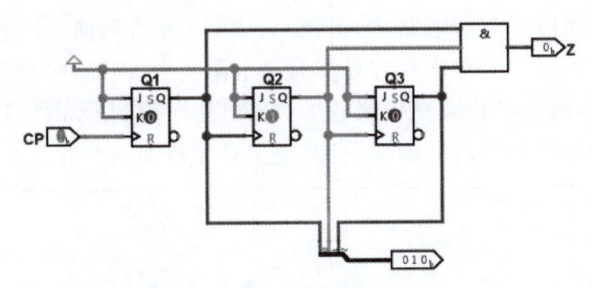

图 9.45 异步时序逻辑电路仿真图

将触发器输出信号合并成为 3 位信号，同样转换"箭头"为"戳工具"，观察电路信号变化情况。此时 $Q_1Q_2Q_3$ 的变化规律为 111—110—101—100—011—010—001—000—111，当 $Q_1Q_2Q_3=111$ 时输出为 1。该电路为一个二进制、周期为 8 的异步计数器，如图 9.45 所示。

通过对电路的信号模拟，可以清晰发现，当时钟信号 CP=1 时，J-K 触发器接收信号，改变当前状态。在异步计数器中，触发器的 J、K 端都接入高电平。当 CP 信号到来时，触发器只执行翻转，触发器 Q_1 首先得时钟信号，此时，Q_1 发生翻转，而 Q_2Q_3 还没有得到信号，用单步传播的方式，可以观察到下方状态显示为 100。

此时一个周期并未结束，用快捷键 Ctrl+I 查看信号的传播，可以观察到此时 $Q_1Q_2Q_3=100$，Q_1 继续传播，触发器 2 的时钟到来时 $Q_2=1$，在分离器处观察到此时 $Q_1Q_2Q_3=110$，继续执行，此时 Q_2 信号传播到触发器 3，J-K 触发器发生翻转，$Q_3=1$，此时观察到 $Q_1Q_2Q_3=111$，直到信号稳定在 111 处，输出 $Z=1$，结束当前 CP。

第二个 CP 到来时，Q_1 首先发生翻转，$Q_1=0$，并传播到与门和下级触发器，影响输出 $Z=0$，此时触发器 2 时钟接收信号为 0，后续触发器不发生变化，最终信号稳定在 011。

第三个 CP 到来时，Q_1 再次发生翻转，此时，触发器 2 接收到的信号 Q_1 从 0→1，处于时钟上升沿，触发器 2 发生翻转，而触发器 3 没有接收到上升沿信号，不发生改变。此时 $Q_1Q_2Q_3=101$。

以此类推，通过单步执行过程观察触发器信号的逐级改变。通过"时序图"选项可以实时看到异步时序逻辑电路的变化情况，如图 9.46 所示。

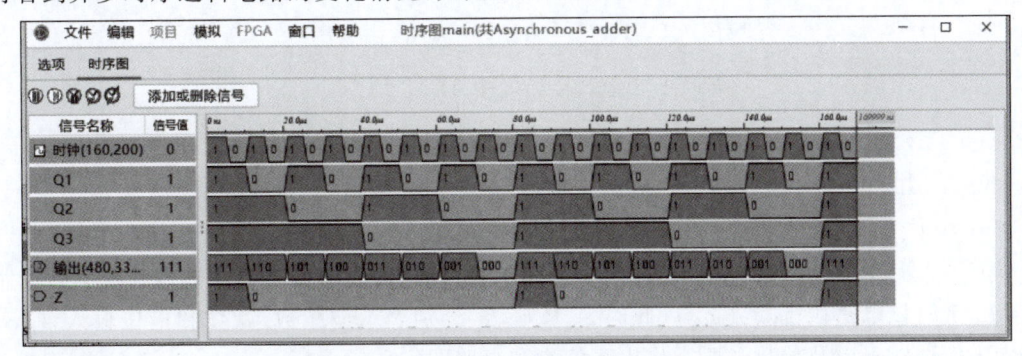

图 9.46 例 9.9 的时序图

将输入信号改为时钟信号,选择"模拟"菜单中的"自动传播"和"已启用自动勾选",就可以查看电路随时钟的变化情况了。此时,选择"模拟"菜单中的"时序图",可以调出该电路的时序图进行观察和分析。

对比例 9.8 的同步时序逻辑电路(见图 9.47),可以看到两种不同的循环计数器的变化情况。虽然电路分别由同步时序电路和异步时序电路实现,但是在时序图中,只是控制触发器的方式不同,触发器跳变的位置是一致的。对比电路所用到的元件可以看出,异步时序逻辑电路合理利用了前一级触发器的输出,有效减少了元器件的个数。

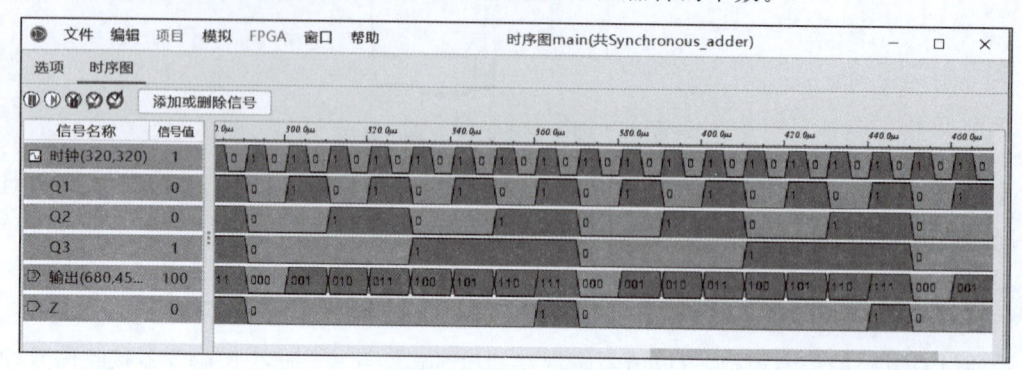

图 9.47 例 9.8 时序图

目前更高一些版本的 Logisim 被应用到更多仿真领域,与 Xilinx 联合进行硬件仿真部分的实现,菜单栏的"FPGA"选项就是为 FPGA 电路板实时模拟设置的。

时序逻辑电路中的部分功能可以进行合成和下载查看。

综上,Logisim 的模拟可以让读者直观"看到"电路的变化情况,通过电路的绘制能够实现计算机逻辑中的设计,甚至模拟 CPU 的实现过程。但是,Logisim 的设计终究是基于图形进行绘制,虽然直观,但绘制综合性电路图需依赖作者的经验。

采用一种抽象的代码来描述硬件结构和硬件功能、行为的语言称为 VHDL 语言。该语言通过类似软件代码的方式编写硬件的结构、功能和行为,用一种更为通用的方式对电路进行仿真实现。

习题 9

9.1 用 Logisim 实现以下的一组多输出逻辑函数,要求作出真值表和电路图的实现。

$$\begin{cases} F_1(A,B,C) = \overline{A}\overline{B}C + A\overline{B}\overline{C} + ABC \\ F_2(A,B,C) = \overline{A}C + AB + \overline{B}C \\ F_3(A,B,C) = \overline{A} + B + C \end{cases}$$

9.2 用 Logisim 构成一个二进制全加器/全减器。该电路有一个控制输入 M、三个数据输入 $A_i B_i C_{i-1}$ 和两个输出端 $C_i S_i$,其中当控制端 $M=0$ 时该电路执行加法运算,此时 $A_i B_i C_{i-1}$ 分别表示被加数、加数和进位输入,$C_i S_i$ 分别为进位输出以及和数;其中当控制端 $M=1$ 时该电路执行减法运算,此时 $A_i B_i C_{i-1}$ 分别表示被减数、减数和借位输入,$C_i S_i$ 分别为借位输出以及差数。要求作出真值表和电路图。

9.3 用 Logisim 实现一个七段数码显示译码器。该译码器接受四位的 8421BCD 码，然后转换成七位的显示码，可以驱动一个七段数码管，显示此 BCD 码表示的十进制数。要求作出真值表和电路设计图，冗余部分用特殊符号显示，如显示为 n。

9.4 用 Logisim 设计一个两位二进制加法器，加法器的输入端包括被加数 A_1A_0，加数 B_1B_0 以及来自低位的进位 C_0；输出端则为和数 S_1S_0 及进位输出 C_2。要求该加法器中的进位方式为超前进位。

9.5 设计一个"101110"序列检测器，每当输入端发现有"101110"序列时，检测器输出逻辑 1。该序列检测器采用 D 触发器来实现。

9.6 用 D 触发器在 Logisim 中构成一个十进制计数器，此计数器采用 8421BCD 码，具有一个进位输出，尝试写出 Verilog 代码，并测试仿真图形。

第 10 章 Verilog 电路设计

CHAPTER 10

本章首先阐述 Verilog 的基础知识,通过由简单到复杂的例子,逐步认识硬件语言和软件语言编程过程中的不同之处。体会硬件语言对电路的描述方法和调试方法。通过 Modulesim 等仿真软件的实现,直观了解硬件描述语言的设计过程。

Verilog 的执行顺序与软件编程不同,Verilog 的执行顺序因为一部分代码模拟电路在器件之间的传导,所以表现为串行方式;另一部分代码模拟了器件中电信号传递的并发过程,所以表现为并行方式。在学习 Verilog 过程中,首先要解决如何看待代码对电路和模块的描述问题。

10.1 硬件语言与 Verilog

硬件描述语言(Hardware Description Language,HDL)是用于描述电子系统硬件的行为、结构和数据流的计算机设计语言。这种语言被广泛应用于数字电路系统的设计过程中,允许设计师从抽象的顶层设计逐层到底层的具体实现,采用分层次的模块来表示复杂的数字系统。

设计完成后,利用电子设计自动化(EDA)工具进行仿真验证,然后将需要转换成实际电路的模块,通过自动综合工具转换为门级电路网表。网表可以进一步使用专用集成电路(ASIC)或现场可编程门阵列(FPGA)的自动布局布线工具转换为具体的电路布线结构。

HDL 已发展了 50 多年,它在设计的各个阶段,如建模、仿真、验证和综合等过程中都发挥着重要作用。20 世纪 80 年代,出现了上百种 HDL,对设计自动化产生了极大的推动作用。随后,为了满足多领域、多层次设计的需要,并为了得到更广泛的认可,VHDL 和 Verilog HDL 等标准应运而生,并被 IEEE 采纳为标准。

Verilog 是 Gateway 设计自动化公司于 1983 年设计生产,之后该公司被 Cadence 公司收购。1990 年,开放 Verilog 国际组织(即现在的 Accellera)成立,Verilog 面向公众领域开放。1992 年该组织寻求将 Verilog 纳入 IEEE 标准,到 1995 年 Verilog 正式加入 IEEE 标准,编号为 1364-1995。随后经过多个版本的改进,到 2009 年,IEEE 将 1364-2005 和 1800-2005 合并成为 1800-2009,形成了一个统一的 System Verilog 硬件描述验证语言(Hardware Description and Verification Language,VHDL)。目前最新版本为 IEEE 1800-2017。

Verilog HDL 是硬件描述语言的一种,它从算法级到门级再到开关级,将数字系统的多种设计层次抽象建模。被建模的数字系统能够按照层级描述,并在相同描述中进行时序建模。如果说 Logisim 是通过直观、所见即所得的方式模拟电路的信号传递,Verilog 就是一种将硬件结构、功能和行为抽象出来进行建模的高级建模语言。

Verilog 的语法简洁明了,能够很方便地描述复杂的电路。设计者在设计的早期阶段采用 Verilog 对电路进行仿真和验证,能够有效减少设计错误,提高设计的质量。Verilog 还可以与其他 EDA 工具相结合,如综合工具和布局布线工具,以实现完整的芯片设计流程。

Verilog 语法和 C 语言类似,但是因为其中包含对硬件结构和行为的描述,所以编写 Verilog 的过程会让人深刻感觉到硬件语言和软件语言的不同。在 Verilog 代码书写期间,需要有一定的电路设计基础,才能够正确进行电路的描述。

学习 Verilog 的过程可以分为以下几个步骤:
(1) 熟悉语言的语法和基本结构;
(2) 学习如何使用 Verilog 进行电路设计和建模;
(3) 学习如何使用 Verilog 进行仿真和验证;
(4) 学习如何与其他 EDA 工具相结合,如综合工具和布局布线工具。

本章首先简要介绍 Verilog 基础内容,总结 Verilog 的基础语法内容,通过对 Verilog 进行学习,加深对计算机底层数字逻辑层面的理解。其次,在熟悉 Verilog 的基础上,从简单电路开始,逐步完成组合电路、同步和异步时序逻辑电路的实现等基本内容。

对于 Verilog 所涉及的更复杂、更高层次的计算机系统,可以在今后的学习过程中,通过对计算机组成原理等课程的学习,逐渐学会利用 EDA 工具进行仿真验证,通过由上层到下层的一系列基本模块来表示数字系统,由 ASIC 或 FPGA 进行布局和布线。更进一步,实现电路,使其成为真正的实物。

目前这种数字系统设计方法被广泛应用,据统计,美国硅谷的 ASIC 和 FPGA 芯片有 90% 都由 Verilog HDL 来进行设计。

10.1.1 Verilog 语法基础

Verilog 的基本设计单元是"模块"(module)。模块由两部分组成的,一部分描述接口,另一部分描述逻辑功能,即定义输入与输出之间的关系。模块的定义可以转换为电路图中的模块化图形,所以这种设计模式有别于软件设计中的代码,是一种电路的逻辑表达。

以图 10.1 所示的模块为例,右侧表示 2 输入 2 输出端模块。在 module 中声明模块的输入输出,以及模块中各部分的逻辑,用 input 标识输入端,output 标识输出端。在模块中用 assign 表示其中的逻辑表达式。可以很直观地看到,图中左侧的代码部分和右侧的电路中的各部分相对应,而 assign 的表达式,表明了输入和输出之间的逻辑关系。逻辑表达式中的符号分别表示了"与""或""非"三种基本逻辑。

10.1.2 逻辑电路的结构化

逻辑表达式令 Verilog 的代码编写变得更容易,如:运算符"&"和"|"分别表示"与"运算和"或"运算。如图 10.2 所示的电路中包括三个输入 $X1$、$X2$、S 和一个输出 F,可以设置中间变量,用 and or 表示逻辑门电路,实现 Verilog 代码的书写,如图 10.3 所示。

```
module block(a, b, c, d);
    input a, b;
    output c, d;

    assign c=a|b;
    assign d=a&b;
endmodule
```

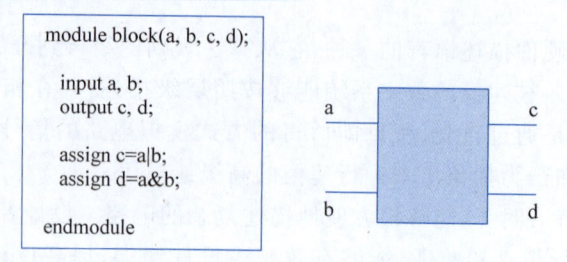

图 10.1　Verilog 基本设计单元

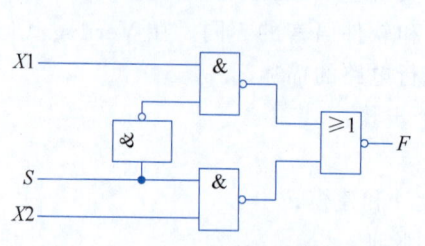

```
module select(X1,X2,S,F)
    input    X1,X2,S;
    output   F

    not (K,S);
    and (G,K,X1);
    and (H,K,X2);
    or (F,G,H);
endmodule
```

图 10.2　多路选择器的逻辑电路

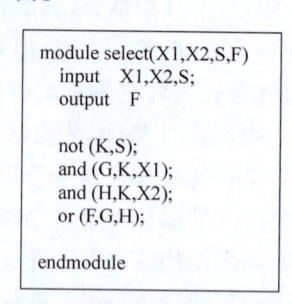

图 10.3　图 10.2 的 Verilog 代码

分析电路图,可以看出,这个电路是一个二选一数据选择器。当 S 信号为 0 时,选择 $X1$ 的信号;当 S 信号为 1 时,选择 $X2$ 信号。

在 Verilog 中,根据该电路可以将这个模块写成不同的代码形式,见图 10.3。

按照门电路的输入输出,首先将 S 的"非"运算结果赋值为 K,然后将 K 值分别与 $X1$ 和 $X2$ 作"与"运算,结果赋值给 G 和 H,再将 G 和 H 作"或"运算,结果赋值到 F 中。可见,这种将电路的门级传递方式详细描述出来,能够很直观地看到其中的信号传递关系,这种描述方式就是门级描述方式。

对复杂设计来说,门级描述直观但是较为烦琐,所以多采用更为抽象的方式进行描述。

如图 10.4 所示,通过对函数表达式 $F=\sim SX1+SX2$ 的方式,将"与""或""非"用符号书写成函数表达式,用 assign 表示对函数 F 进行连续赋值,这样门级描述的代码形式就改写成为数据流的描述方式。其中的连续赋值表示无论何时改变右侧的信号状态,F 的值都需要重新计算。

这种描述方式能够更加直观地观察函数的表达式,以及数据的赋值情况。更进一步抽象可以表示为该电路的行为符合 if-else 选择,可以用分支语句描述电路的执行过程。电路的 Verilog 实现代码可以参考图 10.5 所示的代码,用 always 将过程语句包含在"块"中。

```
module select1(X1,X2,S,F)
    input X1,X2,S;
    output F;

    assign F=(~S&X1)|(S&X2);
endmodule
```

```
//行为级描述
module select2 (X1,X2,S,F);
    input X1,X2,S;
    output F,G,H;
    reg F;

    always@(X1 or X2 or S)
        If(S==0)
            F=X1;
        else
            F=X2;
endmodule
```

图 10.4　采用连续赋值描述图 10.2 的代码

图 10.5　采用行为级描述的图 10.2 的代码

这种能够描述电路动作和行为的代码就是 Verilog 中的行为级描述结构。此时，一个 always 称为一个"块"，每个块表示设计电路的一个模块，块中的代码按照顺序依次计算。而 always 块中的"@"符号后面的括号部分，称为"敏感事件列表"，在 Verilog 中，这个敏感事件是非常重要的表达。当敏感事件列表中的一个或多个信号改变值时，仿真器才按照条件执行 always 块中的语句，这样能简化仿真过程，不需要每次都要判断语句的执行条件。

在用 Verilog 设计综合电路时，敏感事件列表能直观地告诉 Verilog 编译器，哪些信号会直接影响 always 块产生的输出。

通过不同代码书写方式的对比，我们对 Verilog 有了一个初步的了解。对于 Verilog 的电路设计来说，不同的模块表示一个子电路，类似 Logisim 中的子电路。较大规模的设计就需要采用层次化的结构来完成。这种层次化结构中，顶层模块包含多个低层次的模块，模块之间的信号传递通过线网(wire)标出模块内部的连线。

10.1.3 代码书写的规则

学习 Verilog 或其他硬件描述语言，新手很容易犯的错误是将硬件表达软件化，也就是说我们会按照以往软件代码编写的习惯，定义变量和循环。Verilog 代码书写基础规则，例如注释方法、关键字等的规则如下：

(1) 短注释用双斜线"//"分隔，"//"后的内容不参与代码执行；多行注释以"/＊"和"＊/"作为起始和结束；

(2) 关键字必须小写，如 reg、input；

(3) 标识符区分大小写，开头必须是字母或下画线，如 CLK、clk（两者不同）；

(4) 每条语句必须以"；"结束。

复制操作需要用"{}"，例如，{{3{A}},{2{B}}}不能省略写为{3{A}},{2{B}}，因为这里的"{}"表示的是信号的复制，而不是操作边界。

另外，对线网或变量名的命名不能使用 Verilog 的关键词；只有线网可以成为连续赋值语句的目标；always 块内的变量赋值只针对 reg 或 integer 等。可在后面的基础语法的学习过程中逐渐体会规则，学习与软件代码不同的书写和编程方法。

需要注意的是，Verilog 代码描述的是硬件的结构或行为，代码的执行顺序、关键词、操作符等都具有非常鲜明的硬件特点，而且编写完成后需要通过特定的激励机制进行测试，所以在书写过程中需要注意区别。

10.2 Verilog 基础语法

10.2.1 信号的值、数字和参数

1. 信号的值

Verilog 描述的是电路逻辑，线路上传递的数值需要先定义，单位信号的标量构成线网或变量，以及代表多位信号的矢量。信号取值可能有以下四种表示：

0＝逻辑 0

1＝逻辑 1

x＝未知值

z＝高阻态

2. 信号的表示

Verilog 采用位宽＋进制的方式来表示数值。如：4`b1001 表示数据为二进制，位宽为 4 的数值 1001。Verilog 中合法的数值表示有 4 种：

二进制(`b 或 `B)

八进制(`o 或 `O)

十六进制(`h 或 `H)

十进制(`d 或 `D)

在代码书写时，如果没有特定声明，默认是十进制。如果定义的位数大于所需要的位数，多数情况下用 0 来填充，只要当常量表示的第一个字母是 x 或 z 的时候，就要用 x(X)或 z(Z)来填充。

3. 参数类型

用 define 和 parameter、localparam 可以定义宏和参数。与软件编程类似，参数也有其作用域。如：parameter SIZE＝15，表示常量 SIZE 的作用域是 parameter 所在的模块内部，参数的传递能够跨模块进行；define 定义的常量作用域可以跨文件作用于整个工程；而 localparam 的作用域仅在模块内部使用。

4. 变量的类型

Verilog 中的变量通过用户自定义给出，变量的类型多种多样，常见的类型有 wire 型、寄存器(reg)型和存储器(memory)型。其中，wire 和 reg 是基本类型，其余的变量类型可以看作是这两种类型的变种。

wire 型主要用于表示输入、输出信号以及模块间的端口连接。表达式写为

```
wire a;
wire [7:0] a;
```

两种表示方法都表示连线 a。方括号的表达式表示这个线网上的矢量信号范围为 8 位，其中，左边位置表示矢量信号的最高有效位，右边位置表示矢量信号的最低有效位。数值可以用正整数或负整数来表示。线网信号可以看成 Logisim 中的连线。

线网信号可以单独使用，如：a[0]、a[3]表示在 8 位信号中的第 0 位和第 3 位。对矢量信号的赋值可以单独进行，如：b＝a[1]，表示将矢量信号中的第 1 位赋值给另一个矢量信号，这种操作称为位选操作。也可将一个矢量信号中的某几位赋值给另一个矢量信号，如：array＝a[2:1]，表示将 a[1]的值赋值到 array[0]，而将 a[2]的值赋值到 array[1]，这种连续的赋值表达称为域选操作。

wire 只能用 assign 来进行连续赋值，用"＝"进行阻塞赋值。表达式写为

```
assign a = b & c;
```

reg 型是寄存器类型，用于数据存储单元的表示。寄存器数据类型的关键字是 reg，在 Verilog 中，reg 型通常用关键字 reg 或 integer 声明，表示为

```
reg [7:0] R [3:0];
```

这里表示，R 被定义为 4 个 8 位变量，分别是 R[3]、R[2]、R[1]和 R[0]。寄存器可以使用 R[3][7]这样的指令，也可支持更高维数的数组。例如：reg[7:0]R[3:0][1:0]表示一

个三维数组 R 的声明。

寄存器类型要用 reg 来声明,但是并不意味着 reg 一定表示寄存器。如:reg[2:0] Count 表示的就是一个三维的信号,这里的 Count 如果描述的可能是行为级模型中的变量。所以在变量表示中可以用到 reg 型,在寄存器表示中也可以见到 reg 的声明。

reg 型的赋值采用非阻塞赋值,如:"<=",reg 型数据没有被指定时,表示为不定值 x/X。

memory 型是通过扩展 reg 型数据的地址范围生成的,如:reg [7:0] mem [255:0]表示一个名为 mem 的存储器,该存储器由 256 个 8 位的存储器构成。用 a=0 可以直接对寄存器进行赋值,但是 mem=0 不能给 memory 型数据进行赋值。

10.2.2 操作符

Verilog 中的运算是逻辑运算,所提供的操作符也用于变量的逻辑运算。表 10.1 所示为操作符的分类和各操作符的使用方法及产生结果的位数。其中 A、B、C 为三个操作数,可以是矢量,也可以是标量,$\sim A$ 表示操作符 $\sim$ 是作用于变量 A 的,$L(A)$ 则表示其结果的长度,该结果具有和 A 相同的位数。

表 10.1　Verilog 操作符与位数

分　类	示　例	位　数
按位	$\sim A, +A, -A$ $A\&B, A|B, A\sim\hat{}B, A\hat{}\sim B$	$L(A)$ $L(A)$ 和 $L(B)$ 中较大者
逻辑	$!A, A\&\&B, A||B$	1 位
缩减	$\&A, \sim\&A, |A, \sim|A, \hat{}\sim A, \sim\hat{}A$	1 位
关系	$A==B, A!=B, A>B, A<B$ $A>=B, A<=B, A===B, A!==B$	1 位
运算	$A+B, A-B, A*B, A/B, A\%B$	$L(A)$ 和 $L(B)$ 中较大者
移位	$A\ll B, A\gg B$	$L(A)$
拼接	$\{A,\cdots,B\}$	$L(A)+\cdots+L(B)$
复制	$\{B\{A\}\}$	$B*L(A)$
条件	$A?B:C$	$L(B)$ 和 $L(C)$ 中较大者

按照表 10.1 的分类方法,Verilog 中的运算符可以按一位运算,也可以按照多位的方式运算。表 10.1 的位数列已经列出运算结果的位数。多数操作运算前后的位数保持一致,只有逻辑运算、缩减运算和关系运算的结果保持 1 位。

1. 按位运算符

按位运算符包括单目操作符("+""-"表示操作数正负,优先级最高)和双目操作符(按位与"&"、按位或"|"、按位异或"^"、按位同或"~^"或"^~")。所谓按位运算,表示对操作数的每一位对应位进行运算。

例如:"&"的按位与运算表示对于两个数 $A=4`b1010$ 和 $B=4`b1001$,$A\&B=4`1000$。

当两个操作数长度不一致时,通过向位数小的数的左边填充 0 进行扩展。

2. 逻辑运算符

逻辑运算符包括逻辑与"&&"、逻辑或"||"、逻辑非"!"。逻辑运算符产生逻辑结果,

即0(假)和1(真)。相当于操作数按位进行或运算之后,再进行相应的逻辑运算。

当操作数是标量时,"!"和"～"两种运算等效。而当操作数为矢量时,运算$F=!A$只有当A中所有位都为0时,F才为1。

例如:$F=A\&\&B$表示$F=(A2+A1+A0)(B2+B1+B0)$

即逻辑运算符"&&"表示对于两个标量A和B,将对A和B中的每一位进行与运算,最终得到一个1位的结果。所以逻辑运算结果为1位。

3. 缩减运算符

缩减运算符包括与(&)、与非(～&)、或(|)、或非(～|)、异或(^)、同或(～^)缩减运算。也被称为归约运算,是将变量中的多位变量按位进行归约运算,最后得到1位的运算。

例如:$F=\&A$表示的最终结果为$F=A2\&A1\&A0$。

4. 关系运算符

关系运算符包括大于(>)、小于(<)、大于或等于(>=)、小于或等于(<=)。用于条件表达式 if-else 和 for 语句中,构成逻辑判断。

当逻辑判断的运算数中有未知量"x/X"或"z/Z"时,则逻辑判断表达式的值为x。

5. 算术运算符

算术运算符包括加(+)、减(−)、乘(*)、除(/)、非(¯)、模运算(%)等。多位矢量执行按位运算。

6. 移位运算符

移位运算符包括左移(≪)、右移(≫)。该符号表示将一个矢量操作数向左或向右移动一个常量的位数。进行移位时,空位用0填补。

例如:$B=A\ll 1$,表示A的每一位向左移一位,按位赋值给B。高位丢弃,低位用0补充。即$B2=A1$;$B1=A0$;$B0=0$。

而$B=A\gg 1$,表示A的每一位向右移一位,按位赋值给B。低位丢弃,高位用0补充。即$B2=0$;$B1=A2$;$B0=A1$。

7. 拼接运算符

用大括号{ }将多个操作数拼接成新的操作数,每个操作数必须指定位宽(复制是将更多的操作数进行复制和拼接)。

例如:$C=\{A,B\}$表示将操作数$A=A_2A_1A_0$和$B=B_2B_1B_0$拼接为一个6位的矢量$A_2A_1A_0B_2B_1B_0$。

类似地用$D=\{3\text{'}b111,A,2\text{'}b00\}$,表示将拼接出一个长度为8位的矢量$111A_2A_1A_000$。

8. 复制运算符

用"{ }"对同一个矢量进行复制连接,重复的次数在重复常量中进行说明。

例如:{3{A}}表示A被复制3次再进行拼接。复制和连接组合运用,可以拼接出多位矢量。

9. 条件运算符

类似 Verilog 中的多路选择功能,条件运算是多目运算。可以通过嵌套执行多次判断。

例如:$A=(B<C)?(D+5):(D+2)$;表示判断条件为$B<C$,若判断为真,则执行$D+5$,若判定条件为假,则执行$D+2$。

10.2.3 Verilog 模块

Verilog 代码描述的电路或者子电路叫作模块。由 module 开始,用 endmodule 结束。输入和输出端口之间的关系用线网连接或者用 assign 表示。

Verilog 描述的是电路,而从例题 10.1 可以看出,描述同一个电路不止一种表述方法。选择何种方法描述主要取决于代码是否清晰,结构是否明确。

模块设计完成后,需要进行实例化,在特定软件上仿真实现过程。门的实例化参照 Verilog 的门级实现代码。而在仿真过程中,我们需要关注的主要是程序的运行过程和对门电路的仿真。

1. 执行顺序

Verilog 是模块化硬件仿真语言,默认一个 module 表示一个模块,执行顺序类似电路中信号到达的顺序。所以,在一个模块内,assign 语句和 always 块这几部分的逻辑功能是同时进行的,改变顺序不会改变效果。而 always 块内,语句是顺序执行,这部分的语句也被称为"顺序语句"。这是因为模块内部的代码顺序被理解为电路中的信号顺序,所以模块内的语句为顺序执行。

和软件代码类似,Verilog 的分支语句——如 if-elseif 这样的语句——同样遵循分支语句的执行顺序,也就是顺序执行。对于 Verilog 的初学者来说,执行的顺序会下意识地按照软件编程习惯。但是,Verilog 描述的是电路的结构和功能,所以需要格外注意以下几点:

(1) 在 Verilog 模块中所有过程块(如 initial 块、always 块)、连续赋值语句、实例引用都是并行的;

(2) 它们表示的是一种通过变量名互相连接的关系;

(3) 在同一模块中这三者出现的先后次序没有关系;

(4) 只有连续赋值语句 assign 和实例引用语句可以独立于过程块而存在于模块的功能定义部分。

2. 模块的连接

Verilog 的模块之间一般采用端口的方式进行连接,端口的定义有三种:input 表示输入端口;output 表示输出端口;inout 表示输入/输出双向端口。

连接端口的数据类型有 wire 型和 reg 型两类,wire 型可以理解为线路上的信号,因此其取值可以为 0、1、x 和 z;reg 型表示寄存器类型,通过赋值语句来改变寄存器存储的值。

其中,wire 型不能直接取反赋值;而 reg 型不能进行连续赋值语句赋值。

模块之间端口的连接可以按照两种方法进行:按位置连接和按名称连接。

例如:

```
module name(…);                              //调用模块
    //端口定义,端口描述
    mux u1(a, b, c, d);
endmodule
module mux(in1, in2, sel, dout);             //被调用模块,其端口与被调用模块端口按位置对应
    //端口定义,端口描述,逻辑描述
endmodule
```

本示例中的连接方式中,不需要对模块端口进行指定,仅按照端口位置顺序书写,就表

示该端口的连接,这里 a 连接 in1,b 连接 in2 等。

按照名称的连接则需要用"."符号标明被调用的模块端口名称,仍以上例的两个模块之间的调用为例。

```
module name(…);                                    //调用模块
    //端口定义,端口描述
    mux u1(.in1(a), .in2(b), .sel(c), .dout(d));//用名称标识所调用的端口
endmodule
module mux(in1, in2, se1, dout);                   //被调用模块
    //端口定义,端口描述,逻辑描述
endmodule
```

在模块的连接中,需要注意的是:①模块内外位宽允许不同位宽;②模块实例的端口允许保持未连接状态。

10.2.4　Verilog 的并行语句

Verilog 中所采用的并行语句的概念主要是指代码包含的每条语句代表电路的一部分。语句是并列的,语句间的顺序不重要。这一部分内容是编写 Verilog 需要重点注意的内容。本节会给出一个简要的对比说明,以方便读者快速理解硬件编程语言的并行编程方法。

1. 连续赋值

门实例化进行电路结构的描述时,语句 assign 就是以连续赋值的方式对电路功能进行描述。例如:

```
assign Cout = (x & y)|(x & Cin)|(y & Cin);
assign s = x^y^z;
```

两条语句中的输入为 x、y、z、Cin 等,由于语句是连续赋值的,没有先后顺序,所以这两条语句也可以合并为

```
assign Cout = (x & y)|(x & Cin)|(y & Cin), s = x^y^z;
```

两种 assign 进行赋值的结果都表明这一时刻的 x、y、z 信号值是同一时刻的值,所以对于赋值返回的结果,两种写法没有区别。

同样,对于矢量也能采用 assign 的连续赋值,例如:

```
assign [1:3] A,B,C;
...                                                // 其他语句或声明
assign C = A & B;
```

这样的语句执行结果为 $C_1=A_1B_1$,$C_2=A_2B_2$,$C_3=A_3B_3$。

可见,利用连续赋值功能,能够方便地完成各种赋值,甚至可以用一条语句完成加法器的模拟。例如:

```
wire [3:0] X, Y,Cin,S,Cout;
...                                                // 其他语句或声明
assign [ Cout,S ] = X + Y + Cin;
```

2. 参数

参数的使用是为了方便代码的书写和修改的。例如,通过引入设置位数的参数,一个 4 位加法器就能修改成为一个通用的 n 位加法器。

图 10.6 是一个 4 位加法器和一个 n 位加法器实现代码的对比，其中的 S2s 表示将计算的结果进行拼接，得到新的结果。

```
module adder (X,Y,S,S2s)
    input [3:0] X,Y;
    output [7:0] S,S2s;

    assign S = X+Y,
           S2s = {{4{X[3]}},X}+{{4{Y[3]}},Y};

endmodule
```

```
module adder (X,Y,S,S2s)
    parameter n=4;
    input [n-1:0] X,Y;
    output [2*n-1:0] S,S2s;

    assign S = X+Y,
           S2s = {{n{X[n-1]}},X}+{{n{Y[n-1]}},Y};

endmodule
```

图 10.6　采用参数和不采用参数的代码对比

这里的 n 取值用参数的形式给出，在代码拼接处，可以通过对 n 值修改，指定拼接相应位数上的内容。

Verilog 也允许在连续赋值中加入参数，如延迟。例如：

```
wire #8 s = x^y,
     #5 c = x&y;
```

这里的 x^y 被指定了 8 个延迟单位，而 x&y 被指定了 5 个延迟单位。延迟单位的内容会在后文的 Verilog 调试中详细给出。

综上，Verilog 的代码书写灵活，在 wire 和 assign 等连续赋值的语句中，不需要严格按照代码的书写顺序执行，语句之间是并行的关系。这也充分表明了 Verilog 对电路的仿真是按照电路的传递过程进行仿真的。

10.2.5　过程语句

1. 过程语句与并行语句

过程语句也叫作时序语句，过程结构的语句是按照代码的顺序执行。Verilog 中过程语句要求包含在一个 always 块中。在仿真时，Verilog 也会采用 initial 结构，只不过 initial 块内的语句只在仿真开始的时候运行一次。综合而言 initial 并不常用。

两种语句的执行顺序都是从 0 时刻开始执行，initial 是单次执行，块内的语句是顺序执行，initial 块之间的关系是并行的；always 语句则是重复执行，多个语句之间并行执行，单个语句内顺序执行。

图 10.7 表示一个简单的 always 块，块中的多条语句包含在 begin-end 中。

always 块中如果有多条语句，就必须用 begin…end，这里的 s 和 c 两个输出结果取决于 x 和 y，因此 x 和 y 被包含在敏感列表中，用"，"或者"or"隔开。对于组合逻辑电路，通常所有输入都会引起输出的变化，所以在用 always 书写组合逻辑电路时，可以在敏感列表里使用"*"。写作

```
always @ *
```

```
always @( x,y )
begin
    s = x^y;
    c = x&y;
end
```

图 10.7　一个简单的 always 块

这表明所有的输入信号都被包含在敏感列表中，一般为了理解上方便，时序电路中的时

钟必须放在敏感列表中,而组合电路直接写作"*"的形式。

一个 Verilog 代码中可能含有多个 always 块,每个 always 块代表模型的一部分,这些 always 块之间是并行执行的,不同 always 块之间没有先后顺序。所以一个 always 块可以认为是一个并行的语句,在编译器中,这些 always 块都是并行的关系。

always 块中的语句是顺序执行的,也就意味着这里通过语句标识了电路的执行逻辑,在 always 块中的信号就必须是 reg 型或者是 integer 型变量,变量的赋值要用过程赋值语句来实现。赋值方式有两种:阻塞赋值和非阻塞赋值。

2. 阻塞赋值和非阻塞赋值

阻塞赋值和非阻塞赋值表明数据是在运行该语句前赋值还是运行之后赋值。

阻塞赋值表示语句在后面的语句运行之前完成赋值,例如:

```
S = X + Y;
A = S[0];
```

这两条语句顺序执行,S 进行的是阻塞赋值,首先令 S 等于当前 X 和 Y 的和,然后运行使得 A 赋值为 S[0] 的值。

假如用非阻塞的方式进行赋值:

```
S <= X+Y;
A <= S[0];
```

此时的语句仍按照顺序执行的方式,而赋值的过程会在这个 always 块开始执行的时候进行,如 t_i 时刻将 S 赋值为 $X+Y$,此时的 S 并没有立即改变,直到 always 块中其他语句全部执行完才生效,所以当前时刻 A 的值取决于 S 在 t_{i-1} 时刻的值。S 的值最终结果相同,但是在过程中取 S 的值会明显看到阻塞和非阻塞赋值的差别。

阻塞和非阻塞的赋值对初学者来说有点难度,但是总体来看,组合逻辑电路中,只能用阻塞赋值的方法,而时序电路中会采用非阻塞赋值方法。这是因为组合电路的特点就是信号的改变立即引起电路中相应的变化,所以用阻塞赋值方式表明信号的传递;而时序逻辑电路中有边沿触发,非阻塞赋值的方式能表明某时刻前后不同信号值对整个电路信号变化的影响。

图 10.8 表明了在 always 块中语句顺序的重要性。左图中的 f=w0 在 if 语句之前,说明当模块开始运行时,就将 w0 赋值到 f,再判断 s 是否为 1,如果符合 s=1,则将 f 的值修改为 w1。而右图将赋值语句放到 if 语句之后,这样,虽然过程中通过判断 s=1 改变了 f 的值,但是顺序执行后,f 的值最终都会用 w0 来取代,在代码的执行效果中,if 语句没有起到选路的作用。

```
always @(w0,w1,s)
  begin
    f = w0;
    if( s == 1)
      f =w1;
  end
endmodule
```

```
always @(w0,w1,s)
  begin
    if( s == 1)
      f =w1;
    f = w0;
  end
endmodule
```

图 10.8 always 块中执行顺序的对比

类似地,在其他过程语句中也有执行顺序的问题,例如图 10.9 中用 case 语句表示的全加器,图中按照真值表的方式写出全加器输入输出对应的关系,由于语句的执行顺序,排在前面的语句是首先被考虑的,这种实现方式,能够更加直观地感受到真值表中的优先级。通过 casex 或 casez 配合相应的执行顺序,实现一个优先编码器(图 10.10)。

```
module fulladd ( Cin,x,y,s,Cout);
    input Cin,x,y;
    output reg s,Cout;

    always @(Cin,x,y)
    begin
      case( {Cin,x,y} )
        3`b000:{Cout,s} = `b00;
        3`b001:{Cout,s} = `b01;
        3`b010:{Cout,s} = `b01;
        3`b011:{Cout,s} = `b10;
        3`b100:{Cout,s} = `b01;
        3`b101:{Cout,s} = `b10;
        3`b110:{Cout,s} = `b10;
        3`b111:{Cout,s} = `b11;
      endcase
    end

endmodule
```

图 10.9　case 语句和拼接变量实现的全加器

```
module priority ( X,Y,f);
    input [3:0] X;
    output reg [1:0] Y;
    output f;

    assign f = (X != 0 );
    always @(X)
    begin
      casex( X )
        `b1xxx: Y = 3;
        `b01xx: Y = 2;
        `b001x: Y = 1;
        default: Y = 0;
      endcase
    end

endmodule
```

图 10.10　casex 用法举例

casex 或 casez 表明输入部分可以用 x 或 z 填充相应的数位。

综上,过程语句要求包含在 always 块中,而一个 always 块需要添加敏感列表来执行块内语句,块内部是顺序执行的,其中可以用到 if-else、case、for 循环等循环、分支语句,由于其执行顺序按照书写代码的顺序,因此在 always 块内编写代码需要注意赋值的顺序。所以,在一般情况下,组合电路多采用阻塞赋值的方法,而时序电路会根据不同情况选择阻塞和非阻塞的赋值方法。

那么组合电路中能否用到非阻塞的赋值方法呢？如果分支语句的赋值取决于之前的赋值结果,非阻塞赋值就会产生无意义的电路。循环计算时,会导致中间变量没有得到更新,从而令循环结果完全没有意义。例如 for 循环中三次累加的语句表示应为

```
Cout <= Cout + X[0];
Cout <= Cout + X[1];
Cout <= Cout + X[2];
```

采用非阻塞赋值方式,for 循环中的这三条语句将变为

```
Cout <= 0 + X[0];
Cout <= 0 + X[1];
Cout <= 0 + X[2];
```

出现了多条向 Cout 赋值的语句,导致 Verilog 只能按照最后一次的赋值来处理,也就是结果变为

```
Cout = X[2]
```

10.2.6　调试任务与 testbench

与软件编程不同,Verilog 代码编写完成后,程序的测试不是通过运行过程中实时输入相关数值来进行的。Verilog 的测试需要通过外部激励数据来验证电路。激励信号需要单

独编写一个文件。Verilog 中的 testbench 文件就是用于对 Verilog 代码进行模拟仿真测试,并检验电路设计的正确性。

testbench 作为与 Verilog 代码相匹配的文件,一般情况下,文件名与被测试文件的命名要保持统一。如:测试文件和被测试文件用同一名字,只是在测试模块名后加"_tb"或在测试模块名前加"tb_",表示该测试文件是为哪个模块提供激励测试的。测试文件不需要定义输入和输出端口。某些情况下,测试的 testbench 可能会比电路描述部分更复杂。

一个完整的测试文件结构为

```
`timescale 仿真单位/仿真精度
module tb_name(); // 建立测试模型,通常无输入,无输出
    //信号或变量声明定义
    //逻辑设计中输入,reg 型
    //逻辑设计中输出,wire 型
    //使用 initial 或 always 产生激励
    //例化待测试模块
    //监控和比较输出响应
endmodule
```

代码中第一行的 timescale 表明仿真测试所采用的仿真单位和仿真精度是什么级别,如:`timescale 1ns/1ps 说明仿真精度为 1ps,一个仿真时间单位为 1ns。在这个测试文件中,所有出现时间的位置都将按照一个时间单位为 1ns 进行仿真。如 #10 表示延时 10 个时间单位,这里就表示延时 10ns。

testbench 文件中的 module 同样可以进行模块的声明、逻辑设计等,一些语句通过 if-else、for 循环等来产生激励,所以 testbench 用于编写特定的信号来测试电路代码编写的有效性。最终完成的被测试模块和 testbench 编写的测试模块需要一起进行实例化,并且将被测试模块的端口和激励模块端口连接起来,如果涉及多个被测试模块,需要将顶层模块进行实例化,就好像将电路信号导入被测试电路中一样。

为方便修改,testbench 中定义的常量可以用 parameter 来定义。产生激励波形的语句是 initial 或 always 语句,如:

```
always #10 name_clk = ~name_clk;
```

这里的 #10 表示每 10ns 电平状态翻转一次,这样产生的时钟周期为 20ns,高电平和低电平均为 10ns。分别定义时钟的延迟时间,能够得到不同占空比的时钟,如:

```
always begin
    #6 name_clk = 0;
    #4 name_clk = 1;
end
```

always 中设置了 name_clk 的时钟周期,并没有初始化,需要用 initial 语句进行初始化:

```
initial begin
    name_clk       = 1'b0;     // 时钟初始值
    name_rst_n     = 1'b0;     // 复位初始值
    #20 name_rst_n = 1'b1;     // 在第 21ns 复位信号变 1
end
```

testbench 的用法非常灵活,涉及的语法内容较多,这里不再详细阐述。在 Verilog 的设

计中，testbench 可以为一个电路进行激励信号的测试，也可以综合几个模块进行电路测试，通过绘制的波形，来判断电路设计是否达到要求。

10.2.7 编译指令

Verilog 是模块化编程语言，用于描述模块之间的电路、端口和连接规则。和数字逻辑电路类似，Verilog 通过模块化的实现，完成门的实例化，再通过端口之间的关系，将各模块连接起来。

Verilog 允许门任意数量的输入，但是，一些软件可能设置了对门实例化时的位数限制，在仿真时，需要设置一个门传播延迟的参数。

对 Verilog 来说，只有通过 testbench 才能进行仿真，因此在编写代码时，一方面通过程序进行电路的编写；另一方面，在 testbench 中，通过对时间精度、条件编译等的设置，完成代码的编译。编译指令不用";"结尾，直接换行即可。

编译指令分类主要有几下几种。

1. 宏定义编译指令

```
`define
`undef
```

指令用法类似参数的用法，例如：

```
`define WIDTH 7
reg [ `WIDTH,0 ] data
...                        //其他命令或语句
`undef
```

编译时，按照前面的宏定义，将代码行中的 WIDTH 替换为宏定义的 7。在代码的另一个地方，通过 `undef 取消 `define 所定义的宏，这样就不会在后续编译时被认为是已定义的宏。

2. 条件编译指令

```
`ifdef                    //条件编译指令
`ifndef                   //取消条件编译
`else                     //分支语句
`elsif                    //多级分支
`endif                    //结束分支
```

指令编译按条件编译，通过 if 前缀进行有条件编译，例如：

```
`define WIDTH 7
...     //其他语句
`ifdef   WIDTH
    // 如果 WIDTH 已经定义,执行这里的代码
`else
    // 如果 WIDTH 没有定义,执行这里的代码
`endif
```

通过条件判断宏是否被定义，代码执行不同分支内容，两个宏定义都在编译过程中起到确保所定义的宏能够在指定代码段正确使用。所以一般来说，一个测试文件中 `undef 通常只在测试模块或模拟环境中，用于保证宏没有在其他地方定义。

3. `include

用于将全局或公用头文件包含在设计文件里,文件路径可使用绝对路径或相对路径。例如:

```
`include "filename"
```

4. `timescale

用于定义时间单位和时间精度,两者都是由数字和单位(s、ms、us、ns、ps、fs)组成,时间精度小于等于时间单位,如:

```
`timescale 1ns/100ps            //合法
//`timescale 100ps/1ns          //不合法
```

一般来说`timescale 用于文件首行,用于确定文件测试或编译时的时间单位。一旦确定,代码中与时延或精度相关的都按照定义来执行。

5. `resetall

用于将所有编译指令重设为缺省(即默认)值。如单独使用这个命令,表示将缺省的数据类型默认为线网类型。

这一编译命令与最终进行仿真实现的软件有关,如使用 Modulesim 时,采用如下代码进行编译指令的重设:

```
initial begin
    clk = 0;
    rst_n = 0;
    #100;
    rst_n = 1;
end
always #50 clk = ~clk;
```

上述代码中,initial 语句用于设置初始条件,100 个时间单位后,rst_n 复位信号置 1。之后在 always 块中,每 50 个时间单位改变一次 clk 的值。

6. 单元模块定义(cell)

```
`celldefine
`endcelldefine
```

例如:

```
`celldefine
module(
    input    clk,
    input    rst,
    output   A,
    output   B);
endmodule
`endcelldefine
```

10.3　Verilog 设计练习

Verilog 本质上不是一种程序设计语言,编写 Verilog 代码与软件编程不同,未来经过仿真和验证的电路最终完成的是真实的逻辑功能和相关更加复杂的工作。所以在 Verilog

中没有严格规则来说明一种方法实现的电路比另一种方法更好。进行电路设计的时候，设计者可以按照自己的偏好来进行构建。而通过已定义好模块的方法来构建模块，再通过模块连接的方式来完成电路设计的方式是最方便的。

与 Logisim 不同，Verilog 的模块可以采用不同的方法来实现，相对 Logisim 所见即所得的方式，Verilog 需要设计者首先选择具有合适输入输出的模块，再通过模块的连接实现设计。本节我们将从简单设计开始，逐渐帮助大家理解 Verilog 的电路设计。

10.3.1 基础练习

【例 10.1】 用 Verilog 描述图 10.11 中的门电路。

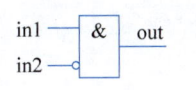

解：分析图 10.11 所示的电路。电路在 in2 输入处表示这里有一个非运算，所以电路代码的书写可以用连续赋值完成，也可以通过中间变量，用"and""or""not"的基本门级描述来实现。代码参考如下：

图 10.11 一个基础门电路

```
module top_module(
input in1,
input in2,
output out);

assign out = in1&~in2;

endmodule
```

代码的实现与前文实现部分略有区别，这是 Verilog 所允许的。在变量声明时，直接对输入和输出加以区分。

【例 10.2】 用 Verilog 描述图 10.12 中的多级门结构。

解：如图 10.12 所示电路是一个多级门电路，输入端 in1 与 in2 为原变量输入，两者作异或运算之后再作一次"非"运算，再与输入端 in3 作一次异或输出。因此可采用直接书写输出表达式的方式写出该电路的表达式。代码参考如下。

图 10.12 多级门结构

```
module top_module(
    input in1,
    input in2,
    input in3,
    output out);
wire out1;
    assign out1 = ~(in1^in2);
    assign out = in3^ out1;
endmodule
```

【例 10.3】 连线练习：不考虑模块内部结构，仅作一个单输入单输出的模块。其中内部行为符合一条"线"wire，图形示意图见图 10.13。

解：如图 10.13 所示，三角部分对应模块外部的 Verilog 代码，表明外部对该模块的输入为 input in，通过一条连线，模块输出一个 output out 给其他模块，所以需要对 in 和 out 两部分进行连接。

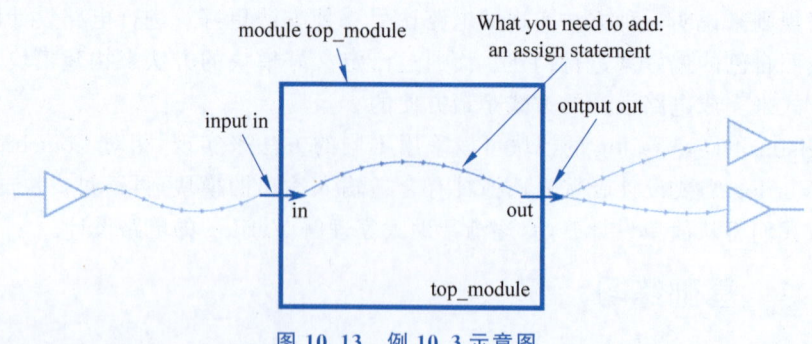

图 10.13　例 10.3 示意图

采用 assign 语句进行连续赋值，在默认情况下，该赋值表现为一条"线"连接。定义模块名和相应的输入输出，其余部分不作考虑。如：

```
module top_module(
    input in,
    output out
);
assign out = in;
endmodule
```

【例 10.4】　端口反转练习：所谓端口反转，就是将所给的端口顺序反转输出，即将下面代码所描述的端口第 i 位端口信号输出到第 $7-i$ 输出位。模块定义为

```
module top_module(
input [7:0] in,
output [7:0] out);
```

解：对于 Verilog，输入和输出之间的关系是按照位置对应的。所以端口的反转，其实就是将端口按位置输出到对应的输出，再按照位置进行对应排列即可。采用拼接或者端口输出指定位置的输入值都可以实现。如：

```
module top_module(
input [7:0] in,
output [7:0] out);

assign {out[0],out[1],out[2],out[3],out[4],out[5],out[6],out[7]} = in;

endmodule
```

【例 10.5】　定义一个模块用于计算输入 8 位的异或。输入输出分别定义为 in 和 parity。

解：Verilog 中对多位输入区分按位运算或直接运算，前文已列出相应运算符号，本题内容是输出一个值，该值产生于输入的多位信号中按位异或，因此用"^"进行按位运算即可。如：

```
module top_module(
    input [7:0] in,
    output parity);
    assign parity = ^in[7:0];
endmodule
```

【例10.6】 定义一个模块,令其完成对两数判定相等的功能。即:若$A=B$,则输出1,否则输出0。

解:本题没有给出模块的具体定义,可自定义一个模块名用于比较。题目中也没有说明两数是多位还是1位的数,因此可以自定义一个参数用于对A的长度进行约束,也可以自定义一个固定位宽的数用于比较。例如两个2位二进制数A和B,如果不采用条件语句,参照表10.1,采用条件运算来实现。代码可写为

```
module top_module(
input [1:0] A,
input [1:0] B,
output f );
    assign f = ((A[1] == B[1])&&(A[0] == B[0]))?1:0;
endmodule
```

【例10.7】 读图练习,设计一个模块来实现如图10.14所示波形。

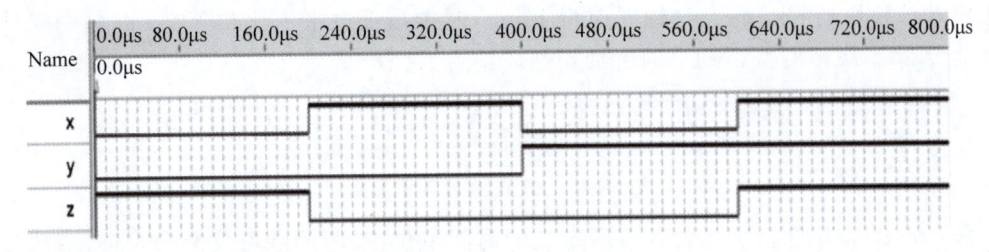

图 10.14　例 10.7 波形图

解:如图10.14所示,显然,x和y是输入信号,z为输出信号。x、y的信号改变能够立即改变输出信号,说明这是一个组合电路。寻找图中相应的典型值00,01,10,11,对应输出分别是1、0、0、1,说明该电路是一个典型的同或运算。

所以直接在模块中写出输出的赋值表达,代码为

```
module top_module(
    input x,
    input y,
    output z);
    assign z = ~(x^y);
endmodule
```

【例10.8】 读波形图,通过设计完整的模块,令模块输出波形如图10.15所示。

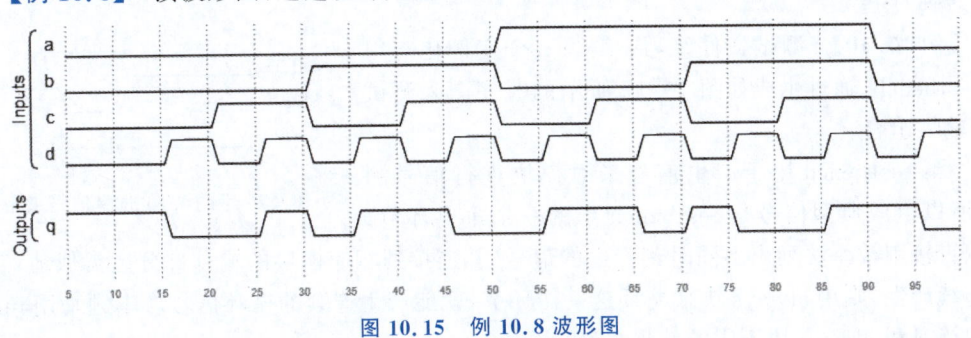

图 10.15　例 10.8 波形图

解:由图10.15的波形可以看出$a\sim d$为4个输入,q为输出,输入的改变会在一个小

的时延之后引起 q 的改变,说明产生这一波形的模块是一个组合电路。

查看电路典型值的对应关系和图形中的输入输出关系,完成真值表相应内容,化简函数,可得出该电路表示为 $q=\overline{a\oplus b\oplus c\oplus d}$,用 assign 语句写出逻辑关系,参考代码如下:

```
module top_module(
    input a,
    input b,
    input c,
    input d,
    output q);

    assign q =  ~(a^b^c^d);

endmodule
```

【例 10.9】 测试文件练习:编写一个 testbench,创建电路模块 dut,并创建一个时钟信号来驱动该模块的 clk 输入,时钟周期为 10ps。时钟高低电平占比相等。0 时刻的时钟初始化为 0,第一次转换为 0→1。时钟周期循环见图 10.16。

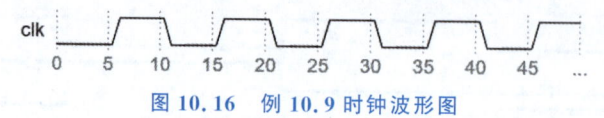

图 10.16 例 10.9 时钟波形图

解:testbench 首先应包含运行所定义的时间单位,本题的练习仅产生时钟,不涉及运算,给出相应的模块接口定义:

module dut(input clk);

时钟信号需要每 5 个时间单位反转一次,用寄存器类型数据 clk 并且定义参数 CYCLE 为 10,使用 CYCLE 来构成 dut 相应 clk 项。代码为

```
`timescale 1ps/1ps
module top_module();
    reg clk = 0;
    parameter CYCLE = 10;
    always #(CYCLE/2) begin
        clk = ~clk;
    end
    dut ins (clk);
endmodule
```

【例 10.10】 测试文件练习:编写一个实例化与门的 testbench,通过生成如图 10.17 所示的时序图来测试 4 个输入组合。

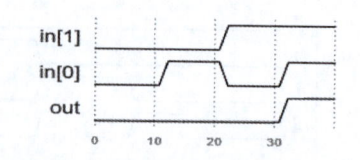

图 10.17 例 10.10 时序信号波形图

解:testbench 用于产生信号来对模块进行信号测试,所以生成典型信号是 testbench 中的一个重要环节。可以直接用枚举法列出不同时刻产生的信号,并连接到相应模块的输入部分。类似地,若需要连续产生,则用 always 块来循环这一循环节,就能产生连续的循环信号。本题采用 initial 语句练习和 always 块不同的效果,代码为

`timescale 1ps/1ps

```
module top_module();
    reg x,y;
    wire out;
    initial begin
        #0    x = 0;y = 0;
        #10   x = 0;y = 1;
        #10   x = 1;y = 0;
        #10   x = 1;y = 1;
end
    andgate a({x,y},out);
endmodule
```

其中延时部分第 2 行的 $x=0$；$y=1$；部分中的 $x=0$ 可以省去，因为此时 x 信号没有发生变化，不需要重复写。同样第 4 行的 $x=1$ 部分也可以省去。

【例 10.11】 简单电路组合练习：实现如图 10.18 所示的简单组合电路。

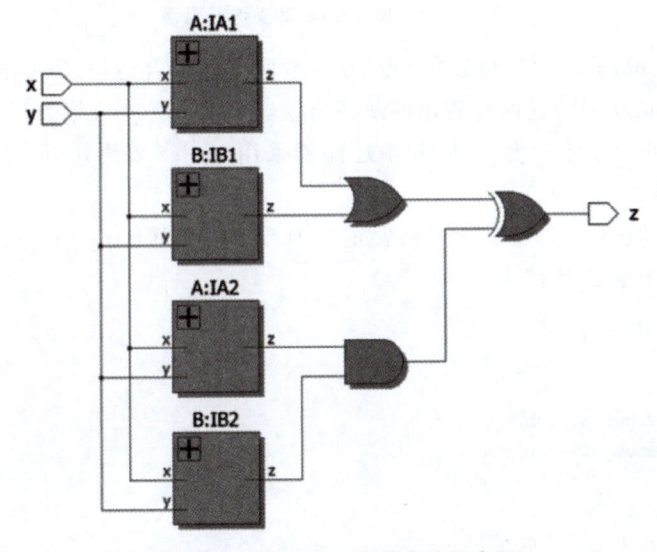

图 10.18 例 10.11 组合电路示意图

解：图中没有对 $A1$、$B1$、$A2$、$B2$ 的具体模块定义，说明本题只关心线路的连接，通过对模块输入输出分析，仿照连线练习，定义 wire 型的"线"将多个模块连接组合成新的模块。代码为

```
module top_module(
input x,
input y,
output z);

    wire z1,z2,z3,z4,out1,out2;    //定义连线
    A ins1(x,y,z1);                //输入输出定义
    B ins2(x,y,z2);
    A ins3(x,y,z3);
    B ins4(x,y,z4);
    assign out1 = z1 | z2;
    assign out2 = z3 & z4;
    assign z = out1^out2;
endmodule
```

【例 10.12】 赋值练习：图 10.19 显示在同一模块中用 assign 和 alwaysblock 两种赋值方式实现两个信号 a、b 的与运算。

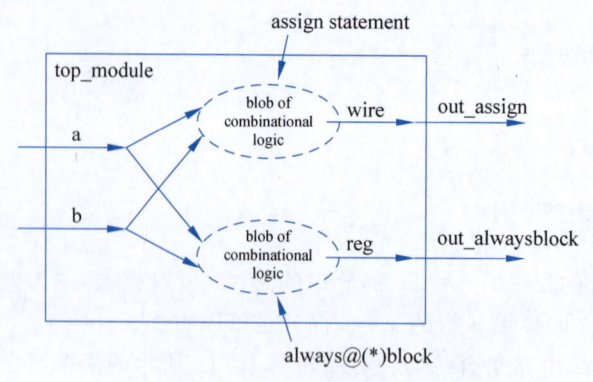

图 10.19　例 10.12 赋值练习图示

解：如前文所示，同一逻辑可以用不同方法来实现。组合逻辑 always@(*)和时序逻辑 always@(postadge clk)是两种常用的赋值方法，always @(*)相当于赋值语句 assign，采用何种方式取决于方便程度。block 中还能采用 if-else 等语句，但是要注意，block 中不能包含连续赋值（assign）。

out_assign 赋值类型按照图 10.18，要定义为 wire 型，而 out_alwaysblock 需要定义为 reg 型。模块定义和输出代码为

```
module top_module(
    input a,
    input b,
    output wire out_assign,
    output reg out_alwaysblock);

    assign out_assign = a&b;
    always @(*) out_alwaysblock = a&b;
endmodule
```

【例 10.13】 分支语句练习：if 语句。建立一个在 a、b 之间选择的 2 选 1 多路选择器，如果 sel_b1 和 sel_b2 都为真，则选择 b，否则选择 a，用 assign 语句和 if 语句各执行一次。

解：前文作为图例，已有 2 选 1 多路选择器实现的样例。本题采用 assign 语句和分支语句两种方式来实现，在一个模块中，分支语句嵌套实现，多条语句需要放到 begin-end 中来保证这部分语句是顺序执行的。代码为

```
module top_module(
    input a,
    input b,
    input sel_b1,
    input sel_b2,
    output wire out_assign,
    output reg out_always    );

    assign out_assign = (sel_b1&sel_b2)?b:a;
    always @(*) begin
        if(sel_b1&sel_b2) begin
```

```
            out_always = b;
        end
        else begin
            out_always = a;
        end
    end
endmodule
```

【例 10.14】 分支语句练习：case 语句。创建一个 6 选 1 的多路选择器，当 sel 取值在 0~5 时，选择相应的数据，否则输出 0，设数据的输入和输出位宽为 4。

解：sel 取值在 0~5，则用 3 位二进制表示为 000~101，其余数据成为冗余项。数据输入位宽为 4，定义 0~5 路的输入数据分别是 data0~data5，定义模块和组合部分代码为

```
module top_module(
    input [2:0] sel,
    input [3:0] data0,
    input [3:0] data1,
    input [3:0] data2,
    input [3:0] data3,
    input [3:0] data4,
    input [3:0] data5,
    output reg [3:0] out   );         //模块端口定义

    always@(*) begin                  //组合电路部分
        case(sel)
            3'b0:    out = data0;
            3'b001:  out = data1;
            3'b010:  out = data2;
            3'b011:  out = data3;
            3'b100:  out = data4;
            3'b101:  out = data5;
            default: out[3:0] = 0;
        endcase
    end
endmodule
```

【例 10.15】 简单编码器练习：

构建一个 4 位输入的编码器模块 top_module，当输入一个变量时，输出从右向左数第一个"1"出现的位置；若变量中没有 1 则输出 0。例如：一个 4 位输入 4'b1100，从右向左的第一个 1 的位置是 3，所以输出为 2'd2。

解：本题的编码器要求输出的是从右向左的第一个 1，所以相当于一个优先编码器，在前文的组合电路部分对优先编码器的真值表和逻辑函数都有阐述。而在 Verilog 中，可以采用 case 语句，将不同的分支情况列出，实现优先编码器模块。代码如下：

```
module top_module(
    input [3:0] in,
    output reg [1:0] out);
    always @(*) begin
        if(in[0] == 1'b1)
            out = 2'd0;
        else begin
            if(in[1] == 1'b1)
```

```
                out = 2'd1;
            else begin
                if(in[2] == 1'b1)
                    out = 2'd2;
                else begin
                    if(in[3] == 1'b1)
                        out = 2'd3;
                    else
                        out = 0;
                end
            end
        end
    end
endmodule
```

【例 10.16】 组合电路练习:读图 10.20 所示仿真波形,确定电路的功能并实现。其中输入输出位宽为 4。

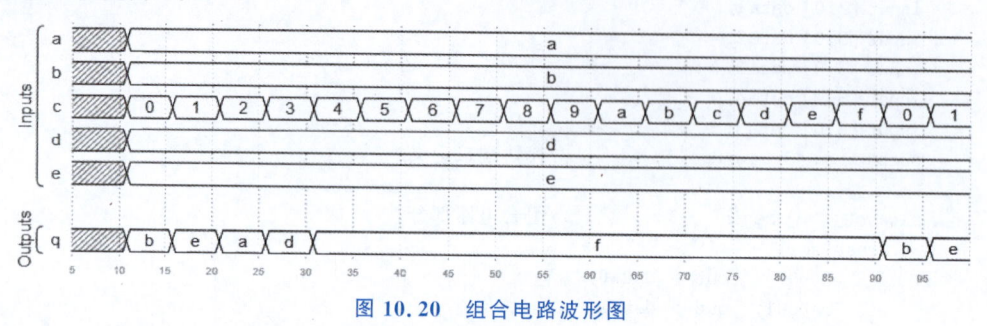

图 10.20 组合电路波形图

解:从图 10.20 可以看出,$a \sim e$ 是 5 个 4 位输入,q 为输出。在图中用 $0 \sim f$ 表示 c 的输入值。可以看到,当输出部分在 c 为 $0 \sim 3$ 时输出部分分别为 b、e、a、d 的值,其余情况输出为 f。其中 f 没有给出相应的定义,所以有可能是一个十六进制的 f。

综上,波形图所示是一个组合电路模块,模块只对 c 的特定输入选择特定输出,采用 case 语句实现,用 always 块保证 c 从 $0 \sim f$ 的循环。代码为

```
module top_module(
    input [3:0] a,
    input [3:0] b,
    input [3:0] c,
    input [3:0] d,
    input [3:0] e,
    output reg [3:0] q);
    always @( * ) begin
        case (c)
            4'h0:    q <= b;
            4'h1:    q <= e;
            4'h2:    q <= a;
            4'h3:    q <= d;
            default: q <= 4'hf;
        endcase
    end
endmodule
```

【例 10.17】 组合电路练习。

读图 10.21 所示仿真波形,确定电路的功能并实现。

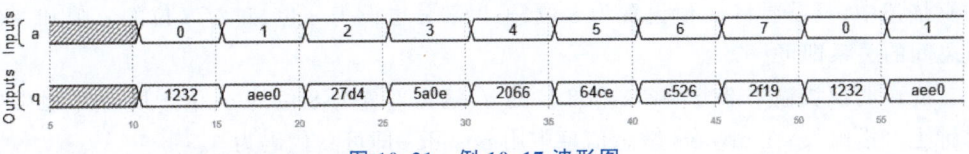

图 10.21 例 10.17 波形图

解:从图 10.21 中可以看到,这个电路只有 1 个输入和 1 个输出,没有时钟等控制信号,是一个组合电路。输入 a 在 0~7 循环,说明 a 是 3 位二进制数。输出 q 表现不规则,从输出数据来看,是由 4 个十六进制数表示的,所以定义 q 输出为 reg [15:0]。

采用类似的 case 语句,分别列出 a 为 0~7 的不同情况下,q 的输出值,并将该语句用 always @(*)构成循环。代码为

```
module top_module(
    input [2:0] a,
    output reg [15:0] q);

    always @( * ) begin
        case (a)
            3'd0: q <= 16'h1232;
            3'd1: q <= 16'haee0;
            3'd2: q <= 16'h27d4;
            3'd3: q <= 16'h5a0e;
            3'd4: q <= 16'h2066;
            3'd5: q <= 16'h64ce;
            3'd6: q <= 16'hc526;
            3'd7: q <= 16'h2f19;
        endcase
    end
endmodule
```

【**例 10.18**】 时序电路练习:实现一个上升沿触发的 D 触发器。

解:D 触发器是一位信号进行存储的触发器,所以有两个输入:d 和 clk,输出为 q,由于触发器是时钟敏感器件,采用 always 块进行创建,将 clk 作为敏感条件,即当时钟到来作为触发条件。always 设计中 begin…end 作为一个块(block),其中的赋值表示存储的信号传递,所以信号 q 和 d 采用 reg 型。参考代码如下:

```
module top_module (
    input clk,              //时钟信号(输入端)
    input d,                //输入信号 d
    output reg q );         //输出 q 定义类型为 reg
    //时钟的 always 块用 non-blocking 分配
    always @(posedge clk) begin   //使用 clk 作为敏感条件
        q <= d;             //一条语句可以不用 begin-end
    end
endmodule
```

【**例 10.19**】 时序电路练习:D 触发器组合。
创建一个 8 位 D 触发器。要求所有的 D 触发器均由时钟上升沿触发。
解:D 触发器的构成逻辑相对简单,随着时钟到来,输出为输入的 d 值即可。前面章节

中所接触到的 D 触发器都是 1 位触发器，一个 8 位触发器是由 8 个 1 位触发器组合而成的，在仿真描述中，只需要将 d 值设置为 8 位，输出部分也设为 8 位，对应 8 位的 q 值和 8 位的 d 值之间的关系即可。

首先声明模块输入部分为 clk 和 8 位的 d，输出部分为 8 位的 q，由于所有 D 触发器都是时钟上升沿触发，在 always 敏感信息中用 posedge 即可。代码为

```
module top_module(
    input clk,
    input [7:0] d,
    output reg [7:0] q);
    always @(posedge clk) begin
        q <= d;
    end
endmodule
```

【例 10.20】 时序电路练习。

如图 10.22 所示，假设目前已有一个 D 触发器模块 my_dff，该模块具有一个 d 输入和一个时钟 clk 输入，输出为 q，将三个 my_dff 按照如图 10.22 所示的方式串联，就构成了一个长度为 3 的移位寄存器。定义输入为 clk 和 d，输出为 q，模块名 top_module，如何实现这样的移位寄存器。

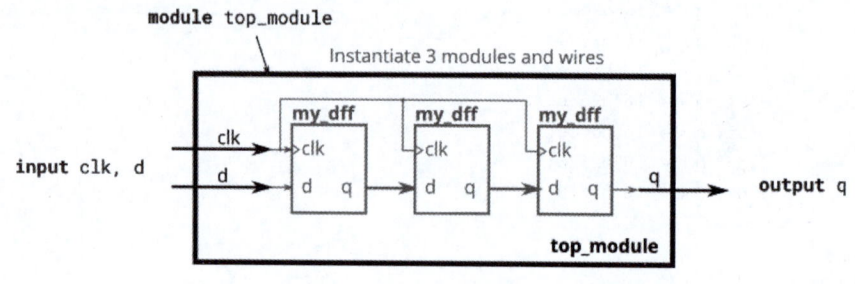

图 10.22　例 10.20 D 触发器构成的移位寄存器

解：首先定义模块声明，输入为 clk 和 d，输出为 q。定义模块间的连线 out1 和 out2。本题不涉及对 D 触发器的实现，用已有的实例化 D 触发器来实现移位寄存器，可以引用模块并给出输入输出。代码为

```
module top_module(
input clk,
input d,
output q);

wire out1,out2;
    my_dff ins1(clk,d,out1);
    my_dff ins2(clk,out1,out2);
    my_dff ins3(clk,out2,q);
endmodule
```

【例 10.21】 D 触发器实现 J-K 触发器。

触发器之间可以互相实现，试采用 D 触发器来实现一个 J-K 触发器。J-K 触发器要求上升沿有效。本例采用真值表法实现。

解：结合例 10.19，采用 D 触发器实现移位寄存器，可以看出，在 Verilog 中，实现方式

与前文相比更为简便,只需要找到子模块之间的联系,用 wire 型"连线"就能做到。

分析真值表,见表 10.2 所示。通常来说,J-K 触发器应符合输入 00 为保持,也就是 Q 输出为之前状态,用 old 表示;当 J-K 为 11 时,触发器翻转,此时状态为 Q 非,也就是 ~old;其他两种情况下输出 Q 分别输出 0 和 1。

表 10.2　J-K 触发器真值表

J	K	Q^{n+1}
0	0	old
0	1	0
1	0	1
1	1	~old

因此,可以定义输入为 clk、j、k,输出为 Q,在 always 敏感事件中用 posedge 确定 clk 的上升沿有效。

```
moduletop_module(
    input clk,
    input j,
    input k,
    output reg Q);

    wire old = Q;
    initial Q = 0;
    always @(posedge clk) begin
        if(j^k)
            Q <= j;
        else
            Q <= j?~old:old;
    end
endmodule
```

【例 10.22】 上升沿信号练习。

前面的例题中已经提到上升沿检测,对于读图写模块代码,需要通过图中的信号来判断是上升沿或下降沿出现信号的改变。图 10.23 是一组波形图,对应宽度为 8 位的输入,通过对其中的 in[1] 与 pedge[1] 单独显示,观察模块数据变化规律,写出模块的实现代码。

其中 in 为输入信号,pedge 为检测输出信号。

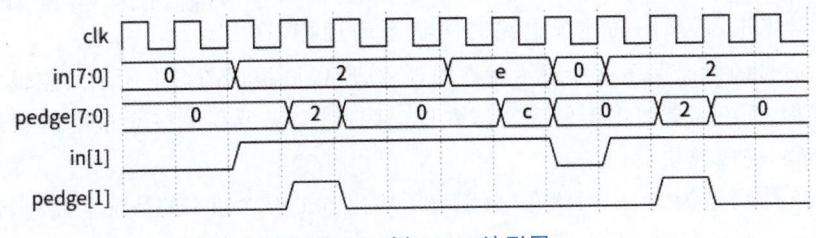

图 10.23　例 10.22 波形图

解：如图 10.23 所示,in[7:0] 是输入,当时钟在 0-1 的上升沿处,发生改变,此时,经过一个时钟周期检出信号 pedge 发生改变。

定义端口为 2 输入:clk 和 in,输出为 pedge。参考代码为

```
module top_module(
    input clk,
    input [7:0] in,
    output reg [7:0] pedge);
    
    reg [7:0] d_last = 0;
    always @(posedge clk) begin
        d_last <= in;
        pedge <= in & ~d_last;
    end
endmodule
```

【例 10.23】 读波形图实现电路练习：读图 10.24 所示仿真波形以确定电路的功能并编码实现。

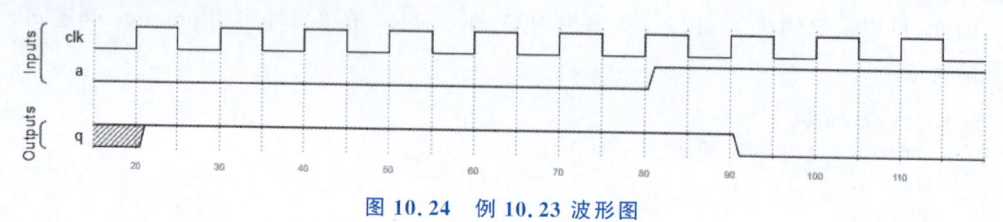

图 10.24　例 10.23 波形图

解：由图形可知，这是一个同步时序电路，输入部分为 clk 和 a，输出 q 保持与 a 相反的输出，在 a 发生跳变后一个时钟周期，q 发生改变。代码为

```
module top_module(
    input clk,
    input a,
    output reg q);
    
    always @(posedge clk) begin
        q <= !a;
    end
endmodule
```

【例 10.24】 看状态图实现电路练习：实现如图 10.25 所示的 Moore 型同步时序逻辑电路，要求增加异步复位功能，当出现 reset 信号时，所有状态回到状态 B，此时输出为 1。

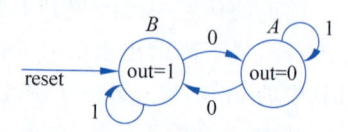

图 10.25　例 10.24 状态图

解：通常来说，状态图描述了电路时序状态的迁移，在 Verilog 中，信号的传递关系就能表示状态的迁移，所以可根据图形上所示的逻辑关系，分类写出迁移过程，而不需要将图形转为次态方程。因此，只需要得到一个最终的状态图，就能直接编写代码，完成模块设计。

图 10.25 中所示为 A、B 两状态，分别表示输出 out 为 0 和 1 的情况。此时状态和输出相关，是 Moore 型状态图。输入除 clk 之外，只有一个 in 起到状态迁移的作用。而题目中需要增加一个异步复位，所以输入为 clk（时钟）、reset（异步复位）、in（输入信号），输出为 out（输出信号）。

按照输入时状态迁移，即输入为 1 时，状态保持，输入为 0 时，状态发生变化，A 变为 B，B 变为 A，可看出这部分转换与 in 的取值有关，用 case 语句＋条件判断就能完成。这部分的状态迁移只和 in 的取值相关,和时钟 clk 没有直接关系,所以采用组合逻辑来完成这部分模块。

时钟 clk 和复位信号直接影响到状态,设定状态为 state 和 next_state,分别表示当前状态和次态。在时序部分,采用条件分支语句来描述状态信号的迁移。

合并两部分,添加必要的参数,构成完整的模块。

参考代码为

```verilog
module top_module(
    input clk,
    input areset,                              // 异步复位信号,为1则状态回到B
    input in,
    output out);

    parameter A = 0, B = 1;
    reg state, next_state;

    always @( * ) begin                        // 输入引起的状态迁移
        case (state)
            A: next_state = in?A:B;
            B: next_state = in?B:A;
        endcase
    end

    always @(posedge clk, posedge areset) begin    // 时钟和复位部分
        if(areset)
            state <= B;
        else
            state <= next_state;
    end
endmodule
```

通过以上的例题实现过程,可以看出,在 Verilog 中,模块是仿真电路中的重要组成部分,一个模块相当于一个具有完整输入输出的部件,通过对模块的变量变化来构成相关的语句代码,而变量之间的数据传递,相当于各模块内部和外部的连线。

综合来说,一个完整的设计是从应用来分析、抽象、分解进而得到完整的逻辑表述,本章给出几个简单的综合设计,通过例题来体会 Verilog 的代码书写逻辑。

10.3.2 同步时序逻辑综合练习

【例 10.25】 实现一个 Moore 型 1101 序列检测器。要求波形如图 10.26 所示。

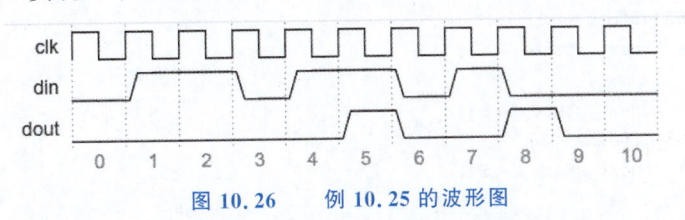

图 10.26　例 10.25 的波形图

解:解读该图形的输入输出特征,可以看到在典型序列 1101 出现后,输出出现一个 1,若下一个信号为 1,则与前面的 1,继续构成下一个典型序列 1101 中的 11 序列。

由此可以确定输入为 clk 和 din,一般来说需要有一个复位信号,所以增加一个 clr 共同构成模块的输入端,输出即为 dout。

图中没有给出电路的状态,按照典型序列输入顺序,状态变化由 0000、0001、0011、0110 和 1101 五种状态构成。而 Moore 型的序列检测器的输出要在序列完成之后得到一个输出,所以重新对五个状态进行编码,设状态为 $S0 \sim S4$,分别赋值为 000、001、010、011 和 100,其他冗余部分都令其状态回到 $S0$。这部分用 case 语句来实现。

状态的迁移只和当前输入 din 相关,这部分逻辑不受时钟影响,所以采用 always@(*)写为组合逻辑模块。

时序模块中设敏感信号为时钟信号和复位信号,令时钟 clr 到来时所有状态无条件回到 $S0$,时钟 clr 为 0 时,将组合逻辑产生的次态传递到当前状态中。

最后再利用 always 块实现输出逻辑,当序列完成时,当前状态为 $S4$,即输出 dout=1。

将模块和运行相关的变量整理、组合,完成最终代码的实现:

```verilog
module moore_1101(
    input clk,
    input clr,
    input din,
    output reg dout);

    reg [2:0] present_state,next_state;
    parameter S0 = 3'b000,S1 = 3'b001,S2 = 3'b010,S3 = 3'b011,S4 = 3'b100;

    always@(posedge clk or posedge clr)begin
        if(clr==1)
            present_state<=S0;          //复位信号强制复位
        else
            present_state<=next_state;
    end

    always@(*)begin
        case(present_state)              //状态迁移逻辑
            S0:if(din==1)
                next_state<=S1;
              else
                next_state<=S0;
            S1:if(din==1)
                next_state<=S2;
              else
                next_state<=S0;
            S2:if(din==0)
                next_state<=S3;
              else
                next_state<=S2;
            S3:if(din==1)
                next_state<=S4;
              else
                next_state<=S0;
            S4:if(din==0)
                next_state<=S0;
              else
```

```
            next_state <= S2;
        default:next_state <= S0;
        endcase
    end

    always@( * )begin                    //输出在判定 S4 之后,所以波形延后一个时钟单位
        if(present_state == S4)
            dout = 1;
        else
            dout = 0;
    end
endmodule
```

【例 10.26】 实现一个典型波形图如图 10.27 所示的 Mealy 型 1101 序列检测器。

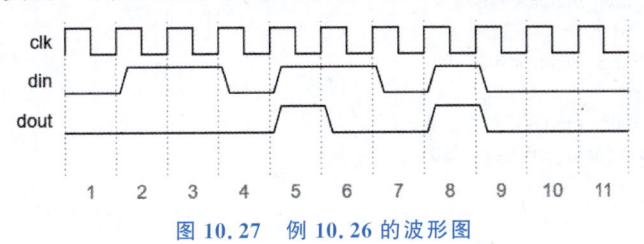

图 10.27 例 10.26 的波形图

解：Mealy 型序列检测器与 Moore 型不同,其输出是伴随着输入信号同时进行的,因此,与例 10.25 的波形相比,在 S4 状态出现的时候就输出一个 dout。所以 Mealy 型的状态应为 0000、0001、0011、0110,当 0110 和 1101 收到一个 0 的时候都回到 0000 状态,而收到一个 1 时也都会转到 0011 状态,并且输出为 1。所以 0110 和 1101 两种状态可以进行合并,整个模块的状态变为 4 个,S0～S3 分别编码为 00、01、10 和 11 状态。

此时的模块输入输出声明仍由 3 输入：clk、clr、din 构成,输出仍是 dout。由于 4 状态用两位二进制码能够完成,在上一个例题的基础上修改 S0～S4 的编码为 2`b00～2`b11。

其余部分模块基本相似,状态迁移组合模块中,没有冗余项,default 这部分可以省略不写,其余迁移条件按照逻辑依次写出。

输出部分,因为输出 1 和状态 S3 是同时出现的,同时有 din=1 的条件存在,这部分增加一个条件判断即可。整理参数,完整代码可参照下面内容：

```
module mealy_1101(
input clk,
input clr,
input din,
output reg dout);

reg [1:0] present_state,next_state;                    //定义现态和次态
parameter S0 = 2'b00,S1 = 2'b01,S2 = 2'b10,S3 = 2'b11;  //为 S0～S3 分配编码

always @(posedge clk or posedge clr)begin    //复位信号和时钟信号逻辑
    if(clr == 1)
        present_state <= S0;
    else
        present_state <= next_state;
end
```

```verilog
    always@( * )begin                    //按照不同输入完成不同状态转变
        case(present_state)
            S0:if(din == 1)
                next_state <= S1;
            else
                next_state <= S0;
            S1:if(din == 1)
                next_state <= S2;
            else
                next_state <= S0;
            S2:if(din == 0)
                next_state <= S3;
            else
                next_state <= S2;
            S3:if(din == 1)
                next_state <= S1;
            else
                next_state <= S0;
            default:next_state <= S0;
        endcase
    end

    always@( * )begin                    //判定状态,并给出输出 dout
        if(clr == 1)
            dout = 0;
        else if((present_state == S3)&&(din == 1))
            dout = 1;
        else
            dout = 0;
    end
endmodule
```

【例 10.27】 应用练习。

旅鼠是一种头脑简单的动物,用一个有限状态机对它的部分行为进行建模。假设旅鼠生活在二维世界中,一只旅鼠可以处于两种状态之一:靠左行走或靠右行走。靠左或靠右行走指的是旅鼠只能接收左或右两种信号,不关心具体行走方式。

在行走的路上可能会出现障碍物,一旦检测到障碍物,无意识的旅鼠会改变行走路线。如:当旅鼠在靠左行走时,遇到障碍物,就会将当前行走状态改为靠右,否则会靠左行走。假设这只旅鼠前方路程无限循环,这只旅鼠能够一直以这种方式躲避障碍物。当左右都有障碍物时,旅鼠会改变当前的方向。

用 Moore 型状态机来模拟旅鼠的行为:异步复位(高电平有效)到靠左走,左右是否发生碰撞为状态机的输入(bump_left,bump_right),靠左走或靠右走为状态机的输出(walk_left,walk_right)。波形图如图 10.28 所示。

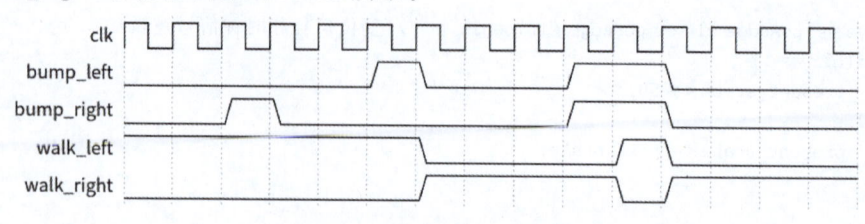

图 10.28　例 10.27 波形图

解：分析波形图和应用描述，这个 Moore 型状态机只考虑旅鼠的前进路上避开障碍物的问题。此时，仅按照波形图来分析，就是查看当输入 bump_left 和 bump_right 两者出现时，信号 walk_left 和 walk_right 的改变。

首先确定模块的端口，端口描述：

```
module top_module(
    input clk,
    input areset,                    // 异步复位功能
    input bump_left,
    input bump_right,
    output walk_left,
    output walk_right);
```

仿照时序逻辑电路，首先写出状态改变逻辑，定义参数 LEFT 和 RIGHT 来完成靠左或靠右行走的判断，增加代码可读性。逻辑是当遇到 bump_left 时，判定信号为 0 或 1 时选择左或右。例如，代码判定写为

```
LEFT: next_state = bump_left ? RIGHT : LEFT;
```

再写时序部分，图中的状态改变是在时钟上升沿发生的，敏感事件列表中相关事件只有时钟和复位信号，写出复位信号控制下的分支语句，完成时序状态赋值。

合成几个部分，完成模块代码。参考代码如下：

```
module top_module(
    input clk,
    input areset,
    input bump_left,
    input bump_right,
    output walk_left,
    output walk_right);

    parameter LEFT = 0, RIGHT = 1;
    reg state, next_state;

    always @( * ) begin                                // 状态迁移
        case (state)
            LEFT: next_state = bump_left ? RIGHT : LEFT;
            RIGHT: next_state = bump_right ? LEFT : RIGHT;
        endcase
    end

    always @(posedge clk, posedge areset) begin        // 状态时序部分及复位
        if(areset)
            state <= LEFT;
        else
            state <= next_state;
    end

    // 输出逻辑
    assign walk_left = (state == LEFT);
    assign walk_right = (state == RIGHT);

endmodule
```

习题 10

10.1 尝试实现三个基本门电路模块,"与""或""非"门。

10.2 在与或非门基础上,实现一个 4-2 编码器。

10.3 编写 testbench 测试例 10.1 和例 10.2 门电路的功能,观察波形,要求输出波形正确。

10.4 在 Modulesim 或相关仿真软件上模拟设计一个简单的表决器。要求:7 人表决,大于 3 人通过才认可通过。给出测试波形。表决通过用 1`b1 表示,不通过用 1`b0 表示。

10.5 设计一个 ALU(算术逻辑单元),除完成 $a+b$ 运算之外,能够完成 $a-b$, a/b, $a\%b$ 等运算,参考表 10.1 中的运算功能。要求至少实现 4 种算术运算。

10.6 图 10.27 是同步时序章节中的内容,对照状态图用 Verilog 实现模块,并通过测试文件来检验状态正确性。用 Logisim 完成该电路,对照两者的波形是否相符。

10.7 例 10.18 中给出了上升沿触发的 D 触发器如何实现。在题目基础上,用这个 D 触发器模块实现一个 3 位的移位寄存器。用 testbench 测试并给出波形图。

10.8 图 10.29 是多路选择器和 D 触发器综合实现的移位寄存器。多路触发器单元采用 2 选 1 选择单元,E 和 L 为多路选择器的控制信号,尝试用 Verilog 实现其中的一个子模块,即含有一个 D 触发器和两个多路选择器的模块。

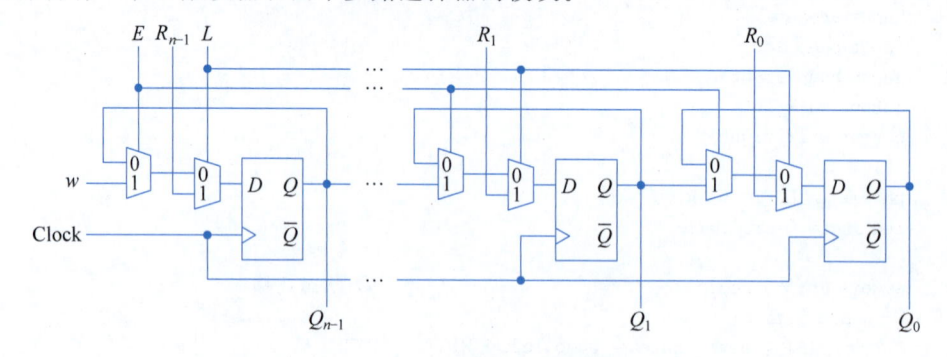

图 10.29 习题 10.8 波形图

10.9 已知波形图如图 10.30 所示,根据波形图示内容,写出模块代码。

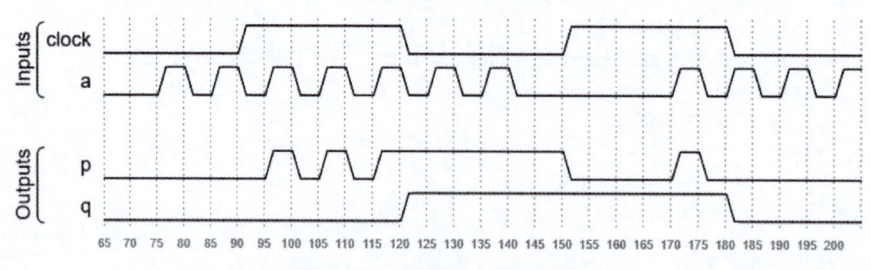

图 10.30 习题 10.9 波形图

10.10 旅鼠问题进阶:在例 10.27 基础上,为旅鼠增加一个功能:旅鼠行走的地板可能会消失。信号 ground 表示旅鼠所在的地板是否消失。当地板消失时,旅鼠发出大叫声

"aaah",直到地板重新出现。旅鼠在地板消失时的行走方向都置为 0,在地板重新出现时,恢复到原来的行走方向。在地板消失时,不考虑旅鼠下坠,所以没有任何碰撞。该进阶问题的波形见图 10.31。

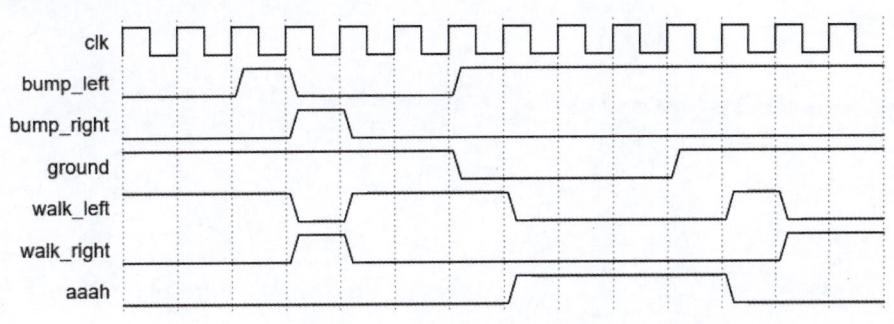

图 10.31　习题 10.10 的波形图

10.11　设计一个 8 位计数器,要求:
(1) 当时钟上升沿到来时,如果有复位信号,则无条件复位,也就是将计数器清 0;
(2) 当时钟上升沿到来时,如果没有复位信号,则计数器＋1;
(3) 计数器初始值为 0;
(4) 当计数器从 0 到 7(完成 8 跳),则计数器的值恢复为 0,此时输出 dout 为 1。